스스로 만드는 똑똑한 공부습관
스터디플래너

KB184584

Plan 1
2주 완성

			최단기 합격 플랜
Part 1 핵심 이론	Chapter 1 산업위생학 개론	Section 1 산업위생	☐ DAY 01
		Section 2 인간과 작업환경	
		Section 3 산업위생 관련 법규	
		Section 4 산업재해	☐ DAY 02
		Section 5 적성검사	
		Section 6 노동생리	☐ DAY 03
		Section 7 산업독성학	
	Chapter 2 작업위생(환경) 측정 및 평가	Section 1 작업환경측정 일반적 사항	☐ DAY 04
		Section 2 입자상 물질 측정 평가	
		Section 3 유해물질 측정 평가	☐ DAY 05
		Section 4 소음 및 진동 측정 평가 및 관리	
		Section 5 산업위생통계	☐ DAY 06
		Section 6 유해·위험성 평가	
	Chapter 3 작업환경관리	Section 1 작업환경관리 일반	☐ DAY 07
		Section 2 작업환경 유해인자	
		Section 3 기타 작업환경	
	Chapter 4 산업환기	Section 1 산업환기 일반	☐ DAY 08
		Section 2 전체 환기	
		Section 3 국소배기	☐ DAY 09
Part 2 과년도 출제문제	2015~2016년	산업위생관리산업기사 기출복원문제	☐ DAY 10
	2017~2018년	산업위생관리산업기사 기출복원문제	☐ DAY 11
	2019~2020년	산업위생관리산업기사 기출복원문제	☐ DAY 12
	2021~2022년	산업위생관리산업기사 기출복원문제	☐ DAY 13
	2023~2024년	산업위생관리산업기사 기출복원문제	☐ DAY 14

스스로 만드는 똑똑한 공부습관
스터디플래너

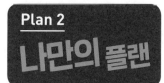

			나만의 합격 플랜
Part 1 핵심 이론	Chapter 1 산업위생학 개론	Section 1 산업위생	☐ __월__일 ~ __월__일
		Section 2 인간과 작업환경	☐ __월__일 ~ __월__일
		Section 3 산업위생 관련 법규	☐ __월__일 ~ __월__일
		Section 4 산업재해	☐ __월__일 ~ __월__일
		Section 5 적성검사	☐ __월__일 ~ __월__일
		Section 6 노동생리	☐ __월__일 ~ __월__일
		Section 7 산업독성학	☐ __월__일 ~ __월__일
	Chapter 2 작업위생(환경) 측정 및 평가	Section 1 작업환경측정 일반적 사항	☐ __월__일 ~ __월__일
		Section 2 입자상 물질 측정 평가	☐ __월__일 ~ __월__일
		Section 3 유해물질 측정 평가	☐ __월__일 ~ __월__일
		Section 4 소음 및 진동 측정 평가 및 관리	☐ __월__일 ~ __월__일
		Section 5 산업위생통계	☐ __월__일 ~ __월__일
		Section 6 유해·위험성 평가	☐ __월__일 ~ __월__일
	Chapter 3 작업환경관리	Section 1 작업환경관리 일반	☐ __월__일 ~ __월__일
		Section 2 작업환경 유해인자	☐ __월__일 ~ __월__일
		Section 3 기타 작업환경	☐ __월__일 ~ __월__일
	Chapter 4 산업환기	Section 1 산업환기 일반	☐ __월__일 ~ __월__일
		Section 2 전체 환기	☐ __월__일 ~ __월__일
		Section 3 국소배기	☐ __월__일 ~ __월__일
Part 2 과년도 출제문제	2015~2016년	산업위생관리산업기사 기출복원문제	☐ __월__일 ~ __월__일
	2017~2018년	산업위생관리산업기사 기출복원문제	☐ __월__일 ~ __월__일
	2019~2020년	산업위생관리산업기사 기출복원문제	☐ __월__일 ~ __월__일
	2021~2022년	산업위생관리산업기사 기출복원문제	☐ __월__일 ~ __월__일
	2023~2024년	산업위생관리산업기사 기출복원문제	☐ __월__일 ~ __월__일

더 쉽게 더 빠르게 합격 플러스

D PLUS

2주 완성 핵심이론+10개년 기출문제

산업위생관리
산업기사 실기

서영민 지음

BM (주)도서출판 성안당

■ 도서 A/S 안내

본서는 한국산업인력공단 최근 출제기준에 맞추어 구성하였으며, 산업위생관리산업기사 실기시험을 준비하시는 수험생 여러분들에게 단기적 효율적으로 공부하실 수 있도록 필수내용만 선별, 정리하여 정성껏 실었습니다.

본서는 다음과 같은 내용으로 구성하였습니다.

첫째, 필수핵심이론만을 간결하게 정리하였습니다.
둘째, 각 단원 필수이론에 관한 적용문제를 풀이해 정리하였습니다.
셋째, 최근 기출문제를 수록하였으며, 기출문제는 해설을 통하여 이해도를 높였습니다.

향후 보완 및 수정, 차후 실시되는 기출문제 해설을 통해 미흡하고 부족한 점을 계속 보완해 나가는 데 노력하겠습니다.

끝으로, 이 책을 출간하기까지 끊임없는 성원과 배려를 해주신 성안당 관계자 여러분, 주경야독 윤동기 이사님, 인천의 친구 김성기님과 딸 지혜에게 깊은 감사를 드립니다.

저자 서영민

1 기본 정보

(1) 진로 및 전망

① 환경 및 보건 관련 공무원, 각 산업체의 보건관리자, 작업환경 측정업체 등으로 진출할 수 있다.

② 종래 직업병 발생 등 사회문제가 야기된 후에야 수습대책을 모색하는 사후관리차원에서 벗어나 사전의 근본적 관리제도를 도입, 산업안전보건 사항에 대한 국제적 규제 움직임에 대응하기 위해 안전인증제도의 정착, 질병 발생의 원인을 찾아내기 위하여 역학조사를 실시할 수 있는 근거(「산업안전보건법」 제6차 개정)를 신설, 산업인구의 중·고령화와 과중한 업무 및 스트레스 증가 등 작업조건의 변화에 의하여 신체부담작업 관련 뇌·심혈관계 질환 등 작업 관련성 질병이 점차 증가, 물론 유기용제 등 유해화학물질 사용 증가에 따른 신종 직업병 발생에 대한 예방대책이 필요하는 등 증가 요인으로 인하여 산업위생관리산업기사 자격취득자의 고용은 증가할 예정이나, 사업주에 대한 안전·보건관련 행정규제 폐지 및 완화에 의하여 공공부문보다 민간부문에서 인력수요가 증가할 것이다.

(2) 직무 안내

① 직무분야 : 안전관리

② 직무내용

작업장 및 실내 환경의 쾌적한 환경 조성과 근로자의 건강 보호와 증진을 위하여 작업장 및 실내 환경 내에서 발생되는 화학적·물리적·생물학적, 그리고 기타 유해요인에 관한 환경 측정, 시료 분석 및 평가(작업환경 및 실내 환경)를 통하여 유해요인의 노출 정도를 분석·평가하고, 그에 따른 대책을 제시하며, 산업환기 점검, 보호구 관리, 공정별 유해인자 파악 및 유해물질 관리 등을 실시하며, 보건 교육 훈련, 근로자의 보건 관리 업무를 통하여 환경시설에 대한 보건 진단 및 개인에 대한 건강 진단 관리, 건강 증진, 개인위생 관리 업무를 수행하는 직무

③ 수행준거

㉠ 분진측정기, 소음측정기, 진동측정기 등의 각종 측정기기를 사용하여 사업장 내 유해위험과 작업환경을 측정할 수 있다.

㉡ 제반 문제점을 개선, 개량, 감독하고 작업자에게 산업위생보건에 관한 지도 및 교육을 실시하는 업무를 수행할 수 있다.

㉢ 산업위생관리기사의 업무를 보조하는 직무를 수행할 수 있다.

(3) 실기 검정방법 및 시험시간

① 검정방법 : 필답형

② 시험시간 : 2시간 30분

2 산업위생관리산업기사 실기 출제기준

• 적용기간 : 2025.1.1.~ 2029.12.31.
• 실기 과목명 : 작업환경 관리 실무

주요 항목	세부 항목	세세 항목
1. 작업환경 측정 및 평가	(1) 입자상 물질을 측정, 평가하기	① 분진 흡입에 대한 인체의 방어기전에 대하여 기술할 수 있다. ② 분진의 크기 표시 및 침강속도에 대하여 기술할 수 있다. ③ 입자별 크기에 따른 노출기준에 대하여 기술할 수 있다. ④ 여과지의 종류 및 특성에 대하여 기술할 수 있다. ⑤ 작업 종류에 따른 입자상 유해물질에 대하여 기술할 수 있다. ⑥ 입자상 물질의 측정방법을 알고 평가할 수 있다.
	(2) 유해물질을 측정, 평가하기	① 가스상 물질의 측정 개요에 대하여 기술할 수 있다. ② 가스상 물질의 성질에 대하여 기술할 수 있다. ③ 연속 시료채취에 대하여 기술할 수 있다. ④ 순간 시료채취에 대하여 기술할 수 있다. ⑤ 흡착의 원리에 대하여 기술할 수 있다. ⑥ 시료채취 시 주의사항에 대하여 기술할 수 있다. ⑦ 흡착관의 종류에 대하여 기술할 수 있다. ⑧ 유해물질의 측정방법 및 평가에 대하여 기술할 수 있다.
	(3) 소음 및 진동을 측정, 평가하기	① 소음진동의 인체영향에 대하여 기술할 수 있다. ② 소음의 측정 및 평가에 대하여 기술할 수 있다. ③ 진동의 측정 및 평가에 대하여 기술할 수 있다.
	(4) 극한온도 등 유해인자를 측정, 평가하기	① 이상기압에 대한 인체영향을 기술할 수 있다. ② 고열환경의 측정 및 평가에 대하여 기술할 수 있다. ③ 한랭환경의 측정 및 평가에 대하여 기술할 수 있다. ④ 직업성 피부질환의 발생요인에 대하여 기술할 수 있다. ⑤ 유해광선에 대한 측정 및 평가에 대하여 기술할 수 있다.
	(5) 산업위생 통계에 대하여 기술하기	① 통계의 필요성에 대하여 기술할 수 있다. ② 용어에 대하여 기술할 수 있다. ③ 평균, 표준편차, 표준오차에 대하여 기술할 수 있다. ④ 신뢰구간에 대하여 기술할 수 있다.

주요 항목	세부 항목	세세 항목
2. 작업환경 관리	(1) 입자상 물질의 관리 및 대책을 수립하기	① 일반적인 분진 및 유해입자의 관리에 대하여 기술할 수 있다. ② 분진 작업에서의 관리에 대하여 기술할 수 있다. ③ 석면 작업에서의 관리에 대하여 기술할 수 있다. ④ 금속먼지 및 흄 작업에서의 관리에 대하여 기술할 수 있다. ⑤ 기타 작업에서의 관리에 대하여 기술할 수 있다.
	(2) 유해화학물질의 관리 및 평가하기	① 유해화학물질의 정의에 대하여 기술할 수 있다. ② 유해화학물질의 표시에 대하여 기술할 수 있다. ③ 유기화합물의 관리 및 대책을 수립할 수 있다. ④ 산, 알칼리의 관리 및 대책을 수립할 수 있다. ⑤ 가스상 물질의 관리 및 대책을 수립할 수 있다.
3. 환기 일반	(1) 환기량 및 환기방법에 대하여 기술하기	① 유해물질에 대한 전체환기량에 대하여 기술할 수 있다. ② 환기량 산정방법에 대하여 기술할 수 있다. ③ 환기량을 평가할 수 있다. ④ 공기교환횟수에 대하여 기술할 수 있다. ⑤ 환기방법의 종류를 기술할 수 있다.
	(2) 기온, 기습, 압력, 유속, 유량에 대하여 기술하기	① 단위, 밀도, 점성에 대하여 기술할 수 있다. ② 비중량, 비체적, 비중에 대하여 기술할 수 있다. ③ 기온에 대하여 기술할 수 있다. ④ 기습에 대하여 기술할 수 있다. ⑤ 유량과 유속에 대하여 기술할 수 있다. ⑥ 속도압, 정압, 전압, 증기압에 대하여 기술할 수 있다. ⑦ 밀도보정계수에 대하여 기술할 수 있다. ⑧ 압력손실에 대하여 기술할 수 있다. ⑨ 마찰손실에 대하여 기술할 수 있다. ⑩ 베르누이의 정리에 대하여 기술할 수 있다. ⑪ 레이놀즈수에 대하여 기술할 수 있다.
4. 전체환기	(1) 전체환기에 대하여 기술하기	① 환기의 방식에 대하여 기술할 수 있다. ② 전체환기의 원칙에 대하여 기술할 수 있다. ③ 강제환기에 대하여 기술할 수 있다. ④ 자연환기에 대하여 기술할 수 있다. ⑤ 제한조건에 대하여 기술할 수 있다.
	(2) 전체환기 시스템의 점검 및 유지관리하기	① 환기 시스템에 대하여 기술할 수 있다. ② 공기공급 시스템에 대하여 기술할 수 있다. ③ 공기공급방법에 대하여 기술할 수 있다. ④ 공기 혼합 및 분배에 대하여 기술할 수 있다. ⑤ 배출물의 재유입에 대하여 기술할 수 있다. ⑥ 설치, 검사 및 관리에 대하여 기술할 수 있다.

주요 항목	세부 항목	세세 항목
5. 국소환기	(1) 후드에 대하여 기술하기	① 후드의 종류에 대하여 기술할 수 있다.
		② 후드의 선정방법에 대하여 기술할 수 있다.
		③ 후드 제어속도에 대하여 기술할 수 있다.
		④ 후드의 필요환기량에 대하여 기술할 수 있다.
		⑤ 후드의 정압에 대하여 기술할 수 있다.
		⑥ 후드의 압력손실에 대하여 기술할 수 있다.
		⑦ 후드의 유입손실에 대하여 기술할 수 있다.
	(2) 덕트에 대하여 기술하기	① 덕트의 직경과 원주에 대하여 기술할 수 있다.
		② 덕트의 길이 및 곡률반경에 대하여 기술할 수 있다.
		③ 덕트의 반송속도에 대하여 기술할 수 있다.
		④ 덕트의 압력손실에 대하여 기술할 수 있다.
		⑤ 설치 및 관리에 대하여 기술할 수 있다.
	(3) 송풍기에 대하여 기술하기	① 송풍기의 기초이론에 대하여 기술할 수 있다.
		② 송풍기의 종류에 대하여 기술할 수 있다.
		③ 송풍기의 선정방법에 대하여 기술할 수 있다.
		④ 송풍기의 동력에 대하여 기술할 수 있다.
		⑤ 송풍량 조절방법에 대하여 기술할 수 있다.
		⑥ 작동점과 성능곡선에 대하여 기술할 수 있다.
		⑦ 송풍기 상사법칙에 대하여 기술할 수 있다.
		⑧ 송풍기 시스템의 압력손실에 대하여 기술할 수 있다.
		⑨ 연합운전과 소음대책에 대하여 기술할 수 있다.
		⑩ 설치 및 관리에 대하여 기술할 수 있다.
	(4) 국소환기 시스템 점검 및 유지관리하기	① 준비단계에 대하여 기술할 수 있다.
		② 공기흐름의 분배에 대하여 기술할 수 있다.
		③ 압력손실 계산에 대하여 기술할 수 있다.
		④ 속도변화에 대한 보정에 대하여 기술할 수 있다.
		⑤ 푸시-풀 시스템에 대하여 기술할 수 있다.
		⑥ 설치 및 관리에 대하여 기술할 수 있다.
	(5) 공기정화에 대하여 기술하기	① 선정 시 고려사항에 대하여 기술할 수 있다.
		② 공기정화기의 종류에 대하여 기술할 수 있다.
		③ 입자상 물질의 처리에 대하여 기술할 수 있다.
		④ 가스상 물질의 처리에 대하여 기술할 수 있다.
		⑤ 압력손실에 대하여 기술할 수 있다.
		⑥ 집진장치의 종류에 대하여 기술할 수 있다.
		⑦ 흡수법에 대하여 기술할 수 있다.
		⑧ 흡착법에 대하여 기술할 수 있다.
		⑨ 연소법에 대하여 기술할 수 있다.

주요 항목	세부 항목	세세 항목
6. 보건관리계획 수립 · 평가	안전보건활동 계획 수립하기	① 보건활동의 문제점을 도출하고 우선순위를 정할 수 있다. ② 보건활동의 목적과 목표를 설정하고 사업명을 계획할 수 있다. ③ 안전보건활동의 사업별 대상, 기간, 방법, 성과지표, 업무분장, 소요예산 등을 계획할 수 있다. ④ 성과지표에 따른 안전보건활동의 기대효과를 예측할 수 있다.
7. 안전보건관리 체제 확립	(1) 산업안전보건위원회 활동하기	① 부서별로 작업장 자체점검을 통한 보건관리 추진상황을 확인하고, 근로자위원의 건의사항을 취합하여 보건 분야의 요구사항을 수집할 수 있다. ② 산업안전보건위원회의 보건 분야 심의 안건을 문서로 작성할 수 있다. ③ 사용자위원으로 회의에 참석하여 보건 분야 의견을 제시할 수 있다. ④ 회의결과를 주지하고 이행 여부를 확인할 수 있다.
	(2) 관리감독자 지도 · 조언하기	① 관리감독자가 지휘 · 감독하는 작업과 보건점검 및 이상 유무의 확인에 관해 지도 · 조언할 수 있다. ② 관리감독자에게 소속된 근로자의 작업복 · 보호구 및 방호장치의 점검과 그 착용 · 사용에 관한 교육 · 지도에 관해 지도 · 조언할 수 있다. ③ 해당 작업에서 발생한 산업재해에 관한 보고 및 이에 대한 응급조치에 관해 지도 · 조언할 수 있다. ④ 해당 작업의 작업장 정리 · 정돈 및 통로확보에 대한 확인 · 감독에 관해 지도 · 조언할 수 있다.
8. 산업보건정보 관리	(1) 산업안전보건법에 따른 기록 관리하기	① 산업안전보건법령에서 요구하는 보건관리업무의 서류와 자료를 적법하게 수집 · 정리할 수 있다. ② 법에서 요구하는 기록의 보유기간에 맞추어서 기록을 보존하고, 유지관리할 수 있다. ③ 보관하는 문서를 필요시에 찾아보기 쉽게 요약정리하고 문서별로 중심어를 선정하여 기록의 검색에 활용할 수 있다.
	(2) 업무수행기록 관리하기	① 업무수행 중에 기록이 필요한 사항에 대하여 기록양식과 기록방법을 적절하게 채택할 수 있다. ② 업무수행에 관한 기록을 하고 업무의 중요성과 활용도에 따라서 체계적으로 분류하고 보존기간을 결정할 수 있다. ③ 생성된 자료나 문서를 간단하게 통계처리하거나 요약하고 중심어를 선정하여 활용할 때에 쉽게 검색할 수 있도록 한다.
	(3) 자료보관 활용하기	① 산업보건관리에서 증거로서 가치가 있는 기록을 보존하여 쉽게 검색하고 활용하도록 할 수 있다. ② 증거로서 가치가 있는 기록을 분류하고 편철하거나 전산화하여 보존할 수 있다. ③ 생산된 기록에 대하여 보유기간을 확인하고 판단하여 불필요한 기록은 폐기할 수 있다.

주요 항목	세부 항목	세세 항목
9. 위험성평가	(1) 위험성평가 체계 구축하기	① 안전보건관리책임자와 협조하여 위험성평가 체계를 구축할 수 있다. ② 위험성평가를 위해 필요한 교육을 실시할 수 있다. ③ 위험성평가를 효과적으로 실시하기 위하여 실시계획서 작성에 참여할 수 있다. ④ 이해관계자와 위험성평가방법을 결정하는 데 협조할 수 있다.
	(2) 위험성평가 과정 관리하기	① 위험성평가 과정에 필요한 보건 분야의 유해·위험 요인 정보를 제공할 수 있다. ② 위험성평가의 과정 및 위험도 계산방법에 대하여 숙지할 수 있다. ③ 사업장 위험성평가에 관한 지침에 따라 위험성평가의 실시를 관리할 수 있다. ④ 유해·위험 요인별 위험도의 수준에 따라 위험감소대책을 수립하는 데 참여할 수 있다.
	(3) 위험성평가 결과 적용하기	① 사업장 위험성평가에 관한 지침에 따라 위험성평가서의 결과를 해석할 수 있다. ② 위험도가 높은 순으로 개선대책을 수립한 것 중 보건 분야에 적용할 것을 선별할 수 있다. ③ 위험성평가를 종료한 후 남아 있는 유해·위험 요인에 대해서 게시, 주지 등의 방법으로 근로자에게 알릴 수 있다. ④ 위험성평가 실시내용, 결과, 보건 분야 개선 내용을 기록할 수 있다. ⑤ 보건 분야 위험감소대책이 지속적으로 시행되고 있는지 확인하고 보완할 수 있다.
10. 작업관리	(1) 작업부하 관리하기	① 효율적인 근로시간과 휴식시간을 계획하기 위하여 작업시간 및 작업자세, 휴식시간과 근로자 건강장해의 관계를 파악할 수 있다. ② 건강장애 예방을 위하여 적정한 휴식시간을 제안하여 개선할 수 있다. ③ 작업강도와 작업시간을 조절할 수 있도록 개선안을 제시할 수 있다. ④ 유해·위험 작업에서 근로시간과 관련된 근로자의 건강보호를 위한 근로조건의 개선방법을 제시할 수 있다.
	(2) 교대제 관리하기	① 교대작업자의 작업설계 시 고려사항에 대해 제안할 수 있다. ② 교대작업자의 건강관리를 위해 직무 스트레스 평가와 뇌·심혈관 질환 발병 위험도평가를 실시하여 그 결과에 따라 건강증진 프로그램을 제공할 수 있다. ③ 교대작업자로 배치할 때 업무적합성 평가결과를 참조하여 적절한 작업에 배치할 수 있도록 제안할 수 있다. ④ 야간작업자를 분류하고 대상자에 대한 특수건강진단(배치 전, 배치 후)을 받도록 조치할 수 있다. ⑤ 야간작업으로 인한 건강장애를 예방하기 위한 사후관리를 할 수 있다.

주요 항목	세부 항목	세세 항목
	(3) 보호구 관리하기	① 보호구 착용 대상자를 파악하여 보호구 구입, 지급, 착용, 보관에 대한 관리계획을 수립할 수 있다. ② 해당 보호구 선정기준에 따라 적격품을 선정할 수 있다. ③ 사업장 순회 점검 시 보호구 지급 및 관리 현황을 작성하여 관리할 수 있다. ④ 보건위생 보호구의 착용지도를 위하여 호흡보호 프로그램과 청력보호 프로그램을 운영할 수 있다. ⑤ 해당 근로자 및 관리감독자를 대상으로 위생보호구 지급 착용에 따른 교육 및 훈련을 실시할 수 있다.
	(4) 근골격계 질환 예방 관리 프로그램 운영 하기	① 작업장의 인간공학적 유해요인을 파악하고 목록을 작성할 수 있다. ② 골격계 부담작업의 유무를 파악하여 근골격계 부담작업 개선계획을 수립할 수 있다. ③ 골격계 부담작업을 수행하는 근로자의 자각증상을 조사표를 사용하여 평가할 수 있다. ④ 근로자의 자각증상 조사결과를 사업주에게 제출하여 개선의 필요성을 인지시킬 수 있다. ⑤ 골격계 부담작업에 종사하는 근로자를 대상으로 근골격계 부담작업 유해요인 조사를 실시할 수 있다. ⑥ 유해요인 조사결과에 따라 의학적 관리를 수행할 수 있다. ⑦ 근골격계 질환 예방관리 프로그램을 운영할 수 있다. ⑧ 노사가 함께 개선활동을 실행할 수 있도록 노사참여형 개선활동기법을 추진할 수 있다.
11. 건강관리	(1) 건강진단 계획하기	① 건강진단 실시를 위한 일반적 자료를 수집할 수 있다. ② 작업환경 유해인자와 관련된 자료를 수집할 수 있다. ③ 건강진단 기관별 특성에 파악하여 적합한 건강진단 실시기관을 선정할 수 있다. ④ 건강진단 실시 계획을 수립하고 일정을 수립하며 문서 작성을 할 수 있다.
	(2) 건강진단 실시하기	① 계획된 건강진단 일정에 따라 건강진단 관련 자료를 근로자에 제공할 수 있다. ② 설문지 작성, 검진과 관련된 주의사항 안내와 같이 해당 근로자에 적합한 정보를 충분히 제공하고 사전 준비를 할 수 있다. ③ 건강진단 실시에 적합한 환경을 조성하여 건강진단을 실시할 수 있다. ④ 건강진단 실시기관의 의료진에게 진단에 필요한 사업장 정보를 제공하고 협력하여 정확한 건강진단이 되도록 할 수 있다. ⑤ 건강진단 실시결과를 분석하고 보고할 수 있다.

주요 항목	세부 항목	세세 항목
	(3) 건강진단 사후관리 하기	① 건강진단 판정등급과 업무적합성 평가결과에 따라 사후관리계획을 수립하고 실행할 수 있다. ② 직업병 또는 업무관련성 질환과 일반질환에 대한 관리계획을 수립하고 실행할 수 있다. ③ 뇌·심혈관 질환 등 발병위험도 수준에 따른 관리계획을 수립하고 실행할 수 있다. ④ 건강진단결과에 따라 업무관련성 질병 예방을 위한 작업환경, 작업조건 개선사항을 인지하고 적합한 조치를 위한 건의를 할 수 있다. ⑤ 개인별, 부서별, 작업별 특성에 따른 사후관리계획을 수립하고 실행할 수 있다. ⑥ 직업병 발생 시 장해보상 신청절차에 대한 정보를 제공하고 적합한 조치를 취할 수 있다.
12. 사업장 보건 교육	(1) 보건교육 계획하기	① 교육 종류에 따라 보건교육의 연간일정계획을 수립할 수 있다. ② 사업장 보건교육의 원리에 따라 보건교육 계획안을 작성할 수 있다. ③ 보건교육 평가기준을 마련하고, 목표달성 정도가 반영되는 평가도구를 선정할 수 있다. ④ 관리담당자와 보건교육 계획일정을 논의하고 조정할 수 있다. ⑤ 노사협의회, 안전보건위원회, 경영팀과 협의하여 보건교육을 홍보하고 예산지원을 구성할 수 있다.
	(2) 보건교육 실시하기	① 보건교육 연간계획표를 제공하고, 보건교육 대상자를 확인할 수 있다. ② 보건교육 계획에 따라 보건교육 실시에 필요한 준비사항을 확인할 수 있다. ③ 보건교육 계획안에 따라 교육을 실시하거나 지원할 수 있다. ④ 안전보건관리책임자, 관리감독자 및 특별교육대상자의 교육이수를 점검할 수 있다.

차 례

PART 01. 핵심 이론

CHAPTER 01 산업위생학 개론   3

Section 01 산업위생 ··· 3
Section 02 인간과 작업환경 ·· 19
Section 03 산업위생 관련 법규 ·· 22
Section 04 산업재해 ··· 47
Section 05 적성검사 ··· 51
Section 06 노동생리 ··· 52
Section 07 산업독성학 ··· 58

CHAPTER 02 작업위생(환경) 측정 및 평가   71

Section 01 작업환경측정 일반적 사항 ······························ 71
Section 02 입자상 물질 측정 평가 ···································· 76
Section 03 유해물질 측정 평가 ·· 95
Section 04 소음 및 진동 측정 평가 및 관리 ················· 108
Section 05 산업위생통계 ··· 129
Section 06 유해 · 위험성 평가 ··· 134

CHAPTER 03 작업환경관리   136

Section 01 작업환경관리 일반 ·· 136
Section 02 작업환경 유해인자 ·· 142
Section 03 기타 작업환경 ··· 153

CHAPTER 04 산업환기   160

Section 01 산업환기 일반 ··· 160
Section 02 전체 환기 ··· 173
Section 03 국소배기 ·· 189

PART 02. 과년도 출제문제

• 2015년 제1회 산업위생관리산업기사 실기 ·· 15-1
• 2015년 제2회 산업위생관리산업기사 실기 ·· 15-6
• 2015년 제3회 산업위생관리산업기사 실기 ·· 15-10

• 2016년 제1회 산업위생관리산업기사 실기 ·· 16-1
• 2016년 제2회 산업위생관리산업기사 실기 ·· 16-5
• 2016년 제3회 산업위생관리산업기사 실기 ·· 16-9

• 2017년 제1회 산업위생관리산업기사 실기 ·· 17-1
• 2017년 제2회 산업위생관리산업기사 실기 ·· 17-5
• 2017년 제3회 산업위생관리산업기사 실기 ·· 17-9

• 2018년 제1회 산업위생관리산업기사 실기 ·· 18-1
• 2018년 제2회 산업위생관리산업기사 실기 ·· 18-5
• 2018년 제3회 산업위생관리산업기사 실기 ·· 18-10

• 2019년 제1회 산업위생관리산업기사 실기 ·· 19-1
• 2019년 제2회 산업위생관리산업기사 실기 ·· 19-5
• 2019년 제3회 산업위생관리산업기사 실기 ·· 19-9

• 2020년 제1회 산업위생관리산업기사 실기 ·· 20-1
• 2020년 제1·2회 통합 산업위생관리산업기사 실기 ····························· 20-6
• 2020년 제3회 산업위생관리산업기사 실기 ·· 20-11
• 2020년 제4회 산업위생관리산업기사 실기 ·· 20-16

• 2021년 제1회 산업위생관리산업기사 실기 ·· 21-1
• 2021년 제2회 산업위생관리산업기사 실기 ·· 21-7
• 2021년 제3회 산업위생관리산업기사 실기 ·· 21-13

• 2022년 제1회 산업위생관리산업기사 실기 ·· 22-1
• 2022년 제2회 산업위생관리산업기사 실기 ·· 22-5
• 2022년 제3회 산업위생관리산업기사 실기 ·· 22-10

• 2023년 제1회 산업위생관리산업기사 실기 ·· 23-1
• 2023년 제2회 산업위생관리산업기사 실기 ·· 23-6
• 2023년 제3회 산업위생관리산업기사 실기 ·· 23-11

• 2024년 제1회 산업위생관리산업기사 실기 ·· 24-1
• 2024년 제2회 산업위생관리산업기사 실기 ·· 24-6
• 2024년 제3회 산업위생관리산업기사 실기 ·· 24-11

당신을 만나는 모든 사람이
당신과 헤어질 때에는
더 나아지고 더 행복해질 수 있도록 해라.

- 마더 테레사 -

당신을 만나는 모든 사람들이 오늘보다 내일 더 행복해질 수 있도록
지금 당신의 하루가 행복했으면 좋겠습니다.
당신의 오늘을 응원합니다.^^

PART 01

핵심 이론

- Chapter 01. 산업위생학 개론
- Chapter 02. 작업위생(환경) 측정 및 평가
- Chapter 03. 작업환경관리
- Chapter 04. 산업환기

2주완성 **산업위생관리산업기사 실기**

→ PART 01. 핵심 이론

산업위생학 개론

Section 01 산업위생

1 산업위생의 정의 및 목적

(1) 정의(미국산업위생학회, AIHA) ●출제율 40%

근로자나 일반 대중(지역주민)에게 질병, 건강장애와 안녕방해, 심각한 불쾌감 및 능률 저하 등을 초래하는 작업환경 요인과 스트레스를 예측, 측정, 평가하고 관리하는 과학과 기술

(2) 목적

① 작업환경개선 및 직업병의 근원적 예방
② 작업환경 및 작업조건의 인간공학적 개선
③ 작업자의 건강보호 및 생산성 향상

2 외국의 산업위생 역사

(1) Hippocrates(B.C. 4세기)

광산에서의 납중독 보고(역사상 최초로 기록된 직업병 : 납중독)

(2) Philippus Paracelsus(1493~1541년)

① 모든 화학물질은 독물이며, 독물이 아닌 화학물질은 없다. 따라서 적절한 양을 기준으로 독물 또는 치료약으로 구별된다고 주장, 독성학의 아버지로 불림
② 모든 물질은 독성을 가지고 있으며, 중독을 유발하는 것은 용량(dose)에 의존한다고 주장

(3) Georgius Agricola(1494~1555년)

① 저서 : "광물에 대하여(De Re Metalice)"
② 저서 내용 : 광부들의 사고와 질병, 예방방법, 비소 독성 등을 포함한 광산업에 대한 상세한 내용 설명

(4) Bernardino Ramazzini(1633~1714년) 출제율 30%

① 산업보건의 시조, 산업의학의 아버지로 불림(이탈리아 의사)
② 1700년에 "직업인의 질병(De Morbis Artificum Diatriba)" 집필
③ 직업병의 원인을 크게 두 가지로 구분
  ㉠ 작업장에서 사용하는 유해물질
  ㉡ 근로자들의 불완전한 작업이나 과격한 동작

(5) Percivall Pott(18세기)

① 직업성 암을 최초로 보고하였으며, 어린이 굴뚝청소부에게 많이 발생하는 음낭암(scrotal cancer) 발견(굴뚝청소부법을 제정토록 함)
② 암의 원인물질은 검댕 속 여러 종류의 다환 방향족 탄화수소(PAH)

(6) Alice Hamilton(20세기)

① 미국의 여의사이며 미국 최초의 산업위생학자, 산업의학자로 인정받음
② 현대적 의미의 최초 산업위생전문가(최초 산업의학자)
③ 20세기 초 미국의 산업보건 분야 크게 공헌

(7) 공장법(1833년)

산업보건에 관한 최초의 법률로서 실제로 효과를 거둔 최초의 법

(8) Loriga(1911년)

진동공구에 의한 수지의 레이노드(Raynaud)씨 현상을 상세히 보고

기출문제　　　　　　　　　　　　　　　　　　　　　　　2004년(산업기사)

산업보건학의 시조 및 그가 남긴 저서에서 밝힌 질병의 원인 2가지를 쓰시오. 출제율 20%

풀이 (1) 산업보건학의 시조 : Bernardino Ramazzini
(2) 저서 : 직업인의 질병(De Morbis Artificum Diatriba)
　　[질병원인] ① 작업장에서 사용하는 유해물질
　　　　　　　② 불완전한 작업이나 과격한 동작

 각 인물의 업적 숙지(Ramazzini, Percivall Pott, Loriga)

3 한국의 산업위생 역사

(1) 1953년

근로기준법 제정(우리나라 산업위생에 관한 최초의 법령) 공포

(2) 1981년

① 산업안전보건법 제정 공포
② 산업안전보건법 목적 : 근로자의 안전과 보건을 유지 · 증진하기 위함

(3) 1991년

① 원진레이온(주) 이황화탄소(CS_2) 중독
② 1991년 중독 발견하여 1998년 집단적 발생

1. 각 내용에 관련된 연도 숙지
2. 산업안전보건법 목적 숙지
3. 원진레이온 CS_2 중독사건 숙지

4 산업위생분야 종사자들의 윤리강령(미국산업위생학술원 : AAIH) ●출제율 30%

(1) 산업위생전문가로서의 책임

① 성실성과 학문적 실력면에서 최고수준을 유지한다(전문적 능력배양 및 성실한 자세로 행동).
② 과학적 방법의 적용과 자료의 해석에서 객관성을 유지한다(공인된 과학적 방법 적용, 해석).
③ 전문 분야로서의 산업위생을 학문적으로 발전시킨다.
④ 근로자, 사회 및 전문 직종의 이익을 위해 과학적 지식을 공개하고 발표한다.
⑤ 산업위생활동을 통해 얻은 개인 및 기업체의 기밀은 누설하지 않는다(정보는 비밀 유지).
⑥ 전문적 판단이 타협에 의해 좌우될 수 있거나 이해관계가 있는 상황에는 개입하지 않는다.

(2) 근로자에 대한 책임

① 근로자의 건강보호가 산업위생전문가의 1차적 책임임을 인지한다(주된 책임 인지).
② 위험요인의 측정, 평가 및 관리에 있어서 외부 압력에 굴하지 않고 중립적 태도를 취한다.
③ 건강의 유해요인에 대한 정보와 필요한 예방조치에 대해 근로자와 상담(대화)한다.
④ 근로자와 기타 여러 사람의 건강과 안녕이 산업위생전문가의 판단에 좌우된다는 것을 깨달아야 한다.

(3) 기업주와 고객에 대한 책임

① 결과 및 결론을 뒷받침할 수 있도록 기록을 유지하고 산업위생사업을 전문가답게 운영 관리한다.
② 기업주와 고객보다는 근로자의 건강보호에 궁극적 책임을 둔다.
③ 쾌적한 작업환경을 조성하기 위하여 산업위생의 이론을 적용하고 책임있게 행동한다.
④ 신뢰를 바탕으로 정직하게 권하고 성실한 자세로 충고하며, 결과와 개선점 및 권고사항을 정확히 보고한다.

(4) 일반 대중에 대한 책임

① 일반 대중에 관한 사항은 학술지에 정직하게 발표한다.
② 적정(정확)하고도 확실한 사실(확인된 지식)을 근거로 전문적인 견해를 발표한다.

 AAIH의 산업위생전문가의 윤리강령 4가지 및 각 윤리강령 내용 숙지

5 산업보건 허용기준 ●출제율 30%

(1) 미국정부산업위생전문가협의회(ACGIH ; American Conference of Governmental Industrial Hygienists)

① 허용기준(TLVs ; Threshold Limit Values) – 권고사항
② 생물학적 노출지수(BEIs ; Biological Exposure Indices)

(2) 미국산업안전보건청(OSHA ; Occupational Safety and Health Administration)

PEL(Permissible Exposure Limit) – 법적 기준

(3) 미국국립산업안전보건연구원(NIOSH ; National Institute for Occupational Safety and Health)

① REL(Recommended Exposure Limit) – 권고사항
② Criteria

(4) 미국산업위생학회(AIHA ; American Industrial Hygiene Association)

WEEL(Workplace Environmental Exposure Level)

(5) 독일

MAK(Maximal Arbeitsplatz Konzentration)

(6) 우리나라(고용노동부 고시)

노출기준

기출문제

ACGIH, NIOSH, TLV의 영문을 쓰고 한글로 정확히 번역하시오.

풀이 (1) ACGIH : ① American Conference of Governmental Industrial Hygienists
② 미국정부산업위생전문가협의회
(2) NIOSH : ① National Institute for Occupational Safety and Health
② 미국국립산업안전보건연구원
(3) TLV : ① Threshold Limit Value
② 허용기준

 학습 Point 산업위생 관련 각 단체 허용기준 및 영문(철자) 및 한글 명칭 숙지

6 농도 단위의 기본 개념

(1) 표준상태 **출제율 40%**

① 산업위생 분야(작업환경 측정) : 25℃, 1기압이며, 이때 물질 1mol의 부피는 24.45L
② 산업환기 분야 : 21℃, 1기압이며, 이때 물질 1mol의 부피는 24.1L
③ 일반대기(순수자연과학) 분야 : 0℃, 1기압이며, 이때 물질 1mol의 부피는 22.4L

(2) 질량농도(mg/m^3)와 용량농도(ppm)의 환산(0℃, 1기압 경우)

$$① \ ppm \Rightarrow mg/m^3, \ mg/m^3 = ppm(mL/m^3) \times \frac{분자량(mg)}{22.4mL}$$

$$② \ mg/m^3 \Rightarrow ppm, \ ppm(mL/m^3) = mg/m^3 \times \frac{22.4mL}{분자량(mg)}$$

(3) 보일-샤를의 법칙

① 보일의 법칙 : 일정한 온도에서 기체 부피는 그 압력에 반비례한다.
② 샤를의 법칙 : 일정한 압력에서 기체부피는 온도에 비례한다.
③ 보일-샤를의 법칙 : 온도와 압력이 동시에 변하면 일정량의 기체 부피는 압력에 반비례하고, 절대온도에 비례한다.

$$\frac{PV}{T} = K(일정 \ 상수)$$

기체의 양이 일정할 때, 온도 T_1, 압력 P_1에서 부피 V_1인 기체를 온도 T_2, 압력 P_2로 변화시켰을 때 부피가 V_2로 변했다면 다음 관계식이 성립한다.

$$\frac{P_1 V_1}{T_1} = \frac{P_2 V_2}{T_2}, \quad V_2 = V_1 \times \frac{T_2}{T_1} \times \frac{P_1}{P_2}$$

여기서, P_1, V_1, T_1 : 처음 압력, 부피, 온도

P_2, V_2, T_2 : 나중 압력, 부피, 온도

(4) 이상기체 방정식

$$PV = nRT$$

여기서, $n = \dfrac{기체\ 무게(W_g)}{분자량(M)}$

$R = 기체상수(0.082\text{L} \cdot \text{atm/mol} \cdot \text{K})$

$$PV = \frac{W_g}{M} RT$$

기출문제
2004년, 2009년, 2012년, 2018년(산업기사), 2015년(기사)

CO_2 농도 1,000ppm은 몇 mg/m^{3}인가? (단, 1atm, 0℃) ●출제율 40%

풀이 $\text{mg/m}^3 = 1,000\text{ppm}\,(\text{mL/m}^3) \times \dfrac{44\text{mg}}{22.4\text{mL}} = 1964.29\text{mg/m}^3$

기출문제
2007년, 2012년(기사)

40℃, 800mmH$_2$O에서 853L인 C$_5$H$_8$O$_2$가 65mg이었다. 21℃, 1기압에서 농도(ppm)는? ●출제율 20%

풀이 ① 21℃, 1기압에서 부피를 구하면

$\dfrac{P_1 V_1}{T_1} = \dfrac{P_2 V_2}{T_2}$ 이므로

$V_2 = 853\text{L} \times \dfrac{273+21}{273+40} \times \dfrac{800}{10,332}\,(1기압 = 10,332\text{mmH}_2\text{O}) = 62.04\text{L}\,(0.062\text{m}^3)$

② 부피 보정한 농도를 구하면

$\dfrac{65\text{mg}}{0.062\text{m}^3} = 1048.39\text{mg/m}^3$

ppm으로 환산하면 $[\text{C}_5\text{H}_8\text{O}_2 = (12 \times 5) + (1 \times 8) + (16 \times 2) = 100]$

$1048.39\text{mg/m}^3 \times \dfrac{24.1\text{mL}}{100\text{mg}} = 252.66\text{mL/m}^3\,(\text{ppm})$

2007년, 2012년, 2013년, 2018년(산업기사), 2005년, 2011년(기사)

기출문제

작업장 공기 내 PCE의 농도를 측정하였을 때 6.0ppm이었다. 이는 몇 mg/m³인지 환산하시오. (단, 측정온도 21℃, 압력 760mmHg, 분자량 166이다.) ●출제율 40%

풀이 $\mathrm{mg/m^3} = \mathrm{ppm} \times \dfrac{\text{분자량}}{\text{부피}} = 6\mathrm{mL/m^3} \times \dfrac{166\mathrm{mg}}{22.4\mathrm{mL} \times \dfrac{273+21}{273}} = 41.33\mathrm{mg/m^3}$

2003년, 2010년, 2014년(산업기사)

기출문제

25℃, 1atm, 50L 테프론백에 벤젠(M.W=78) 2mg을 혼입하였다. 이때의 벤젠농도를 ppm으로 구하면? ●출제율 40%

풀이 벤젠농도$(\mathrm{mg/m^3}) = \dfrac{2\mathrm{mg}}{50\mathrm{L}} \times \dfrac{10^3\mathrm{L}}{\mathrm{m^3}} = 40\mathrm{mg/m^3}$

$\mathrm{ppm} = 40\mathrm{mg/m^3} \times \dfrac{22.4\mathrm{mL} \times \dfrac{273+25}{273}}{78\mathrm{mg}} = 12.54\mathrm{ppm}\,(\mathrm{mL/m^3})$

2008년, 2014년, 2017년, 2019년(산업기사), 2002년, 2014년, 2017년(기사)

기출문제

30℃, 750mmHg 상태의 배기가스 SO₂ 3m³를 표준상태로 환산하였다. 그 부피는 몇 m³가 되는가? ●출제율 50%

풀이 3m³를 표준상태(0℃, 1기압)로 환산하면

$\dfrac{P_1 V_1}{T_1} = \dfrac{P_2 V_2}{T_2}$

$V_2 = V_1 \times \dfrac{T_2}{T_1} \times \dfrac{P_1}{P_2} = 3\mathrm{m^3} \times \dfrac{273}{(273+30)} \times \dfrac{750}{760} = 2.67\mathrm{m^3}$

예상문제

0℃, 1atm 상태에서 공기의 밀도가 1.293kg/m³라면 100℃, 700mmHg 상태에서 밀도(kg/m³)는 얼마인가?

풀이 $\gamma' = \gamma \times \dfrac{273}{273+t} \times \dfrac{P}{760} = 1.293 \times \dfrac{273}{273+100} \times \dfrac{700}{760} = 0.87\mathrm{kg/m^3}$

1. 질량농도(mg/m³)와 용량농도(ppm)의 환산 계산문제 숙지(출제 비중 높음)
2. 보일–샤를의 법칙 응용 계산문제 숙지(출제 비중 높음)

CHAPTER 1

7 대기의 조성

(1) 일반적 대기조성

① 질소(N_2) : 78.09%

② 산소(O_2) : 20.94%

③ 아르곤(Ar) : 0.93%

④ 탄산가스(CO_2) : 0.035%

⑤ 기타 물질 : 0.005%

(2) 공기의 평균 분자량(g) = 각 성분 가스의 분자량(g) × 체적 분율(%)

(3) 공기밀도(g/L = kg/m³) = $\dfrac{질량}{부피}$

기출문제 | 2004년, 2010년, 2017년(기사)

공기의 조성비가 다음과 같을 때 공기의 평균 분자량(g)과 공기밀도(kg/m³)를 구하시오. (단, 표준상태 0℃, 1기압) ●출제율 20%

질소 78.2%, 산소 21%, 아르곤 0.5%, 이산화탄소 0.3%

풀이 (1) 공기의 평균 분자량 = 각 성분 가스의 분자량(g) × 체적 분율(%)

$$= \frac{[(28(N_2) \times 78.2) + (32(O_2) \times 21.0) + (39.95(Ar) \times 0.5) + (44(CO_2) \times 0.3)]}{100}$$

$$= \frac{2894.78}{100} = 28.95g$$

(2) 공기밀도 = $\dfrac{질량}{부피} = \dfrac{28.95g}{22.4L} = 1.29g/L (= 1.29kg/m^3)$

 Point 대기조성에 따른 분자량, 밀도 계산문제 숙지

8 허용기준(노출기준) : ACGIH

(1) 허용기준(TLV) 적용 시 주의사항 ●출제율 70%

① 대기오염 평가 및 지표(관리)에 사용할 수 없다.

② 24시간 노출 또는 정상작업시간을 초과한 노출에 대한 독성 평가에는 적용할 수 없다.

③ 기존의 질병이나 신체적 조건을 판단(증명 또는 반응 자료)하기 위한 척도로 사용될 수 없다.

④ 작업조건이 다른 나라에서 ACGIH-TLV를 그대로 사용할 수 없다.

⑤ 안전농도와 위험농도를 정확히 구분하는 경계선이 아니다.

⑥ 독성의 강도를 비교할 수 있는 지표는 아니다.

⑦ 반드시 산업보건(위생) 전문가에 의하여 설명(해석), 적용되어야 한다.

(2) 종류

① 시간가중 평균노출기준(TWA ; Time Weighted Average) 출제율 70%

　　㉠ 정의 : 1일 8시간, 주 40시간 동안의 평균농도로서 거의 모든 근로자가 평상작업
에서 반복하여 노출되더라도 건강장애를 일으키지 않는 공기 중 유해물질의 농도를
말한다.

　　㉡ 노출의 상한선과 노출시간 권고사항 출제율 60%

　　　　• TLV – TWA의 3배 이상 높을 경우 ⇨ 30분 이하 노출권고

　　　　• TLV – TWA의 5배 이상 높을 경우 ⇨ 잠시도 노출금지

② 단시간 노출기준(STEL ; Short Term Exposure Limit) 출제율 60%

15분간의 시간가중평균노출값으로서 노출농도가 시간가중평균노출기준(TWA)을 초과하
고 단시간노출기준(STEL) 이하인 경우에는 1회 노출 지속시간이 15분 미만이어야 하고,
이러한 상태가 1일 4회 이하로 발생하여야 하며, 각 노출의 간격은 60분 이상이어야 한다.

③ 최고노출기준(C ; Ceiling ≒ 최고허용농도) 출제율 60%

근로자가 작업시간 동안 잠시라도 노출되어서는 안 되는 농도를 말하며 어떤 시점에서
수치를 넘어서는 안 된다는 **상한치**를 뜻하는 것으로 항상 표시된 농도 이하를 유지해
야 한다는 의미이다.

④ 피부 노출기준(SKIN, ACGIH)

유해화학물질의 노출기준 또는 허용기준에 "피부" 또는 "SKIN"이라는 표시가 있을 경
우 그 물질은 피부로 흡수되어 **전체 노출량에 기여**할 수 있다는 의미이다.

(3) 노출기준에 피부(SKIN) 표시를 하여야 하는 물질 출제율 20%

① 손이나 팔에 의한 흡수가 몸 전체 흡수에 지대한 영향을 주는 물질

② 반복하여 피부에 도포했을 때 전신작용을 일으키는 물질

③ 급성 동물실험 결과 피부 흡수에 의한 치사량이 비교적 낮은 물질

④ 옥탄올–물 분배계수가 높아 피부 흡수가 용이한 물질

⑤ 다른 노출경로에 비하여 피부 흡수가 전신작용에 중요한 역할을 하는 물질

Reference **노출인년**

$$노출인년 = 조사인원 \times \left(\frac{조사한\ 개월수}{12개월} \right)$$

2007년(산업기사), 2013년(기사)

기출문제

다음은 어느 작업장의 시료분석 결과표이다. 이 작업장에서의 CS₂의 시간가중 평균노출기준(TLV −TWA)을 구하시오. ●출제율 50%

폭로시간(hr)	3	2	2	1	1분(피크치)
CS_2 농도(ppm)	1.5	17	4.6	20	70

풀이 $TLV-TWA = \dfrac{C_1 T_1 + \cdots + C_n T_n}{8} = \dfrac{(1.5 \times 3) + (17 \times 2) + (4.6 \times 2) + (20 \times 1)}{8} = 8.46\text{ppm}$

2005년(산업기사), 2011년(기사)

기출문제

공기 중 카르보닐 분진의 농도를 측정하기 위해 오전과 오후로 나누어 전체 2개의 시료를 연속적으로 포집한 결과 다음 표와 같았다. 이때 농도와 TLV −TWA는? ●출제율 70%

시간	공기속도(L/min)	포집시간(min)	측정 전후 필터 무게의 차이(mg)	농도(mg/m³)
오전	2.0	200	3.005	(?)
오후	2.0	280	2.475	(?)

풀이 (1) 농도

① 농도(오전) $= \dfrac{\text{질량}(\text{분석량})}{\text{부피}(\text{공기속도} \times \text{포집시간})}$

$\qquad\qquad = \dfrac{3.005\text{mg}}{2.0\text{L/min} \times 200\text{min} \times \text{m}^3/1{,}000\text{L}} = 7.513\text{mg/m}^3$

② 농도(오후) $= \dfrac{2.475\text{mg}}{2.0\text{L/min} \times 280\text{min} \times \text{m}^3/1{,}000\text{L}} = 4.420\text{mg/m}^3$

(2) $TLV-TWA = \dfrac{(200 \times 7.513) + (280 \times 4.420)}{480} = 5.71\text{mg/m}^3$

2007년, 2012년(산업기사), 2002년(기사)

기출문제

어느 작업장의 어떤 물질의 농도를 측정하여 평가한 결과 1시간 350ppm, 2시간 250ppm, 2시간 200ppm, 3시간 150ppm에 폭로된 결과를 얻었다. 이때 TWA(시간가중 평균치)를 계산하여라. ●출제율 60%

풀이 $TLV-TWA = \dfrac{C_1 T_1 + \cdots + C_4 T_4}{8} = \dfrac{(350 \times 1) + (250 \times 2) + (200 \times 2) + (150 \times 3)}{8} = 212.5\text{ppm}$

학습 Point
1. 허용기준 적용 시 주의사항(5가지 이상) 숙지(출제 비중 높음)
2. 시간가중 평균치 계산문제 숙지(출제 비중 높음)
3. 허용기준의 종류, 정의 숙지(출제 비중 높음)

9 혼합물의 허용농도(노출기준)

(1) 노출지수(EI ; Exposure Index)

① 2가지 이상의 유해화학물질이 공기 중에 공존할 때는 대부분의 물질은 유해성의 상가 작용(additive effect)을 나타내기 때문에 유해성 평가는 노출지수에 의해 결정되며 노출지수가 1을 초과하면 노출기준을 초과한다고 평가한다.

②

$$노출지수(\text{EI}) = \frac{C_1}{\text{TLV}_1} + \frac{C_2}{\text{TLV}_2} + \cdots + \frac{C_n}{\text{TLV}_n}$$

여기서, C_n : 각 혼합물질의 공기 중 농도, TLV_n : 각 혼합물질의 노출기준

기출문제   2007년, 2014년, 2022년(산업기사), 2012년, 2018년(기사)

공기 중 혼합물로서 톨루엔 200ppm($\text{TLV}=100$ppm), 벤젠 10ppm($\text{TLV}=10$ppm)으로 존재 시 허용농도 초과여부를 평가하고 보정된 허용기준(농도)을 구하시오. (단, 상가작용) ●출제율 60%

풀이 (1) 노출지수$(\text{EI}) = \dfrac{C_1}{\text{TLV}_1} + \dfrac{C_2}{\text{TLV}_2} = \dfrac{200}{100} + \dfrac{10}{10} = 3$(1을 초과하므로 허용농도 초과 판정)

(2) 보정된 허용농도(기준) $= \dfrac{혼합물의\ 공기\ 중\ 농도(C_1 + C_2)}{노출지수} = \dfrac{(200+10)\text{ppm}}{3} = 70\text{ppm}$

기출문제   2008년(산업기사), 2001년, 2011년(기사)

작업상 공기 중에 납이 0.07mg/m³($\text{TLV}=0.05$mg/m³), 황산 0.7mg/m³($\text{TLV}=1$mg/m³)가 혼재되어 있는 경우 허용기준의 초과여부를 판단하시오.

풀이 납과 황산은 독립작용을 하므로 각각의 허용기준과 비교한다. 즉, 납은 허용기준 초과, 황산은 허용기준을 초과하지 않음
(독립작용 예 황산과 납, 질산과 카드뮴, 이산화황과 시안화수소)

 허용농도 초과여부 평가 및 보정된 허용농도 계산 숙지(출제 비중 높음)

(2) 액체 혼합물의 구성 성분을 알 때 혼합물의 허용농도(노출기준)

$$혼합물의 노출기준(\text{mg/m}^3) = \frac{1}{\dfrac{f_a}{\text{TLV}_a} + \dfrac{f_b}{\text{TLV}_b} + \cdots + \dfrac{f_n}{\text{TLV}_n}}$$

여기서, f_a, f_b, f_n : 액체 혼합물에서의 각 성분 무게(중량)의 구성비(%)

TLV_a, TLV_b, TLV_n : 해당 물질의 TLV(TLV 단위는 mg/m³를 사용)

기출문제

다음 혼합물의 노출기준(mg/m^3)을 구하시오. (단, 25℃, 1기압) 출제율 60%

물질(농도)	톨루엔(50%)	벤젠(20%)	노말헥산(30%)
TLV	100ppm	50ppm	100ppm
분자량	92.13	78.11	86.18

풀이 우선 각 TLV의 단위를 mg/m^3로 바꾸면

① 톨루엔(mg/m^3) = $100ppm \times \dfrac{92.13}{24.45L} = 376.81mg/m^3$

② 벤젠(mg/m^3) = $50ppm \times \dfrac{78.11}{24.45L} = 159.73mg/m^3$

③ 노말헥산(mg/m^3) = $100ppm \times \dfrac{86.18}{24.45L} = 352.47mg/m^3$

노출기준(mg/m^3) = $\dfrac{1}{\dfrac{0.5}{376.81} + \dfrac{0.2}{159.73} + \dfrac{0.3}{352.47}} = 291.53mg/m^3$

기출문제

유기용제가 중량비로 40% 헵탄($TLV = 1,640mg/m^3$), 60% 퍼클로로에틸렌($TLV = 170mg/m^3$)으로 혼합되어 공기 중으로 휘발되었을 때 공기 중 혼합 유기용제의 허용농도(노출기준)는? 출제율 70%

풀이 혼합물의 노출기준(mg/m^3) = $\dfrac{1}{\dfrac{f_a}{TLV_a} + \dfrac{f_b}{TLV_b}} = \dfrac{1}{\dfrac{0.4}{1,640} + \dfrac{0.6}{170}} = 265.02mg/m^3$

기출문제

다음 헵탄(TLV=1,640mg/m³), 메틸클로로포름(TLV=1,910mg/m³), 퍼클로로에틸렌(TLV=170mg/m³)이 1:2:3의 비율로 혼합된 유해물질의 허용농도는? 출제율 70%

풀이 각 유해물질의 중량비를 먼저 구하면

① 헵탄 = $\dfrac{1}{6} \times 100 = 16.7\%$

② 메틸클로로포름 = $\dfrac{2}{6} \times 100 = 33.3\%$

③ 퍼클로로에틸렌 = $\dfrac{3}{6} \times 100 = 50.0\%$

혼합물의 노출기준(mg/m^3) = $\dfrac{1}{\dfrac{0.167}{1,640} + \dfrac{0.333}{1,910} + \dfrac{0.500}{170}} = 310.81mg/m^3$

Point 혼합물의 노출기준 계산문제 숙지(출제 비중 높음)

10 비정상 작업시간에 대한 허용농도 보정

(1) OSHA의 보정방법

노출기준 보정계수(RF)를 구하여 노출기준에 곱하여 계산한다.

① 급성중독을 일으키는 물질

    ㉠ 대표물질 : 일산화탄소

    ㉡ 계산식

$$\text{보정된 노출기준} = 8\text{시간 노출기준} \times \frac{8\text{시간}}{\text{노출시간/일}}$$

② 만성중독을 일으키는 물질

    ㉠ 대표물질 : 중금속

    ㉡ 계산식

$$\text{보정된 노출기준} = 8\text{시간 노출기준} \times \frac{40\text{시간}}{\text{작업시간/주}}$$

(2) Brief와 Scala의 보정방법

① 노출기준 보정계수(RF)를 구하여 노출기준에 곱하여 계산한다.

② 노출기준 보정계수(RF)

$$\text{RF} = \left(\frac{8}{H}\right) \times \frac{24 - H}{16} \quad \left[\text{일주일} : \text{RF} = \left(\frac{40}{H}\right) \times \frac{168 - H}{128}\right]$$

여기서, H : 비정상적인 작업시간(노출시간/일, 노출시간/주)

        16 : 휴식시간 의미(128 : 일주일 휴식시간)

③ 보정된 노출기준

$$\text{보정된 노출기준} = \text{RF} \times \text{노출기준(허용농도)}$$

기출문제
2007년(산업기사), 2012년(기사)

공기 중 트리클로로에틸렌(TCE)의 농도가 45ppm인 작업장에서 1일 9시간 근무하는 경우 이 작업장에 대한 보정계수, 보정된 노출기준, 초과여부를 판단하시오. (단, Brief와 Scala의 보정방법 적용, $\text{TCE} - \text{TLV} = 50\text{ppm}$) ● 출제율 70%

풀이

(1) 우선 보정계수(RF)를 구하면

$$\text{RF} = \left(\frac{8}{H}\right) \times \frac{24 - H}{16} = \left(\frac{8}{9}\right) \times \frac{24 - 9}{16} = 0.833$$

(2) 보정된 노출기준 = $\text{TLV} \times \text{RF} = 50\text{ppm} \times 0.833 = 41.67\text{ppm}$

(3) 측정된 농도(공기 중 농도) 45ppm이 보정된 노출기준 41.67ppm보다 크므로 노출기준 초과 판정(판단)한다.

2014년, 2019년(산업기사), 2014년, 2019년(기사)

기출문제

> 톨루엔(TLV＝50ppm)을 사용하는 작업장의 작업시간이 10시간일 때 허용기준을 보정하여야 한다. OSHA 보정법과 Brief and Scala 보정법을 적용하였을 경우 보정된 허용기준치 간의 차이는?

풀이 ① OSHA 보정방법

$$\text{보정된 노출기준} = 8\text{시간 노출기준} \times \frac{8\text{시간}}{\text{노출시간/일}} = 50 \times \frac{8}{10} = 40\,\text{ppm}$$

② Brief and Scala 보정방법

$$\text{RF} = \left(\frac{8}{H}\right) \times \frac{24-H}{16} = \left(\frac{8}{10}\right) \times \frac{24-10}{16} = 0.7$$

보정된 노출기준 ＝ TLV × RF ＝ 50 × 0.7 ＝ 35ppm

허용기준치 차이 ＝ 40 − 35 ＝ 5ppm

11 공기 중 혼합물질의 화학적 상호작용 ●출제율 70%

(1) 상가작용(additive effect)

① 작업환경 중 유해인자가 2종 이상 혼재하는 경우에 있어서 혼재하는 유해인자가 인체의 같은 부위에 작용함으로써 그 유해성이 가중되는 것

② 상대적 독성 수치로 표현

2＋3＝5 (여기서, 수치는 독성의 크기를 의미함)

(2) 상승작용(synergism effect)

① 각각 단일물질에 노출되었을 때 원래의 독성보다 훨씬 독성이 커짐

② 상대적 독성 수치로 표현

2＋3＝20

(3) 잠재작용(potentiation effect)(＝가승작용)

① 인체의 어떤 기관이나 계통에 영향을 나타내지 않는 물질이 독성이 있는 다른 물질과 복합적으로 노출되었을 때 그 독성이 커지는 것

② 상대적 독성 수치로 표현

2＋0＝10

(4) 길항작용(antagonism effect)(＝상쇄작용)

① 두 가지 화합물이 함께 있었을 때 서로의 작용을 방해하는 것

② 상대적 독성 수치로 표현

2＋3＝1

③ 종류

　㉠ 화학적 길항작용(두 화학물질이 반응하여 저독성의 물질을 형성하는 경우)

　㉡ 기능적 길항작용(동일한 생리적 기능에 길항작용을 나타내는 경우)

　㉢ 배분적 길항작용(물질의 흡수, 대사 등에 영향을 미쳐 표적기관 내 축적기관의 농도가 저하되는 경우)

　㉣ 수용적 길항작용(두 화학물질이 같은 수용체에 결합하여 독성이 저하되는 경우)

1. 물질 간 상호작용 4가지 및 설명 숙지(출제 비중 높음)
2. 길항작용 종류 4가지 숙지(출제 비중 높음)

12 유해물질의 TLV를 설정 및 개정 시 이용자료(ACGIH) ●출제율 50%

(1) 화학구조상의 유사성

TLV 선정하는 가장 기초적인 단계

(2) 동물실험 자료

인체실험, 산업장 역학조사 자료가 부족할 때 적용

(3) 인체실험 자료

제한적으로 실시됨

(4) 산업장 역학조사 자료

허용농도 설정에 있어서 가장 중요한 자료로 가장 신뢰성을 가짐

13 Hatch의 양-반응관계의 기관장애 3단계 ●출제율 70%

(1) 1단계

항상성(homeostasis) 유지 단계

(2) 2단계

보상(compensation) 유지 단계(허용농도 설정 단계)

(3) 3단계

고장(breakdown) 장애 단계

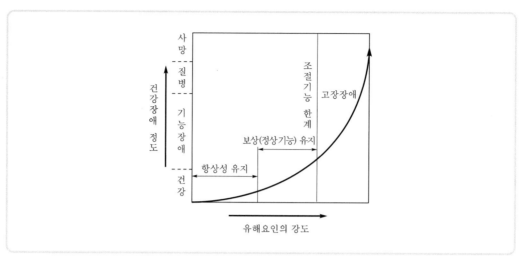

∥ 기관장애 3단계 ∥

(4) Haber 법칙

환경 속에서 중독을 일으키는 유해물질의 공기 중 농도(C)와 폭로시간(T)의 곱은 일정(K)
하다는 법칙, 즉 $C \times T = K$ (단시간 노출 시 유해물질지수는 농도와 노출시간의 곱으로
계산)

1. 기관장애 3단계 숙지
2. Haber 법칙 정의 숙지
3. TLV 개정 시 이용자료 숙지(출제 비중 높음)

14 체내흡수량(안전흡수량, 안전폭로량, SHD)

(1) SHD는 인간에게 안전하다고 여겨지는 양을 의미한다.

(2) 관계식

$$체내흡수량(\text{mg}) = C \times T \times V \times R$$

여기서, 체내흡수량(SHD) : 안전계수와 체중을 고려한 것
　　　　C : 공기 중 유해물질 농도(mg/m^3)
　　　　T : 노출시간(hr)
　　　　V : 호흡률(폐환기율)(m^3/hr)
　　　　R : 체내잔류율(보통 1.0)

기출문제   2010년(산업기사), 2006년, 2012년, 2015년(기사)

작업장에서 tetrachloroethylene(폐흡수율 75%, TLV-TWA 25ppm, M.W 165.80)을 사용하고 있다. 체중 70kg인 근로자가 중노동(호흡률 1.47m³/hr)을 2시간, 경노동(호흡률 0.98m³/hr)을 6시간 작업하였다. 작업장에 폭로된 농도는 22.5ppm이었다면 이 근로자의 하루 폭로량(mg/kg)을 구하시오. (단, 온도 25℃) ●출제율 50%

풀이 ① 공기 중 농도 : 농도$(\mathrm{mg/m^3}) = 22.5\mathrm{ppm} \times \dfrac{165.80}{24.45} = 152.58\mathrm{mg/m^3}$

    ② 흡수량 $= C \times T \times V \times R$
       경노동 : $152.58 \times 6 \times 0.98 \times 0.75 = 672.88\mathrm{mg}$
       중노동 : $152.58 \times 2 \times 1.47 \times 0.75 = 336.44\mathrm{mg}$
    ③ 총 흡수량 : $672.88 + 336.44 = 1009.32\mathrm{mg}$
       근로자의 하루 폭로량 $= \dfrac{1009.32\mathrm{mg}}{70\mathrm{kg}} = 14.42\mathrm{mg/kg}$

기출문제   2014년(산업기사), 2005년, 2008년, 2010년(기사)

어떤 물질의 독성에 관한 인체실험결과 안전흡수량이 체중 kg당 0.2mg이었다. 체중 70kg인 사람이 1일 8시간 작업 시 이 물질의 체내흡수를 안전흡수량 이하로 유지하려면 이 물질의 공기 중 농도를 얼마 이하로 규제하여야 하는가? (단, 작업 시 폐환기율 1.25m³/hr, 체내잔류율 1.0) ●출제율 80%

풀이 안전흡수량 $= C \times T \times V \times R$에서 C를 구하면

$$C = \frac{\text{안전흡수량}}{T \times V \times R} = \frac{0.2\mathrm{mg/kg} \times 70\mathrm{kg}}{8\mathrm{hr} \times 1.25\mathrm{m^3/hr} \times 1.0} = 1.40\mathrm{mg/m^3}$$

 체내 안전흡수량 및 공기 중 농도 계산문제 숙지(출제 비중 높음)

Section 02 | 인간과 작업환경

1 인간공학

(1) 인간공학 활용 3단계 ●출제율 30%

  ① 1단계 : 준비 단계
    인간공학에서 인간과 기계 관계 구성인자의 특성이 무엇인지를 알아야 하는 단계
  ② 2단계 : 선택 단계
    작업을 수행하는 데 필요한 직종 간의 연결성, 공정설계에 있어서의 기능적 특성, 경제적 효율, 제한점을 고려하여 세부설계를 하여야 하는 인간공학의 활용 단계

③ 3단계 : 검토 단계

공장의 기계 설계 시 인간공학적으로 인간과 기계 관계의 비합리적인 면을 수정 보완하는 단계

(2) 지적속도 ●출제율 30%

작업자의 체격과 숙련도, 작업환경에 따라 피로를 가장 적게 하고, 생산량을 최고로 올릴 수 있는 가장 경제적인 작업속도

(3) 작업영역

① **정상 작업역**(표준영역 : normal area)
  ㉠ 위팔(상완)을 자연스럽게 수직으로 늘어뜨린 채 아래팔(전완)만으로 편하게 뻗어 파악할 수 있는 영역
  ㉡ 움직이지 않고 전박과 손으로 조작할 수 있는 범위
② **최대 작업역**(최대영역 : maximum area)
  ㉠ 아래팔(전완)과 위팔(상완)을 곧게 펴서 파악할 수 있는 영역
  ㉡ 움직이지 않고 상지를 뻗쳐 닿는 범위

2 중량물(들기작업)

(1) NIOSH의 감시기준(AL) 관계식 ●출제율 40%

$$AL(kg) = 40\left(\frac{15}{H}\right)(1 - 0.004|V - 75|)\left(0.7 + \frac{7.5}{D}\right)\left(1 - \frac{F}{F_{max}}\right)$$

여기서, H : 대상물체의 수평거리
V : 대상물체의 수직거리
D : 대상물체의 이동거리
F : 중량물 취급작업의 빈도

(2) NIOSH의 최대허용기준(MPL) 관계식 ●출제율 50%

$$MPL = AL \times 3$$

(3) 개정 NIOSH의 권고기준(RWL) ●출제율 40%

$$RWL(kg) = LC \times HM \times VM \times DM \times AM \times FM \times CM$$

여기서, LC : 중량상수(부하상수) 23kg, 모든 조건이 가장 좋지 않을 경우 허용되는 최대
　　　　중량, 즉 최적 작업상태 권장 최대무게 의미
　　　HM : 수평계수, VM : 수직계수
　　　DM : 물체 이동거리계수, AM : 비대칭각도계수
　　　FM : 작업빈도계수, CM : 물체를 잡는 데 따른 계수(커플링계수)

(4) NIOSH의 중량물 취급지수(LI) : 들기지수 ●출제율 50%

$$LI = \frac{물체\ 무게(kg)}{RWL(kg)}$$

(5) 중량물 취급에 대한 기준(NIOSH) 적용범위 ●출제율 20%

① 박스(box)인 경우는 손잡이가 있어야 하고 신발이 미끄럽지 않아야 한다.
② 작업장 내의 온도가 적절해야 한다.
③ 물체의 폭이 75cm 이하로서 두 손을 적당히 벌리고 작업할 수 있는 공간이 있어야 한다.
④ 보통 속도로 두 손으로 들어올리는 작업을 기준으로 한다.

예상문제

근로자로부터 40cm 떨어진 물체 9kg을 바닥으로부터 150cm 들어올리는 작업을 1분에 5회씩 1일 8시간 실시할 때 AL은 4.6kg, MPL은 13.8kg, RWL은 3.3kg이라면 중량물 취급지수(LI)는?

풀이 $LI = \dfrac{물체\ 무게(kg)}{RWL(kg)} = \dfrac{9(kg)}{3.3(kg)} = 2.73$

예상문제

다음 [표]를 이용하여 개정된 NIOSH의 들기작업 권고기준에 따른 권장무게한계(RWL)는 약 얼마인가?

계수 구분	값	계수 구분	값
수평계수(HM)	0.5	비대칭계수(AM)	1
수직계수(VM)	0.955	빈도계수(FM)	0.45
거리계수(DM)	0.91	커플링계수(CM)	0.95

풀이 RWL(kg) = LC ×HM×VM×DM×AM×FM×CM
　　　여기서, LC : 중량상수(23kg)
　　　= 23kg×0.5×0.955×0.91×1×0.45×0.95
　　　= 4.27kg

> ### Reference 서캐디안 리듬과 근골격계질환 평가도구 ● ● ●
>
> 1. **서캐디안 리듬(circadian rhythm)** : 일주기성 리듬을 서캐디안 리듬이라 하며 외부환경의 변화에 대처하여 효율적으로 적응하기 위한 생물학적 리듬으로 교대근무는 일주기성 리듬을 교란시키고 수면에 영향을 주어 건강을 해치고 일상생활에 영향을 준다.
> 2. **근골격계질환 평가도구(JSI)** : 주로 상지말단(손목 등)의 직업관련성 근골격계 유해요인을 평가하기 위한 도구로, 각각의 작업을 세분하여 평가하며 작업을 정량적으로 평가함과 동시에 질적인 평가도 함께 고려한다.

> ### Reference 야간 교대작업 근로자의 생리적 현상 ● ● ●
>
> 1. 수면장애   2. 심혈관질환   3. 위장장애   4. 만성신장질환

1. 인간공학 활용 3단계 및 내용 숙지
2. 지적속도, 정상 작업역, 최대 작업역 정의 숙지(출제 비중 높음)
3. AL, MPL 관계식의 각 factor 숙지(출제 비중 높음)

Section 03 | 산업위생 관련 법규

1 법, 시행령, 시행규칙에 관한 사항

(1) 용어의 정의(법 제2조)

① **작업환경 측정**

작업환경의 실태를 파악하기 위하여 해당 근로자 또는 작업장에 대하여 사업주가 유해인자에 대한 측정계획을 수립한 후 시료를 채취하고, 분석·평가하는 것을 말한다.

② **안전·보건 진단**

산업재해를 예방하기 위하여 잠재적 위험성의 발견과 그 개선대책의 수립을 목적으로 고용노동부장관이 지정하는 자가 실시하는 조사·평가를 말한다.

③ **중대재해** ●출제율 30%

산업재해 중 사망 등 재해의 정도가 심한 것으로서 고용노동부령이 정하는 재해를 말한다.

㉠ 사망자가 1명 이상 발생한 재해

㉡ 3개월 이상의 요양을 요하는 부상자가 동시에 2명 이상 발생한 재해

㉢ 부상자 또는 직업성 질병자가 동시에 10명 이상 발생한 재해

(2) 보건관리자의 업무 등(시행령 제22조) ●출제율 40%

① 산업안전보건위원회 또는 노사협의체에서 심의·의결한 업무와 안전보건관리규정 및 취업
   규칙에서 정한 업무
② 안전인증대상 기계 등과 자율안전확인대상 기계 등 중 보건과 관련된 보호구(保護具) 구입
   시 적격품 선정에 관한 보좌 및 지도·조언
③ 위험성평가에 관한 보좌 및 지도·조언
④ 작성된 물질안전보건자료의 게시 또는 비치에 관한 보좌 및 지도·조언
⑤ 산업보건의의 직무
⑥ 해당 사업장 보건교육계획의 수립 및 보건교육 실시에 관한 보좌 및 지도·조언
⑦ 해당 사업장의 근로자를 보호하기 위한 다음의 조치에 해당하는 의료행위
   ㉠ 자주 발생하는 가벼운 부상에 대한 치료
   ㉡ 응급처치가 필요한 사람에 대한 처치
   ㉢ 부상·질병의 악화를 방지하기 위한 처치
   ㉣ 건강진단 결과 발견된 질병자의 요양 지도 및 관리
   ㉤ ㉠부터 ㉣까지의 의료행위에 따르는 의약품의 투여
⑧ 작업장 내에서 사용되는 전체환기장치 및 국소배기장치 등에 관한 설비의 점검과 작업
   방법의 공학적 개선에 관한 보좌 및 지도·조언
⑨ 사업장 순회점검, 지도 및 조치 건의
⑩ 산업재해 발생의 원인 조사·분석 및 재발 방지를 위한 기술적 보좌 및 지도·조언
⑪ 산업재해에 관한 통계의 유지·관리·분석을 위한 보좌 및 지도·조언
⑫ 법 또는 법에 따른 명령으로 정한 보건에 관한 사항의 이행에 관한 보좌 및 지도·조언
⑬ 업무 수행 내용의 기록·유지
⑭ 그 밖에 보건과 관련된 작업관리 및 작업환경관리에 관한 사항으로서 고용노동부장관
   이 정하는 사항

(3) 보건관리자의 자격(시행령 제21조) ●출제율 20%

① "의료법"에 따른 의사
② "의료법"에 따른 간호사
③ 산업보건지도사
④ "국가기술자격법"에 따른 산업위생관리산업기사 또는 대기환경산업기사 이상의 자격을
   취득한 사람
⑤ "국가기술자격법"에 따른 인간공학기사 이상의 자격을 취득한 사람
⑥ "고등교육법"에 따른 전문대학 이상의 학교에서 산업보건 또는 산업위생 분야 학위를
   취득한 사람

(4) 물질안전보건자료(MSDS)의 작성 및 제출(법 제110조)

화학물질 또는 이를 함유한 혼합물로서 분류기준에 해당하는 것을 제조하거나 수입하려는 자는 다음 각 호의 사항을 적은 자료를 고용노동부령으로 정하는 바에 따라 작성하여 고용노동부장관에게 제출하여야 한다.

① 제품명

② 물질안전보건자료 대상물질을 구성하는 화학물질 중 분류기준에 해당하는 화학물질의 명칭 및 함유량

③ 안전 · 보건상의 취급 주의사항

④ 건강 및 환경에 대한 유해성, 물리적 위험성

⑤ 물리 · 화학적 특성 등 고용노동부령으로 정하는 사항

(5) 물질안전보건 자료의 작성 · 제출 제외 대상화학물질(시행령 제86조) ●출제율 60%

① 건강기능식품

② 농약

③ 마약 및 향정신성 의약품

④ 비료

⑤ 사료

⑥ 원료물질

⑦ 안전확인대상 생활화학제품 및 살생물제품 중 일반소비자의 생활용으로 제공되는 제품

⑧ 식품 및 식품첨가물

⑨ 의약품 및 의약외품

⑩ 방사성 물질

⑪ 위생용품

⑫ 의료기기

⑬ 화약류

⑭ 폐기물

⑮ 화장품

⑯ 화학물질 또는 혼합물로서 일반 소비자의 생활용으로 제공되는 것

⑰ 고용노동부장관이 정하여 고시하는 연구 · 개발용 화학물질 또는 화학제품

⑱ 기타 고용노동부장관이 독성 · 폭발성 등으로 인한 위해의 정도가 적다고 인정하여 고시하는 화학물질

(6) 산업안전보건법상 제조 등이 금지되는 유해물질(시행령 제87조)

① β-나프틸아민과 그 염

② 4-니트로디페닐과 그 염

③ 백연을 포함한 페인트(포함된 중량의 비율이 2% 이하인 것은 제외)

④ 벤젠을 포함하는 고무풀(포함된 중량의 비율이 5% 이하인 것은 제외)

⑤ 석면

⑥ 폴리클로리네이티드 터페닐

⑦ 황린(黃燐) 성냥

⑧ ①, ②, ⑤ 또는 ⑥에 해당하는 물질을 포함한 화합물(포함된 중량의 비율이 1% 이하인 것은 제외)

⑨ "화학물질관리법"에 따른 금지물질

⑩ 그 밖에 보건상 해로운 물질로서 산업재해보상보험 및 예방심의위원회의 심의를 거쳐 고용노동부장관이 정하는 유해물질

(7) 건강장애를 예방하기 위한 필요한 보건조치사항(법 제39조) ●출제율 20%

① 원재료·가스·증기·분진·흄(fume)·미스트(mist)·산소결핍·병원체 등에 의한 건강장애

② 방사선·유해광선·고온·저온·초음파·소음·진동·이상기압 등에 의한 건강장애

③ 사업장에서 배출되는 기체·액체 또는 찌꺼기 등에 의한 건강장애

④ 계측감시(計測監視), 컴퓨터 단말기 조작, 정밀공작 등의 작업에 의한 건강장애

⑤ 단순반복작업 또는 인체에 과도한 부담을 주는 작업에 의한 건강장애

⑥ 환기·채광·조명·보온·방습·청결 등의 적정기준을 유지하지 아니하여 발생하는 건강장애

(8) 작업환경 측정 주기 및 횟수(시행규칙 제190조) ●출제율 60%

① 사업주는 작업장 또는 작업공정이 신규로 가동되거나 변경되는 등으로 작업환경 측정 대상 작업장이 된 경우에는 그 날부터 30일 이내에 작업환경 측정을 실시하고, 그 후 반기에 1회 이상 정기적으로 작업환경을 측정하여야 한다. 다만, 작업환경 측정결과가 다음 각 호의 어느 하나에 해당하는 작업장 또는 작업공정은 해당 유해인자에 대하여 그 측정일부터 3개월에 1회 이상 작업환경을 측정해야 한다.

　㉠ 화학적 인자(고용노동부장관이 정하여 고시하는 물질만 해당)의 측정치가 노출기준을 초과하는 경우

　㉡ 화학적 인자(고용노동부장관이 정하여 고시하는 물질은 제외)의 측정치가 노출기준을 2배 이상 초과하는 경우

② 제①항에도 불구하고 사업주는 최근 1년간 작업공정에서 공정 설비의 변경, 작업방법의 변경, 설비의 이전, 사용화학물질의 변경 등으로 작업환경 측정결과에 영향을 주는 변화가 없는 경우로서, 1년에 1회 이상 작업환경 측정을 할 수 있는 경우

　㉠ 작업공정 내 소음의 작업환경 측정결과가 최근 2회 연속 85dB 미만인 경우

　㉡ 작업공정 내 소음 외의 다른 모든 인자의 작업환경 측정결과가 최근 2회 연속 노출기준 미만인 경우

(9) 석면 해체 · 제거업자를 통한 석면 해체 · 제거대상(시행령 제94조)

① 철거 · 해체하려는 벽체 재료, 바닥재, 천장재 및 지붕재 등의 자재에 석면이 중량비율 1퍼센트가 넘게 포함되어 있고 그 자재의 면적의 합이 50m² 이상인 경우
② 석면이 중량비율 1퍼센트가 넘게 포함된 분무재 또는 내화피복재를 사용한 경우
③ 석면이 중량비율 1퍼센트가 넘게 포함된 단열재, 보온재, 개스킷, 패킹재, 실링재의 면적의 합이 15m² 이상 또는 그 부피의 합이 1m³ 이상인 경우
④ 파이프에 사용된 보온재에서 석면이 중량비율 1퍼센트가 넘게 포함되어 있고, 그 보온재 길이의 합이 80m 이상인 경우

(10) 건강진단 종류 및 정의(시행규칙 제195~207조) ●출제율 30%

① 일반건강진단 ② 특수건강진단
③ 배치전건강진단 ④ 수시건강진단
⑤ 임시건강진단

Reference 건강관리구분 판정 ●출제율 50%

건강관리구분		건강관리구분 내용
A		건강관리상 사후관리가 필요 없는 근로자(건강한 근로자)
C	C₁	직업성 질병으로 진전될 우려가 있어 추적검사 등 관찰이 필요한 근로자 (직업병 요관찰자)
	C₂	일반 질병으로 진전될 우려가 있어 추적관찰이 필요한 근로자(일반 질병 요관찰자)
D₁		직업성 질병의 소견을 보여 사후관리가 필요한 근로자(직업병 유소견자)
D₂		일반 질병의 소견을 보여 사후관리가 필요한 근로자(일반 질병 유소견자)
R		건강진단 1차 검사결과 건강수준의 평가가 곤란하거나 질병이 의심되는 근로자(제2차 건강진단 대상자)

※ "U"는 2차 건강진단 대상임을 통보하고 30일을 경과하여 해당 검사가 이루어지지 않아 건강관리구분을 판정할 수 없는 근로자

Reference 특수건강진단 대상 유해인자별 시기 및 주기

구분	대상 유해인자		시기 배치 후 첫 번째 특수건강진단	기본주기
1	• N,N-디메틸아세트아미드	• 디메틸포름아미드	1개월 이내	6개월
2	벤젠		2개월 이내	6개월
3	• 1,1,2,2-테트라클로로에탄 • 아크릴로니트릴	• 사염화탄소 • 염화비닐	3개월 이내	6개월
4	석면, 면 분진		12개월 이내	12개월
5	• 광물성 분진 • 소음 및 충격소음	• 목재 분진	12개월 이내	24개월
6	1~5까지의 대상 유해인자를 제외한 특수건강진단 대상 유해인자의 모든 대상 유해인자		6개월 이내	12개월

Reference 안전보건표지의 종류와 형태

금지표지 **[1]**	101 출입금지	102 보행금지	103 차량통행금지	104 사용금지	105 탑승금지
	106 금연	107 화기금지	108 물체이동금지		

경고표지 **[2]**	201 인화성물질경고	202 산화성물질경고	203 폭발성물질경고	204 급성독성물질경고	205 부식성물질경고
	206 방사성물질경고	207 고압전기경고	208 매달린물체경고	209 낙하물경고	210 고온경고
	210-1 저온경고	211 몸균형상실경고	212 레이저광선경고	213 발암성·변이원성·생식독성·전신독성·호흡기 과민성 물질 경고	214 위험장소경고

지시표지 **[3]**	301 보안경착용	302 방독마스크착용	303 방진마스크착용	304 보안면착용	305 안전모착용
	306 귀마개착용	307 안전화착용	308 안전장갑착용	309 안전복착용	

안내표지 **[4]**	401 녹십자표지	402 응급구호표지	403 들것	404 세안장치	405 비상용기구
	406 비상구	407 좌측비상구	408 우측비상구		

2 산업안전보건기준에 관한 규칙

(1) 용어 정의(제420조)

① **관리대상 유해물질** : 근로자에게 상당한 건강장해를 일으킬 우려가 있어 건강장해를 예방하기 위한 보건상의 조치가 필요한 원재료 · 가스 · 증기 · 분진 · 흄 · 미스트로서 유기화합물, 금속류, 산 · 알칼리류, 가스상태 물질류 등 물질을 말한다.

② **특별관리물질** : 발암성, 생식세포 변이원성, 생식독성 물질 등 근로자에게 중대한 건강장애를 일으킬 우려가 있는 물질을 말한다.

ⓐ 벤젠 ⓑ 1,3-부타디엔
ⓒ 1-브로모프로판 ⓓ 2-브로모프로판
ⓔ 사염화탄소 ⓕ 에피클로로히드린
ⓖ 트리클로로에틸렌 ⓗ 페놀
ⓘ 포름알데히드 ⓙ 납 및 그 무기화합물
ⓚ 니켈 및 그 화합물 ⓛ 안티몬 및 그 화합물
ⓜ 카드뮴 및 그 화합물 ⓝ 6가크롬 및 그 화합물
ⓞ pH 2.0 이하 황산 ⓟ 산화에틸렌 외 20종

(2) 유기화합물의 설비 특례(제428조)

사업주는 전체환기장치가 설치된 유기화합물의 설비 특례에 따라 다음 사항을 모두 갖춘 경우 밀폐설비나 국소배기장치를 설치하지 않을 수 있다.
① 유기화합물의 노출기준이 100ppm 이상인 경우
② 유기화합물의 발생량이 대체로 균일한 경우
③ 동일한 작업장에 다수의 오염원이 분산되어 있는 경우
④ 오염원이 이동성이 있는 경우

(3) 허가대상 유해물질을 제조·사용 시 근로자에게 유해성 주지사항(제460조) 출제율 20%

① 물리적·화학적 특성
② 발암성 등 인체에 미치는 영향과 증상
③ 취급상의 주의사항
④ 착용하여야 할 보호구와 착용방법
⑤ 위급상황 시의 대처방법과 응급조치 요령
⑥ 그 밖에 근로자의 건강장애 예방에 관한 사항

> **Reference 관리대상 유해물질 취급작업 배치 전 유해성 주지사항**
> 1. 관리대상 유해물질의 명칭 및 물리·화학적 특성 2. 인체에 미치는 영향과 증상
> 3. 취급상의 주의사항 4. 취급하여야 할 보호구와 착용방법
> 5. 위급상황 시의 대처방법과 응급조치 요령 6. 그 밖에 근로자의 건강장애 예방에 관한 사항

(4) 석면의 제조·사용작업 시 석면분진의 발산과 오염방지를 위한 작업수칙(제482조) 출제율 30%

① 진공청소기 등을 이용한 작업장 바닥의 청소방법
② 작업장의 왕래가 외부기류 또는 기계진동 등에 의하여 분진이 흩날리는 것을 방지하기 위한 조치
③ 분진이 쌓일 염려가 있는 깔개 등을 작업장 바닥에 방치하는 행위를 방지하기 위한 조치
④ 분진이 확산되거나 작업자가 분진에 노출될 위험이 있는 경우에는 선풍기 사용금지
⑤ 용기에 석면을 넣거나 꺼내는 작업
⑥ 석면을 담은 용기의 운반
⑦ 여과집진방식 집진장치의 여과재 교환
⑧ 해당 작업에 사용된 용기 등의 처리
⑨ 이상사태가 발생한 경우의 응급조치
⑩ 보호구의 사용·점검·보관 및 청소

(5) 석면대체·제거작업 계획수립 시 포함사항 출제율 20%

① 석면해체·제거작업의 절차와 방법
② 석면 흩날림 방지 및 폐기방법
③ 근로자 보호조치

(6) 국소배기장치 사용 전 점검 등(제612조) 출제율 30%

① 덕트 및 배풍기의 분진 상태
② 덕트 접속부가 헐거워졌는지 유무
③ 흡기 및 배기 능력
④ 그 밖에 국소배기장치의 성능을 유지하기 위하여 필요한 사항

(7) 분진에 관련된 업무를 하는 경우의 유해성 주지사항(제614조)

① 분진의 유해성과 노출경로
② 분진의 발산 방지와 작업장의 환기방법
③ 작업장 및 개인위생 관리
④ 호흡용 보호구의 사용방법
⑤ 분진에 관련된 질병 예방방법

(8) 밀폐공간 작업으로 인한 건강장애의 예방(제618조) ● 출제율 80%

① 적정공기
  ㉠ 산소 농도의 범위가 18% 이상 23.5% 미만인 수준의 공기
  ㉡ 탄산가스 농도가 1.5% 미만인 수준의 공기
  ㉢ 황화수소 농도가 10ppm 미만인 수준의 공기
  ㉣ 일산화탄소 농도가 30ppm 미만인 수준의 공기
② 산소결핍
  공기 중의 산소 농도가 18% 미만인 상태를 말한다.

(9) 밀폐공간 작업 프로그램 수립·시행 시 포함사항(제619조)

① 사업장 내 밀폐공간의 위치파악 및 관리방안
② 밀폐공간 내 질식·중독 등을 일으킬 수 있는 유해·위험요인의 파악 및 관리방안
③ 밀폐공간 작업 시 사전확인이 필요한 사항에 대한 확인 절차
④ 안전보건교육 및 훈련
⑤ 그 밖에 밀폐공간 작업근로자의 건강장애 예방에 관한 사항

Reference 밀폐공간 작업시작 전 확인사항과 환기 시 주의사항 ● 출제율 30%

1. 밀폐공간 작업시작 전 확인사항
   ① 작업일시, 기간, 장소 및 내용 등 작업정보
   ② 관리감독자, 근로자, 감시인 등 작업자 정보
   ③ 산소 및 유해가스 농도의 측정결과 및 후속조치 사항
   ④ 작업 중 불활성 가스 또는 유해가스의 누출·유입·발생 가능성 검토 및 후속조치 사항
   ⑤ 작업 시 착용하여야 할 보호구 종류
   ⑥ 비상연락체계
2. 밀폐공간 환기 시 주의사항
   ① 작업 전에는 유해공기의 농도가 기준농도를 넘어가지 않도록 충분한 환기를 실시하여야 한다.
   ② 정전 등에 의한 환기 중단 시에는 즉시 외부로 대피한다.
   ③ 밀폐공간의 환기 시에는 급기구와 배기구를 적절하게 배치하여 작업장 내 환기가 효과적으로 이루어지도록 한다.

(10) 소음 및 진동에 의한 건강장애의 예방(제512조) ● 출제율 50%

① **소음작업** : 1일 8시간 작업을 기준으로 **85dB 이상의 소음**이 발생하는 작업을 말한다.

② **강렬한 소음작업**

    ㉠ 90dB 이상의 소음이 1일 8시간 이상 발생하는 작업

    ㉡ 95dB 이상의 소음이 1일 4시간 이상 발생하는 작업

    ㉢ 100dB 이상의 소음이 1일 2시간 이상 발생하는 작업

    ㉣ 105dB 이상의 소음이 1일 1시간 이상 발생하는 작업

    ㉤ 110dB 이상의 소음이 1일 30분 이상 발생하는 작업

    ㉥ 115dB 이상의 소음이 1일 15분 이상 발생하는 작업

③ **충격소음작업** : 소음이 1초 이상의 간격으로 발생하는 작업으로서 다음 각 목의 어느 하나에 해당하는 작업을 말한다.

    ㉠ 120dB을 초과하는 소음이 1일 1만회 이상 발생하는 작업

    ㉡ 130dB을 초과하는 소음이 1일 1천회 이상 발생하는 작업

    ㉢ 140dB을 초과하는 소음이 1일 1백회 이상 발생하는 작업

④ **청력보존 프로그램** ● 출제율 20%

    소음 노출평가, 노출기준 초과에 따른 공학적 대책, 청력보호구의 지급 및 착용, 소음의 유해성과 예방에 관한 교육, 정기적 청력검사, 기록·관리 등이 포함된 소음성 난청을 예방관리하기 위한 종합적인 계획을 말한다.

(11) 이상기압에 의한 건강장애의 예방(제522조)

사업주는 잠함 또는 잠수작업 등 높은 기압에서 작업에 종사하는 근로자에 대하여 1일 6시간, 주 34시간을 초과하여 근로자에게 작업하게 하여서는 안 된다.

(12) 감염병 예방 조치사항(제594조)

① 감염병 예방을 위한 계획의 수립

② 보호구 지급, 예방접종 등 감염병 예방을 위한 조치

③ 감염병 발생 시 원인 조사와 대책 수립

④ 감염병 발생 근로자에 대한 적절한 처치

Reference 곤충 및 동물매개 감염병 고위험작업 예방 조치사항 ● 출제율 20%

1. 긴소매의 옷과 긴바지의 작업복을 착용하도록 할 것
2. 곤충 및 동물매개 감염병 발생우려가 있는 장소에서는 음식물 섭취 등을 제한할 것
3. 작업장소와 인접한 곳에 오염원과 격리된 식사 및 휴식장소를 제공할 것
4. 작업 후 목욕을 하도록 지도할 것
5. 곤충이나 동물에 물렸는지를 확인하고 이상증상 발생 시 의사의 진료를 받도록 할 것

(13) 병원체에 노출될 수 있는 작업 시 유해성 주지사항(제595조)

① 감염병의 종류와 원인
② 전파 및 감염 경로
③ 감염병의 증상과 잠복기
④ 감염되기 쉬운 작업의 종류와 예방방법
⑤ 노출 시 보고 등 노출과 감염 후 조치

(14) 근골격계 부담작업에 근로자를 종사하도록 하는 경우 유해요인 조사사항(제657조) ●출제율 20%

3년마다 유해요인조사를 실시한다. (단, 신설사업장은 신설일로부터 1년 이내)
① 설비·작업공정·작업량·작업속도 등 작업장 상황
② 작업시간·작업자세·작업방법 등 작업조건
③ 작업과 관련된 근골격계 질환 징후 및 증상 유무 등

(15) 근골격계 부담작업의 근로자에게 유해성 주지사항(제661조) ●출제율 20%

① 근골격계 부담작업의 유해요인
② 근골격계 질환의 징후 및 증상
③ 근골격계 질환 발생 시 대처요령
④ 올바른 작업자세 및 작업도구, 작업시설의 올바른 사용방법
⑤ 그 밖에 근골격계 질환 예방에 필요한 사항

(16) 직무 스트레스에 의한 건강장애 예방조치(제669조) ●출제율 20%

① 작업환경·작업내용·근로시간 등 직무스트레스 요인에 대하여 평가하고 근로시간 단축, 장·단기 순환작업 등의 개선대책을 마련하여 시행할 것
② 작업량·작업일정 등 작업계획 수립 시 해당 근로자의 의견을 반영할 것
③ 작업과 휴식을 적절하게 배분하는 등 근로시간과 관련된 근로조건을 개선할 것
④ 근로시간 외의 근로자 활동에 대한 복지 차원의 지원에 최선을 다할 것
⑤ 건강진단결과·상담자료 등을 참고하여 적절하게 근로자를 배치하고 직무스트레스 요인, 건강문제 발생가능성 및 대비책 등에 대하여 해당 근로자에게 충분히 설명할 것
⑥ 뇌혈관 및 심장질환 발병위험도를 평가하여 금연, 고혈압 관리 등 건강증진 프로그램을 시행할 것

(17) 근로자 상시 작업장 작업면의 조도 ●출제율 30%

① 초정밀작업은 750lux 이상
② 정밀작업은 300lux 이상
③ 보통작업은 150lux 이상
④ 그 밖의 작업은 75lux 이상

1. 정의(적정한 공기 3가지, 산소결핍) 숙지(출제 비중 높음)
2. 소음작업 정의, 강렬한 소음작업(6가지), 충격소음작업 정의 및 작업 종류(3가지), 청력보존 프로그램 내용 숙지(출제 비중 높음)
3. 유해요인 조사사항(3가지) 숙지
4. 유해성 주지사항(4가지) 숙지
5. 직무스트레스에 의한 건강장애 예방조치(6가지) 숙지
6. 근로자 상시 작업장 작업면의 조도(4가지) 숙지(출제 비중 높음)

3 화학물질 및 물리적 인자의 노출기준(고용노동부 고시)

제11조(표시단위) ● 출제율 80%

① 가스 및 증기의 노출기준 표시단위는 ppm을 사용한다.

② 분진 및 미스트 등 에어로졸의 노출기준 표시단위는 mg/m^3를 사용한다. 다만, 석면 및 내화성 세라믹섬유의 노출기준 표시단위는 세제곱센티미터당 개수(개/cm^3)를 사용한다.

③ 고온의 노출기준 표시단위는 습구흑구온도지수(이하 'WBGT'라 한다)를 사용하며 다음 식에 따라 산출한다.

㉠ 옥외(태양광선이 내리쬐는 장소)

$$WBGT(℃) = 0.7 × 자연습구온도 + 0.2 × 흑구온도 + 0.1 × 건구온도$$

㉡ 옥내 또는 옥외(태양광선이 내리쬐지 않는 장소)

$$WBGT(℃) = 0.7 × 자연습구온도 + 0.3 × 흑구온도$$

Reference **우리나라 화학물질의 노출기준 주의사항** ● 출제율 40%

1. 발암성 정보물질의 표기 : "화학물질의 분류, 표시 및 물질안전보건자료에 관한 기준"에 따라 다음과 같이 표기함
   • 1A : 사람에게 충분한 발암성 증거가 있는 물질
   • 1B : 실험동물에서 발암성 증거가 충분히 있거나 실험동물과 사람 모두에게 제한된 발암성 증거가 있는 물질
   • 2 : 사람이나 동물에서 제한된 증거가 있지만, 구분 1로 분류하기에는 증거가 충분하지 않은 물질
2. 라돈의 작업장 노출기준 : 600Bq/m^3 미만

전 내용 정확히 숙지(출제 비중 높음)

4 화학물질의 분류 · 표시 및 물질안전보건자료에 관한 기준(고용노동부 고시)

제10조(작성항목) ● 출제율 20%

물질안전보건자료 작성 시 포함되어야 할 항목 및 그 순서
① 화학제품과 회사에 관한 정보　② 유해성 · 위험성
③ 구성 성분의 명칭 및 함유량　④ 응급조치 요령
⑤ 폭발 · 화재 시 대처방법　⑥ 누출사고 시 대처방법
⑦ 취급 및 저장방법　⑧ 노출방지 및 개인보호구
⑨ 물리화학적 특성　⑩ 안정성 및 반응성
⑪ 독성에 관한 정보　⑫ 환경에 미치는 영향
⑬ 폐기 시 주의사항　⑭ 운송에 필요한 정보
⑮ 법적규제 현황　⑯ 그 밖의 참고사항

제11조(작성원칙)

각 작성항목은 빠짐없이 작성하여야 한다. 다만, 부득이 어느 항목에 대해 관련 정보를 얻을 수 없는 경우에는 작성란에 '자료 없음'이라고 기재하고, 적용이 불가능하거나 대상이 되지 않는 경우에는 작성란에 '해당 없음'이라고 기재한다.

제12조(혼합물의 유해성 · 위험성 결정)

혼합물로 된 제품들이 다음의 요건을 충족하는 경우에는 각각의 제품을 대표하여 하나의 물질안전보건자료를 작성할 수 있다.
① 혼합물로 된 제품의 구성 성분이 같을 것
② 각 구성 성분의 함유량 변화가 10퍼센트포인트(%P) 이하일 것
③ 유사한 유해성을 가질 것

제16조(대체자료 기재 제외물질)

영업비밀과 관련되어 화학물질의 명칭 및 함유량을 물질안전보건자료에 적지 아니하려는 자는 고용노동부령으로 정하는 바에 따라 고용노동부장관에게 신청하여 승인을 받아 해당 화학물질의 명칭 및 함유량을 대체할 수 있는 명칭 및 함유량(대체자료)으로 적을 수 있다.
① 제조 등 금지물질
② 허가대상물질
③ 관리대상 유해물질
④ 작업환경측정대상 유해인자
⑤ 특수건강진단대상 유해인자
⑥ 「화학물질의 등록 및 평가 등에 관한 법률」에서 정하는 화학물질

1. MSDS의 작성항목(10가지) 숙지(출제 비중 높음)
2. 혼합물의 유해 · 위험성 결정 내용 숙지
3. 대체자료 기재 제외물질 숙지

5 작업환경측정 및 정도관리 등에 관한 고시(고용노동부 고시) ※ 출제비중 높음

제1편 통칙

제2조(정의) ●출제율 80%

1. 액체채취방법

2. 고체채취방법

3. 직접채취방법

4. 냉각응축채취방법

5. 여과채취방법

6. 개인시료채취

   개인시료채취기를 이용하여 가스 · 증기 · 분진 · 흄(fume) · 미스트(mist) 등을 근로자의 호흡위치(호흡기를 중심으로 반경 30cm인 반구)에서 채취하는 것을 말한다.

7. 지역시료채취

   시료채취기를 이용하여 가스 · 증기 · 분진 · 흄(fume) · 미스트(mist) 등을 근로자의 작업행동 범위에서 호흡기 높이에 고정하여 채취하는 것을 말한다.

8. 단위작업장소

   작업환경측정대상이 되는 작업장 또는 공정에서 정상적인 작업을 수행하는 동일 노출집단의 근로자가 작업을 행하는 장소를 말한다.

9. 정도관리

   작업환경 측정 · 분석치에 대한 **정확성과 정밀도를 확보**하기 위하여 지정측정기관의 작업환경측정 · 분석능력을 평가하고, 그 결과에 따라 지도 · 교육 그 밖에 측정 · 분석 능력향상을 위하여 행하는 모든 관리적 수단을 말한다.

10. 정확도

    분석치가 참값에 얼마나 접근하였는가 하는 수치상의 표현이다.

11. 정밀도

    일정한 물질에 대해 반복 측정 · 분석을 했을 때 나타나는 자료 분석치의 변동크기가 얼마나 작은가 하는 수치상의 표현이다.

---

1. 시료채취방법 종류인 액체채취방법, 고체채취방법, 직접채취방법, 냉각응축채취방법, 여과채취방법 숙지 (출제 비중 높음)
2. 개인시료채취 및 지역시료채취의 채취 위치 숙지(출제 비중 높음)
3. 단위작업장소의 정의 숙지(출제 비중 높음)
4. 정도관리의 내용 숙지
5. 정확도, 정밀도 정의 숙지(출제 비중 높음)

제4조의 2(측정대상의 제외) ●출제율 30%

"작업환경측정 대상 유해인자의 노출수준이 노출기준에 비하여 현저히 낮은 경우로서 고용노동부장관이 정하여 고시하는 작업장"이라 함은 「석유 및 석유대체연료 사업법 시행령」에 따른 주유소를 말한다. 다만, 다음 각 호의 어느 하나에 해당하는 경우에는 1개월 이내에 측정을 실시하여야 한다.

1. 근로자 건강진단 실시결과 직업병유소견자 또는 직업성 질병자가 발생한 경우
2. 근로자대표가 요구하는 경우로서 산업위생전문가가 필요하다고 판단한 경우
3. 그 밖에 지방 고용노동관서장이 필요하다고 인정하여 명령한 경우

제17조(예비조사 및 측정계획서의 작성) ●출제율 70%

예비조사를 실시하는 경우 측정계획서 포함사항

1. 원재료의 투입과정부터 최종 제품생산 공정까지의 주요공정 도식
2. 해당 공정별 작업내용, 측정대상공정, 공정별 화학물질 사용실태
3. 측정대상 유해인자, 유해인자 발생주기, 종사근로자 현황
4. 유해인자별 측정방법 및 측정 소요기간 등 필요한 사항

제18조(노출기준의 종류별 측정시간) ●출제율 40%

① 「화학물질 및 물리적 인자의 노출기준(고용노동부 고시, 이하 "노출기준 고시"라 한다)」에 시간가중평균기준(TWA)이 설정되어 있는 대상 물질을 측정하는 경우에는 1일 작업시간 동안 6시간 이상 연속 측정하거나 작업시간을 등간격으로 나누어 6시간 이상 연속 분리하여 측정하여야 한다.
다만, 다음의 경우에는 대상 물질의 발생시간 동안 측정할 수 있다.
1. 대상 물질의 발생시간이 6시간 이하인 경우
2. 불규칙작업으로 6시간 이하의 작업
3. 발생원에서의 발생시간이 간헐적인 경우
② 노출기준 고시에 단시간 노출기준(STEL)이 설정되어 있는 물질로서 작업특성상 노출이 균일하여 단시간 노출평가가 필요하다고 자격자(작업환경측정의 자격을 가진 자를 말한다. 이하 "자격자"라 한다) 또는 지정측정기관이 판단하는 경우에는 제①항의 측정에 추가하여 단시간 측정을 할 수 있다. 이 경우 1회에 15분간 측정하되 유해인자 노출특성을 고려하여 측정횟수를 정할 수 있다.
③ 노출기준 고시에 최고노출기준(C ; Ceiling)이 설정되어 있는 대상 물질을 측정하는 경우엔, 최고노출수준을 평가할 수 있는 최소한의 시간 동안 측정하여야 한다.
다만, 시간가중평가기준(TWA)이 함께 설정되어 있는 경우에는 제①항에 따른 측정을 병행해야 한다.

제19조(시료채취 근로자 수) ●출제율 30%

① 단위작업장소에서 최고 노출근로자 2명 이상에 대하여 동시에 측정하되, 단위작업장소에 근로자가 1명인 경우에는 그러하지 아니하며, 동일작업근로자 수가 10명을 초과하는 경우에는 매 5명당 1명(1개 지점) 이상 추가하여 측정하여야 한다.

다만, 동일작업근로자 수가 100명을 초과하는 경우에는 최대 시료채취근로자 수를 20명으로 조정할 수 있다.

② 지역시료채취방법에 따른 측정시료의 개수는 단위작업장소에서 2개 이상에 대하여 동시에 측정하여야 한다.

다만, 단위작업장소의 넓이가 50평방미터 이상인 경우에는 매 30평방미터마다 1개 지점 이상을 추가로 측정하여야 한다.

제20조(단위) ●출제율 70%

① 화학적 인자의 가스, 증기, 분진, 흄(fume), 미스트(mist) 등의 농도는 피피엠(ppm) 또는 세제곱미터당 밀리그램(mg/m³)으로 표시한다.

다만, 석면의 농도표시는 세제곱센티미터당 섬유개수(개/cm³)로 표시한다.

② 피피엠(ppm)과 세제곱미터당 밀리그램(mg/m³) 간의 상호 농도변환은 다음의 식에 의한다.

$$\text{노출기준}(\text{mg/m}^3) = \frac{\text{노출기준}(\text{ppm}) \times \text{그램 분자량}}{24.45(25℃, 1\text{기압})}$$

③ 소음수준의 측정단위는 데시벨(dB(A))로 표시한다.

④ 고열(복사열 포함)의 측정단위는 습구 · 흑구 온도지수(WBGT)를 구하여 섭씨온도(℃)로 표시한다.

1. 측정계획서 작성 시 포함 내용(4가지) 숙지
2. 측정시간 내용 숙지
3. 시료채취 근로자 수 내용 숙지
4. 단위 내용 숙지
5. 제17조~제20조 내용 출제 비중 높음

제21조(입자상 물질(측정 및 분석방법)) ●출제율 50%

1. 석면의 농도는 여과채취방법에 의한 계수방법 또는 이와 동등 이상의 분석방법으로 측정한다.
2. 광물성 분진은 여과채취방법에 의하여 석영, 크리스토바라이트, 트리디마이트를 분석할 수 있는 적합한 분석방법으로 측정한다. 다만, 규산염과 기타 광물성 분진은 중량분석방법으로 측정한다.

3. 용접흄은 여과채취방법으로 하되 용접보안면을 착용한 경우에는 그 내부에서 채취하고 중량분석방법과 원자흡광광도계 또는 유도결합플라스마를 이용한 분석방법으로 측정한다.
4. 석면, 광물성 분진 및 용접흄을 제외한 입자상 물질은 여과채취방법에 따른 중량분석방법이나 유해물질 종류에 따른 적합한 분석방법으로 측정한다.
5. 호흡성 분진은 분립장치 또는 호흡성 분진을 채취할 수 있는 기기를 이용한 여과채취방법으로 측정한다.
6. 흡입성 분진은 흡입성 분진용 분립장치 또는 흡입성 분진을 채취할 수 있는 기기를 이용한 여과채취방법으로 측정한다.

제22조(입자상 물질(측정위치)) ●출제율 50%

1. 개인시료채취방법으로 작업환경측정을 하는 경우에는 측정기기를 작업근로자의 호흡기 위치에 장착하여야 한다.
2. 지역시료채취방법의 경우에는 측정기기를 발생원의 근접한 위치 또는 작업근로자의 주 작업행동 범위의 작업근로자 호흡기 높이에 설치하여야 한다.

1. 측정방법 각 내용 숙지(출제 비중 높음)
2. 측정위치 내용 숙지

제23조(가스상 물질(측정 및 분석 방법)) ●출제율 50%

가스상 물질의 측정은 개인시료채취기 또는 이와 동등 이상의 특성을 가진 측정기기를 사용하여, 채취방법에 따라 시료를 채취한 후 원자흡광분석, 가스 크로마토그래프 분석 또는 이와 동등 이상의 분석방법으로 정량 분석하여야 한다.

제24조(가스상 물질(측정위치 및 측정시간 등)) ●출제율 50%

가스상 물질의 측정위치, 측정시간 등은 제22조 및 제22조의 2의 규정을 준용한다.

제25조(가스상 물질(검지관방식의 측정)) ●출제율 40%

① 제23조 및 제24조의 규정에도 불구하고 다음에 해당하는 경우에는 검지관방식으로 측정할 수 있다.
1. 예비조사 목적인 경우
2. 검지관방식 외에 다른 측정방법이 없는 경우
3. 발생하는 가스상 물질이 단일물질인 경우. 다만, 자격자가 측정하는 사업장에 한정한다.
② 검지관방식으로 측정하는 경우에는 해당 작업근로자의 호흡기 및 가스상 물질 발생원에 근접한 위치 또는 근로자 작업행동 범위의 주 작업위치에서 근로자 호흡기 높이에서 측정하여야 한다.

③ 검지관방식으로 측정하는 경우에는 1일 작업시간 동안 1시간 간격으로 6회 이상 측정하되 측정시간마다 2회 이상 반복 측정하여 평균값을 산출하여야 한다.

다만, 가스상 물질의 발생시간이 6시간 이내일 때에는 작업시간 동안 1시간 간격으로 나누어 측정하여야 한다.

1. 측정방법 내용 및 검지관방식 측정 경우(3가지) 숙지(출제 비중 높음)
2. 측정위치 내용 숙지
3. 측정횟수 내용 숙지

제26조(소음(측정방법)) ◉출제율 70%

1. 측정에 사용되는 기기는 누적소음 노출량측정기, 적분형 소음계 또는 이와 동등 이상의 성능이 있는 것으로 하되 개인시료채취방법이 불가능한 경우에는 지시소음계를 사용할 수 있으며, 발생시간을 고려한 등가소음레벨방법으로 측정할 것

   다만, 소음발생 간격이 1초 미만을 유지하면서 계속적으로 발생되는 소음(이하 "연속음"이라 한다)을 지시소음계 또는 이와 동등 이상의 성능이 있는 기기로 측정할 경우에는 그러하지 아니할 수 있다.
2. 소음계의 청감보정회로는 A특성으로 할 것
3. 제1호 단서 규정에 의한 소음측정은 다음과 같이 할 것
   가. 소음계 지시침의 동작은 느린(Slow) 상태로 한다.
   나. 소음계의 지시치가 변동하지 않는 경우에는 해당 지시치를 그 측정점에서의 소음수준으로 한다.
4. 누적소음노출량 측정기로 소음을 측정하는 경우 기기 설정
   Criteria=90dB   Exchange Rate=5dB   Threshold=80dB
5. 소음이 1초 이상의 간격을 유지하면서 최대음압수준이 120dB(A) 이상의 소음(충격소음)인 경우에는 소음수준에 따른 1분 동안의 발생횟수를 측정할 것

제27조(소음(측정위치)) ◉출제율 40%

① 개인시료채취방법으로 작업환경측정을 하는 경우에는 소음측정기의 센서부분을 작업근로자의 귀 위치(귀를 중심으로 반경 30cm인 반구)에 장착하여야 한다.
② 지역시료채취방법의 경우에는 소음측정기를 측정대상이 되는 근로자의 주 작업행동 범위의 작업근로자 귀 높이에 설치하여야 한다.

제28조(소음(측정시간)) ◉출제율 30%

① 단위작업장소에서 소음수준은 규정된 측정위치 및 지점에서 1일 작업시간 동안 6시간 이상 연속 측정하거나 작업시간을 1시간 간격으로 나누어 6회 이상 측정하여야 한다.
다만, 소음의 발생특성이 연속음으로서 측정치가 변동이 없다고 자격자 또는 지정측정기관이 판단한 경우에는 1시간 동안을 등 간격으로 나누어 3회 이상 측정할 수 있다.

② 단위작업장소에서의 소음발생시간이 6시간 이내인 경우나 소음발생원에서의 발생시간
이 간헐적인 경우에는 발생시간 동안 연속 측정하거나 등 간격으로 나누어 4회 이상 측
정하여야 한다.

1. 측정방법 내용 숙지 및 연속음, 충격소음 정의 숙지
2. 누적소음 노출량 측정기 기기설정 내용 숙지
3. 측정위치 및 지점 내용 숙지
4. 측정시간 및 횟수 내용 숙지
5. 제26조~제28조 출제 비중 높음

Reference Noise Dose Meter

1. 누적소음 노출량측정기(Noise Dose Meter)로 측정해야 하는 이유는 전작업시간 동안 소음레벨을 누적하여 근로자의 1일 평균소음수준을 측정하기 위함이며 또한 작업장 내 소음레벨의 차이가 심하고 작업장의 작업범위가 넓을 경우 실질적인 평균소음수준을 측정하기 위해서이다.
2. 누적소음 노출량측정기는 일반적으로 근로자 개인 몸에 부착하여 측정하는 휴대용을 의미하며, 직업성 난청 및 이동하며 작업을 하는 근로자의 소음수준을 측정하는 데 이용된다.
3. 누적소음 노출측정기는 작업자의 귀 높이 위치에서 측정하고, 적분형 소음계는 작업장 바닥 위 1.2~1.5m 높이에서 측정한다.

제30조(고열(측정기기))

고열은 습구흑구온도지수(WBGT)를 측정할 수 있는 기기 또는 이와 동등 이상의 성능을
가진 기기를 사용한다.

제31조(고열(측정방법)) 출제율 40%

1. 측정은 단위작업장소에서 측정대상이 되는 근로자의 주작업위치에서 측정한다.
2. 측정기의 위치는 바닥면으로부터 50센티미터 이상, 150센티미터 이하의 위치에서 측정한다.
3. 측정기를 설치한 후 충분히 안정화시킨 상태에서 1일 작업시간 중 가장 높은 고열에 노출되는 시간을 10분 간격으로 연속하여 측정한다.

고열측정방법 내용 숙지(출제 비중 높음)

제34조(입자상 물질의 농도평가) 출제율 70%

① 측정한 입자상 물질농도는 8시간 작업 시의 평균농도로 한다.
다만, 6시간 이상 연속 측정한 경우에 있어 측정하지 아니한 나머지 작업시간 동안의 입
자상 물질발생이 측정기간보다 현저하게 낮거나 입자상 물질이 발생하지 않은 경우에는
측정시간 동안의 농도를 8시간 시간가중 평균하여 8시간 작업 시의 평균농도로 한다.

② 1일 작업시간 동안 6시간 이내 측정을 한 경우의 입자상 물질농도는 측정시간 동안의 시간가중 평균치를 산출하여 그 기간 동안의 평균농도로 하고, 이를 8시간 시간가중 평균하여 8시간 작업 시의 평균농도로 한다.

③ 1일 작업시간이 8시간을 초과하는 경우에는 다음의 식에 따라 보정노출기준을 산출한 후 측정농도와 비교하여 평가하여야 한다.

$$보정노출기준(1일간\ 기준) = 8시간\ 노출기준 \times \frac{8}{h}$$

여기서, h : 노출시간/일

④ 제18조 제②항 또는 제③항에 따른 측정을 한 경우에는 측정시간 동안의 농도를 해당 노출기준과 직접 비교 평가하여야 한다.

다만, 2회 이상 측정한 단시간 노출농도값이 단시간 노출기준과 시간가중 평균기준값 사이의 경우로서 다음의 경우에는 **노출기준 초과**로 평가하여야 한다.

1. 15분 이상 연속 노출되는 경우
2. 노출과 노출 사이의 간격이 1시간 이내인 경우
3. 1일 4회를 초과하는 경우

제36조(소음수준의 평가) 출제율 50%

① 1일 작업시간 동안 연속측정하거나 작업시간을 1시간 간격으로 나누어 6회 이상 소음수준을 측정한 경우에는 이를 평균하여 8시간 작업 시의 평균소음수준으로 한다(제34조 제①항 단서의 규정은 이 경우에도 이를 준용한다).

다만, 제28조 제①항 단서 규정에 의하여 측정한 경우에는 이를 평균하여 8시간 작업 시의 평균소음수준으로 한다.

② 제28조 제②항의 규정에 의하여 측정한 경우에는 이를 평균하여 그 기간동안의 평균소음수준으로 하고 이를 1일 노출시간과 소음강도를 측정하여 등가소음레벨방법으로 평가한다.

③ **지시소음계로 측정하여 등가소음레벨방법**을 적용할 경우에는 다음의 식에 따라 산출한 값을 기준으로 평가하여야 한다.

$$Leq[dB(A)] = 16.61\log\frac{n_1 \times 10^{\frac{LA_1}{16.61}} + n_2 \times 10^{\frac{LA_2}{16.61}} + n_N \times 10^{\frac{LA_N}{16.61}}}{각\ 소음레벨\ 측정치의\ 발생시간\ 합}$$

여기서, LA : 각 소음레벨의 측정치[dB(A)]
n : 각 소음레벨측정치의 발생시간(분)

④ 단위작업장소에서 소음의 강도가 불규칙적으로 변동하는 소음 등을 누적소음 노출량측정기로 측정하여 노출량으로 산출되었을 경우에는 시간가중 평균소음수준으로 환산하여야 한다.

다만, 누적소음 노출량측정기에 의한 노출량산출치가 주어진 값보다 작거나 크면 시간가중 평균소음은 다음의 식에 따라 산출한 값을 기준으로 평가할 수 있다.

$$TWA = 16.61\log\left(\frac{D}{100}\right) + 90$$

여기서, TWA : 시간가중 평균소음수준[dB(A)], D : 누적소음노출량(%)

⑤ 1일 작업시간이 8시간을 초과하는 경우에는 다음 계산식에 따라 보정노출기준을 산출한 후 측정치와 비교하여 평가하여야 한다.

$$소음의 보정노출기준[dB(A)] = 16.61\log\left(\frac{100}{12.5 \times h}\right) + 90$$

여기서, h : 노출시간/일

1. 입자상 물질농도 내용 숙지
2. 소음수준의 평가 내용 숙지
3. 제34조, 제36조 출제 비중 높음

제56조(정도관리(실시시기 및 구분)) ●출제율 30%

① 정도관리는 정기정도관리와 특별정도관리로 구분한다.
   1. 정기정도관리는 분석자의 분석능력을 평가하기 위해 실시하는 정도관리로서 연 1회 이상 다음 각 목의 구분에 따라 실시하는 것을 말한다.
     가. 기본분야 : 기본적인 유기화합물과 금속류에 대한 분석능력을 평가
     나. 자율분야 : 특수한 유해인자에 대한 분석능력을 평가
   2. 특별정도관리는 다음 각 목의 어느 하나에 해당하는 경우 실시하는 것을 말한다.
     가. 작업환경측정기관으로 지정받고자 하는 경우
     나. 직전 정기정도관리에 불합격한 경우
     다. 대상기관이 부실측정과 관련한 민원을 야기하는 등 운영위원회에서 특별정도관리가 필요하다고 인정하는 경우

제57조(정도관리(항목)) ●출제율 20%

① 대상기관에 대한 정도관리 항목은 다음과 같다.
   1. 정기정도관리 평가항목 : 분석자의 분석능력으로 하며 세부사항은 운영위원회에서 정한다.
   2. 특별정도관리 평가항목 : 분석 장비·설비, 분석준비현황, 분석자의 분석능력 및 운영위원회에서 결정하는 그 밖의 항목으로 한다.

② 분석자의 분석능력 항목은 유기화합물, 금속 및 자율분야로 하며 각 분야별 세부항목은 운영위원회에서 정한다.

다만, 사업장 자체측정기관은 해당 측정대상작업장에 일부 분야의 유해인자만 존재하는 경우에는 해당 측정 항목에 한정하여 정도관리를 받을 수 있다.

> Reference **작업환경측정대상 분진 종류** ● 출제율 20% ● ● ●
> 1. 광물성 분진   2. 곡물분진   3. 면분진   4. 목재분진
> 5. 용접흄   6. 유리섬유   7. 석면분진

 정도관리 종류 및 내용 숙지

6 사무실 공기관리 지침(고용노동부 고시)

제2조(오염물질 관리기준) ● 출제율 70%

오염물질	관리기준	오염물질	관리기준
미세먼지(PM 10)	$100\mu g/m^3$ 이하	포름알데히드(HCHO)	$100\mu g/m^3$ 이하
초미세먼지(PM 2.5)	$50\mu g/m^3$ 이하	총휘발성 유기화합물(TVOC)	$500\mu g/m^3$ 이하
이산화탄소(CO_2)	1,000ppm 이하	라돈(radon)	$148Bq/m^3$ 이하
일산화탄소(CO)	10ppm 이하	총부유세균	$800CFU/m^3$ 이하
이산화질소(NO_2)	0.1ppm 이하	곰팡이	$500CFU/m^3$ 이하

㈜ 1. 관리기준 : 8시간 시간 가중 평균농도 기준
　　2. 라돈은 지상 1층을 포함한 지하에 위치한 사무실에만 적용한다.

제3조(사무실 환기기준) ● 출제율 20%

공기정화시설을 갖춘 사무실에서 근로자 1인당 필요한 최소외기량은 $0.57m^3/min$ 이상이며, 환기횟수는 시간당 4회 이상으로 한다.

제5조(사무실 공기질 측정 등) ● 출제율 20%

오염물질	측정횟수(측정시기)	시료채취시간
미세먼지(PM 10)	연 1회 이상	업무시간 동안 - 6시간 이상 연속 측정
초미세먼지(PM 2.5)	연 1회 이상	업무시간 동안 - 6시간 이상 연속 측정
이산화탄소(CO_2)	연 1회 이상	업무시작 후 2시간 전후 및 종료 전 2시간 전후 - 각각 10분간 측정

오염물질	측정횟수(측정시기)	시료채취시간
일산화탄소(CO)	연 1회 이상	업무시작 후 1시간 전후 및 종료 전 1시간 전후 - 각각 10분간 측정
이산화질소(NO₂)	연 1회 이상	업무시작 후 1시간 ~ 종료 1시간 전 - 1시간 측정
포름알데히드(HCHO)	연 1회 이상 및 신축(대수선 포함)건물 입주 전	업무시작 후 1시간 ~ 종료 1시간 전 - 30분간 2회 측정
총휘발성 유기화합물 (TVOC)	연 1회 이상 및 신축(대수선 포함)건물 입주 전	업무시작 후 1시간 ~ 종료 1시간 전 - 30분간 2회 측정
라돈(radon)	연 1회 이상	3일 이상 ~ 3개월 이내 연속 측정
총부유세균	연 1회 이상	업무시작 후 1시간 ~ 종료 1시간 전 - 최고 실내온도에서 1회 측정
곰팡이	연 1회 이상	업무시작 후 1시간 ~ 종료 1시간 전 - 최고 실내온도에서 1회 측정

제6조(시료채취 및 분석방법)

오염물질	시료채취방법	분석방법
미세먼지(PM 10)	PM 10 샘플러(sampler)를 장착한 고용량 시료채취기에 의한 채취	중량분석(천칭의 해독도 : 10μg 이상)
초미세먼지(PM 2.5)	PM 2.5 샘플러(sampler)를 장착한 고용량 시료채취기에 의한 채취	중량분석(천칭의 해독도 : 10μg 이상)
이산화탄소(CO₂)	비분산적외선검출기에 의한 채취	검출기의 연속 측정에 의한 직독식 분석
일산화탄소(CO)	비분산적외선검출기 또는 전기화학검출기에 의한 채취	검출기의 연속 측정에 의한 직독식 분석
이산화질소(NO₂)	고체흡착관에 의한 시료채취	분광광도계로 분석
포름알데히드(HCHO)	2,4-DNPH(2,4-Dinitrophenyl hydrazine)가 코팅된 실리카겔관(silicagel tube)이 장착된 시료채취기에 의한 채취	2,4-DNPH-포름알데히드 유도체를 HPLC UVD(High Performance Liquid Chromatography-Ultraviolet Detector) 또는 GC-NPD(Gas Chromatography-Nitrogen Phosphorous Detector)로 분석
총휘발성 유기화합물(TVOC)	1. 고체흡착관 또는 2. 캐니스터(canister)로 채취	1. 고체흡착열탈착법 또는 고체흡착용매추출법을 이용한 GC로 분석 2. 캐니스터를 이용한 GC 분석
라돈(radon)	라돈연속검출기(자동형), 알파트랙(수동형), 충전막 전리함(수동형) 측정 등	3일 이상 3개월 이내 연속 측정 후 방사능감지를 통한 분석
총부유세균	충돌법을 이용한 부유세균채취기(bioair sampler)로 채취	채취·배양된 균주를 새어 공기체적당 균주수로 산출
곰팡이	충돌법을 이용한 부유진균채취기(bioair sampler)로 채취	채취·배양된 균주를 새어 공기체적당 균주수로 산출

제7조(시료채취 및 측정지점) ●출제율 20%

공기의 측정시료는 사무실 안에서 공기질이 가장 나쁠 것으로 예상되는 2곳(다만, 사무실 면적이 $500m^2$를 초과하는 경우에는 $500m^2$당 1곳씩 추가) 이상에서 채취하고, 측정은 사무실 바닥면으로부터 0.9m 이상 1.5m 이하 높이에서 한다.

제8조(측정결과의 평가) ●출제율 40%

사무실 공기질의 측정결과는 측정치 전체에 대한 평균값을 오염물질별 관리기준과 비교하여 평가한다. 다만, 이산화탄소는 각 지점에서 측정한 측정치 중 최고값을 기준으로 비교·평가한다.

> **Reference 실내공기질 관리법** •••
>
> 1. **유지기준 항목** : 미세먼지(PM-10), 이산화탄 소, 폼알데하이드, 총부유세균, 일산화탄소, 미세먼지(PM-2.5)
> 2. **권고기준 항목** : 이산화질소, 라돈, 총휘발성 유기화합물, 곰팡이
> ※ 2019년 7월 1일부터 권고기준 항목 중 미세먼지(PM-2.5)는 유지기준 항목으로 변경됨(입법예고).

[별표] 측정결과에 대한 평가

(1) 용어

  ① 시료채취 및 분석오차(SAE ; Sampling and Analytical Errors)
    ㉠ 측정치와 실제 농도와의 차이이며 어쩔 수 없이 발생되는 오차를 허용한다는 의미이다.
    ㉡ 시료채취 및 분석과정에서의 오차를 모두 포함한다.
  ② 신뢰하한값(LCL)과 신뢰상한값(UCL)
    유해물질의 측정치에 대한 오차계수 의미

(2) 평가

  ① 측정한 유해인자의 시간가중 평균값 및 단시간 노출값을 구한다.
    ㉠ X_1(시간가중 평균값)

$$X_1 = \frac{C_1 \cdot T_1 + C_2 \cdot T_2 + \cdots + C_n \cdot T_n}{8}$$

    여기서, C : 유해인자의 측정농도(단위 : ppm, mg/m^3 또는 개/cm^3)
           T : 유해인자의 발생시간(단위 : 시간)
    ㉡ X_2(단시간 노출값) : STEL 허용기준이 설정되어 있는 유해인자가 작업시간 내 간헐적(단시간)으로 노출되는 경우에는 15분간씩 측정하여 단시간 노출값을 구한다.
    ※ 단, 시료채취시간(유해인자의 발생시간)은 8시간으로 한다.

② $X_1(X_2)$을 허용기준으로 나누어 Y(표준화값)를 구한다.

$$Y(\text{표준화값}) = \frac{X_1(X_2)}{\text{허용기준}}$$

③ 95%의 신뢰도를 가진 하한치를 계산한다.

하한치 $= Y -$ 시료채취 분석오차

④ 허용기준 초과여부 판정

　㉠ 하한치 >1일 때 허용기준을 초과한 것으로 판정된다.

　㉡ 상기 ①에서 ㉡의 값을 구한 경우 이 값이 허용기준 TWA를 초과하고 허용기준 STEL 이하인 때에는 다음 어느 하나 이상에 해당되면 허용기준을 초과한 것으로 판정한다.

　　• 1회 노출지속시간이 15분 이상인 경우

　　• 1일 4회를 초과하여 노출되는 경우

　　• 각 회의 간격이 60분 미만인 경우

예상문제

근로자의 납 노출농도를 8시간 작업시간 동안 측정한 결과 0.075mg/m³이었다. 고용노동부의 통계적인 평가방법에 따라 이 근로자의 노출을 평가하시오. (단, 시료채취 및 분석오차(SAE)는 0.131이고 납에 대한 고용노동부 노출기준은 0.05mg/m³이다. 95% 신뢰도)

풀이

① $Y(\text{표준화값}) = \dfrac{X(\text{시간가중 평균농도})}{\text{허용기준}}$

　여기서, $X : 0.075\text{mg/m}^3$, 허용기준 : 0.05mg/m^3

　$Y = \dfrac{0.075}{0.05} = 1.5$

② LCL(하한치) $= Y -$ 시료채취 분석오차 $= 1.5 - 0.131 = 1.369$

③ 판정

　LCL >1(1.369 >1)이므로 허용기준 초과 판정

학습 Point

1. 측정결과에 대한 평가 숙지
2. 사무실 공기관리 지침 전체 내용(출제 비중 높음)

Reference 　**화학시험의 일반사항**　○ 출제율 50%

1. 온도 표시

　① 상온은 15~25℃, 실온은 1~35℃, 미온은 30~40℃로 하고, 찬 곳은 따로 규정이 없는 한 0~15℃의 곳을 말한다.

　② 냉수(冷水)는 15℃ 이하, 온수(溫水)는 60~70℃, 열수(熱水)는 약 100℃를 말한다.

2. 용기
① 용기란 시험용액 또는 시험에 관계된 물질을 보존, 운반 또는 조작하기 위하여 넣어두는 것으로 시험에 지장을 주지 않도록 깨끗한 것을 말한다.
② 밀폐용기(密閉容器)란 물질을 취급 또는 보관하는 동안에 이물(異物)이 들어가거나 내용물이 손실되지 않도록 보호하는 용기를 말한다.
③ 기밀용기(機密容器)란 물질을 취급하거나 보관하는 동안에 외부로부터의 공기 또는 다른 기체가 침입하지 않도록 내용물을 보호하는 용기를 말한다.
④ 밀봉용기(密封容器)란 물질을 취급 또는 보관하는 동안에 기체 또는 미생물이 침입하지 않도록 내용물을 보호하는 용기를 말한다.
⑤ 차광용기(遮光容器)란 광선이 투과되지 않는 갈색 용기 또는 투과하지 않도록 포장한 용기로서 취급 또는 보관하는 동안에 내용물의 광화학적 변화를 방지할 수 있는 용기를 말한다.

3. 용어
① "항량이 될 때까지 건조한다 또는 강열한다"란 규정된 건조온도에서 1시간 더 건조 또는 강열할 때 전후 무게의 차가 매 g당 0.3mg 이하일 때를 말한다.
② 시험조작 중 "즉시"란 30초 이내에 표시된 조작을 하는 것을 말한다.
③ "감압 또는 진공"이란 따로 규정이 없는 한 15mmHg 이하를 뜻한다.
④ 중량을 "정확하게 단다"란 지시된 수치의 중량을 그 자릿수까지 단다는 것을 말한다.
⑤ "약"이란 그 무게 또는 부피에 대하여 ±10% 이상의 차가 있지 아니한 것을 말한다.
⑥ "검출한계"란 분석기기가 검출할 수 있는 가장 적은 양을 말한다.
⑦ "정량한계"란 분석기기가 정량할 수 있는 가장 적은 양을 말한다.
⑧ "회수율"이란 여과지에 채취된 성분을 추출과정을 거쳐 분석 시 실제 검출되는 비율을 말한다.
⑨ "탈착효율"이란 흡착제에 흡착된 성분을 추출과정을 거쳐 분석 시 실제 검출되는 비율을 말한다.

Section 04 | 산업재해

1 산업재해의 분석

하인리히(Heinrich)의 재해 발생비율 출제율 20%

1 : 29 : 300으로 중상 또는 사망 1회, 경상해 29회, 무상해 300회의 비율로 재해가 발생한다는 것

여기서, 1 : 중상 또는 사망(중대사고, 주요재해)
　　　　29 : 경상해(경미한 사고, 경미재해)
　　　　300 : 무상해사고(Near Accident, 유사재해)

 하인리히(Heinrich)의 재해 발생비율 숙지

2 산업재해 지표

(1) 연천인율

① 정의 : 재적근로자 1,000명당 1년 간 발생한 재해자수

② 계산식

$$연천인율 = \frac{연간 \ 재해자수}{연평균 \ 근로자수} \times 1,000$$

③ 특징

　㉠ 재해자수는 사망자, 부상자, 직업병의 환자수를 합한 것이다.

　㉡ 산업재해의 발생상황을 총괄적으로 파악하는 데 적합하다.

　㉢ 재해의 강도가 고려되지 않는다(사망이나 경상을 동일하게 적용).

　㉣ 산출이 용이하며 알기 쉬운 장점이 있다.

(2) 도수율(빈도율, FR) ●출제율 50%

① 정의 : 재해의 발생빈도를 나타내는 것으로 연근로시간 합계 100만 시간당의 재해 발생건수

② 계산식

$$도수율 = \frac{재해발생건수}{연근로시간수} \times 1,000,000$$

③ 특징

　㉠ 현재 재해발생의 빈도를 표시하는 표준척도로 사용한다.

　㉡ 연근로시간수의 정확한 산출이 곤란할 때는 1일 8시간, 1개월 25일, 연 300일을 시간 으로 환산한 연 2,400시간으로 한다.

　㉢ 재해의 강도가 고려되지 않는다(사망이나 경상을 동일하게 적용).

④ 환산도수율(F)

　㉠ 100,000시간 중 1인당 재해건수

　㉡ 계산식

$$환산도수율(F) = \frac{도수율}{10}$$

⑤ 도수율과 연천인율 관계

$$도수율 = \frac{연천인율}{2.4} \quad (연천인율 = 도수율 \times 2.4)$$

(3) 강도율(SR) ●출제율 50%

① **정의** : 연근로시간 1,000시간당 재해에 의해서 잃어버린 근로손실일수

② **계산식**

$$강도율 = \frac{일정기간 \ 중 \ 근로손실일수}{일정기간 \ 중 \ 연근로시간수} \times 1,000$$

③ **특징**

㉠ 재해의 경중(정도) 즉, **강도를 나타내는 척도**이다.

㉡ 재해자의 수나 발생빈도에 관계없이 재해의 내용(상해정도)을 측정하는 척도이다.

㉢ 사망 및 1급, 2급, 3급(신체장애등급)의 근로손실일수는 7,500일이다.

㉣ 근로손실일수 산정기준(입원, 휴업, 휴직, 요양의 경우)

$$총휴업일수 \times \frac{300}{365}$$

④ **환산강도율(S)**

㉠ 100,000시간 중 1인당 근로손실일수

㉡ 계산식

$$환산강도율 = 강도율 \times 100$$

(4) 종합재해지수(FSI) ●출제율 30%

① **정의** : 인적 사고 발생의 빈도 및 강도를 종합한 지표

② **계산식**

$$종합재해지수 = \sqrt{도수율 \times 강도율}$$

③ **특징**

㉠ 도수 강도치를 의미한다.

㉡ 어느 기업의 위험도를 비교하는 수단과 안전에 관심을 높이는 데 사용한다.

(5) 사고사망만인율

① **정의** : 임금근로자 10,000명당 발생하는 사망자수의 비율이며, 건설업체의 산업재해발생률 산정기준에 의거 산정한 재해율을 말한다.

② **계산식**

$$사고사망만인율 = \frac{사고사망자수}{상시근로자수} \times 10,000$$

기출문제

2010년(산업기사), 2005년, 2015년(기사)

연근로시간수가 18,000,000시간, 재해건수 520건, 근로손실일수가 58,000일 경우 재해의 강도율과 도수율은? ◐출제율 70%

풀이 (1) 강도율 $= \dfrac{근로손실일수}{연근로시간수} \times 10^3 = \dfrac{58,000}{18,000,000} \times 1,000 = 3.22$

(2) 도수율 $= \dfrac{재해발생건수}{연근로시간수} \times 10^6 = \dfrac{520}{18,000,000} \times 10^6 = 28.89$

예상문제

연간 근로일수가 300일이며 연간 근로시간수가 25,000시간인 사업장에서 1년 간 3건의 재해로 발생된 노동손실일수가 60일 경우 강도율은?

풀이 강도율 $= \dfrac{근로손실일수}{연근로시간수} \times 1,000 = \dfrac{60}{25,000} \times 1,000 = 2.4$

예상문제

50명이 1년 간 작업 시 2건의 휴업재해가 발생하여 200일의 휴업일수를 기록했을 경우 강도율은? (단, 연간 근로일수는 300일이다.)

풀이 강도율 $= \dfrac{일정기간 \ 중 \ 근로손실일수}{일정기간 \ 중 \ 연근로시간수} \times 1,000$

연 근로시간수 $= 2,400시간 \times 50명 = 120,000시간$

근로손실일수 $= 200일 \times \dfrac{300일}{365일} = 164일$

$= \dfrac{164}{120,000} \times 1,000 = 1.37$

 각 재해지표 공식 및 계산문제 숙지(출제 비중 높음)

❸ 산업재해 보상

(1) 하인리히(Heinrich)의 산업재해손실 평가

> 총 재해코스트=직접비+간접비(직접비와 간접비의 비=1 : 4)=직접비×5

(2) 시몬즈(Simonds)의 산업재해손실 평가

> 총 재해코스트=보험코스트+비보험코스트

 하인리히(Heinrich)의 총 재해코스트 내용 숙지

4 산업재해 이론

(1) 하인리히의 도미노 이론 : 사고 연쇄반응

사회적 환경 및 유전적 요소(선천적 결함)
⇩
개인적인 결함(인간의 결함)
⇩
불안전한 행동 및 상태(인적 원인과 물적 원인)
⇩
사고
⇩
재해

(2) 버드의 수정 도미노 이론

통제의 부족(관리)
⇩
기본 원인(기원)
⇩
직접 원인(징후)
⇩
사고(접촉)
⇩
상해(손실)

> **Reference 산업재해 예방과 하인리히의 사고 예방 대책의 기본원리**
>
> 1. 산업재해 예방(방지) 4원칙
>   ① 예방가능의 원칙   ② 손실우연의 원칙   ③ 원인계기의 원칙   ④ 대책선정의 원칙
> 2. 하인리히의 사고 예방(방지) 대책의 기본원리 5단계
>   ① 1단계 : 안전관리조직 구성   ② 2단계 : 사실의 발견
>   ③ 3단계 : 분석평가   ④ 4단계 : 시정방법의 선정(대책의 선정)
>   ⑤ 5단계 : 시정책의 적용(대책 실시)

Section 05 | 적성검사

1 적성검사 분류 ●출제율 20%

(1) 신체검사(신체적 적성검사 : 체격검사)

(2) 생리적 기능검사(생리적 적성검사)

① 감각기능검사   ② 심폐기능검사   ③ 체력검사

(3) 심리학적 검사(심리학적 적성검사)

① 지능검사   ② 지각동작검사   ③ 인성검사   ④ 기능검사

 적성검사 분류 숙지(출제 비중 높음)

Section 06　노동생리

1 근육의 대사과정

노동에 필요한 에너지원은 근육에 저장된 화학에너지와 대사과정(구연산 회로)을 거쳐 생성되는 에너지로 구분되며, 혐기성과 호기성 대사에 모두 에너지원으로 작용하는 것은 포도당(glucose)이다.

(1) 혐기성 대사(anaerobic metabolism) ●출제율 60%

① 근육에 저장된 화학적 에너지를 의미함

② 혐기성 대사 순서(시간대별)

$$\boxed{\text{ATP(아데노신삼인산)}} \Rightarrow \boxed{\text{CP(크레아틴인산)}} \Rightarrow \boxed{\text{glycogen(글리코겐) or glucose(포도당)}}$$

(2) 호기성 대사(aerobic metabolism)

① 대사과정(구연산 회로)을 거쳐 생성된 에너지를 의미함

② 대사과정

$$\begin{bmatrix} \text{포도당(탄수화물)} \\ \text{단백질} \\ \text{지 방} \end{bmatrix} + \text{산소} \Rightarrow \text{에너지원}$$

 혐기성 대사 및 호기성 대사의 과정 숙지(출제 비중 높음)

2 산업피로

(1) 피로의 3단계

① 보통 피로(1단계)　② 과로(2단계)　③ 곤비(3단계)

(2) 피로의 발생기전(본태) ●출제율 30%

① 활성에너지 요소인 영양소, 산소 등 소모(에너지 소모)

② 물질대사에 의한 노폐물인 젖산 등의 축적(중간 대사물질의 축적)으로 인한 근육, 신장 등 기능 저하

③ 체내의 항상성 상실(체내에서의 물리화학적 변조)

④ 여러 가지 신체조절기능 저하

⑤ 크레아틴, 젖산, 초성 포도당을 피로물질이라고 함

(3) 전신피로의 원인 (출제율 20%)

① 산소공급 부족
② 혈중 포도당 농도 저하(가장 큰 원인)
③ 혈중 젖산 농도 증가
④ 근육 내 글리코겐량의 감소
⑤ 작업강도의 증가

(4) 전신피로의 정도 평가 (출제율 20%)

① 전신피로의 정도를 평가하려면 작업종료 후 심박수(heart rate)를 측정하여 이용한다.
② 심한 전신피로 상태

HR_1이 110를 초과하고 HR_3와 HR_2의 차이가 10 미만인 경우

여기서, HR_1 : 작업종료 후 30~60초 사이의 평균맥박수

HR_2 : 작업종료 후 60~90초 사이의 평균맥박수

HR_3 : 작업종료 후 150~180초 사이의 평균맥박수(회복기 심박수 의미)

(5) 국소피로의 증상

① 혈액 및 소변 (출제율 30%)

㉠ 혈액은 혈당치가 낮아지고 젖산과 탄산량이 증가하여 산혈증 발생
㉡ 소변은 양이 줄고 소변 내의 단백질 또는 교질물질의 배설량 증가

(6) 국소피로의 평가 (출제율 20%)

① 국소근육 활동피로를 측정 평가하는 데에는 근전도(EMG)를 가장 많이 이용하고 역치측정기를 이용한 반사역치를 측정 평가한다.
② 정상근육과 비교하여 피로한 근육에서 나타나는 EMG의 특징

㉠ 저주파(0~40Hz)힘(전압)의 증가 ㉡ 고주파(40~200Hz)힘(전압)의 감소
㉢ 평균주파수 영역에서 힘(전압)의 감소 ㉣ 총 전압의 증가

> **Reference Flex-time 제도** (출제율 20%) • • •
>
> 작업장의 기계화, 생산의 조직화, 기업의 경제성을 고려하여 모든 근로자가 근무를 하지 않으면 안 되는 중추시간(core time)을 설정하고, 지정된 주간 근무시간 내에서 자유 출퇴근을 인정하는 제도, 즉 작업상 전 근로자가 일하는 core time을 제외하고 주당 40시간 내외의 근로조건하에서 자유롭게 출퇴근하는 제도이다.

1. 피로의 3단계 숙지(출제 비중 높음)
2. 국소피로의 증상(4가지) 및 측정 평가방법(2가지) 숙지
3. 피로의 증상 숙지(혈액과 소변의 변화 숙지) (출제 비중 높음)

3 산소 소비량

(1) 산소부채(oxygen debt) ● 출제율 30%

운동이 격렬하게 진행될 때에 산소섭취량이 수요량에 미치지 못하여 일어나는 산소부족현상으로 산소부채량은 원래대로 보상되어야 하므로 운동이 끝난 뒤에도 일정시간 산소가 소비한다는 의미이다.

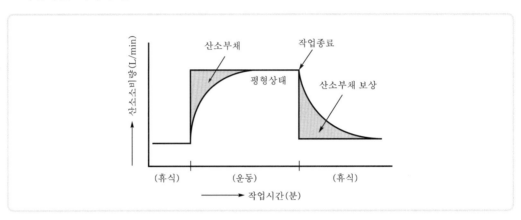

｜작업시간 및 종료 시의 산소소비량 ｜ ● 출제율 30%

(2) 육체적 작업능력(PWC) ● 출제율 20%

① PWC는 젊은 남성이 평균 16kcal/min 정도의 작업은 피로를 느끼지 않고 하루에 4분간 계속할 수 있는 작업강도를 의미한다. 여성은 평균 12kcal/min을 적용하며, PWC는 개인의 심폐기능으로 결정한다.

② 하루 8시간(480분) 작업 시에는 PWC의 1/3에 해당된다.

　㉠ 남성 : 16kcal/min × 1/3 = 5.3kcal/min

　㉡ 여성 : 12kcal/min × 1/3 = 4kcal/min

1. 산소부채 내용 및 그림 숙지(출제 비중 높음)
2. 산소소비량 숙지
3. PWC의 의미 숙지

4 작업강도

(1) 작업대사율(에너지대사율, RMR(Relative Metabolic Rate))

① 작업강도의 단위로서 산소호흡량을 측정하여 에너지의 소요량을 결정하는 방식으로 RMR이 클수록 작업강도가 높음을 의미한다.

② RMR 계산식

$$RMR = \frac{작업대사량}{기초대사량}$$

$$= \frac{작업 \ 시 \ 소비된 \ 에너지대사량 - 같은 \ 시간의 \ 안정 \ 시 \ 소비된 \ 에너지소비량}{기초대사량}$$

③ 계속작업 한계시간(CMT) 계산식

$$logCMT = 3.724 - 3.25logRMR$$

< RMR에 의한 작업강도 분류 > ●출제율 30%

RMR	작업강도	실노동률(%)	1일 소비열량(kcal)
0~1	경작업	80 이상	남) 2,200 이하 여) 1,920 이하
1~2	중등작업	80~76	남) 2,200~2,550 여) 1,920~2,200
2~4	강작업	76~67	남) 2,550~3,050 여) 2,220~2,600
4~7	중작업	67~50	남) 3,050~3,500 여) 2,600~2,920
7 이상	격심작업	50 이하	남) 3,500 이상 여) 2,920 이상

$$실노동률(실동률)(\%) = 85 - (5 \times RMR) : 사이토 \ 오시마 \ 공식$$

(2) 작업강도(%MS) 및 적정작업시간

국소피로 초래까지의 작업시간은 작업강도에 의해 결정된다.

① 작업강도(%MS) 계산

$$작업강도(\%MS) = \frac{RF}{MS} \times 100$$

여기서, RF : 작업 시 요구되는 힘

　　　　 MS : 근로자가 가지고 있는 최대 힘

② 적정작업시간(sec) 계산

$$적정작업시간(sec) = 671,120 \times \%MS^{-2.222}$$

여기서, %MS : 작업강도(근로자의 근력이 좌우함)

CHAPTER 1

예상문제

어떤 작업의 강도를 알기 위하여 작업대사율(RMR)을 구하려고 한다. 작업 시 소요된 열량이 5,000kcal, 기초대사량이 1,200kcal, 안정 시 열량이 기초대사량의 1.2배인 경우 작업대사율과 실동률(%)은? ●출제율 40%

풀이 (1) 작업대사율(RMR) $= \dfrac{\text{작업 시 대사량} - \text{안정 시 대사량}}{\text{기초대사량}}$

$$= \frac{[5,000\text{kcal} - (1,200\text{kcal} \times 1.2)]}{1,200\text{kcal}} = 2.97$$

(2) 실동률(%) $= 85 - (5 \times \text{RMR}) = 85 - (5 \times 2.97) = 70.15\%$(작업강도 분류로 강작업임)

예상문제

운반작업을 하는 젊은 근로자의 약한 손(오른손잡이의 경우 왼손)의 힘은 45kP이다. 이 근로자가 무게 10kg인 상자를 두 손으로 들어 올릴 경우 작업강도(%MS) 및 적정작업시간(min)를 구하시오. ●출제율 40%

풀이 (1) 작업강도(%MS)를 구하면

$$(\%\text{MS}) = \frac{\text{RF}}{\text{MS}} \times 100$$

　　　　　RF : 10kg 상자를 두 손으로 들어 올리므로 한 손에 미치는 힘은 5kP

　　　　　MS : 45kP

$$= \frac{5}{45} \times 100 = 11.1\%$$을 적용하여 적정작업시간을 구하면

(2) 적정작업시간(sec) $= 671,120 \times \%\text{MS}^{-2.222} = 671,120 \times (11.1)^{-2.222}$

$$= 3192.2\text{sec} \times \text{min}/60\text{sec}$$

$$= 53.20\text{min}$$

1. RMR 및 실동률 계산 숙지(출제 비중 높음)
2. %MS 및 적정작업시간 숙지(출제 비중 높음)

5 작업시간과 휴식

(1) 피로예방 허용작업시간(작업강도에 따른 허용작업시간)

$$\log T_{\text{end}} = 3.720 - 0.1949E$$

여기서, E : 작업대사량(kcal/min)

　　　　T_{end} : 허용작업시간(min)

(2) 피로예방 휴식시간비

$$T_{rest}(\%) = \left[\frac{E_{max} - E_{task}}{E_{rest} - E_{task}}\right] \times 100 \cdots \text{Hertig식}$$

여기서, $T_{rest}(\%)$: 피로예방을 위한 적정휴식 시간비. 즉 60분을 기준하여 산정

　　　E_{max} : 1일 8시간 작업에 적합한 작업대사량(PWC의 1/3)

　　　E_{rest} : 휴식 중 소모대사량

　　　E_{task} : 해당 작업의 작업대사량

기출문제

2014년, 2016년(기사)

육체적 작업능력(PWC)이 16kcal/min인 근로자가 1일 8시간 동안 물체를 운반하고 있다. 이때의 작업대사량은 10kcal/min이고, 휴식 시의 대사량은 3kcal/min이라면 이 사람의 휴식시간과 작업시간를 배분하시오. (단, Hertig의 식을 이용한다.) ●출제율 60%

풀이 먼저 Hertig식을 이용 휴식시간 비율(%)을 구하면

$$T_{rest}(\%) = \left[\frac{\text{PWC의} \frac{1}{3} - \text{작업대사량}}{\text{휴식대사량} - \text{작업대사량}}\right] \times 100$$

$$= \left[\frac{\left(16 \times \frac{1}{3}\right) - 10}{3 - 10}\right] \times 100$$

$$= 66.67\%$$

60분 중 66.67%인 40분 휴식, 20분(60분-40분) 작업으로 배분

예상문제

PWC가 16kcal/min인 근로자가 1일 8시간 동안 물체 운반작업을 하고 있다. 이때의 작업대사량이 10kcal/min일 경우 이 사람이 쉬지 않고 계속하여 일을 할 수 있는 최대허용시간(min)은 얼마인가? ●출제율 50%

풀이 $\log T_{end} = 3.720 - 0.1949E$ 이므로

　　　E : 작업대사량 10kcal/min을 적용하면

　　　$= 3.720 - 0.1949 \times (10)$

　　　$= 1.771$

최대허용시간(T_{end}) $= 10^{1.771} = 59.02$min

1. 허용작업시간 계산 숙지(출제 비중 높음)
2. 휴식시간 및 작업시간 계산 숙지(출제 비중 높음)

CHAPTER 1

Section 07 산업독성학

1 발암

(1) 국제암연구위원회(IARC)의 발암물질 구분원칙 〔출제율 60%〕

① Group 1 : 인체 발암성 확정물질(확실한 발암물질)

예 벤젠, 알코올, 담배, 다이옥신, 석면

② Group 2A : 인체 발암성 예측·추정물질(가능성이 높은 발암물질)

③ Group 2B : 인체 발암가능성 물질(가능성이 있는 발암물질)

④ Group 3 : 인체 발암성 미분류물질(발암성이 불확실한 물질)

⑤ Group 4 : 인체 비발암성 추정물질(발암성이 없는 물질)

(2) 미국산업위생전문가협의회(ACGIH)의 발암물질 구분 〔출제율 70%〕

① A1 : 인체 발암 확인(확정)물질

예 석면, 우라늄, Cr^{+6}, 아크릴로니트릴, 벤지딘, 염화비닐, 베릴륨 등

② A2 : 인체 발암이 의심되는 물질(발암 추정물질)

③ A3 : 동물 발암성 확인물질(인체 발암성 모름)

④ A4 : 인체 발암성 미분류 물질(인체 발암성이 확인되지 않은 물질)

⑤ A5 : 인체 발암성 미의심 물질

1. IARC의 발암물질 구분원칙 숙지
2. ACGIH의 발암물질 구분 숙지(출제 비중 높음)

2 중금속

(1) 납(Pb)

① 개요

㉠ 역사상 최초로 기록된 직업병이다(silent disease) : 납중독

㉡ 주 발생원으로는 납제련소(납정련), 납축전지 제조, 인쇄소 등이고, 주 증상은 조혈장애가 나타난다.

② 납중독의 4대 증상 〔출제율 20%〕

㉠ 납빈혈

㉡ 망상적혈구와 친염기성 적혈구(적혈구 내 프로토포르피린)의 증가

㉢ 잇몸에 특징적인 연선(lead line)

㉣ 소변에 코프로포르피린(coproporphyrin) 검출

③ 이미증(pica)

매우 낮은 농도에서 어린이에게 학습장애 및 기능저하를 초래하며, 1~5세의 소아환자에게서 발생하기 쉬움

④ 납중독의 확인 시험사항

  ㉠ 혈중의 납   ㉡ 헴(Heme)의 대사

  ㉢ 말초신경의 신경전달속도   ㉣ Ca-EDTA 이동시험

  ㉤ ALA(Amino Levulinic Acid) 축적

⑤ 납중독의 진단

  ㉠ 소변 중 코프로포르피린 배설량 측정   ㉡ 소변 중 델타아미노레블린산(δ-ALA) 측정

  ㉢ 혈중 징크프로토포르피린(ZPP) 측정   ㉣ 혈중 납량 측정

  ㉤ 소변 중 납량 측정   ㉥ 빈혈검사

  ㉦ 혈액검사   ㉧ 혈중 δ-ALA 탈수효소 활성치 측정

⑥ 납중독의 치료 〔●출제율 20%〕

  ㉠ 급성중독

    • 섭취할 경우 즉시 3% 황산소다용액으로 위세척

    • Ca-EDTA을 하루에 1~4g 정맥 내 투여하여 치료(5일 이상 투여 금지)

  ㉡ 만성중독

    • 배설촉진제 Ca-EDTA 및 페니실라민(penicillamine) 투여

    • 대중요법으로 진정제, 안정제, 비타민 B_1 · B_2 사용

 Point
1. 납중독 4대 증상 숙지
2. 납중독의 진단 및 임상검사 숙지
3. 납중독의 치료 숙지

(2) 수은(Hg)

① 개요

  ㉠ 연금술, 의약품 분야에서 가장 오래 사용해 왔던 중금속의 하나이다.

  ㉡ 주 발생원으로는 형광등 · 수은온도계 · 체온계 제조, 의약, 페인트, 농약 제조 등이다.

② 수은에 의한 건강장애

  ㉠ 수은중독의 특징적인 증상은 구내염, 근육진전, 정신증상으로 분류된다.

  ㉡ 수족신경마비, 시신경장애, 정신이상, 보행장애의 증상이 나타난다.

  ㉢ 구내염이 생기고 침을 많이 흘린다.

  ㉣ 치은부에는 황화수은의 청회색 침전물이 침착된다.

ⓜ 혀나 손가락의 근육이 떨린다(수전증).

ⓑ 전신증상으로는 중추신경계통, 특히 뇌조직에 심한 증상이 나타나 정신기능이 상실될 수 있다(정신장애).

ⓢ 유기수은(알킬수은) 중 **메틸수은**은 **미나마타**(minamata)병을 발생시킨다.

③ **수은중독의 진단**

ⓐ 급성중독의 경우 중독 발생 시 상황, 접촉 유무 및 정도 조사

ⓑ 만성중독의 경우 직력조사 및 현직 근로년수 조사

ⓒ 임상증상 확인

　• 수지진전, 보행실조 증상

　• 지속적 불면증, 두통, 침흘림, 구내염, 치은염, 치아부식 증상

ⓓ 간기능 및 신기능 검사

ⓔ 개인적 수은약제 사용유무 조사

④ **수은중독의 치료** ●출제율 40%

ⓐ 급성중독

　• 우유와 계란의 흰자를 먹인다. 　• 마늘계통의 식물을 섭취한다.

　• 위세척(5~10% S.F.S 용액)한다. 　• BAL 투여(체중 1kg당 5mg의 근육주사)한다.

ⓑ 만성중독

　• 수은 취급을 즉시 중지시킨다. 　• BAL 투여한다.

　• 1일 10L의 등장식염수 공급한다. 　• N−acetyl−D−penicillamine 투여한다.

1. 수은에 대한 건강장애 숙지
2. 수은중독의 치료 숙지(출제 비중 높음)

(3) **카드뮴(Cd)**

① **개요**

ⓐ 1945년 일본에서 '**이따이이따이**'병이란 중독사건이 발생한 사례가 있다.

ⓑ 주 발생원으로는 납광물이나 아연 제련 시 부산물, 축전기 전극제조 등이다.

② **카드뮴의 건강장애**

ⓐ 급성중독

　• 호흡기도, 폐에 강한 자극 증상(화학성 폐렴)

　• 초기에는 인두부 통증, 기침, 두통 현상이 나타나며 나중에는 호흡곤란, 폐수종 증상으로 사망에 이르기도 함

ⓛ 만성중독 ◯출제율 20%
- **신장기능장애**(저분자 단백뇨 다량 배설, 신석증 유발)
- **골격계장애**(뼈의 통증, 골연화증, 골수공증, 철분 결핍성 빈혈증 나타남)
- **폐기능장애**(폐기종, 만성폐기능장애 일으킴)
- **자각증상**(기침, 식욕부진, 체중 감소, 치은부의 연한 황색 색소침착 유발)

③ 카드뮴중독의 치료 ◯출제율 20%
ⓐ BAL 및 Ca−EDTA를 투여하면 신장에 독성작용이 더욱 심해지므로 금한다(크롬중독도 동일함).
ⓑ 안정을 취하고 대중요법을 이용, 동시에 산소흡입, 스테로이드를 투여한다.
ⓒ 치아에 황색 색소침착 유발 시 글루쿠론산칼슘 20mL를 정맥주사한다.
ⓓ 비타민 D를 피하 주사한다(1주 간격 6회가 효과적).

 카드뮴의 건강장애 및 치료 숙지

(4) 크롬(Cr)

① 개요
ⓐ 6가 크롬은 비용해성으로 산화제, 색소로서 산업장에서 널리 사용된다. **비중격연골에 천공**이 대표적 증상이며, 3가 크롬은 피부흡수가 어려우나 6가 크롬은 쉽게 피부를 통과하여 **6가 크롬이 더 해롭다**.
ⓑ 주 발생원은 전기도금공장, 가죽 · 피혁 제조 등이다.

② 크롬에 의한 건강장애 ◯출제율 20%
ⓐ 급성중독
- **신장장애**(과뇨증 후 무뇨증을 일으키며 요독증으로 10일 이내에 사망)
- **위장장애**(심한 복통, 빈혈을 동반하는 심한 설사 및 구토)
- **급성폐렴**(크롬산 먼지, 미스트 대량 흡입 시)
ⓑ 만성중독
- **점막장애**(화농성비염, 비중격천공 증상)
- **피부장애**(피부궤양)
- **발암작용**(기관지암, 폐암, 비강암)
- **호흡기장애**(크롬폐증)

③ 크롬중독의 치료
ⓐ 크롬 폭로 시 즉시 중단, BAL, Ca−EDTA 복용 효과 없음
ⓑ 사고로 섭취 시 응급조치로 환원제인 우유와 비타민 C 섭취

CHAPTER 1

ⓒ 피부궤양에는 5% 티오황산소다용액, 5~10% 구연산소다용액, 10% Ca-EDTA 연고
사용

 크롬의 건강장애 및 치료 숙지

(5) 베릴륨(Be)

① 개요

ㄱ 회백색의 육방정 결정체로서 이제까지 알려진 가장 가벼운 금속 중 하나이다.

ㄴ 주 발생원으로는 합금제조, 원자로작업, 금속재생공정 등이다.

② 베릴륨에 의한 건강장애

ㄱ 급성중독

- 용해성 베릴륨화합물은 급성중독을 발생시킨다.
- 인후염, 기관지염, 폐부종, 접촉성피부염 등이 발생한다.

ㄴ 만성중독

- **육아 종양, 화학적 폐렴 및 폐암을 발생시킨다.**
- 체중 감소, 전신쇠약 등이 나타난다.
- 'neighborhood cases'라고도 불린다.

③ 베릴륨중독의 치료

ㄱ 급성 베릴륨폐증인 경우 즉시 작업 중단

ㄴ 금속배출촉진제 chelating agent 투여

 베릴륨의 건강장애 및 치료 숙지

(6) 비소(As)

① 개요

ㄱ 은빛 광택을 내는 비금속으로서 가열하면 녹지 않고 승화된다.

ㄴ 주 발생원으로는 자연계(토양의 광석), 살충제 제조, 베어링 제조 등이다.

② 비소에 의한 건강장애

ㄱ 급성중독

- 용혈성 빈혈을 일으킴
- 심한 구토, 설사, 심장이상, 쇼크 등이 발생
- 혈뇨 및 무뇨증이 발생(신장기능 저하)

ⓒ 만성중독
- 피부의 색소침착(흑피증), 각질화가 심하면 피부암이 발생
- 다발성 신경염 등의 말초신경장애가 나타남(특히 지각마비 및 근무력증 생김)

ⓒ 분말(고형) 비소화합물의 중독
- 낭창형 또는 습진형의 피부염 발생이 심하면 **피부암** 유발
- 비중격궤양, 폐암 유발
- 생식독성 원인물질로 작용

③ 비소중독의 치료
㉠ 비소폭로가 심한 경우는 전체 수혈을 행한다.
ⓒ 만성중독 시에는 작업을 중지시킨다.
ⓒ 급성중독 시 활성탄과 하제를 투여하고, 구토를 유발시킨 후 BAL을 투여한다.
㉣ 급성중독 시 확진되면 dimercaprol 약제를 처치한다.
㉤ 쇼크의 치료는 강력한 정맥수액제와 혈압상승제를 사용한다.

 비소의 건강장애 및 치료 숙지

(7) 망간(Mn)

① 개요
㉠ 철강제조에서 직업성 폭로가 가장 많고 합금, 용접봉의 용도를 가지며 계속적인 폭로로 전신의 근무력증, 수전증, **파킨슨씨 증후군**이 나타나며 금속열을 유발한다.
ⓒ 주 발생원은 특수강철 생산, 망간건전지 제조, 도자기 제조업 등이다.

② 망간에 의한 건강장애
㉠ 급성중독
- MMT에 피부와 호흡기 노출로 인한 증상
- 이산화망간 흄에 급성 노출 시 금속열 일으킴
- 급성 고농도에 노출 시 정신병 양상을 나타냄

ⓒ 만성중독
- **파킨슨씨 증후군**, 보행장애가 나타남
- 안면의 변화와 배근력의 저하(소자증의 증상)
- 언어장애 및 균형감각 상실 증세가 나타남

 망간의 건강장애 숙지

(8) 금속증기열(metal fume fever)

① 개요

고농도의 금속산화물을 흡입함으로써 발생되는 일시적인 질병이며, 금속증기를 들이마심으로써 일어나는 열로 특히 아연에 의한 경우가 많으므로 이것을 **아연열**이라고 하는데 구리, 니켈 등의 금속증기에 의해서도 발생한다.

② 발생원인 물질

    ㉠ 아연   ㉡ 구리   ㉢ 망간   ㉣ 마그네슘   ㉤ 니켈

③ 증상

    ㉠ 금속증기에 폭로 후 몇 시간 후에 발병되며 체온상승, 목의 건조, 오한, 기침, 땀이 많이 발생하고 호흡곤란이 생긴다.

    ㉡ 증상은 12~24시간(또는 24~48시간) 후에는 자연적으로 없어지게 된다.

    ㉢ 특히 아연 취급 작업장에서 당뇨병 환자는 작업을 금지한다.

    ㉣ 월요일열(monday fever)이라고도 한다.

Reference 유해물질의 용해도(수용성)에 따른 호흡기에 대한 자극제 구분 ○출제율 20%

1. 상기도 점막 자극제
2. 상기도 점막 및 폐조직 자극제
3. 종말기관지 및 폐포점막 자극제

 학습 Point 금속증기열 개요 및 원인물질 숙지

3 생물학적 모니터링

(1) 개요

생물학적 모니터링은 근로자의 유해물질에 대한 노출정도를 **소변, 호기, 혈액** 중에서 그 물질이나 대사산물을 측정함으로써 노출정도를 추정하는 방법을 말하며, 생물학적 검체의 측정을 통해서 노출의 정도나 건강위험을 평가하는 것이다.

(2) 근로자의 화학물질에 대한 노출평가 방법 종류

① 개인시료 측정

② 생물학적 모니터링

③ 건강감시(medical surveillance)

(3) 생물학적 모니터링의 목적 ●출제율 70%

① 유해물질에 노출된 근로자 개인에 대해 모든 인체 침입경로, 근로시간에 따른 노출량
등 정보를 제공하는 데 있다.
② 개인위생보호구의 효율성 평가 및 기술적 대책, 위생관리에 대한 평가에 이용한다.
③ 근로자 보호를 위한 모든 개선대책을 적절히 평가한다.

(4) 생물학적 모니터링의 장점 및 단점 ●출제율 70%

① 장점
㉠ 공기 중의 농도를 측정하는 것보다 건강상의 위험을 더욱 직접적으로 평가할 수
있다.
㉡ 모든 노출경로(소화기, 호흡기, 피부 등)에 의한 종합적인 노출을 평가할 수 있다.
㉢ 개인시료보다 건강상의 악영향을 더욱 직접적으로 평가할 수 있다.
㉣ 건강상의 위험에 대하여 보다 정확한 평가를 할 수 있다.
② 단점
㉠ 시료채취가 어렵다.
㉡ 유기시료의 특이성이 존재하며 복잡하다.
㉢ 각 근로자의 생물학적 차이가 나타날 수 있다.
㉣ 분석의 어려움 및 분석 시 오염에 노출될 수 있다.

(5) 생물학적 노출지표(폭로지표 : BEI, ACGIH) ●출제율 20%

혈액, 소변, 호기, 모발 등 생체시료로부터 유해물질 그 자체 또는 유해물질의 대사산물
및 생화학적 변화를 반영하는 지표물질을 말하며, 근로자의 전반적인 노출량을 평가하는
데 이에 대한 기준으로 BEI를 사용한다.

(6) 생체시료채취 및 분석 방법

① 시료채취시간 ●출제율 40%
㉠ 배출이 빠르고 반감기가 짧은 물질(5분 이내의 물질)에 대해서는 시료채취시기가 대
단히 중요하다.
㉡ 긴 반감기를 가진 화학물질(중금속)에 대해서 시료채취시간은 별로 중요하지 않으
며, 반대로 반감기가 짧은 물질인 경우 시료채취시간은 매우 중요하다.
㉢ 축적이 누적되는 유해물질(납, 카드뮴, PCB 등)인 경우 노출 전에 기본적인 내재용량
을 평가하는 것이 바람직하다.

CHAPTER 1

< 화학물질에 대한 대사산물(측정대상물질), 시료채취시기 > ◯출제율 60%

화학물질	대사산물(측정대상물질) : 생물학적 노출지표	시료채취시기
납	혈액 중 납	중요치 않음
	소변 중 납	
카드뮴	소변 중 카드뮴	중요치 않음
	혈액 중 카드뮴	
일산화탄소	호기에서 일산화탄소	작업 종료 시
	혈액 중 carboxyhemoglobin	
벤젠	소변 중 총 페놀	작업 종료 시
	소변 중 t,t-뮤코닉산(t,t-muconic acid)	
에틸벤젠	소변 중 만델린산	작업 종료 시
니트로벤젠	소변 중 p-nitrophenol	작업 종료 시
아세톤	소변 중 아세톤	작업 종료 시
톨루엔	혈액, 호기에서 톨루엔	작업 종료 시
	소변 중 o-크레졸	
크실렌	소변 중 메틸마뇨산	작업 종료 시
스티렌	소변 중 만델린산	작업 종료 시
트리클로로에틸렌	소변 중 트리클로로초산(삼염화초산)	주말작업 종료 시
테트라클로로에틸렌	소변 중 트리클로로초산(삼염화초산)	주말작업 종료 시
트리클로로에탄	소변 중 트리클로로초산(삼염화초산)	주말작업 종료 시
사염화에틸렌	소변 중 트리클로로초산(삼염화초산)	주말작업 종료 시
	소변 중 삼염화에탄올	
이황화탄소	소변 중 TTCA	–
	소변 중 이황화탄소	
노말헥산(n-헥산)	소변 중 2,5-hexanedione	작업 종료 시
	소변 중 n-헥산	
메탄올	소변 중 메탄올	–
클로로벤젠	소변 중 총 4-chlorocatechol	작업 종료 시
	소변 중 총 p-chlorophenol	
크롬(수용성 흄)	소변 중 총 크롬	주말작업 종료 시 주간작업 중
N,N-디메틸포름아미드	소변 중 N-메틸포름아미드	작업 종료 시
페놀	소변 중 메틸마뇨산	작업 종료 시
methyl n-butyl ketone	소변 중 2,5-hexanedione	–

> **Reference** **생물학적 모니터링에서 호기시료를 잘 이용하지 않는 이유** ◯출제율 30% • • •
>
> 1. 채취시간, 호기상태에 따라 농도가 변화하기 때문
> 2. 수증기에 의한 수분응축의 영향이 있기 때문

② 화학물질의 영향에 대한 생물학적 모니터링 대상 ◯출제율 30%

ㄱ 납 : 적혈구에서 ZPP
ㄴ 카드뮴 : 소변에서 저분자량 단백질
ㄷ 일산화탄소 : 혈액에서 카복시헤모글로빈
ㄹ 니트로벤젠 : 혈액에서 메타헤모글로빈

Reference **바이오에어로졸(Bioaerosol)** ◯출제율 20% • • •

1. **정의** : 0.02~100μm 정도의 크기로서, 세균이나 곰팡이 같은 미생물과 바이러스, 알러지를 일으키는 꽃가루 등이 고체나 액체 입자에 부착, 포함되어 있는 것을 말한다.
2. **생물학적 유해인자**
   ① 박테리아   ② 곰팡이   ③ 집진드기   ④ 바퀴벌레   ⑤ 원생동물   ⑥ 꽃가루

---

1. 생물학적 모니터링의 목적(3가지) 숙지
2. 생물학적 모니터링의 장점 및 단점 숙지(장점, 출제 비중 높음)
3. 화학물질에 대한 대사산물 및 시료채취시기(출제 비중 높음)
4. 영향에 대한 생물학적 모니터링 대사산물 숙지
5. 바이오에어로졸 정의, 유해인자 숙지

---

4 산업역학

(1) 역학적 측정방법

① **환자군, 대조군의 정의** : 어떤 특정질환이나 문제를 가진 집단을 환자군이라 하고, 이러한 질환이나 문제를 일으키지 않은 집단을 대조군 또는 정상군이라 한다.

② **유병률** : 어떤 시점에서 이미 존재하는 질병의 비율을 의미하며, 일반적으로 기간 유병률보다 시점(시간) 유병률을 사용한다.

③ **발생률** : 특정기간 위험에 노출된 인구집단 중 새로 발생한 환자수의 비례적인 분율 개념이다.

④ **유병률과 발생률의 관계** ◯출제율 20%

$$유병률(P) = 발생률(I) \times 평균이환기간(D)$$

단, 유병률은 10% 이하, 발생률과 평균이환기간이 시간 경과에 따라 일정하여야 한다.

⑤ **위험도** ◯출제율 40%

ㄱ **상대위험도(상대위험비, 비교위험도)** : 비노출군에 비해 노출군에서 얼마나 질병에 걸릴 위험도가 큰가를 나타낸다. 즉 위험요인을 갖고 있는 군이 위험요인을 갖고 있지 않은 군에 비하여 질병의 발생률이 몇 배인가를 나타내는 것이다.

$$상대위험비 = \frac{노출군에서 \ 질병발생률}{비노출군에서 \ 질병발생률}$$

- 상대위험비 = 1인 경우 노출과 질병 사이의 연관성이 없음을 의미
- 상대위험비 > 1인 경우 위험의 증가를 의미
- 상대위험비 < 1인 경우 질병에 대한 방어효과가 있음을 의미

    ○ 기여위험도(귀속위험도) : 위험요인을 갖고 있는 집단의 해당 질병발생률의 크기 중 위험요인이 기여하는 부분을 추정하기 위해 사용하며, 어떤 유해요인에 노출되어 얼마만큼의 환자수가 증가되어 있는지를 설명해 준다.

$$기여위험도 = 노출군에서의\ 질병발생률 - 비노출군에서의\ 질병발생률$$

- 기여분율 : 노출군에서 이 노출로 인하여 질병발생에 얼마나 기여하였는지를 설명해준다.

$$기여분율(노출군) = \frac{상대위험비 - 1}{상대위험비}$$

    © 교차비 : 특성을 지닌 사람들의 수와 특성을 지니지 않은 사람들의 수와의 비를 말한다.

$$교차비 = \frac{환자군에서의\ 노출\ 대응비}{대조군에서의\ 노출\ 대응비}$$

  ⑥ 표준화사망비(SMR ; Standard Mortality Ratio) : 어떠한 작업인원의 사망률을 일반집단의 사망률과 산업의학적으로 비교하는 비이며, 그 작업으로 인한 사망의 위험도를 간접적으로 SMR을 이용한다.

$$SMR = \frac{작업장에서의\ 사망률}{일반인구의\ 사망률} = \frac{어떤\ 집단에서\ 관찰된\ 총\ 사망자수}{표준집단에서\ 예상되는\ 총\ 기대사망자수}$$

SMR이 1보다 크면 표준인구집단에 비해 더 많은 사망자가 발생한다는 의미이다.

(2) 측정타당도

① 민감도 : 노출을 측정 시 실제로 노출된 사람이 이 측정방법에 의하여 '노출된 것'으로 나타날 확률을 의미한다.

② 가음성률(민감도의 상대적 개념) : '1-민감도'로 나타냄

③ 가양성률 : '1-특이도'로 나타냄

④ 특이도 : 실제 노출되지 않은 사람이 이 측정방법에 의하여 '노출되지 않은 것'으로 나타날 확률을 의미한다.

구 분		실제값(질병)		합 계
		양 성	음 성	
검사법	양성	A	B	A+B
	음성	C	D	C+D
합계		A+C	B+D	

- 민감도＝A/(A+C)　　• 가음성률＝C/(A+C)　　• 가양성률＝B/(B+D)　　• 특이도＝D/(B+D)

Reference 유해물질의 특성을 결정하는 인자 및 유해·위험성 평가 ◯출제율 30%

1. 유해물질의 특성을 결정하는 인자
   ① 폭로농도   ② 폭로시간(폭로횟수)   ③ 작업강도   ④ 기상조건   ⑤ 개인 감수성

2. 유해·위험성 평가
   ① 정의 : "유해·위험성 평가"란 화학물질의 독성에 대한 연구자료, 국내 산업계의 취급현황, 근로자 노출수준 및 그 위험성 등을 조사·분석하여 인체에 미치는 유해한 영향을 추정하는 일련의 과정을 말한다.
   ② 실시순서(4단계)
      ㉠ 유해성 확인   ㉡ 용량-반응 평가   ㉢ 노출 평가   ㉣ 위험성 결정

3. 위험성 평가의 결과와 조치사항을 기록·보존할 때 포함사항 및 자료 보존기간
   ① 포함사항
      ㉠ 위험성 평가 대상의 유해·위험요인   ㉡ 위험성 결정의 내용
      ㉢ 위험성 결정에 따른 조치의 내용
   ② 자료 보존기간 : 3년

학습Point
1. 위험도의 종류 숙지
2. 상대위험비의 정의 및 계산, 그 의미 숙지(출제 비중 높음)
3. 기여위험도의 정의 및 계산 숙지
4. 민감도·특이도 계산 숙지
5. 유해·위험성 평가 숙지

예상문제

다음 표와 같은 크롬중독을 스크린하는 검사법을 개발하였다면 이 검사법의 특이도, 민감도, 가음성률, 가양성률을 구하시오. (단, %로 나타내시오.) ◯출제율 30%

구 분		크롬중독 진단		합 계
		양 성	음 성	
검사법	양성	17	7	24
	음성	5	25	30
합계		22	32	54

풀이

구 분		실제 중독 진단값		합 계
		양 성	음 성	
검사법	양성	A	B	A+B
	음성	C	D	C+D
합계		A+C	B+D	

$$\text{특이도} = \frac{D}{(B+D)} = \frac{25}{32} \times 100 = 78.1\%, \quad \text{민감도} = \frac{A}{(A+C)} = \frac{17}{22} \times 100 = 77.3\%$$

$$\text{가음성률} = \frac{C}{(A+C)} = \frac{5}{22} \times 100 = 22.7\%, \quad \text{가양성률} = \frac{B}{(B+D)} = \frac{7}{32} \times 100 = 21.9\%$$

예상문제

염화비닐 작업장에서 각 공정별 표준사망자수가 다음과 같을 때 표준화사망비를 구하시오. (단, 일반집단에 대한 특정층의 비율은 0.007이고, 연폭로인원은 5만 명이다.)

> 수지 · 배합 공정 4.0, 건조공정 3.2, 포장공정 1.4

풀이 표준화사망비(SMR)

$$SMR = \frac{어떤\ 집단에서\ 관찰된\ 총\ 사망자수}{표준집단에서\ 예상되는\ 총\ 기대사망자수} = \frac{4.0+3.2+1.4}{0.007 \times 50,000} = \frac{8.6}{350} = 0.0245(2.45\%)$$

예상문제

다음 표는 어떤 작업장의 백혈병과 벤젠에 대한 코호트 연구를 수행한 결과이다. 이때 벤젠의 백혈병에 대한 상대위험비 및 노출군에서의 기여분율을 구하시오. ●출제율 40%

구 분	백혈병	백혈병 없음	합 계
벤젠 노출	5	14	19
벤젠 비노출	2	25	27
합계	7	39	46

풀이 상대위험비 $= \dfrac{노출군에서의\ 발생률}{비노출군에서의\ 발생률} = \dfrac{(5/19)}{(2/27)} = 3.55$

기여분율(노출군) $= \dfrac{상대위험비-1}{상대위험비} = \dfrac{3.55-1}{3.55} = 0.72$

작업위생(환경) 측정 및 평가

Section 01 | **작업환경측정 일반적 사항**

1 작업환경측정의 목적(시료채취 목적)

일반적 작업환경측정 목적 ●출제율 20%

① 유해물질에 대한 근로자의 허용기준 초과여부를 결정한다.
② 환기시설의 성능을 평가한다.
③ 역학조사 시 근로자의 노출량을 파악하여 노출량과 반응과의 관계를 평가한다.
④ 근로자의 노출이 법적 기준인 허용농도를 초과하는지의 여부를 판단한다.

> **Reference** **작업환경측정 대상 분진 종류**
> ① 광물성 분진 ② 곡물분진 ③ 면분진 ④ 목재분진
> ⑤ 석면분진 ⑥ 용접흄 ⑦ 유리섬유

2 예비조사

(1) 예비조사의 측정계획서 작성 시 포함사항 ●출제율 60%

① 원재료의 투입과정부터 최종 제품생산공정까지의 주요공정 도식
② 해당 공정별 작업내용, 측정대상공정 및 공정별 화학물질 사용실태
③ 측정대상 유해인자, 유해인자 발생주기, 종사근로자 현황
④ 유해인자별 측정방법 및 측정소요기간 등 필요한 사항

(2) 예비조사 목적 ●출제율 50%

① 동일노출그룹(유사노출그룹, HEG ; Homogeneous Exposure Group)의 설정
② 정확한 시료채취 전략 수립

(3) 동일노출그룹(HEG) 설정 목적 ●출제율 50%

① 시료채취 수를 경제적으로 하기 위함
② 모든 작업의 근로자에 대한 노출농도를 평가하기 위함
③ 역학조사 수행 시 해당 근로자가 속한 동일노출그룹의 노출농도를 근거로 노출원인 및 농도를 추정하기 위함
④ 작업장에서 모니터링하고 관리해야 할 우선적인 그룹을 결정하기 위함

1. 작업환경측정 목적 숙지
2. 예비조사 목적(2가지) 및 HEG 설정목적(3가지) 숙지(출제 비중 높음)

3 단시간 시료포집방법(순간 시료채취방법)

(1) 개요

작업시간 중 무작위적으로 선택한 시간에서 여러 번 단시간(15분) 동안 측정하는 방법으로 근로자가 일한 모든 시간을 측정하지 않았기 때문에 TWA 등 8시간 허용기준과 비교할 수 없다.

(2) 활용도 ●출제율 20%

① 밀폐공간 등 위험지역을 출입하기 전에 위험성 여부를 알아보고 출입여부를 결정하기 위한 조사
② 장시간 시료포집을 정확하게 하기 위한 예비조사
③ 공장이나 저장용기의 누출여부를 조사
④ 근로자 노출정도를 평가하기 위한 사전조사
⑤ 측정방법의 제한으로 인하여 전 작업시간 동안 연속해서 채취할 수 없을 때 활용

(3) 채취기구

① 진공 플라스크(진공포집병)　　② 액체 치환병
③ 주사기　　　　　　　　　　　④ 시료채취백(포집백)

4 공시료(blank sample) ●출제율 30%

공기 중의 유해물질, 분진 등을 측정 시 시료를 채취하지 않고 측정오차를 보정하기 위하여 사용하는 시료, 즉 채취하고자 하는 공기에 노출되지 않은 시료를 말하며, 모든 시료에는 공시료를 분석하고 이를 농도 산정에 고려하여 측정오차를 보정하기 위함이 목적이며 공시료 수는 각 시료 세트당 10개(NIOSH)이다.

1. 단시간 시료포집방법 활용도 숙지
2. 공시료 내용 숙지

5 공기채취기구(pump)의 채취유량

(1) 채취유량(L/min)

$$채취유량(L/min) = \frac{비누거품이\ 통과한\ 용량(L)}{비누거품이\ 통과한\ 시간(min)}$$

비누거품이 지나간 용량(mL 또는 L)에 소요되는 시간(sec 또는 min)을 나누어준 값을 pump의 채취유량이라 한다.

(2) 저유량 pump

① 유량 : 0.001~0.2L/min
② 이용 : 주로 흡착관을 이용, 가스나 증기 채취에 이용된다.

(3) 고유량 pump

① 유량 : 0.5~5L/min
② 이용 : 주로 여과지를 이용, 입자상 물질 채취에 이용된다.

기출문제   2007년(산업기사), 2015년(기사)

공기시료 채취용 pump는 비누거품미터로 보정한다. 만약 1,000cc의 공간에 비누거품이 도달하는 데 소요되는 시간을 4번 측정한 결과 25.5초, 25.2초, 25.9초, 25.4초였다면 이 펌프의 평균유량 (L/min)은? ●출제율 30%

풀이 우선 소요시간의 평균값을 구하면

$$평균값 = \frac{25.5 + 25.2 + 25.9 + 25.4}{4} = 25.5sec$$

$$1,000cc(1L) : 25.5sec = X(L) : 60sec$$

$$X(펌프\ 평균유량) = \frac{1L \times 60\,sec/min}{25.5\,sec} = 2.35L/min$$

 pump의 평균유량 계산 숙지

6 표준기구

(1) 1차 표준기구 : 1차 유량보정장치

① 정의 ●출제율 28%

물리적 크기에 의해서 공간의 부피를 직접 측정할 수 있는 기구를 말한다(정확도 ±1% 이내).

② 비누거품미터

㉠ 비교적 단순하고 경제적이며 정확성이 있기 때문에 작업환경측정에서 가장 널리 이용되는 유량보정기구이다.

㉡ 정확도는 ±1% 이내이다.

③ 1차 표준기구 종류 ●출제율 50%

표준기구	일반 사용범위	정확도
비누거품미터(soap bubble meter)	1mL/분~30L/분	±1%
폐활량계(spirometer)	100~600L	±1%
가스치환병(Mariotte bottle)	10~500mL/분	±0.05~0.25%
유리피스톤미터(glass piston meter)	10~200mL/분	±2%
흑연피스톤미터(frictionless meter)	1mL/분~50L/분	±1~2%
피토튜브(pitot tube)	15mL/분 이하	±1%

> **Reference** **피토튜브를 이용한 유속환산(보정) 방법** ○출제율 40%
>
> 1. 공기흐름과 직접 마주치는 튜브 → 총(전체) 압력 측정
> 2. 외곽튜브 → 정압 측정
> 3. 총 압력−정압=동압(속도압)
> 4. 유속= $4.043\sqrt{동압}$

(2) 2차 표준기구 : 2차 유량보정장치

① 정의 ●출제율 20%

공간의 부피를 직접 측정할 수 없으며, 유량과 비례관계가 있는 유속, 압력을 측정하여 유량으로 환산하는 방식, 즉 주기적으로 1차 표준기구를 기준으로 보정하여 사용할 수 있는 기구를 의미하며 온도와 압력에 영향을 받는다(정확도 ±5% 이내).

② 로터미터

㉠ 유량측정 시 가장 흔히 사용하는 2차 표준기구는 로터미터(rotameter)이다.

㉡ 원리는 유체가 위쪽으로 흐름에 따라 float도 위로 올라가며 float와 관벽 사이의 접촉면에서 발생되는 압력강하가 float를 충분히 지지해 줄 때까지 올라간 float의 눈금을 읽는 것이다.

③ 2차 표준기구 종류 ●출제율 50%

표준기구	일반 사용범위	정확도
로터미터(rotameter)	1mL/분 이하	±1~25%
습식 테스트미터(wet-test-meter)	0.5~230L/분	±0.5%
건식 가스미터(dry-gas-meter)	10~150L/분	±1%
오리피스미터(orifice meter)	–	±0.5%
열선기류계(thermo anemometer)	0.05~40.6m/초	±0.1~0.2%

1. 1차 표준보정기구 종류 및 비누거품미터 내용 숙지(출제 비중 높음)
2. 2차 표준보정기구 종류 및 로터미터 원리 숙지(출제 비중 높음)

7 측정치의 오차

오차는 크게 규칙성이 있는 계통오차와 완전히 불규칙한 우발오차로 구분한다.

(1) 계통오차 종류 ●출제율 30%

① 외계오차 (환경오차)
  ㉠ 측정 및 분석 시 온도나 습도와 같은 외계의 환경으로 생기는 오차
  ㉡ 대책 : 보정값을 구하여 수정함으로써 오차 제거
② 기계오차 (기기오차)
  ㉠ 사용하는 측정 및 분석 기기의 부정확성으로 인한 오차
  ㉡ 대책 : 기계의 교정에 의하여 오차 제거
③ 개인오차
  ㉠ 측정자의 습관이나 선입관에 의한 오차
  ㉡ 대책 : 두 사람 이상의 측정자의 측정을 비교하여 오차 제거

(2) 우발오차(임의오차, 확률오차, 비계통오차)

어떤 값보다 큰 오차와 작은 오차가 일어나는 확률이 같을 때 이 값을 확률오차라 하며, 참값의 변이가 기준값과 비교하여 불규칙하게 변하는 경우로 **정밀도**로 정의되기도 한다. 따라서 오차원인 규명 및 그에 따른 보정도 어렵다. 즉, 한 가지 실험측정을 반복할 때 측정값의 변동으로 발생되는 오차이며 보정이 힘들다.

(3) 누적오차(총 측정오차)

① 여러 가지 요소에 의한 오차의 합을 의미하며, 오차의 **최소화방법**은 오차의 절대값이 큰 항부터 개선해야 한다.

CHAPTER 2

② 누적오차(E_c)

$$E_c = \sqrt{E_1^2 + E_2^2 + E_3^2 + \cdots + E_n^2}$$

여기서, E_c : 누적오차(%), E_1, E_2, E_3, $\cdots$, E_n : 각각 요소에 대한 오차

> **기출문제**　　　　　　　　　　　2003년, 2014년, 2019년(산업기사), 2010년, 2018년(기사)
>
> 시료채취, 운반, 회수율, 분석 등에 의한 각 오차가 10%, 5%, -5%, -15%일 때 누적오차(%)와 오차를 최소화하기 위한 우선적 개선항목은? ●출제율 80%

풀이 (1) $E_c = \sqrt{E_1^2 + E_2^2 + E_3^2 + E_4^2} = \sqrt{10^2 + 5^2 + (-5)^2 + (-15)^2} = 19.36\%$

(2) 우선 개선항목은 절대값이 가장 큰 항목인 분석이다.

1. 계통오차 종류 및 대책 숙지(출제 비중 높음)
2. 누적오차 계산 숙지(출제 비중 높음)

Section 02 입자상 물질 측정 평가

1 입자상 물질의 종류

(1) 분진(particulate)

입자의 크기에 따라 폐까지 도달되어 진폐증을 일으킬 수 있는 분진을 **호흡성 분진**이라 하며, $0.5 \sim 5.0 \mu m$ 정도이다.

(2) 미스트(mist)

상온에서 액체인 물질이 교반, 발포, 스프레이 작업 시 액체의 입자가 공기 중에서 발생 비산 하여 부유 확산되어 있는 액체미립자를 말하며, 입자의 크기는 보통 $100 \mu m$ 이하이다.

(3) 흄(fume) ●출제율 30%

① 상온에서 금속이 용해되어 액상물질로 되고 이것이 가스상 물질로 기화된 후 다시 응축 되어 고체 미립자로된 것이며, 보통 크기가 $0.1 \mu m$ 또는 $1 \mu m$ 이하이므로 **호흡성 분진**의 형태로 체내에 흡입되어 유해성도 커진다. 즉 fume은 금속이 용해되어 공기에 의해 산화되어 미립자가 분산하는 것이다.

② 흄의 생성기전 3단계는 금속의 증기화, 증기물의 산화, 산화물의 응축이다.

(4) 연기(smoke)

유해물질이 불완전연소하여 만들어진 에어로졸의 혼합체로서 크기는 0.01~1.0μm 정도이다.

(5) 섬유(fiber) ●출제율 20%

길이가 5μm 이상이고 길이 대 너비의 비가 3 : 1 이상인 가늘고 긴 먼지로 석면섬유, 식물섬유, 유리섬유, 암면 등이 있다.

> 1. 분진, 미스트의 정의 및 특성 숙지
> 2. 흄의 정의 및 특성 숙지(출제 비중 높음)
> 3. 섬유의 정의 및 특성 숙지(출제 비중 높음)

2 입자상 물질의 인체 내 축적 및 방어기전

(1) 입자의 호흡기계 침적(축적)기전 ●출제율 60%

① 충돌(관성충돌)(impaction)
② 침강(중력침강)(sedimentation)
③ 차단(interception)
④ 확산(diffusion)
⑤ 정전기

(2) 인체 방어기전 ●출제율 30%

① 점액 섬모운동
  ㉠ 가장 기초적인 방어기전(작용)이며 점액 섬모운동에 의한 배출시스템으로 폐포로 이동과정에서 이물질을 제거하는 역할을 한다.
  ㉡ 기관지(벽)에서의 방어기전을 의미한다.
② 대식세포에 의한 작용(정화)
  ㉠ 대식세포가 방출하는 효소에 의해 서서히 용해되어 제거된다(용해작용).
  ㉡ 폐포의 방어기전을 의미한다.
  ㉢ 유리규산, 석면 등은 대식세포에 의해 용해되지 않는 대표적 독성물질이며 유리섬유, 석면, 다량의 박테리아는 대식세포 기능에 손실을 유발하는 물질이다.

> 1. 입자의 호흡기계 축적기전 5가지 숙지(출제 비중 높음)
> 2. 인체 방어기전(2가지) 내용 숙지(출제 비중 높음)

CHAPTER 2

3 입자상 물질의 크기 표시

(1) 가상 직경

① 공기역학적 직경(aerodynamic diameter) ●출제율 60%

　　㉠ 대상 먼지와 침강속도가 같고 밀도가 1g/cm³이며, 구형인 먼지의 직경으로 환산된 직경이다.

　　㉡ 입자의 공기 중 운동이나 호흡기 내의 침착기전을 설명할 때 유용하게 사용한다.

② 질량 중위 직경(mass median diameter)

　　㉠ 입자 크기별로 농도를 측정하여 50%의 누적분포에 해당하는 입자크기를 말한다.

　　㉡ 직경분립충돌기(cascade impactor)를 이용하여 측정한다.

(2) 기하학적(물리적) 직경 : 현미경 이용 측정 ●출제율 70%

입자 직경의 크기는 페렛 직경, 등면적 직경, 마틴 직경 순으로 작아진다.

① 마틴 직경(martin diameter) : 먼지의 면적을 2등분하는 선의 길이로 선의 방향은 항상 일정하여야 하며, 과소평가할 수 있는 단점이 있다.

② 페렛 직경(feret diameter) : 먼지의 한쪽 끝 가장자리와 다른쪽 가장자리 사이의 거리로 과대평가될 가능성이 있는 입자성 물질의 직경이다.

③ 등면적 직경(peojected area diameter)

　　㉠ 먼지의 면적과 동일한 면적을 가진 원의 직경으로 가장 정확한 직경이다.

　　㉡ 측정은 현미경 접안경에 porton reticle을 삽입하여 측정한다.

　　즉,

$$D = \sqrt{2^n}$$

　　여기서, D : 입자 직경(μm)

　　　　　n : porton reticle에서 원의 번호

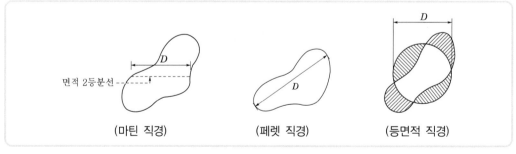

(마틴 직경)　　　　(페렛 직경)　　　　(등면적 직경)

면적 2등분선

┃ 물리적 직경 ┃ ●출제율 20%

1. 공기역학적 직경 정의 숙지(출제 비중 높음)
2. 물리적 직경 종류 및 정의, 특징 내용 숙지(출제 비중 높음)
3. 물리적 직경 종류의 그림 숙지

4 침강속도

(1) 스토크스(Stokes) 법칙에 의한 침강속도

$$V(\text{cm/sec}) = \frac{g \cdot d^2 (\rho_1 - \rho)}{18\mu}$$

여기서, V : 침강속도(cm/sec)
g : 중력가속도(980cm/sec^2)
d : 입자 직경(cm)
ρ_1 : 입자 밀도(g/cm^3)
ρ : 공기 밀도(0.0012g/cm^3)
μ : 공기 점성계수(20℃ : 1.81×10^{-4}g/cm · sec, 25℃ : 1.85×10^{-4}g/cm · sec)

(2) Lippman 식에 의한 침강속도

입자 크기가 1~50μm인 경우 적용한다.

$$V(\text{cm/sec}) = 0.003 \times \rho \times d^2$$

여기서, V : 침강속도(cm/sec), ρ : 입자 밀도(비중)(g/cm^3), d : 입자 직경(μm)

기출문제   2007년(산업기사), 2010년, 2012년, 2015년, 2019년(기사)

분진의 입경이 10μm이고, 밀도가 1.4g/cm^{3}인 입자의 침강속도(cm/sec)는? (단, 공기 점성계수 1.78×10^{-4}g/cm · sec, 중력가속도 980cm/sec^2, 공기 밀도 1.293kg/m^3) ●출제율 60%

풀이 $V(\text{cm/sec}) = \dfrac{g \cdot d^2 (\rho_1 - \rho)}{18\mu}$ 이므로

g : 980cm/sec^2, d : 10μm $\times$ cm/$10^4\mu$m $= 10^{-3}$cm
ρ_1 : 1.4(g/cm^3), ρ : 1.293kg/m$^3 \times$ (1,000g/kg $\times$ m^3/10^6cm^3) = 0.001293g/cm^3
μ : 1.78×10^{-4}g/cm · sec

$$= \frac{980 \times (10^{-3})^2 \times (1.4 - 0.001293)}{18 \times (1.78 \times 10^{-4})}$$

$$= 0.43\text{cm/sec}$$

기출문제 | 2004년, 2014년, 2018년(산업기사), 2013년, 2015년(기사)

Lippman 공식을 이용하여 침강속도를 계산(cm/sec)하면 얼마인가? (단, 입경 0.001cm, 밀도 1.3g/cm³) ● 출제율 50%

풀이　$V(\text{cm/sec})=0.003\times\rho\times d^2$이므로

$\rho : 1.3(\text{g/cm}^3)$

$d : 0.001\text{cm}\times10^4\mu\text{m/cm}=10\mu\text{m}$

$=0.003\times1.3\times10^2$

$=0.39\text{cm/sec}$

기출문제 | 2003년, 2008년, 2013년, 2017년(산업기사), 2009년, 2012년(기사)

어떤 작업장에 입자의 직경이 $2\mu\text{m}$, 비중 2.5인 입자상 물질이 있다. 작업장의 높이가 3m일 때 모든 입자가 바닥에 가라앉은 후 청소를 하려고 하면 몇 분 후에 시작하여야 하는가? ● 출제율 50%

풀이　Lippman 공식을 이용 침강속도를 구하고 작업장 높이를 고려하여 구한다.

$V(\text{cm/sec})=0.003\times\rho\times d^2$

$=0.003\times2.5\times2^2$

$=0.03\text{cm/sec}$

$T(\text{시간})=\dfrac{\text{작업장 높이}}{\text{침강속도}}=\dfrac{300\text{cm}}{0.03\text{cm/sec}}$

$=10{,}000\text{sec}\times\text{min}/60\text{sec}$

$=166.67\text{min}$

Point　Stokes 법칙 및 Lippman 식에 의한 침강속도 계산 숙지(출제 비중 높음)

5 ACGIH에서 정하는 분진입경에 따른 구분 3가지 ● 출제율 70%

(1) 흡입성 입자상 물질(IPM ; Inspirable Particulates Mass)

① 호흡기 상기도에 침착하더라도 독성을 유발하는 분진

② 평균 입경(폐침착의 50%에 해당하는 입자의 크기)은 $100\mu\text{m}$

③ 분진 입경별 채취효율[SI(d)]

$$\text{SI}(d)=50\%\times(1-e^{-0.06d})$$

여기서, d : 분진의 공기역학적 직경($0<d\leq100\mu\text{m}$)

(2) 흉곽성 입자상 물질(TPM ; Thoracic Particulates Mass)

① 기도나 하기도(가스교환 부위)에 침착하여 독성을 나타내는 물질
② 평균 입경은 10μm
③ 분진 입경별 채취효율[ST(d)]

$$\mathrm{ST}(d) = \mathrm{SI}(d)[1 - F(X)]$$

여기서, $X = \dfrac{\ln(d/\Gamma)}{\ln(\Sigma)}$ ($\Gamma = 11.64\mu$m, $\Sigma = 1.5$)

$\quad F(X)$: 표준정규분포에서 X값에 대한 누적확률함수(0.076)

(3) 호흡성 입자상 물질(RPM ; Respirable Particulates Mass)

① 가스 교환부위, 즉 폐포에 침착할 때 유해한 물질
② 평균 입경은 4μm
③ 채취기구는 10mm nylon cyclone
④ 분진 입경별 채취효율[SR(d)]

$$\mathrm{SR}(d) = \mathrm{SI}(d)[1 - F(x)]$$

여기서, $x = \dfrac{\ln(d/\Gamma)}{\ln(\Sigma)}$ ($\Gamma = 4.25\mu$m, $\Sigma = 1.5$)

$\quad F(x)$: 표준정규분포에서 x값에 대한 누적확률함수(0.85)

 ACGIH의 3가지 입자상 물질의 정의 및 평균 입경, 인체에 미치는 영향부위 숙지(출제 비중 높음)

6 여과포집기전(메커니즘) : 입자상 물질이 여과지에 채취되는 작용기전

(1) 포집기전 6가지 ●출제율 70%

① 직접차단(간섭 : interception)
② 관성충돌(inertial impaction)
③ 확산(diffusion) : 입자직경, 입자농도, 여과지로의 접근속도, 여과지의 기공직경
④ 중력침강(gravitional settling)
⑤ 정전기 침강(electrostatic settling)
⑥ 체질(sieving)

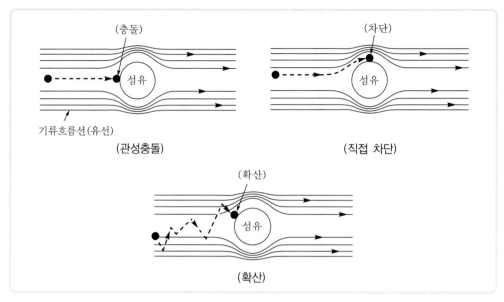

┃ 여과포집원리(기전) ┃

(2) 여과포집원리에 중요한 3가지 기전 ●출제율 20%

　　① 직접 차단(간섭)　　② 관성충돌　　③ 확산

(3) 각 여과기전에 대한 입자크기별 포집효율 ●출제율 60%

　　① 입경 0.01μm 이상~0.1μm 미만 : 확산
　　② 입경 0.1μm 이상~0.5μm 미만 : 확산, 직접 차단(간섭)
　　③ 입경 0.5μm 이상 : 관성충돌, 직접 차단(간섭)
　　④ 가장 낮은 포집효율의 입경은 0.3μm이다.

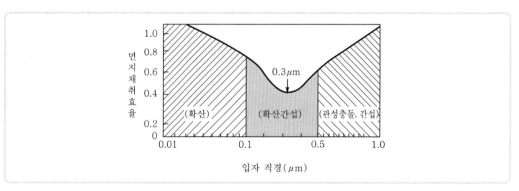

┃ 입자 크기별 채취 포집기전 ┃ ●출제율 20%

 여과포집기전 종류(6가지) 및 각 기전 영향인자 숙지(출제 비중 높음)

7 여과지

(1) 여과지 선정 시 고려사항(구비조건) ●출제율 40%

① 포집대상 입자의 입도분포에 대하여 포집효율이 높을 것($0.3\mu m$의 입자를 95% 이상 포집이 가능할 것)
② 포집 시의 흡인저항은 될 수 있는 대로 낮을 것(압력손실이 적을 것)
③ 접거나 구부리더라도 파손되지 않고 찢어지지 않을 것
④ 될 수 있는 대로 가볍고, 1매당 무게의 불균형이 적을 것
⑤ 될 수 있는 대로 흡습률이 낮을 것
⑥ 측정대상 물질의 분석상 방해가 되는 것과 같은 불순물을 함유하지 않을 것

(2) 여과지 종류

① 막 여과지(membrane filter) ●출제율 70%
  ㉠ MCE막 여과지(Mixed Cellulose Ester membrane filter)
   • 산업위생에서는 거의 대부분이 직경 37mm, 구멍의 크기는 $0.45\sim0.8\mu m$의 MCE막 여과지를 사용하고 있다(작은 입자의 금속과 fume 채취 가능). → 금속측정 시 사용 이유
   • MCE막 여과지는 산에 쉽게 용해, 가수분해되고 습식 회화되기 때문에 공기 중 입자상 물질 중의 금속을 채취하여 원자흡광법으로 분석하는 데 적당하다.
   • 흡습성(원료인 셀룰로오스가 수분 흡수)이 높은 MCE막 여과지는 오차를 유발할 수 있어 중량분석에 적합하지 않다.
   • MCE막 여과지는 산에 의해 쉽게 회화되기 때문에 원소분석에 적합하고 NIOSH에서는 금속, 석면, 살충제, 불소화합물 및 기타 무기물질에 추천하고 있다.
  ㉡ PVC막 여과지(Polyvinyl chloride membrane filter)
   • PVC막 여과지는 흡습성이 낮기 때문에 분진의 중량분석에 사용된다.
   • 유리규산을 채취하여 X선 회절법으로 분석하는 데 적절하고 6가 크롬 그리고 아연화합물의 채취에 이용하며 수분의 영향이 크지 않아 공해성 먼지, 총 먼지 등의 중량분석을 위한 측정에 사용한다(장점).
  ㉢ PTFE막 여과지(테프론, Polytetrafluoroethylene membrane filter)
   • 열, 화학물질, 압력 등에 강한 특성을 가지고 있어 석탄건류나 증류 등의 고열공정에서 발생하는 다핵방향족 탄화수소를 채취하는 데 이용된다.
   • 농약, 알칼리성 먼지, 콜타르피치 등을 채취하는 데 $1\mu m$, $2\mu m$, $3\mu m$의 여러 가지 구멍 크기를 가지고 있다.
  ㉣ 은막 여과지(silver membrane filter)
   • 균일한 금속은을 소결하여 만들며 열적, 화학적 안정성이 있다.
   • 코크스 제조공정에서 발생되는 코크스오븐 배출물질 또는 다핵방향족 탄화수소 등을 채취하는 데 사용하고, 결합제나 섬유가 포함되어 있지 않다.

CHAPTER 2

ⓜ 핵기공 여과지(nuclepore filter)

- 폴리카보네이트 재질에 레이저빔을 쏘아 공극을 일직선으로 만든 막 여과지이다.
- 화학물질과 열에 안정적이고 TEM(전자현미경) 분석을 위한 석면채취에 이용된다.

② 섬유상 여과지

㉠ 유리섬유 여과지(glass fiber filter)

- 유리섬유 여과지는 흡습성이 없지만, 부서지기 쉬운 단점이 있어 중량분석에 사용하지 않는다. 또한 부식성 가스에 강하고 다량의 공기시료채취에 적합하다.
- 농약류, 다핵방향족 탄화수소화합물 등의 유기화합물 채취에 널리 사용된다.

㉡ 셀룰로오스섬유 여과지(cellulose filter)

- 작업환경측정보다는 실험실 분석에 유용하게 사용한다.
- 셀룰로오스 펌프로 조제하고 친수성이며 습식 회화가 용이하다.

㉢ 석영 여과지(quartz filter)

1. 여과지 선정 구비조건(5가지) 숙지(출제 비중 높음)
2. MCE막 여과지 및 PVC막 여과지 종류 및 내용 숙지(출제 비중 높음)
3. PVC막 여과지 장점 및 단점 숙지
4. 금속측정 시 MCE막 여과지 사용 이유(2가지) 숙지(출제 비중 높음)

8 입자상 물질 채취기구

(1) 카세트

① 카세트에 장착된 여과지의 여과원리를 이용한다.
② 총 분진, 금속성 입자상 물질을 측정할 때 이용하는 일반적인 방법이다.

(2) 10mm nylon cyclone ●출제율 50%

① 호흡성 입자상 물질을 측정하는 기구이며, 원심력을 이용하는 채취원리이다.
② 10mm nylon cyclone과 여과지가 연결된 개인시료채취 펌프의 **채취유량은 1.7L/min이 가장 적절하다.** 이유는 이 채취유량으로 채취하여야만 **호흡성 입자상 물질에 대한 침착률을 평가**할 수 있다. 또한 10mm nylon cyclone의 **입구(orifice)는 0.7mm**이다.
③ 입경분립 충돌기에 비해 갖는 장점

㉠ 사용이 간편하고 경제적이다.
㉡ 호흡성 먼지에 대한 자료를 쉽게 얻을 수 있다.
㉢ 시료입자의 되튐으로 인한 손실염려가 없다.
㉣ 매체의 코팅과 같은 별도의 특별한 처리가 필요없다.

(3) cascade impactor(입경분립 충돌기, 직경분립 충돌기) ●출제율 50%

① 흡입성 입자상 물질, 흉곽성 입자상 물질, 호흡성 입자상 물질의 **크기별로 측정하는 기구**이며, 입자가 관성력에 의해 시료채취 표면에 **충돌**하여 채취하는 원리이다.

② 장점
  ㉠ 입자의 질량 크기 분포를 얻을 수 있다(공기흐름 속도를 조절하여 채취입자를 크기별로 구분이 가능).
  ㉡ 호흡기의 부분별로 침착된 입자 크기의 자료를 추정할 수 있고, 흡입성, 흉곽성, 호흡성 **입자의 크기별로 분포와 농도를 계산**할 수 있다.

③ 단점
  ㉠ 시료채취가 까다롭다. 즉 경험이 있는 전문가가 철저한 준비를 통해 이용해야 정확한 측정이 가능하다.
  ㉡ 비용이 많이 든다.
  ㉢ 채취 준비시간이 과다하다.
  ㉣ 되튐으로 인한 시료의 손실이 일어나 과소분석 결과를 초래할 수 있어 유량을 2L/min 이하로 채취한다. 따라서 Mylar substrate에 그리스를 뿌려 시료의 되튐을 방지한다.

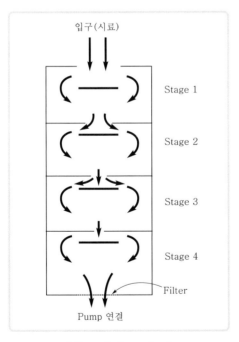

| Cascade impactor |

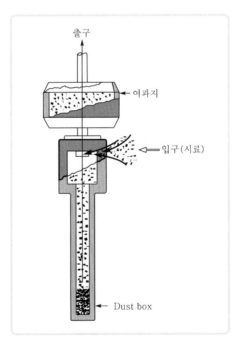

| 10mm nylon cyclone |

 사이클론(cyclone)의 내용 및 직경분립 충돌기의 장·단점 숙지(출제 비중 높음)

9 입자상 물질의 분석

(1) 중량분석방법(gravimetric or weight analysis method)

① 시료채취

　㉠ 근로자 호흡위치에서 시료채취를 한다.

　㉡ 여과지에 입자상 물질이 2mg 이상 채취되지 않도록 주의한다.

　㉢ 시료채취 중 펌프의 상태를 일정한 간격으로 점검한다.

　㉣ 카세트는 위쪽을 향하지 않도록 하고 사이클론은 채취 중 거꾸로 하면 안 된다.

② 농도

$$C(\mathrm{mg/m^3}) = \frac{[(WS_p - WS_i) - (WB_p - WB_i)]}{V} \times 1,000$$

여기서, C : 분진농도$(\mathrm{mg/m^3})$

　　　 WS_p : 채취 후 여과지의 무게(mg)

　　　 WS_i : 채취 전 여과지의 무게(mg)

　　　 WB_p : 채취 후 공시료의 무게(mg)

　　　 WB_i : 채취 전 공시료의 무게(mg)

　　　 V : 공기채취량$(\mathrm{m^3})$ ⇨ pump 유량(L/min)×시료채취시간(min)

(2) 금속의 분석

① 금속채취 ●출제율 20%

　㉠ 셀룰로오스에스테르 여과지(MCE)로 채취한다.

　㉡ MCE의 규격은 직경이 37mm이고, 공극은 약 $0.8\mu m$ 정도이다.

　㉢ MCE 장점은 산에 의해서 쉽게 용해되어 회화(ashing)되기가 쉬우며 분석 시 방해물이 거의 없는 것이다.

② 정량법 ●출제율 20%

　㉠ 검량선법

　㉡ 표준첨가법

　㉢ 내부표준법

③ 회수율

　㉠ 금속농도 계산 시 회수율로 보정을 한다.

　㉡

$$회수율(\%) = \frac{분석량}{첨가량} \times 100$$

(3) 흡광광도법(분광광도계, absorptiometric analysis)

① 원리 : 빛이 시료용액을 통과할 때 흡수나 산란 등에 의하여 강도가 변화하는 것을 이용
하는 것으로서 시료물질의 용액 또는 여기에 적당한 시약을 넣어 발색시킨 용액의 흡광
도를 측정하여 시료 중의 목적성분을 정량하는 방법이다. 즉 특정파장의 빛이 특정한
자유 원자층을 통과하면서 선택적인 흡수가 일어나는 것을 이용하는 것이다.

② 램버트 비어(Lambert−Beer)의 법칙 ●출제율 30%

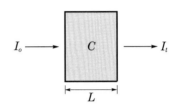

세기 I_o인 빛이 농도 C, 길이 L이 되는 용액층을 통과
하면 이 용액에 빛이 흡수되어 입사광의 강도가 감소하
는 것을 이용하며, 통과한 직후의 빛의 세기 I_t와 I_o 사
이에는 램버트 비어(Lambert−Beer)의 법칙에 의하여
다음의 관계가 성립한다.

㉠

$$I_t = I_o \cdot 10^{-\varepsilon \cdot C \cdot L}$$

여기서, I_o : 입사광의 강도

I_t : 투사광의 강도

C : 농도

L : 빛의 투사거리(석영 cell의 두께)

ε : 비례상수로서 흡광계수

㉡ 투과도(투광도, 투과율)(T)

$$T = \frac{I_t}{I_o}$$

㉢ 흡광도(A)

$$A = \xi \mathrm{LC} = \log \frac{I_o}{I_t} = \log \frac{1}{\text{투과율}}$$

여기서, ξ : 몰 흡광계수

③ 장치 구성

(광원부) ⇨ (파장선택부) ⇨ (시료부) ⇨ (검출부)

㉠ 광원부 ●출제율 20%
- 가시부와 근적외부 광원 : 텅스텐램프
- 자외부의 광원 : 중수소방전관

ⓛ 시료부
- 시료액을 넣은 흡수셀(시료셀)과 대조액을 넣는 흡수셀(대조셀)이 있다.
- 흡수셀의 재질
  - 유리 : 가시 · 근적외파장에 사용
  - 석영 : 자외파장에 사용
  - 플라스틱 : 근적외파장에 사용
- 흡수셀의 길이는 지정하지 않았을 경우는 10mm셀을 사용한다.
ⓒ 검출부
- **자외 · 가시파장** : 광전관, 광전자증배관 사용
- **근적외파장** : 광전도셀 사용
- **가시파장** : 광전지 사용
ⓔ 셀의 선정
- 석영 및 경질유리 : 시료액 흡수파장이 370nm 이상일 때 사용
- 석영셀 : 시료액 흡수파장이 370nm 이하일 때 사용

(4) 원자흡광광도법(atomic absorption spectrophotometry)

① 원리 : 시료를 적당한 방법으로 해리시켜 중성원자로 증기화하여 생긴 기저상태의 원자가 이 원자 증기층을 투과하는 특유파장의 빛을 흡수하는 현상을 이용하여 광전 측광과 같은 개개의 특유 파장에 대한 흡광도를 측정하여 시료 중의 원소농도를 정량하는 방법으로 대기 또는 배출가스 중의 유해 중금속, 기타 원소의 분석에 적용한다.

② 장치 구성

(광원부) ⇨ (시료 원자화부) ⇨ (단색화부) ⇨ (검출부)

ⓐ **광원부** ●출제율 20%
- 속빈 음극램프(**중공음극램프**, hollow cathode lamp)
  - 분석하고자 하는 원소가 잘 흡수할 수 있는 특정 파장의 빛을 방출하는 역할
  - 가장 널리 쓰이는 광원
ⓑ **시료 원자화부(불꽃원자화장치)**
- 원자화장치는 금속화합물을 원자화시켜 빛의 통로까지 올리는 역할을 하며, 일반적으로 불꽃원자화장치를 사용한다.
- 불꽃 만들기 위한 조연성 가스와 가연성 가스의 조합

수소-공기	대부분의 연소 분석
아세틸렌-공기	• 대부분의 연소 분석(일반적으로 많이 사용) • 불꽃의 화염온도 2,300℃ 부근

아세틸렌-아산화질소	• 내화성 산화물을 만들기 쉬운 원소분석(B, V, Ti, Si) • 불꽃의 화염은 2,700℃ 부근
프로판-공기	• 불꽃온도가 낮음 • 일부 원소에 대하여 높은 감도

- 장점
  - 쉽고 간편하다.
  - 가격이 흑연로장치나 유도결합플라스마-원자발광분석기보다 저렴하다.
  - 분석이 빠르고 정밀도가 높다(분석시간이 흑연로장치에 비해 적게 소요).
  - 기질의 영향이 적다.
- 단점
  - 많은 양의 시료(10mL)가 필요하다.
  - 감도가 제한되어 있어 저농도에서 사용이 힘들다.
  - 고체시료의 경우 전처리에 의하여 기질(매트릭스)을 제거해야 한다.

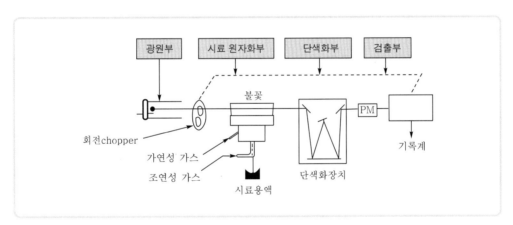

┃ 장치의 기본 구성(원자흡광광도계) ┃

③ **정량법** 출제율 20%

　㉠ **검량선법** : 검량선은 적어도 세 종류 이상의 농도의 표준시료용액에 대하여 흡광도를 측정하여 표준물질의 농도를 가로대에, 흡광도를 세로대에 취하여 그래프를 그려서 작성한다.

　㉡ **표준첨가법** : 같은 양의 분석시료를 여러 개 취하고 여기에 표준물질이 각각 다른 농도로 함유되도록 표준용액을 첨가하여 용액열을 만든다. 이어 각각의 용액에 대한 흡광도를 측정하여 가로대에 용액 영역 중의 표준물질농도를, 세로대에는 흡광도를 취하여 그래프용지에 그려 검량선을 작성한다.

ⓒ **내부표준법** : 분석시료 중에 다량으로 함유된 공존원소 또는 새로 분석시료 중에 가한 내부 표준원소(목적원소와 물리적, 화학적 성질이 아주 유사한 것이어야 한다)와 목적원소와의 흡광도 비를 구하는 동시 측정을 행한다.

(5) 유도결합플라스마 분광광도계(ICP ; Inductively Coupled Plasma)

① **개요 및 원리**

ㄱ 모든 원자는 고유한 파장(에너지)을 흡수하면 바닥상태(안정된 상태)에서 여기상태(들뜬상태, 흥분된 상태)로 된다.

ㄴ 여기상태의 원자는 다시 안정한 바닥상태로 되돌아 올 때 에너지를 방출한다.

② **장치 구성**

(시료주입장치) ⇨ (광원부) ⇨ (분광장치) ⇨ (검출기)

③ **장점** ●출제율 40%

ㄱ 비금속을 포함한 대부분의 금속을 ppb 수준까지 측정할 수 있다.

ㄴ 적은 양의 시료를 가지고 한꺼번에 많은 금속을 분석할 수 있다는 것이 가장 큰 장점이다.

ㄷ 한 번의 시료를 주입하여 10~20초 내에 30개 이상의 원소를 분석할 수 있다.

ㄹ 화학물질에 의한 방해로부터 거의 영향을 받지 않는다.

ㅁ 검량선의 직선성 범위가 넓다. 즉 직선성 확보가 유리하다.

ㅂ 원자흡광광도계보다 분석 정밀도가 높다.

④ **단점**

ㄱ 원자들은 높은 온도에서 많은 복사선을 방출하므로 분광학적 방해영향이 있다.

ㄴ 시료분해 시 화합물 바탕 방출이 있어 컴퓨터 처리과정에서 교정이 필요하다.

ㄷ 유지관리 및 기기구입 가격이 높다.

ㄹ 이온화 에너지가 낮은 원소들은 검출한계가 높으며 또한 다른 금속의 이온화에 방해를 준다.

(6) 금속농도

$$C(\mathrm{mg/m^3}) = \frac{W V_s - W' V_s'}{V \times RE}$$

여기서, C : 농도$(\mathrm{mg/m^3})$

W : 시료 중 분석한 농도$(\mathrm{mg/L})$, V_s : 시료의 최종 용액부피(L)

W' : 공시료 분석 농도$(\mathrm{mg/L})$, V_s' : 공시료의 최종 용액부피(L)

V : 공기채취량 ⇨ pump 평균유량$(\mathrm{L/min}) \times$ 시료채취시간(min)

RE : 회수율(%)

기출문제   2007년, 2013년(산업기사), 2010년, 2018년(기사)

지하철의 신문 가판대에서 근무하는 사람이 노출되는 먼지를 측정하고자 한다. 측정시간은 08 : 10 부터 11 : 05까지였고, 채취유량은 1.98L/min이었다. PVC 여과지로 채취하였으며 채취 전과 채취 후의 무게의 차이는 공시료를 보정한 값으로 0.0010g이었다. 신문 가판대에서 근무하는 사람의 먼지에 대한 노출농도(mg/m³)를 구하시오. ●출제율 70%●

풀이 $농도(mg/m^3) = \dfrac{시료채취\ 후\ 여과지\ 무게 - 시료채취\ 전\ 여과지\ 무게}{공기채취량}$

(시료채취 후 − 시료채취 전) 여과지 무게 = 0.0010g(= 1.0mg)

공기채취량(유량 × 채취시간) = 1.98L/min × 175min(= 346.5L)

$= \dfrac{1.0mg}{346.5L \times (m^3/1,000L)}$

$= 2.89mg/m^3$

기출문제   2009년(산업기사), 2005년(기사)

저유량 펌프를 이용하여 납흄으로 오염되어 있는 작업장 공기 0.43m³를 포집하였다. 납을 채취한 시료를 10mL의 10% 질산에 용해시켰다. 실험실에서 원자흡광광도계를 이용하여 농도를 분석한 결과 납의 농도는 56μg/mL이었다. 작업장 내 공기 중 납의 농도(mg/m³)는? ●출제율 70%●

풀이 $농도(mg/m^3) = \dfrac{분석농도 \times 용해부피}{공기채취량}$

$= \dfrac{56μg/mL \times 10mL}{0.43m^3}$

$= 1302.32μg/m^3 \times (10^{-3}mg/μg)$

$= 1.3mg/m^3$

기출문제   2008년, 2010년, 2013년, 2018년(산업기사), 2004년, 2010년, 2019년(기사)

공기 중 납을 여과지로 포집한 후 분석한 결과 시료 여과지에는 5μg, 공시료 여과지에서는 0.004μg 검출되었다. 회수율은 95%이고, 공기채취량이 500L라면 공기 중 납의 농도(mg/m³)는? ●출제율 80%●

풀이 $농도(mg/m^3) = \dfrac{시료\ 분석량 - 공시료\ 분석량}{공기채취량 \times 회수율}$

$= \dfrac{(5 - 0.004)μg}{500L \times 0.95}$

$= \dfrac{4.996μg \times (10^{-3}mg/μg)}{500L \times (m^3/1,000L) \times 0.95}$

$= 0.011mg/m^3$

10 기타 물질 측정분석

(1) 용접흄

① 채취 : 카세트를 헬멧 안쪽에 부착하고 glass fiber filter를 사용하여 포집한다.

② 측정분석방법

㉠ 중량분석방법

㉡ 원자흡광광도계를 이용한 분석방법

㉢ 유도결합플라스마를 이용한 분석방법

(2) 섬유(fiber) ●출제율 30%

① 개요 : 공기 중에 있는 길이가 $5\mu m$ 이상이고 너비가 $5\mu m$ 보다 얇으면서 길이와 너비의 비가 3 : 1 이상을 가진 형태의 고체로서 석면, 유리섬유 등을 섬유라 한다.

② 측정 방법 : 현미경을 이용하여 실제 크기를 측정하며 일반적으로 입자 크기를 포톤-레티큘을 삽입한 위상차 현미경으로 측정한다.

③ 농도 : 섬유는 흡입성, 흉곽성, 호흡성으로 구분하지 않으며 농도는 섬유의 개수로 나타낸다.

④ 표시 : 섬유는 위상차 현미경을 통하여 측정하여 물리적 크기로 표시한다. 반면 일반 먼지는 공기역학적 직경으로 표시한다.

⑤ 구분

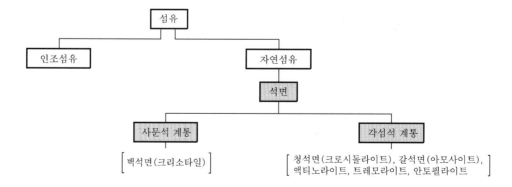

(3) 석면 ●출제율 40%

① NIOSH에서의 정의 : 석면이란 백석면(크리소타일), 청석면(크로시돌라이트), 갈석면(아모사이트), 안토필라이트, 트레모라이트 또는 액티노라이트의 섬유상이라고 정의하고 있다. 또한 섬유를 위상차 현미경으로 관찰했을 때 길이가 5μm이고, 길이 대 너비의 비가 최소한 3 : 1 이상인 입자상 물질이라고 정의하고 있다.

② 특성

  ㉠ 일반 먼지는 공기역학적 직경으로 크기를 표시하지만 섬유는 위상차 현미경으로 측정한 물리적 크기로 표시한다.

  ㉡ 섬유는 흡입성, 흉곽성, 호흡성으로 구분하지 않고 섬유의 수로 나타낸다.

③ 장애

  ㉠ 석면 종류 중 청석면(크로시돌라이트, crocidolite)의 직업성 질환(폐암, 중피종) 발생위험률이 가장 높다.

  ㉡ 일반적으로 석면폐증, 폐암, 악성중피종을 발생시켜 1급 발암물질군에 포함된다.

④ 대책

  ㉠ 석면 발생 억제 : 대체물질 사용, 가능한 습식작업, 석면작업 근로자와 격리

  ㉡ 석면 발생 최소화 : 작업실 음압유지, 밀폐 곤란한 경우 국소배기장치 설치

  ㉢ 석면 노출 최소화 : 불침투성 보호장갑 지급, 고성능 호흡용 보호구 지급, 작업복 외부 유출금지

  ㉣ 작업환경측정 : 공기 중 석면 노출농도를 측정하여 작업환경 개선대책 강구

⑤ 채취

  ㉠ MCE막 여과지를 이용하여 'open face'로 시료채취한다.

  ㉡ 3단 카세트의 상단부 뚜껑을 열어(open face) 시료를 채취하며, 카세트의 열린 면이 작업장 바닥쪽을 향하도록 한다.

  ㉢ open face 목적은 여과지에 균일하게 석면을 포집하기 위함이다.

⑥ 측정분석방법

  ㉠ 위상차 현미경법

    • 석면 측정에 이용되는 현미경으로 가장 많이 사용된다.

    • 다른 방법에 비해 간편하나 석면의 감별이 어렵다.

  ㉡ 전자 현미경법 : 석면분진 측정방법에서 공기 중 석면시료를 가장 정확하게 분석할 수 있고 석면의 성분분석(감별분석)이 가능하며, 위상차 현미경으로 볼 수 없는 매우 가는 섬유도 관찰 가능하나 값이 비싸고 분석시간이 많이 소요된다.

  ㉢ 편광 현미경법

  ㉣ X선 회절법

CHAPTER 2

⑦ 석면농도(개/cc)$=\dfrac{(C_s - C_b)\times A_s}{A_f\times T\times R\times 1{,}000\,(\mathrm{cc/L})}$

여기서, $C_s - C_b$: 1시야당 실제 석면 개수(개/시야), A_s : 여과지 유효면적($\mathrm{mm^2}$)

A_f : 개수면적(1시야 면적$=0.00785\mathrm{mm^2}$), T : 채취기간(min)

R : pump 유량(L/min)

(4) 기타 분진 측정방법

① **상대농도계** : 상대농도란 분진의 질량농도 및 입자수 농도와 같은 절대농도와 1 대 1의 관계에 있는 물리량(예를 들면 산란광 강도, 흡수광량, 진동주파수 등)을 측정하는 것에 따라 얻어지는 지수로 표시되는 농도를 의미한다.

② **디지털 분진계**

  ㉠ 개요 : 현장에서 사용하기 쉬운 분진측정법으로 부유분진을 기기 내에 통과시키면서 광을 투사하여 분진에 의한 산란광을 광전자증배관에 받아 광전류를 적분하여 이 광전류와 시간의 곱이 일정치에 도달하면 하나의 전기적 펄스를 발생하도록 한 장치이다.

  ㉡ 종류 ●출제율 20%

    • 산란광식(광산란식) : 분진에 빛을 쏘이면 반사하여 발광하게 되는데, 그 반사광을 측정하여 분진의 개수·입자의 반경을 측정하는 방식이다.

    • 압전천칭식(Piezobalance, Piezo-electric ; 저울식 측정기) : 압전형 분진계라고도 하며 포집된 분진에 의하여 달라진 압전결정판의 진동주파수에 의해 질량농도를 구하는 방식이다. 즉 공명된 진동을 이용한 직독식 기구이다.

③ **중량분석방법 종류**

  ㉠ 용매추출법 ㉡ 침전법 ㉢ 휘발법 ㉣ 전해법

④ **용량분석방법**

  ㉠ 중화적정법

  ㉡ 산화환원적정법

  ㉢ 침전적정법

  ㉣ 킬레이트 적정법

> **Reference** **킬레이트 적정법의 종류** ●출제율 20%
> 1. 직접적정법 2. 간접적정법 3. 치환적정법 4. 역적정법

1. 용접흄 채취 내용 숙지
2. 섬유의 정의 및 표시, 구분 숙지(출제 비중 높음)
3. 석면 전체 내용 숙지(출제 비중 높음)
4. 중량분석, 용량분석 방법의 종류 숙지

Section 03 ┃ 유해물질 측정 평가

1 가스상 물질 채취방법

(1) 연속 시료채취(continuous sampling) 종류

① 능동식 시료채취방법
  ㉠ 시료채취 pump를 이용, 강제적으로 시료공기를 통과시키는 방법
  ㉡ 흡착관 시료채취유량은 0.2L/min 이하
  ㉢ 흡수액 시료채취유량은 1L/min 이하

② 수동식 시료채취방법(Fick's 확산법칙)
  ㉠ 가스상 물질의 확산원리를 이용하는 방법
  ㉡ 시료채취는 일반적으로 수동식 시료채취기(pump 없음) 사용

(2) 순간 시료채취(grab sampling)

① 활용 ●출제율 30%
  ㉠ 미지 가스상 물질의 동정을 알려고 할 때
  ㉡ 간헐적 공정에서의 순간농도 변화를 알고자 할 때
  ㉢ 오염발생원 확인을 요할 때

② 순간 시료채취방법을 적용할 수 없는 경우 ●출제율 40%
  ㉠ 오염물질의 농도가 시간에 따라 변할 때
  ㉡ 공기 중 오염물질의 농도가 낮을 때
  ㉢ 시간가중 평균치를 구하고자 할 때

③ 순간 시료채취기기 종류 ●출제율 20%
  ㉠ 진공 플라스크
  ㉡ 스테인리스스틸 캐니스터(수동형 캐니스터)
  ㉢ 시료채취 bag(플라스틱 bag)
  ㉣ 검지관
  ㉤ 직독식 기기

1. 연속 시료채취의 능동식 시료채취방법 및 활용 내용 숙지
2. 순간 시료채취 활용 내용 숙지

2 검출한계와 정량한계

(1) 검출한계(LOD ; Limit Of Detection)

분석에 이용되는 공시료와 통계적으로 다르게 분석될 수 있는 가장 낮은 농도로 분석기기가 검출할 수 있는 가장 작은 양, 즉 주어진 신뢰 수준에서 검출 가능한 분석물의 질량이다.

(2) 정량한계(LOQ ; Limit Of Quantization) 출제율 40%

① 정의 : 분석기마다 바탕선량과 구별하여 분석될 수 있는 최소의 양, 즉 분석결과가 어느 주어진 분석절차에 따라서 합리적인 신뢰성을 가지고 정량 분석할 수 있는 가장 작은 양의 농도나 양이다. 또한 정량한계는 통계적인 개념보다는 일종의 약속이다.

② 관계
   ㉠ 정량한계＝표준편차×10
   ㉡ 정량한계＝검출한계×3(또는 3.3)

③ 정량한계를 기준으로 최소한으로 채취해야 하는 양이 결정된다.

기출문제
2005년, 2010년(산업기사), 2008년, 2013년, 2018년(기사)

벤젠의 분석기기 정량분석한계가 $15\mu\mathrm{g}$이고 작업장 공기의 벤젠 평균 농도가 $10\mathrm{mg/m^3}$일 때 이 작업장에서 채취하여야 할 최소 포집시간(분)은? (단, 시료채취 유속은 50cc/분) 출제율 60%

풀이
$$\frac{\mathrm{LOQ}}{\mathrm{농도}} = \frac{0.015\mathrm{mg}}{10\mathrm{mg/m^3}} \; (1\mathrm{kg} = 10^3\mathrm{g} = 10^6\mathrm{mg} = 10^9\mu\mathrm{g})$$
$$= 0.0015\mathrm{m^3} \times \frac{1{,}000\mathrm{L}}{\mathrm{m^3}}$$
$$= 1.5\mathrm{L} \,(\text{최소 채취량})$$
$$\text{채취 최소시간} = \frac{\text{최소 채취량}}{\text{pump 유량}}$$
$$= \frac{1.5\mathrm{L}}{0.05\mathrm{L/min}} \; (1\mathrm{cc} = 1\mathrm{mL} = 1\mathrm{cm^3}, \; 1\mathrm{L} = 10^3\mathrm{mL} = 10^6\mu\mathrm{L})$$
$$= 30\mathrm{min}$$

기출문제
2010년(산업기사), 2003년, 2013년(기사)

1,1,1-TCE(분자량 131.39)에 노출되는 근로자의 노출농도를 측정하고자 한다. 과거의 농도를 조사해 본 결과 50ppm이다. 정량한계는 시료당 0.5mg일 경우 채취하여야 할 최소한의 시간(분)은? (단, pump 유량은 1.5lpm, 25℃, 1기압 기준) 출제율 60%

풀이
① 과거 농도 50ppm을 $\mathrm{mg/m^3}$로 환산하면
$$\mathrm{mg/m^3} = 50\mathrm{ppm} \times \frac{131.39\mathrm{g}}{24.45\mathrm{L}} = 268.69\mathrm{mg/m^3}$$
② 최소 채취량 계산
$$\frac{\mathrm{LOQ}}{\mathrm{농도}} = \frac{0.5\mathrm{mg}}{268.69\mathrm{mg/m^3}} = 0.00186\mathrm{m^3} \times \frac{1{,}000\mathrm{L}}{\mathrm{m^3}} = 1.86\mathrm{L}$$
$$\text{채취 최소시간} = \frac{\text{최소 채취량}}{\text{pump 유량}} = \frac{1.86\mathrm{L}}{1.5\mathrm{L/min}} = 1.24\mathrm{min}$$

 학습 Point 최소 채취량, 채취 최소시간 계산 숙지(출제 비중 높음)

3 분석 관련 용어

(1) 특이성

다른 물질의 존재에 관계없이 분석하고자 하는 대상물질을 정확하게 분석할 수 있는 능력을 말한다.

(2) 선택성

혼합물 중에 어느 한 물질을 정성적 또는 정량적으로 분석할 수 있는 능력을 말한다.

(3) 회수율 시험 ●출제율 20%

① 시료채취에 사용하지 않은 동일한 여과지에 첨가된 양과 분석량의 비로 나타내며, 여과지를 이용하여 채취한 금속을 분석하는 데 보정하기 위해 행하는 실험이다.

② 관련식

$$회수율(\%) = \frac{분석량}{첨가량} \times 100$$

Reference dynamic method • • •

1. 희석공기와 오염물질을 연속적으로 흘려주어 연속적으로 일정한 농도를 유지하면서 만드는 방법
2. 알고 있는 공기 중 농도를 만드는 방법
3. 농도변화를 줄 수 있고, 온·습도 조절이 가능함
4. 제조가 어렵고, 비용도 많이 듦
5. 다양한 농도범위에서 제조 가능
6. 가스, 증기, 에어로졸 실험도 가능
7. 소량의 누출이나 벽면에 의한 손실은 무시할 수 있음
8. 지속적인 모니터링이 필요함
9. 매우 일정한 농도를 유지하기가 곤란함

---

4 가스상 물질의 시료채취

(1) 흡착제

① 흡착의 종류

㉠ 물리적 흡착 ●출제율 30%

• 흡착제와 흡착분자(흡착질) 간의 Van der Waals힘의 비교적 약한 인력에 의해서 일어난다.

• 가역적 현상이므로 재생이나 오염가스 회수에 용이하다.

CHAPTER 2

- 일반적으로 작업환경측정에서 사용된다.
- 흡착량은 온도가 높을수록, pH가 높을수록, 분자량이 작을수록 감소된다.
- 흡착물질은 임계온도 이상에서는 흡착되지 않는다.
- 기체 분자량이 클수록 잘 흡착된다.
ⓒ 화학적 흡착
- 흡착제와 흡착된 물질 사이에 화학결합이 생성되는 경우로서 새로운 종류의 표면 화합물이 형성된다.
- 비가역적 현상이므로 재생되지 않는다.
- 온도의 영향은 비교적 적다.
- 흡착과정 중 발열량이 많다(흡착열이 물리적 흡착에 비하여 높다).

② 파과 ●출제율 40%
ⓐ 파과란 공기 중 오염물질이 시료채취 매체에 포함되지 않고 빠져나가는 현상으로 흡착관 앞층에 포화된 후 뒤층에 흡착되기 시작되어 결국 흡착관을 빠져나가며, 파과가 일어나면 유해물질 농도를 과소평가할 우려가 있다.
ⓑ 시료채취 유량이 높으면 파과가 일어나기 쉽고 코팅된 흡착제일수록 그 경향이 강하다.
ⓒ 고온일수록 흡착성질이 감소하여 파과가 일어나기 쉽다.
ⓓ 극성 흡착제를 사용할 경우 습도가 높을수록 파과가 일어나기 쉽다.

③ 흡착관 ●출제율 40%
ⓐ 작업환경측정 시 많이 이용하는 흡착관은 앞층이 100mg, 뒤층이 50mg으로 되어 있는데 오염물질에 따라 다른 크기의 흡착제를 사용하기도 한다.
ⓑ 표준형은 길이 7cm, 내경 4mm, 외경 6mm의 유리관에 20/40mesh 활성탄이 우레탄 폼으로 나뉜 앞층과 뒤층으로 구분되어 있으며, 구분 이유는 시료채취를 정확하게 하기 위함이며 또한 파과현상으로 인한 오염물질의 과소평가를 방지하기 위함이다.
ⓒ 대용량의 흡착관은 앞층이 400mg, 뒤층이 200mg으로 되어 있으며 휘발성이 큰 물질 및 낮은 농도의 물질 채취 시 사용한다.
ⓓ 일반적으로 앞층의 1/10 이상이 뒤층으로 넘어가면 파과가 일어났다고 하고 측정결과로 사용할 수 없다.

④ 흡착제 이용 시료채취 시 영향인자 ●출제율 20%
ⓐ 온도 : 온도가 낮을수록 흡착에 좋으나 고온일수록 흡착이 감소하며 파과가 일어나기 쉽다.
ⓑ 습도 : 극성 흡착제를 사용할 때 수증기가 흡착되기 때문에 파과가 일어나기 쉽다.
ⓒ 시료채취 속도 : 시료채취 속도가 크면 파과가 일어나기 쉽다.
ⓓ 유해물질 농도 : 농도가 높으면 파과용량 증가, 파과공기량은 감소한다.
ⓔ 혼합물 : 혼합기체의 경우 각 기체의 흡착량은 단독성분이 있을 때보다 적어지게 된다(혼합물 중 흡착제와 강한 결합을 하는 물질에 의하여 치환반응이 일어나기 때문).

ⓑ 흡착제의 크기(흡착제의 비표면적) : 입자 크기가 작을수록 표면적이 증가, 채취효율이 증가하나 압력강하가 심하다.

ⓢ 흡착관의 크기(튜브의 내경) : 흡착제의 양이 많아지면 전체 흡착제의 표면적이 증가하여 채취용량이 증가하므로 파과가 쉽게 발생되지 않는다.

기출문제   2017년, 2020년(기사)

톨루엔을 활성탄관을 이용하여 0.2L/min으로 150분 동안 측정한 후 분석하였더니 활성탄관 100mg층에서 3.5mg이 검출, 50mg층에서 0.15mg이 검출되었다. 탈착효율이 95%라고 할 때 파과여부와 공기 중 농도(ppm)는? (단, 25℃, 1기압 기준) ●출제율 50%

풀이 (1) 파과여부

앞층과 뒤층의 비를 구해 확인함

$$\frac{\text{뒤층 검출량}}{\text{앞층 검출량}} = \frac{0.15\text{mg}}{3.5\text{mg}} \times 100 = 4.285\%$$

즉, 10%에 미치지 않기 때문에 파과 아님

(2) 공기 중 농도

$$\text{농도} = \frac{\text{질량}}{\text{부피}}$$

① 질량(톨루엔의 양) = 3.5 + 0.15 = 3.65mg

탈착효율(95%)을 고려하여 실제 채취된 톨루엔의 양

$$\frac{3.65}{0.95} = 3.84\text{mg}$$

② 부피(공기채취량) = pump 유량 × 채취시간 = 0.2L/min × 150min = 30L

$$\text{농도} = \frac{3.84\text{mg}}{30\text{L} \times 10^{-3}(\text{m}^3/\text{L})} = 128\text{mg/m}^3 \text{이고}$$

문제가 ppm 단위를 요구했으므로

$$\text{농도(ppm)} = 128\text{mg/m}^3 \times \frac{24.45}{92.13} = 33.97\text{ppm}$$

예상문제

작업장 중의 벤젠을 고체흡착관으로 측정하였다. 비누거품미터로 유량을 보정할 때 500cc를 통과하는 데 시료채취 전 25.5초, 시료채취 후 25.7초가 걸렸다. 벤젠의 측정시간은 오후 1시 30분부터 오후 4시 30분까지이다. 측정된 벤젠량을 GC를 사용하여 분석한 결과 활성탄관의 앞층에서 2.5mg, 뒤층에서 0.2mg 검출되었을 경우 공기 중 벤젠의 농도(mg/m³)를 구하시오. ●출제율 60%

풀이 (1) 비누거품미터에 의한 pump 유량

$$0.5\text{L} : \left(\frac{25.5+25.7}{2}\right)\text{sec} = Q : 1\text{min}$$

$$\text{pump 유량} = \frac{0.5\text{L} \times 60\text{sec}/1\text{min}}{\left(\frac{25.5+25.7}{2}\text{sec}\right)} = 1.17\text{L/min}$$

(2) 공기채취량

1.17L/min × 180min = 210.6L

$$\text{농도(mg/m}^3) = \frac{(2.5+0.2)\text{mg}}{210.6\text{L} \times \text{m}^3/1,000\text{L}} = 12.82\text{mg/m}^3$$

CHAPTER 2

⑤ 흡착관의 종류

  ㉠ 활성탄관(charcoal tube) ●출제율 30%

    • 공기 중 가스상 물질의 고체포집법으로 이용되는 활성탄관은 유리관 안에 활성탄 100mg과 50mg을 두 개 층으로 충전하여 양 끝을 봉인한 것이다.

    • 활성탄관을 사용하여 채취하기 용이한 시료
      비극성류의 유기용제, 각종 방향족 유기용제, 할로겐화 지방족 유기용제, 에스테르류, 알코올류

    • 탈착용매는 이황화탄소(CS_2)가 주로 사용된다(비극성 물질의 탈착용매는 이황화탄소).

    • 탈착된 용출액은 가스 크로마토그래프 분석법으로 정량한다.

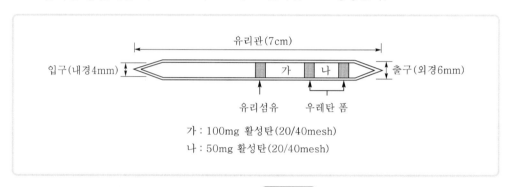

유리관(7cm)

입구(내경4mm)　　　가　나　출구(외경6mm)

유리섬유　　우레탄 폼

가 : 100mg 활성탄(20/40mesh)
나 : 50mg 활성탄(20/40mesh)

| 활성탄관 | ●출제율 30%

  ㉡ 실리카겔관(silicagel tube) ●출제율 30%

    • 극성을 띠고 흡수성이 강하므로 습도가 높을수록 파과용량이 감소한다.

    • 실리카 및 알루미나 흡착제는 탄소의 불포화결합을 가진 분자를 선택적으로 흡착한다.

    • 실리카겔관을 사용하여 채취하기 용이한 시료
      극성류의 유기용제, 산(무기산 : 불산, 염산), 방향족 아민류, 지방족 아민류, 아미노에탄올, 니트로벤젠류, 페놀류, 아미드류(아마이드류)

    • 장점
      – 극성 물질을 채취한 경우 물, 메탄올 등 다양한 용매로 쉽게 탈착한다.
      – 추출용액(탈착용매)이 화학분석이나 기기분석에 방해물질로 작용하는 경우가 많지 않다.
      – 활성탄으로 채취가 어려운 아닐린, 오르토–톨루이딘 등의 아민류나 몇몇 무기물질의 채취가 가능하다.
      – 매우 유독한 이황화탄소를 탈착용매로 사용하지 않는다.

- 단점
  - 친수성이기 때문에 우선적으로 물분자와 결합을 이루어 습도의 증가에 따른 흡착용량의 감소를 초래한다.
  - 습도가 높은 작업장에서는 다른 오염물질의 파과용량이 작아져 파과를 일으키기 쉽다.
- 실리카겔의 친화력(극성이 강한 순서)

  > 물 > 알코올류 > 알데하이드류 > 케톤류 > 에스테르류 > 방향족 탄화수소류 > 올레핀류 > 파라핀류

ⓒ 다공성 중합체(porous polymer)
- 활성탄에 비해 표면적은 작으나 특수한 물질채취에 유용하다.
- 종류

  Tenax관, XAD관, Chromsorb, Porapak, amberlite
- Tenax관 ●출제율 30%
  - 휘발성 유기화합물(VOC)의 측정 시 많이 사용되며 유기염류, 중성화합물, 끓는점이 높은 화합물의 채취에도 사용된다.
  - 375℃까지 고열에 안정하여 **열탈착**이 가능하여 저농도의 오염물질 채취에 적합하다.
  - 파과현상 판단기준은 튜브 2개를 연속연결하여 시료를 채취·분석한 후 분석결과에서 뒤의 튜브에 분석 성분이 앞의 튜브보다 5% 이상이면 파과로 판단하며 그 대책으로는 시료채취 유량조절 및 타 흡착제를 사용하는 것이다.

ⓔ 냉각 트랩(cold trap)
ⓜ 분자체 탄소

1. 물리적 흡착 특성 내용 숙지(출제 비중 높음)
2. 파과의 개념 숙지
3. 파과여부 및 농도 계산 숙지(출제 비중 높음)
4. 활성탄관의 앞·뒤 층 구분 이유 숙지
5. 활성탄관, 실리카겔관 내용 숙지(출제 비중 높음)
6. 흡착관 종류 숙지

(2) 흡수제(액체 포집법)

① 흡수액을 이용한 작업환경측정은 운반의 불편성과 근로자 부착 시 흡수액이 누수될 우려가 있으며 임핀저 등이 깨질 위험성이 있어 점차 사용이 제한되고 있다.

② 흡수효율(채취효율)을 높이기 위한 방법 ●출제율 50%
  ㉠ 포집액의 온도를 낮추어 오염물질의 휘발성을 제한한다.
  ㉡ 두 개 이상의 임핀저나 버블러를 연속적(직렬)으로 연결하여 사용하는 것이 좋다.
  ㉢ 채취속도를 낮춘다(채취물질이 흡수액을 통과하는 속도를 낮춤).
  ㉣ 기포의 체류시간을 길게 한다.
  ㉤ 기포와 액체의 접촉면적을 크게 한다(가는 구멍이 많은 fritted 버블러 사용).
  ㉥ 액체의 교반을 강하게 한다.
  ㉦ 흡수액의 양을 늘려준다.
  ㉧ 액체에 포집된 오염물질의 휘발성을 제거한다.
③ 채취기구
  ㉠ 미젯 임핀저(midget impinger)
  ㉡ 프리티드 버블러(fritted bubbler)
  ㉢ 소형 가스흡수관 및 소형 버블러

학습 Point   흡수효율을 높이기 위한 방법 숙지(출제 비중 높음)

(3) 수동식 시료채취기(passive sampler) ●출제율 40%
① 원리 : 수동채취기는 공기채취펌프가 필요하지 않고 공기층을 통한 확산 또는 투과되는 현상을 이용하여 수동적으로 농도구배에 따라 가스나 증기를 포집하는 장치이며, 확산 포집방법(확산포집기)이라고도 한다.
② 적용원리 : Fick의 제1법칙(확산)
③ 결핍(starvation)현상
  ㉠ 수동식 시료채취기 사용 시 최소한의 기류가 있어야 하는데, 최소 기류가 없어 채취가 표면에서 일단 확산에 의하여 오염물질이 제거되어 농도가 없어지거나 감소하는 현상이다.
  ㉡ 수동식 시료채취기의 표면에서 나타나는 결핍현상을 제거하는 데 필요한 가장 중요한 요소는 최소한의 기류 유지(0.05~0.1m/sec)이다.
④ 장점
  ㉠ 시료채취(취급) 방법이 간편하다.
  ㉡ 시료채취 전후에 펌프 유량을 보정하지 않아도 된다.
  ㉢ 시료채취 개인용 펌프가 필요 없어 채취기구의 제한 없이 다수의 근로자에게 착용이 용이하다.
  ㉣ 착용이 편리하기 때문에 근로자가 불편 없이 착용이 가능하다(근로자의 작업에 방해되지 않음).

⑤ 단점

ⓐ 능동식 시료채취기에 비해 시료채취속도가 매우 낮기 때문에 저농도 측정 시에는 장시간에 걸쳐 시료채취를 해야 한다. 따라서, 대상오염물질이 일정한 확산계수로 확산되도록 하여야 한다.

ⓑ 채취 오염물질 양이 적어 재현성이 좋지 않다.

ⓒ 가격이 비싸다.

ⓓ 실험실에서 분석하여야 한다.

ⓔ 높은 습도 같은 특정 조건에서 일부 물질의 포집효율이 감소한다.

1. 수동식 채취기 원리 숙지
2. 결핍현상 내용 숙지(출제 비중 높음)
3. 장·단점 내용 숙지

(4) 탈착

① 탈착은 경계면에 흡착된 어느 물질이 떨어져나가 표면농도가 감쇠하는 현상으로 기체 분자의 운동에너지와 흡착된 상태에서 안정화된 에너지의 차이에 따라 흡착과 탈착의 변화방향이 결정된다.

② 관련식

$$탈착효율(\%) = \frac{분석량}{주입량} \times 100$$

③ 탈착방법 ●출제율 50%

ⓐ 용매탈착

• 비극성 물질의 탈착용매는 **이황화탄소(CS_2)**를 사용하고 극성 물질에는 이황화탄소와 다른 용매를 혼합하여 사용한다.

• 활성탄에 흡착된 증기(유기용제-방향족 탄화수소)를 탈착시키는 데 일반적으로 사용되는 용매는 이황화탄소이다.

ⓑ 열탈착

• 흡착관에 열을 가하여 탈착하는 방법으로 탈착이 자동으로 수행되며 탈착된 분석물질이 가스 크로마토그래피로 직접 주입되도록 되어 있다.

• **분자체 탄소, 다공중합체에서 주로 사용**한다.

1. 탈착효율 내용 및 공식 숙지
2. 용매탈착, 열탈착 숙지(출제 비중 높음)
3. 보정 농도 계산 숙지

CHAPTER 2

5 가스상 물질의 분석

(1) 가스 크로마토그래피(Gas Chromatography)

① 원리 (출제율 20%)

기체시료 또는 기화한 액체나 고체시료를 운반가스(carrier gas)에 의해 분리관 내 충전물의 흡착성 또는 용해성 차이에 따라 전개시켜 분리관 내에서 이동속도가 달라지는 것을 이용, 각 성분의 크로마토그래피적(크로마토그램)을 이용하여 성분을 분석한다. 여기서, 크로마토그램이란 크로마토그래피에서 시간에 따라 분리되어 나오는 각 성분들의 용리곡선, 즉 각 성분의 크로마토그래피적을 말한다.

② 가스 크로마토그래피의 기기 구성도 (출제율 20%)

(가스 유로계) ⇨ (시료 도입부) ⇨ (분리관 ; column) ⇨ (검출기)

㉠ 분리관(column)
- 분리관은 주입된 시료가 각 성분에 따라 분리가 일어나는 부분으로 GC에서 분석하고자 하는 물질을 지체시키는 역할을 한다.
- 분리관 충전물질(액상) 조건
  - 분석대상 성분을 완전히 분리할 수 있어야 한다.
  - 사용온도에서 증기압이 낮고 점성이 작은 것이어야 한다.
  - 화학적으로 안정된 성질을 가진 것이어야 한다.
  - 화학적 성분이 일정한 물질이어야 한다.
- 분해능(resolution)은 분석기기 등이 대상을 얼마나 세밀하게 분리할 수 있는지를 나타내는 수치를 말한다. (출제율 20%)
- 분리관의 분해능을 높이기 위한 방법
  - 시료와 고정상의 양을 적게 함
  - 고체지지체의 입자 크기를 작게 함
  - 온도를 낮춤
  - 분리관의 길이를 길게 함(분해능은 길이의 제곱근에 비례)

㉡ 검출기(detector) : 복잡한 시료로부터 분석하고자 하는 성분을 선택적으로 반응하게 하여 검출기의 특성에 따라 전기적인 신호로 바뀌게 하여 시료를 검출하는 장치이다.

<검출기의 종류 및 특징> (출제율 30%)

검출기 종류	특 징
불꽃이온화검출기(FID)	• 유기용제 분석 시 가장 많이 사용하는 검출기 • 큰 범위의 직선성, 비선택성, 넓은 용융성, 안정성, 높은 민감성 • 운반기체로 질소나 헬륨을 사용 • 주성분 대상가스는 다핵방향족 탄화수소류, 할로겐화 탄화수소류, 알코올류, 방향족 탄화수소류

검출기 종류	특 징
열전도도검출기(TCD)	• 분석물질마다 다른 열전도도 차를 이용하는 원리 • 민감도는 FID의 약 1/1,000 • 사용되는 운반가스는 순도 99.8% 이상의 수소, 헬륨 사용 • 주분석 대상가스는 벤젠
전자포획형 검출기(ECD)	• 유기화합물의 분석에 많이 사용 • 사용되는 운반가스는 순도 99.8% 이상의 헬륨 사용 • 주분석 대상가스는 할로겐화 탄화수소화합물, 사염화탄소, 벤조피렌니 트로화합물, 유기금속화합물 • 불순물 및 온도에 민감
불꽃광전자검출기(FPD)	• 악취관계 물질분석에 많이 사용(이황화탄소, 메르캅탄류) • 잔류 농약의 분석(유기인, 유기황화합물)에 대하여 특히 감도가 좋음
광이온화검출기(PID)	• 주분석 대상가스는 알칸계, 방향족, 에스테르류, 유기금속류
질소인검출기(NPD)	• 매우 안정한 보조가스(수소−공기)의 기체흐름이 요구됨 • 주분석 대상가스는 질소포함 화합물, 인포함 화합물

CHAPTER 2

(2) **고성능 액체 크로마토그래피**(HPLC ; High Performance Liquid Chromatography)

① 물질을 이동상과 충진제와의 분배에 따라 분리하므로 분리물질별로 적당한 이동상으로 액체를 사용하는 분석기이며, 이동상인 액체가 분리관에 흐르게 하기 위해 압력을 가할 수 있는 펌프가 필요하다.

② 검출기 종류

    ㉠ 자외선검출기   ㉡ 형광검출기   ㉢ 전자화학검출기

③ 적용

    ㉠ 방향족 유기용제의 소변 중 대사산물 측정에 유리한 방법

    ㉡ 저휘발성 물질

    ㉢ 다핵방향족 탄화수소류(PAHs), PCB

④ 구성장치

> (용매전달장치 : pump) ⇨ (시료주입장치) ⇨ (분리관 : column)
> ⇨ (검출기) ⇨ (자료처리 시스템)

(3) **이온 크로마토그래피**(IC ; Ion Chromatography)

① 액체 크로마토그래피의 한 종류로 이온성 물질 분석에 주로 사용된다.

② 음이온(황산, 질산, 인산, 염소) 및 무기산류, 에탄올아민류, 알칼리, 황화수소 측정분석에 이용된다.

③ **검출기** : 전기전도도검출기

④ **구성장치**

> (pump) ⇨ (시료주입장치) ⇨ (분리관 : column) ⇨ (검출기) ⇨ (기록계)

(4) 농도계산

① 흡착관 이용 채취 경우

$$C(\mathrm{mg/m^3}) = \frac{(W_f + W_b) - (B_f + B_b)}{V \cdot DE}$$

여기서, C : 농도($\mathrm{mg/m^3}$)

         W_f : 앞층 분석 시료량(mg), W_b : 뒤층 분석 시료량(mg)

         B_f : 공시료 앞층 분석 시료량(mg), B_b : 공시료 뒤층 분석 시료량(mg)

         V : 공기채취량 ⇨ pump 평균유량(L/min)×시료채취시간(min)

         DE : 탈착효율

② 흡수액 이용 채취 경우

$$C(\mathrm{mg/m^3}) = \frac{W - B}{V \cdot DE}$$

여기서, C : 농도($\mathrm{mg/m^3}$)

         W : 분석된 시료량(mg) ⇨ 분석농도(mg/L)×용액부피(L)

         B : 공시료 분석 시료량(mg)

         V : 공기채취량 ⇨ pump 평균유량(L/min)×시료채취시간(min)

         DE : 탈착효율

기출문제   2007년, 2010년, 2012년(산업기사), 2015년, 2017년, 2018년, 2020년(기사)

다음과 같은 조건일 경우 니트로벤젠의 농도(ppm)는? ● 출제율 80%

〈조건〉• 8시간 포집량 : 65,000ng, 공시료 포집량 : 0ng   • 활성탄관 흡착 탈착효율 : 0.84
        • 유량 : 28.5mL/min, 25℃, 1기압   • 분자량 : 123.11

풀이 ① 농도를 구하여 단위를 변환(mg/m³ ⇨ ppm)하는 문제이므로

$$농도(\mathrm{mg/m^3}) = \frac{질량(분석)}{공기채취량}$$

공기채취량 = $28.5\,\mathrm{mL/min} \times 480\mathrm{min} = 13,680\mathrm{mL}(=0.01368\mathrm{m^3})$

질량(포집량) = $65,000\mathrm{ng} - 0\,\mathrm{ng} = 65,000\mathrm{ng}(=0.065\mathrm{mg})$

$$= \frac{0.065\mathrm{mg}}{0.01368\mathrm{m^3}} = 4.75\mathrm{mg/m^3}$$

② 탈착효율 보정 후 농도

$$농도(\mathrm{mg/m^3}) = \frac{4.75\mathrm{mg/m^3}}{0.84} = 5.66\mathrm{mg/m^3}$$

단위 환산 후 농도

$$농도(\mathrm{ppm}) = 5.66\mathrm{mg/m^3} \times \frac{24.45}{123.11} = 1.12\mathrm{ppm}$$

1,1,1-TCE의 과거 농도는 50ppm이었다. 측정 시 앞층의 분석량은 2.5mg, 뒤층의 분석량은 0.1mg, 공시료 3개의 평균분석량은 0.01mg이다. 0.15lpm으로 18분간 측정했으며 탈착효율은 97.5%이다. 이때 시료농도(mg/m³)는? ● 출제율 70%

풀이 농도(mg/m³) $= \dfrac{(앞층 + 뒤층\ 분석량) - (공시료\ 분석량)}{공기채취량 \times 탈착효율}$

$공기채취량 = 0.15L/min \times 18min = 2.7L\,(= 0.0027m^3)$

$질량(포집량) = (2.5 + 0.1)mg - 0.01mg = 2.59mg$

$= \dfrac{2.59mg}{0.0027m^3} = 959.26mg/m^3$

농도(mg/m³) $= \dfrac{959.26mg/m^3}{0.975} = 983.86mg/m^3$

1. 각 분석기기 원리 및 기기 구성도 숙지
2. 농도 계산문제 숙지(출제 비중 높음)

CHAPTER 2

6 검지관 측정법

(1) 원리 및 개요 ● 출제율 20%

작업환경 중의 오염된 공기를 통과시켜 오염물질과 반응관 내 검지제와 화학적 작용으로 검지제가 변색되는 것을 이용하여 오염물질의 농도를 측정하는 직독식 측정방법이다. 또한 대표적으로 측정 가능한 물질은 톨루엔, 메탄올, 일산화탄소, 1,2디클로로에틸렌 등이다.

(2) 작업환경측정, 단위작업장소에서 검지관을 사용할 수 있는 경우 ● 출제율 50%

① 예비조사 목적인 경우
② 검지관방식 외에 다른 측정방법이 없는 경우
③ 사업장 자체 측정기관이 작업환경측정을 하는 때에 있어서 발생하는 가스상 물질이 단일 물질인 경우

(3) 장점 ● 출제율 50%

① 사용이 간편하다.
② 반응시간이 빠르다(현장에서 바로 측정 결과를 알 수 있다).
③ 비전문가도 어느 정도 숙지하면 사용할 수 있다.
④ 맨홀, 밀폐공간에서의 산소부족 또는 폭발성 가스로 인한 안전이 문제가 될 때 유용하게 사용된다.

(4) 단점 ●출제율 50%

① 민감도가 낮아 비교적 고농도에만 적용이 가능하다.
② 특이도가 낮아 다른 방해물질의 영향을 받기 쉽다.
③ 대개 단시간 측정만 가능하다.
④ 한 검지관으로 단일물질만 측정 가능하여 각 오염물질에 맞는 검지관을 선정함에 따른 불편함이 있다.
⑤ 색변화에 따라 주관적으로 읽을 수 있어 판독자에 따라 변이가 심하다.

(5) 측정위치 ●출제율 40%

① 해당 근로자의 호흡기 및 가스상 물질 발생원에 근접한 위치
② 근로자 작업행동범위의 주작업위치에서 근로자 호흡기 높이

Reference **검지관 사용 시의 오차(정확도)** ● ● ●

농도범위	정확도
허용기준(PEL) 이상	±25%
PEL~AL	±35%
감시농도(AL) 이하	±50%

---

1. 검지관 사용 경우 숙지(출제 비중 높음)
2. 검지관 장·단점 숙지(출제 비중 높음)
3. 측정위치 숙지

Section 04 소음 및 진동 측정 평가 및 관리

1 소음의 정의와 단위

(1) 소음의 정의

공기의 진동에 의한 음파 중 인간에게 감각적으로 바람직하지 못한 소리, 즉 지나치게 강렬하게 불쾌감을 주거나 주의력을 빗나가게 하여 작업에 방해가 되는 음향을 말하는 것으로 산업안전보건법에서는 소음성 난청을 유발할 수 있는 85dB(A) 이상의 시끄러운 소리로 정의하고 있다.

(2) 소음의 단위

① dB

　㉠ 음압수준을 표시하는 한 방법으로 사용하는 단위로서 dB(decibel)로 표시한다.

　㉡ 사람이 들을 수 있는 음압은 0.00002~60N/m²의 범위이며 이것을 dB로 표시하면 0~130dB이 되므로 음압을 직접 사용하는 것보다 dB로 변환하여 사용하는 것이 편리하다.

② sone

　㉠ 감각적인 음의 크기(loudness)를 나타내는 양이다.

　㉡ 1,000Hz 순음의 음 세기레벨 40dB의 음의 크기를 1sone으로 정의한다.

③ phon

　㉠ 감각적인 음의 크기를 나타내는 양이다.

　㉡ 1,000Hz 순음의 크기와 평균적으로 같은 크기로 느끼는 1,000Hz 순음의 음 세기레벨로 나타낸 것이 phon이다.

④ 음의 크기(sone)와 음의 크기레벨(phon)의 관계

$$S = 2^{\frac{(L_L - 40)}{10}}\,(\text{sone})$$

여기서, S : 음의 크기(sone)

　　　　L_L : 음의 크기레벨(phon)

$$L_L = 33.3\log S + 40\,(\text{phon})$$

(3) 소음의 계산

① 합성 소음도(전체 소음도, 소음원 동시 가동 시 소음도)

$$L_P = 10\log\left(10^{\frac{L_1}{10}} + 10^{\frac{L_2}{10}} + \cdots + 10^{\frac{L_n}{10}}\right)(\text{dB})$$

여기서, L_P : 합성 소음도(dB)

　　　　$L_1,\ \cdots,\ L_n$: 각각 소음원의 소음(dB)

② 소음도 차이

$$L' = 10\log\left(10^{\frac{L_1}{10}} - 10^{\frac{L_2}{10}}\right)(\text{dB})\ (\text{단},\ L_1 > L_2)$$

③ 평균 소음도

$$\overline{L} = 10\log\left[\frac{1}{n}\left(10^{\frac{L_1}{10}} + 10^{\frac{L_2}{10}} + \cdots + 10^{\frac{L_n}{10}}\right)\right](\text{dB})$$

여기서, $\overline{L}$: 평균 소음도(dB)

　　　　n : 소음원의 개수

CHAPTER 2

기출문제 2007년, 2010년, 2016년, 2018년, 2019년(산업기사), 2010년, 2016년(기사)

에어컨이 없을 때 실내 음압레벨이 65dB이고, 에어컨 자체만의 소음은 71dB일 때 실내 전체 소음 수준(dB)은? ●출제율 70%

풀이 합성 소음도$(L_P) = 10\log\left(10^{\frac{L_1}{10}} + 10^{\frac{L_2}{10}}\right) = 10\log\left(10^{6.5} + 10^{7.1}\right) = 71.97\text{dB}$

예상문제

60phon은 음의 크기(sone)로 얼마인가? ●출제율 30%

풀이 $S(\text{sone}) = 2^{\frac{(L_L-40)}{10}}$ (L_L : 음의 크기레벨(60phon))

$\qquad\qquad = 2^{\frac{(60-40)}{10}} = 2^2 = 4\text{sone}$

1. 소음공해 특징 숙지
2. sone, phon의 정의 및 상호변환 계산 숙지
3. 합성 소음도 계산 숙지(출제 비중 높음)

■2 소음의 물리적 특성

(1) 주파수와 파장의 관계

① **파장** : 위상의 차이가 360°가 되는 거리, 즉 1주기의 거리를 파장이라 하며 보통 λ라 표시하고 단위는 m을 사용한다.

② **주파수**

　㉠ 한 고정점을 1초 동안에 통과하는 고압력부분과 저압력부분을 포함한 압력변화의 완전한 주기(cycle) 수를 말하며, 보통 f로 표시하고 단위는 Hz(1/sec) 및 cps(cycle per second)를 사용한다.

　㉡ 정상청력을 가진 사람의 **가청주파수** 영역은 20~20,000Hz이다.

③ **주기**

　㉠ 한 파장이 전파되는 데 소요되는 시간으로 보통 T로 표시하고 단위는 sec를 사용한다.

　㉡ 주기와 주파수의 관계는 역비례이다$\left(T = \dfrac{1}{f}\right)$.

④ **음속**

　㉠ 음파의 속도이며, 음파는 음압의 변화에 따라 매질을 통하여 전달되는 **종파**(소밀파, 압력파, P파)이다.

ⓛ 음속(C)은 다음 관계가 있다.

$$음속(C) = f \times \lambda$$

여기서, C : 음속(m/sec)
f : 주파수(1/sec), λ : 파장(m)

$$음속(C) = 331.42 + 0.6(t)$$

여기서, C : 음속(m/sec)
t : 음전달 매질의 온도(℃)

기출문제   2003년, 2010년, 2015년, 2017년(산업기사), 2007년, 2014년, 2018년(기사)

25℃에서 주파수가 500Hz일 때 음의 파장은? ●출제율 60%

풀이   음속(C) = $f \times \lambda$에서

파장(λ) = $\dfrac{C}{f}$ $[C = 331.42 + (0.6 \times t)] = 331.42 + (0.6 \times 25) = 346.42$m/sec

$\lambda = \dfrac{346.42}{500} = 0.69$m

Point   음속(C) = $f \times \lambda$ 관계식에 의한 계산 숙지

(2) 음의 물리적 현상 ●출제율 30%

① 음의 전파과정에서 나타나는 물리적 현상은 **반사, 흡수, 투과, 회절, 굴절, 간섭** 등이다.
② **음의 지향성** ●출제율 40%
  ㉠ **지향계수**(Q ; directivity factor) : 특정 방향에 대한 음의 저항도를 나타내며 특정 방향의 에너지와 평균에너지의 비를 말한다.
  ㉡ **지향지수**(DI ; Directivity Index) : 지향계수를 dB 단위로 나타낸 것으로 지향성이 큰 경우 특정 방향 음압레벨과 평균 음압레벨과의 차이를 말한다.
  ㉢ 지향계수와 지향지수와의 관계

$$\text{DI} = 10 \log Q \text{(dB)}$$

  ㉣ 음원의 위치에 따른 지향성
    • 음원이 자유공간(공중)에 있을 때 : Q=1, DI = 10 log 1 = 0dB
    • 음원이 반자유 공간(바닥 위)에 있을 때 : Q=2, DI = 10 log 2 = 3dB
    • 음원이 두 면이 접하는 구석에 있을 때 : Q=4, DI = 10 log 4 = 6dB
    • 음원이 세 면이 접하는 구석에 있을 때 : Q=8, DI = 10 log 8 = 9dB

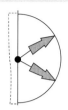

지향계수(Q) : 1
지향지수(DI) : 0dB
(음원 : 자유공간)

지향계수(Q) : 2
지향지수(DI) : 3dB
(음원 : 반자유공간)

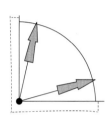

지향계수(Q) : 4
지향지수(DI) : 6dB
(음원 : 두 면이 접하는 공간)

지향계수(Q) : 8
지향지수(DI) : 9dB
(음원 : 세 면이 접하는 공간)

‖ 음원의 위치별 지향성 ‖

1. 음의 전파과정 중 물리적 현상 종류 숙지(5가지)
2. 지향계수, 지향지수 정의 및 관계식 숙지(그림 숙지)

(3) 음의 압력 및 음압수준(음압도, 음압레벨)

① **음의 압력(음압)** : 음에너지에 의해 매질에는 미세한 압력변화가 생기며, 이 압력부분을 음압이라 하며 단위는 $\mathrm{Pa(N/m^2)}$이다.

② **음압진폭(피크치, 최대값)과 음압 실효치(rms값)의 관계**

$$P_{\mathrm{rms}} = \frac{P_{\max}}{\sqrt{2}}$$

여기서, P_{rms} : 음압의 실효치$(\mathrm{N/m^2})$, $P_{\max}$: 음압진폭(피크, 최대값)$(\mathrm{N/m^2})$

③ **음압수준(SPL)**

$$\mathrm{SPL} = 20\log\left(\frac{P}{P_o}\right)(\mathrm{dB})$$

여기서, SPL : 음압수준(음압도, 음압레벨)(dB)
P : 대상음의 음압(음압 실효치)$(\mathrm{N/m^2})$
P_o : 기준음압 실효치$(2\times10^{-5}\mathrm{N/m^2},\ 20\mu\mathrm{Pa},\ 2\times10^{-4}\mathrm{dyne/cm^2})$

기출문제

음압 실효치가 2dyne/cm²일 때 음압수준(SPL)은? 출제율 50%

풀이 음압수준(SPL) $= 20\log\left(\dfrac{P}{P_o}\right) = 20\log\left(\dfrac{2}{2\times10^{-4}}\right) = 80\text{dB}$

기출문제

음압 최대값이 10Pa이라면 음압레벨은? 출제율 60%

풀이 음압수준(SPL) $= 20\log\left(\dfrac{P}{P_o}\right) = 20\log\left(\dfrac{10/\sqrt{2}}{2\times10^{-5}}\right) = 111\text{dB}$

 음압수준 계산 숙지(출제 비중 높음)

(4) 음의 세기(강도) 및 음의 세기레벨(음의 세기수준)

① **음의 세기** : 음의 진행 방향에 수직하는 단위면적을 단위시간에 통과하는 음에너지를 음의 세기라 하며, 단위는 watt/m²이다.

② **음의 세기레벨(SIL)**

$$\text{SIL} = 10\log\left(\frac{I}{I_o}\right)(\text{dB})$$

여기서, SIL : 음의 세기레벨(dB)
I : 대상음의 세기(W/m²), I_o : 최소가청음 세기(10^{-12}W/m²)

③ **음의 세기 관련 관계식**

$$I = \frac{P^2}{\rho C} = P \times V, \quad P = \sqrt{I \cdot \rho C}$$

여기서, I : 음의 세기(W/m²), P : 음압(실효치)(N/m²)
ρC : 음향 임피던스(rayls), V : 매질에서의 입자속도(m/sec)

기출문제

음의 세기가 2배 증가하면 음의 세기레벨(SIL)은 얼마나 증가하는가? 출제율 40%

풀이 음의 세기레벨(SIL) $= 10\log\left(\dfrac{I}{I_o}\right)$ 에서 I_o는 일정하므로

$= 10\log 2 = 3\text{dB 증가}$

음의 세기 증가에 따른 SIL 변화 숙지

$I = \dfrac{P^2}{\rho C}$ 식 숙지

④ 음향파워레벨(PWL, 음력수준)

$$\mathrm{PWL} = 10\log\left(\frac{W}{W_o}\right)(\mathrm{dB})$$

여기서, PWL : 음향파워레벨(dB)

    W : 대상 음원의 음향파워(watt), W_o : 기준 음향파워(10^{-12}watt)

기출문제 2005년, 2011년(산업기사)

음향출력 100watt를 발생하는 기계의 음향파워레벨은 몇 dB인가? ●출제율 40%

풀이 음향파워레벨(PWL) $= 10\log\left(\dfrac{W}{W_o}\right) = 10\log\left(\dfrac{100}{10^{-12}}\right) = 140\mathrm{dB}$

 음력수준(PWL) 계산 숙지(출제 비중 높음)

(5) SPL과 PWL의 관계식

  ① 무지향성 점음원

    ㉠ 자유공간(공중, 구면파)에 위치할 때

$$\mathrm{SPL} = \mathrm{PWL} - 20\log r - 11(\mathrm{dB})$$

    ㉡ 반자유공간(바닥, 벽, 천장, 반구면파)에 위치할 때

$$\mathrm{SPL} = \mathrm{PWL} - 20\log r - 8(\mathrm{dB})$$

  ② 무지향성 선음원

    ㉠ 자유공간(공중, 구면파)에 위치할 때

$$\mathrm{SPL} = \mathrm{PWL} - 10\log r - 8(\mathrm{dB})$$

    ㉡ 반자유공간(바닥, 벽, 천장, 반구면파)에 위치할 때

$$\mathrm{SPL} = \mathrm{PWL} - 10\log r - 5(\mathrm{dB})$$

    여기서, r : 소음원으로부터의 거리(m)

        SPL : 음압레벨(dB), PWL : 음향파워레벨(dB)

기출문제   2011년, 2013년, 2017년, 2018년(산업기사), 2006년, 2008년(기사)

음향출력 0.1watt인 점음원으로부터 100m 떨어진 곳에서의 SPL은? (단, 무지향성 음원, 자유공간의 경우) ●출제율 50%

풀이 $SPL = PWL - 20\log r - 11$ 여기서, $PWL = 10\log\left(\dfrac{0.1}{10^{-12}}\right) = 110\text{dB}$

$SPL = 110 - 20\log 100 - 11 = 59\text{dB}$

 SPL과 PWL의 변환 계산 숙지(출제 비중 높음)

(6) 거리감쇠

① 점음원

㉠ 관련식

$$SPL_1 - SPL_2 = 20\log\left(\frac{r_2}{r_1}\right)(\text{dB})$$

여기서, SPL_1 : 음원으로부터 $r_1(\text{m})$ 떨어진 지점의 음압레벨

SPL_2 : 음원으로부터 $r_2(\text{m})(r_2 > r_1)$ 떨어진 지점의 음압레벨

$SPL_1 - SPL_2$: 거리감쇠치(dB)

㉡ 역 2승 법칙 : 자유음장에서 점음원으로부터 거리가 2배 멀어질 때마다 음압레벨이 6dB (= 20 log 2)씩 감쇠

② 선음원

㉠ 관련식

$$SPL_1 - SPL_2 = 10\log\left(\frac{r_2}{r_1}\right)$$

㉡ 선음원으로부터 거리가 2배 멀어질 때마다 음압레벨이 3dB(= 10 log 2)씩 감쇠

예상문제

공장 내 지면에 위치한 기계에서 10m 떨어진 지점의 소음이 80dB이었다면 50m 떨어진 지점의 소음은 얼마인가?

풀이 $SPL_1 - SPL_2 = 20\log\left(\dfrac{r_2}{r_1}\right)$, $SPL_2 = SPL_1 - 20\log\left(\dfrac{r_2}{r_1}\right) = 80 - 20\log\left(\dfrac{50}{10}\right) = 66\text{dB}$

 점음원의 거리감쇠 계산 숙지

(7) 주파수 분석

① 개요 : 소음의 특성을 정확히 평가, 즉 문제가 되는 주파수 대역을 알아내어 그에 따른 대책을 세우기 위해 주파수 분석을 한다. 분석에는 정비형과 정폭형이 있고 일반적으로 정비형을 주로 사용한다.

② 정비형

　㉠ 대역(band)의 하한 및 상한 주파수를 f_L 및 f_U라 할 때 어떤 대역에서도 f_U/f_L의 비가 일정한 필터이다.

　㉡ 관련식

$$\frac{f_u}{f_L} = 2^n$$

여기서, n : 일반적으로 1/1, 1/3 옥타브밴드

③ 1/1 옥타브밴드 분석기(정비형)

$$\frac{f_u}{f_L} = 2^{\frac{1}{1}}, \ f_u = 2f_L$$

$$중심주파수(f_c) = \sqrt{f_L \times f_U} = \sqrt{f_L \times 2f_L} = \sqrt{2}\, f_L$$

$$밴드폭(b_w) = f_c\left(2^{\frac{n}{2}} - 2^{-\frac{n}{2}}\right) = f_c\left(2^{\frac{1/1}{2}} - 2^{-\frac{1/1}{2}}\right) = 0.707 f_c$$

④ 1/3 옥타브밴드 분석기(정비형)

$$\frac{f_u}{f_L} = 2^{\frac{1}{3}}, \ f_u = 1.26f_L$$

$$중심중파수(f_c) = \sqrt{f_L \times f_U} = \sqrt{f_L \times 1.26f_L} = \sqrt{1.26}\, f_L$$

$$밴드폭(b_w) = f_c(2^{\frac{n}{2}} - 2^{-\frac{n}{2}}) = f_c(2^{\frac{1/3}{2}} - 2^{-\frac{1/3}{2}}) = 0.232 f_c$$

기출문제　　　　2007년(산업기사), 2003년, 2010년, 2014년, 2015년, 2017년, 2019년(기사)

중심주파수가 1,000Hz인 경우, 상한주파수 및 하한주파수를 구하여라. (단, 1/1 옥타브밴드) ●출제율 40%

풀이

(1) f_c(중심주파수) $= \sqrt{2}\, f_L$에서 f_L(하한주파수) $= \dfrac{f_c}{\sqrt{2}} = \dfrac{1,000}{\sqrt{2}} = 707.1\text{Hz}$

(2) f_c(중심주파수) $= \sqrt{f_L \times f_U}$에서 f_U(상한주파수) $= \dfrac{f_c^2}{f_L} = \dfrac{(1,000)^2}{707.1} = 1414.2\text{Hz}$

예상문제

중심주파수가 2,000Hz일 때 밴드폭(b_w)을 구하시오. (단, 1/1 옥타브밴드)

풀이 밴드폭(b_w) $= f_c(2^{\frac{n}{2}} - 2^{-\frac{n}{2}}) = f_c(2^{\frac{1/1}{2}} - 2^{-\frac{1/1}{2}}) = 2,000 \times 0.707 = 1,414$Hz

상한·하한 주파수 및 밴드폭 계산 숙지(출제 비중 높음)

(8) 등청감곡선 및 청감보정회로

① 등청감곡선

ⓐ 정상 청력을 가진 젊은 사람을 대상으로 한 가지 주파수로 구성된 음에 대하여 느끼는 소리의 크기(loudness)를 실험한 곡선이 등청감곡선이다.

ⓑ 인간의 청감은 4,000Hz 주위의 음에서 가장 예민하며 저주파 영역에서는 둔하다.

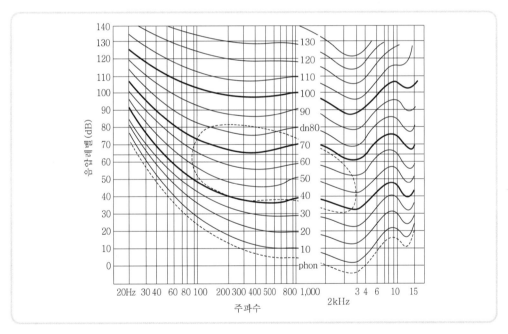

┃ 등청감곡선 ┃

② 청감보정회로 (출제율 60%)

ⓐ 등청감곡선을 역으로 한 보정회로로 소음계에 내장되어 있다.

40phon, 70phon, 100phon의 등청감곡선과 비슷하게 주파수에 따른 반응을 보정하여 측정한 음압수준으로 순차적으로 A, B, C 청감보정회로라 한다.

ⓛ A특성은 사람의 청감에 맞춘 것으로 순차적으로 40phon 등청감곡선과 비슷하게 주파수에 따른 반응을 보정하여 측정한 음압수준을 말한다[＝dB(A)].

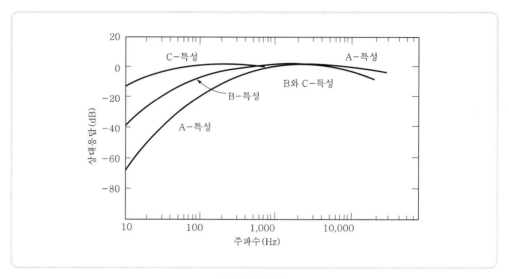

∥ 청감보정회로 ∥

ⓒ C 특성은 실제적으로 물리적인 음에 가까운 100phon의 등청감곡선과 비슷하게 보정하여 측정한 값이다[＝dB(C)].

ⓡ 어떤 소음을 소음계의 청감보정회로 A 및 C에 놓고 측정한 소음레벨이 dB(A) 및 dB(C)일 때 dB(A)≪dB(C)이면 저주파 성분이 많고, dB(A) ≈ dB(C)이면 고주파가 주성분이다.

③ C₅-dip 현상 ●출제율 20%

소음성 난청의 초기단계로서 4,000Hz에서 청력장애가 현저히 커지는 현상이다.

1. 등청감곡선 개념 숙지
2. 청감보정회로 내용 숙지
3. dB(A) 및 dB(C)의 관계 숙지(출제 비중 높음)
4. C₅-dip 정의 숙지(출제 비중 높음)

🔳 3 소음의 생체작용

(1) 평균청력손실 평가방법

① 4분법

ⓐ

$$평균청력손실 = \frac{a+2b+c}{4}(dB)$$

여기서, a : 옥타브밴드 중심주파수 500Hz에서의 청력손실(dB)

b : 옥타브밴드 중심주파수 1,000Hz에서의 청력손실(dB)

c : 옥타브밴드 중심주파수 2,000Hz에서의 청력손실(dB)

ⓒ 평균청력손실값이 25dB 이상이면 난청이라 평가한다.

② 6분법

$$평균청력손실 = \frac{a + 2b + 2c + d}{6}(dB)$$

여기서, d : 옥타브밴드 중심주파수 4,000Hz에서의 청력손실(dB)

기출문제
2009년(산업기사), 2003년(기사)

개인의 평균청력손실을 평가하는 4분법이다. 500Hz에서 6dB, 1,000Hz에서 10dB, 2,000Hz에서 10dB, 4,000Hz에서 20dB일 때 청력손실은 얼마인가? ●출제율 30%

풀이 평균청력손실= $\frac{a + 2b + c}{4} = \frac{6 + (2 \times 10) + 10}{4} = 9dB$

학습 Point 4분법, 6분법의 청력손실계산 숙지(출제 비중 높음)

(2) 난청

① 일시적 청력손실(TTS)

ⓐ 강력한 소음에 노출되어 생기는 난청으로 4,000~6,000Hz에서 가장 많이 발생한다.

ⓑ 청신경세포의 피로현상으로 이것이 회복되려면 12~24시간을 요하는 가역적인 청력 저하이나 **영구적 소음성 난청의 예비신호로** 볼 수 있다.

② 영구적 청력손실(PTS)

ⓐ 소음성 난청이라고도 하며 비가역적 청력저하, 강렬한 소음이나 지속적인 소음 노출 에 의해 청신경말단부의 내이 corti 기관의 섬모세포의 손상으로 회복될 수 없는 영구적인 청력저하가 발생한다.

ⓑ 먼저 3,000~6,000Hz의 범위에서 나타나고, 특히 **4,000Hz에서 가장 심하게 발생** 한다.

③ 노인성 난청

ⓐ 노화에 의한 퇴행성 질환으로 감각신경성 청력손실이 양측 귀에 대칭적, 점진적으 로 발생하는 질환이다.

ⓑ 일반적으로 6,000Hz에서부터 난청이 시작된다.

4 소음에 대한 노출기준

(1) 우리나라 노출기준 ●출제율 30%

8시간 노출에 대한 기준 90dB(A) : 5dB 변화율

1일 노출시간(hr)	소음수준[dB(A)]	1일 노출시간(hr)	소음수준[dB(A)]
8	90	1	105
4	95	$\frac{1}{2}$	110
2	100	$\frac{1}{4}$	115

※ 115dB(A)를 초과하는 소음수준에 노출되어서는 안 된다.

(2) ACGIH 노출기준

8시간 노출에 대한 기준 85dB(A) : 3dB 변화율

1일 노출시간(hr)	소음수준[dB(A)]	1일 노출시간(hr)	소음수준[dB(A)]
8	85	1	94
4	88	$\frac{1}{2}$	97
2	91	$\frac{1}{4}$	100

(3) 우리나라 충격소음 노출기준

소음수준(dB)	1일 작업시간 중 허용횟수
140	100
130	1,000
120	10,000

※ 1. 충격소음은 최대음압수준이 120dB 이상인 소음이 1초 이상의 간격으로 발생하는 것을 말한다.
   2. 충격소음이 발생하는 작업장은 6월에 1회 이상 소음수준을 측정하고 소음에 노출되는 근로자에게는 특수 건강진단을 실시하여야 한다.

기출문제   2008년(산업기사), 2007년, 2012년, 2015년, 2017년(기사)

작업환경 내에서 100dB(A)의 소음이 30분, 95dB(A)의 소음이 3시간, 90dB(A)의 소음이 2시간, 85dB(A)의 소음이 3시간 30분 발생하고 있을 때 소음허용기준 초과여부를 판정하시오. ●출제율 50%

풀이   소음허용기준 초과여부 $= \dfrac{C_1}{T_1} + \dfrac{C_2}{T_2} + \dfrac{C_3}{T_3} + \dfrac{C_4}{T_4}$

여기서, C_1, C_2, C_3, C_4 : 각 소음노출시간(hr)

T_1, T_2, T_3, T_4 : 각 노출허용기준에 해당하는 노출시간(hr)

$= \dfrac{0.5}{2} + \dfrac{3}{4} + \dfrac{2}{8} + 0$

$= 1.25 \Rightarrow$ 이 값이 1 이상이므로 허용기준 초과 판정

1. 난청의 종류 숙지
2. 우리나라 노출기준 초과 여부 판정 숙지(출제 비중 높음)

배경소음, 연속음, 단속음, 충격음의 정의 숙지(출제 비중 높음)

5 소음의 측정 및 평가

(1) 소음의 측정 ● 출제율 60%

① 소음계의 종류로는 주파수 범위와 청감보정 특성의 허용범위의 정밀도 차이에 의해 **정밀소음계, 지시소음계, 간이소음계**의 3종류로 분류한다.

② 개인의 노출량을 측정하는 기기로는 **누적소음 노출량 측정기**(noise dose meter)를 사용한다.

③ 누적소음 노출량 측정기의 법정 설정기준

ⓐ criteria : 90dB

ⓑ exchange rate : 5dB

ⓒ threshold : 80dB

누적소음 노출량 측정기의 법정 설정기준 숙지(출제 비중 높음)

(2) 소음의 평가

① 등가소음레벨(등가소음도, Leq)

ⓐ 변동이 심한 소음의 평가방법이며 이렇게 변동하는 소음을 일정시간 측정하여 그 평균 에너지 소음레벨로 나타낸 값이 등가소음도이다.

ⓑ 관련식

$$등가소음도(Leq) = 16.61 \log \frac{n_1 \times 10^{\frac{L_{A1}}{16.61}} + \cdots + n_n \times 10^{\frac{L_{An}}{16.61}}}{각\ 소음레벨\ 측정치의\ 발생시간\ 합}$$

여기서, Leq : 등가소음레벨[dB(A)]

L_A : 각 소음레벨의 측정치[dB(A)], n : 각 소음레벨 측정치의 발생시간(분)

CHAPTER 2

$$일정시간\ 간격\ 등가소음도(Leq) = 10\log\frac{1}{n}\sum_{i=1}^{n}10^{\frac{L_i}{10}}$$

여기서, n : 소음레벨 측정치의 수, L_i : 각 소음레벨의 측정치[dB(A)]

② 누적소음 폭로량 ●출제율 40%

　　㉠ 단위작업장소에서 소음의 강도가 불규칙적으로 변동하는 소음 등을 누적소음 노출량 측정기로 측정하여 평가한다.

　　㉡ 관련식

$$누적소음\ 폭로량(D) = \left(\frac{C_1}{T_1} + \frac{C_2}{T_2} + \cdots + \frac{C_n}{T_n}\right) \times 100$$

여기서, D : 누적소음 폭로량(%)

　　　　C : 각각의 소음도에 노출되는 시간(hr)

　　　　T : 각각의 소음도에 노출될 수 있는 허용노출시간(hr)

$$TWA = 16.61\log\left[\frac{D(\%)}{100}\right] + 90[dB(A)]$$

여기서, TWA : 시간가중 평균소음수준[dB(A)]

　　　　D : 누적소음 폭로량(%)

　　　　100 : $(12.5 \times T,\ T$: 폭로시간$)$

Reference **소음계 및 소음노출량계** ○출제율 20%

1. **소음계** : 소음의 주파수를 분석하지 않고 총 음압수준(SPL)으로 측정하는 기기를 말하며, 주파수의 범위와 청감보정특성의 허용범위 정밀도 차이에 의해 정밀소음계, 지시소음계, 간이소음계로 분류된다.
2. **소음노출량계** : Noise Dose Meter(누적소음 노출량 측정기)를 말하며, 근로자 개인의 노출량을 측정하는 기기로서 노출량(Dose)은 노출기준에 대한 백분율(%)로 나타낸다.

기출문제　　　　　　　　　　　　　　　　　　　　　2010년(산업기사), 2006년, 2010년(기사)

5초 간격으로 10개의 소음을 측정한 결과 다음과 같다. 이때 Leq은? ●출제율 40%

　　　　[측정치(dB(A))] 70, 72, 68, 73, 81, 72, 69, 75, 77, 80

풀이　$Leq = 10\log\frac{1}{n}\sum_{i=1}^{n}10^{\frac{L_i}{10}}$

$\qquad = 10\log\frac{1}{10}\left[10^{7.0} + 10^{7.2} + 10^{6.8} + 10^{7.3} + 10^{8.1} + 10^{7.2} + 10^{6.9} + 10^{7.5} + 10^{7.7} + 10^{8.0}\right]$

$\qquad = 75.8dB(A)$ [Leq의 단위는 반드시 dB(A)]

기출문제 | 2007년(산업기사), 2004년, 2012년(기사)

보통 소음계로 작업장의 소음을 측정하였더니 90dB(A)에서 3시간, 95dB(A)에서 2시간, 100dB(A)에서 1.5시간의 결과가 확인될 경우 Leq은? ●출제율 60%

풀이 $\text{Leq} = 16.61 \log \dfrac{n_1 \times 10^{\frac{L_{A1}}{16.61}} + \cdots + n_n \times 10^{\frac{L_{An}}{16.61}}}{\text{각 소음레벨 측정치의 발생시간 합}}$

$= 16.61 \log \left[\dfrac{180 \times 10^{\frac{90}{16.61}} + 120 \times 10^{\frac{95}{16.61}} + 90 \times 10^{\frac{100}{16.61}}}{390} \right] = 95\text{dB(A)}$

기출문제 | 2007년, 2011년, 2015년(기사)

작업장에서 90dB(A) 5시간, 95dB(A) 3시간 변동하는 소음이 발생 시 누적소음 폭로량과 시간가중 평균소음수준[dB(A)]을 구하시오. ●출제율 50%

풀이 (1) 누적소음 폭로량$(D) = \left(\dfrac{C_1}{T_1} + \dfrac{C_2}{T_2} \right) \times 100 = \left(\dfrac{5}{8} + \dfrac{3}{4} \right) \times 100 = 137.5\%$

(2) 시간가중 평균소음수준$(\text{TWA}) = 16.61 \log \left[\dfrac{D(\%)}{100} \right] + 90\text{dB(A)}$

$= 16.61 \log \left[\dfrac{137.5}{100} \right] + 90\text{dB(A)} = 92.3\text{dB(A)}$

6 소음관리 및 예방대책

(1) 실내소음의 저감량

흡음 대책에 따른 실내소음 저감량(감음량, NR)

$$\text{NR} = \text{SPL}_1 - \text{SPL}_2 = 10 \log \left(\dfrac{A_2}{A_1} \right) = 10 \log \left(\dfrac{A_1 + A_\alpha}{A_1} \right)$$

여기서, NR : 감음량(dB)

SPL_1, SPL_2 : 실내면에 대한 흡음대책 전후의 실내 음압레벨(dB)

A_1, A_2 : 실내면에 대한 흡음대책 전후의 실내 흡음력(m^2, sabin)

A_α : 실내면에 대한 흡음대책 전 실내흡음력에 부가된(추가된) 흡음력(m^2, sabin)

기출문제 | 2009년, 2013년(산업기사), 2007년, 2011년, 2017년(기사)

총 흡음량이 500sabin인 작업장에 천장 500sabin, 벽면에 500sabin을 더할 경우 감소되는 소음레벨은? ●출제율 70%

풀이 $\text{NR(저감량)} = 10 \log \left(\dfrac{A_2}{A_1} \right) = 10 \log \left(\dfrac{500 + 500 + 500}{500} \right) = 10 \log \left(\dfrac{1,500}{500} \right) = 4.77\text{dB}$

CHAPTER 2

2009년(산업기사), 2004년(기사)

총 흡음량이 3배로 증가할 경우 실내소음 저감량은? 출제율 50%

풀이 $\text{NR}(\text{저감량}) = 10\log\left(\dfrac{A_2}{A_1}\right) = 10\log\left(\dfrac{3}{1}\right) = 4.77\text{dB}$

2010년(산업기사), 2003년(기사)

총 흡음량이 1,000sabin인 정사각형 벽면에 각 벽면당 500sabin, 천장에 500sabin을 부가했을 때 저감량은? 출제율 50%

풀이 $\text{NR}(\text{저감량}) = 10\log\left(\dfrac{A_2}{A_1}\right) = 10\log\left(\dfrac{1,000 + (500 \times 4) + 500}{1,000}\right)$ (∵ 사각벽면 4곳 고려)

$\qquad\qquad\qquad = 5.44\text{dB}$

 실내소음 저감량 계산 숙지(출제 비중 높음)

(2) 잔향시간(반향시간) 출제율 40%

① 정의 : 실내에서 음원을 끈 순간부터 음압레벨이 60dB 감소하는 데 소요되는 시간을 말한다.

② 관련식

$$\text{잔향시간}(T) = \frac{0.161\,V}{A} = \frac{0.161\,V}{\overline{\alpha} \cdot S}$$

여기서, T : 잔향시간(sec), V : 실의 체적(m^3)

A : 실내면의 총 흡음력(m^2, sabin), S : 실내면의 총 표면적(m^2)

$\overline{\alpha}$: 실내 평균흡음률

(3) 실내 평균흡음률 구하는 방법 출제율 30%

① 계산방법   ② 잔향시간 측정에 의한 방법   ③ 표준음원에 의한 방법

(4) 흡음재의 종류 출제율 30%

① 다공질형 흡음재

㉠ **흡음원리** : 다공질 흡음재료는 음파가 재료를 통과할 때 재료의 다공성에 따른 저항 때문에 음에너지가 감쇠하는 원리, 즉 **음에너지를 운동에너지로 바꾸어 열에너지로 전환**한다.

㉡ **흡음특성** : 중·고음역에서 흡음성이 좋다.

㉢ **종류** : 석면, 암면, 섬유, 발포수지 재료, 유리솜

② 판(막)진동형 흡음재

　㉠ **흡음원리** : 벽에 공기층을 두고 통기성이 없는 판 또는 막을 팽팽하게 설치하면 판은 질량, 공기층의 탄성은 스프링으로 작용하는 공진계가 형성되며, 이때 판 자체의 내부손실이나 접합부의 마찰저항에 의해 **진동에너지가 열에너지로 변환**되어 흡음효과가 발생한다.

　㉡ **흡음특성** : 저음역(80~300Hz에서 최대흡음률 0.2~0.5)에서 흡음성이 좋다.

　㉢ **종류** : 비닐시트, 석고보드, 석면슬레이트

③ 공명흡음

　㉠ **흡음원리** : Helmholtz 공명기라 하며 목부분의 공기를 질량, 공동부의 공기를 탄성스프링으로 하여, 음이 입사될 때 공명이 일어나 목부분의 공기가 격하게 진동하며, 공기의 진동이 심하면 **마찰에 의한 열에너지 변환율도 증대**되어 흡음효과가 발생한다.

　㉡ **흡음특성** : 저음역에서 흡음성이 좋다.

　㉢ **종류** : 단일공명기, 다공판(유공판) 공명기, 격자 및 슬릿 흡음공명기

(5) 차음

① 투과율

$$투과율(\tau) = \frac{I_t}{I_i}$$

여기서, I_i : 입사음의 세기(W/m^2), I_t : 투과음의 세기(W/m^2)

② 투과손실

$$TL = 10\log\frac{1}{\tau} \Rightarrow \tau = 10^{-\frac{TL}{10}}$$

여기서, TL : 투과손실(dB)

③ 질량법칙(수직입사)

$$TL = 20\log(m \cdot f) - 43\,(dB)$$

여기서, m : 차음재의 면밀도(kg/m^2), f : 입사 주파수(Hz)

예상문제

소음에 대한 차음효과는 벽체의 단위면적에 대하여 벽체의 무게를 2배로 할 때마다 몇 dB씩 증가하는가? (단, 음파가 벽면에 수직입사하며 질량법칙 적용) ●출제율 30%

풀이 투과손실(TL) $= 20\log(m \cdot f) - 43\,(dB)$
에서 벽체의 무게와의 관계는 m(면밀도)만 고려하면 된다.
$TL = 20\log 2 = 6dB$ 즉, 면밀도 2배 되면 ≒ 6dB의 투과손실치가 증가된다(주파수도 동일).

1. 잔향시간 식에 의한 계산 숙지　2. 흡음률 측정방법 및 흡음재 종류 숙지
　3. 투과손실과 투과율 변환 숙지　4. 질량법칙 숙지

(6) 소음대책 ● 출제율 50%

① 발생원 대책(음원 대책)
　㉠ 발생원에서의 저감　㉡ 소음기 설치　㉢ 방음 커버　㉣ 방진, 제진
② 전파경로 대책
　㉠ 흡음　㉡ 차음　㉢ 거리감쇠　㉣ 지향성 변환
③ 수음자 대책
　㉠ 청력보호구 : 귀마개, 귀덮개　㉡ 작업환경 개선

(7) 분야별 소음대책 ● 출제율 40%

① 공학적 대책
　㉠ 흡음　㉡ 차음
② 작업관리 대책
　㉠ 저소음기계로 교체　㉡ 작업방법 변경
③ 근로자 건강보호 대책
　㉠ 귀마개 착용　㉡ 귀덮개 착용

(8) 소음기 ● 출제율 20%

① 소음기 성능 표시
　㉠ 삽입손실치(IL)　㉡ 감쇠치(ΔL)　㉢ 감음량(NR)　㉣ 투과손실치(TL)
② 소음기 종류
　㉠ 흡음덕트형 소음기　㉡ 팽창형 소음기　㉢ 간섭형 소음기　㉣ 공명형 소음기

　 1. 소음대책 3가지 숙지
　 2. 소음기 성능 표시 및 종류 숙지

7 진동의 정의 및 구분

(1) 진동수(주파수)에 따른 구분 ● 출제율 30%

① 전신진동 진동수(공해진동 진동수) : 1~80Hz(2~90Hz, 1~90Hz, 2~100Hz)
② 국소진동 진동수 : 8~1,500Hz
③ 인간이 느끼는 최소 진동역치 : 55±5dB

(2) 진동의 크기를 나타내는 단위(진동크기 3요소) ●출제율 30%

① 변위(displacement)
② 속도(velocity)
③ 가속도(acceleration)

 1. 전신·국소 진동 주파수 범위 및 진동역치 숙지
2. 진동 크기 3요소 숙지

8 진동의 생체영향

(1) 진동에 의한 생체반응에 관여하는 인자 ●출제율 30%

① 진동의 강도   ② 진동수   ③ 진동의 방향(수직, 수평, 회전)   ④ 진동 폭로시간

(2) 진동장애 구분

① 전신진동(4~12Hz에서 가장 민감)
  ㉠ 말초혈관의 수축과 혈압 상승 및 맥박 증가
  ㉡ 산소소비량 증가와 폐환기 촉진(폐환기량 증가)
  ㉢ 두부와 견부는 20~30Hz(1차 공진) 진동에 공명(공진)하며 안구는 60~90Hz(2차 공진) 진동에 공명
  ㉣ 수평 및 수직 진동이 동시에 가해지면 2배의 자각현상
  ㉤ 전신진동을 받을 수 있는 대표적 작업자는 교통기관 승무원

② 국소진동 ●출제율 30%
  ㉠ 중추신경계에 영향
  ㉡ 레이노씨 현상(Raynaud's 현상)
    • 손가락에 있는 말초혈관운동의 장애로 인하여 수지가 창백해지고 손이 차며 저리거나 통증이 오는 현상
    • 한랭작업조건에서 특히 증상이 악화 됨
    • 착암기 또는 해머 같은 공구를 장기간 사용한 근로자에게 유발되기 쉬운 직업병
    • dead finger 또는 white finger라고도 부름
    • 발증까지 약 5년 정도 걸림(만성질환)
  ㉢ 뼈 및 관절의 장애 발생

 1. 진동의 생체반응에 관여하는 인자 숙지
2. 레이노씨 현상 숙지(출제 비중 높음)

9 진동 관리 및 대책

(1) 진동방지대책 ●출제율 30%

① 발생원 대책

　　㉠ 가진력(기진력, 외력) 감쇠　　㉡ 불평형력의 평형 유지

　　㉢ 기초 중량의 부가 및 경감　　㉣ 탄성지지(완충물 등 방진제 사용)

　　㉤ 진동원 제거

② 전파경로 대책

　　㉠ 진동의 전파경로 차단(방진구)　　㉡ 거리감쇠

③ 수진측 대책

　　㉠ 작업시간 단축 및 교대제 실시　　㉡ 보건교육 실시　　㉢ 수진측 탄성지지

 Point 진동방지대책 3가지 숙지

(2) 방진재료 ●출제율 50%

① 금속스프링

　　㉠ 장점

　　　• 저주파 차진에 좋다.

　　　• 환경요소에 대한 저항성이 크다.

　　　• 최대변위가 허용된다.

　　㉡ 단점

　　　• 감쇠가 거의 없다.

　　　• 공진 시에 전달률이 매우 크다.

　　　• 로킹(rocking)이 일어난다.

② 방진고무

　　㉠ 장점

　　　• 고무의 내부마찰로 적당한 저항을 갖는다.

　　　• 공진 시의 진폭도 지나치게 크지 않다.

　　　• 용수철 정수(스프링상수)를 광범위하게 선택할 수 있다.

　　　• 형상의 선택이 비교적 자유로워 여러가지 형태로 된 철물에 견고하게 부착할 수 있다.

　　　• 고주파 진동의 차진에 양호하다.

　　㉡ 단점

　　　• 내후성, 내유성, 내열성, 내약품성이 약하다.

　　　• 공기 중의 오존(O_3)에 의해 산화된다.

　　　• 열화되기 쉽다.

③ 공기스프링
  ㉠ 장점
    • 하중부하 변화에 따라 고유진동수를 일정하게 유지할 수 있다.
    • 부하능력이 광범위하고 자동제어가 가능하다.
    • 용수철 정수를 광범위하게 선택할 수 있다.
    • 지지하중이 크게 변하는 경우에는 높이 조정변에 의해 그 높이를 조절할 수 있어 설비의 높이를 일정레벨로 유지시킬 수 있다.
  ㉡ 단점
    • 사용 진폭이 적은 것이 많아 별도의 댐퍼가 필요한 경우가 있다.
    • 구조가 복잡하고 시설비가 많이 든다.
    • 압축기 등 부대시설이 필요하다.
    • 안전사고(공기누출) 위험이 있다.

1. 방진재료 종류 숙지
2. 금속스프링, 방진고무, 공기스프링 장·단점 숙지(출제 비중 높음)

Section 05 산업위생통계

1 통계

(1) 통계의 중요성(필요성)
① 산업위생관리에 어떤 문제점을 제시해 준다.
② 계획의 수립과 방침결정에 큰 도움을 준다.
③ 효과 판정에 큰 도움을 준다.
④ 원인규명의 자료가 되므로 다음 행동의 참고가 된다.

(2) 통계의 방법
① 산술평균(M or $\overline{M}$)
  ㉠ 평균을 구하기 위해 모든 수치를 합하고, 그것을 총 개수로 나누면 평균이 된다.
  ㉡ 계산식

$$M = \frac{X_1 + X_2 + X_3 + \cdots + X_n}{N} = \frac{\sum_{i=1}^{N} X_i}{N}$$

여기서, M : 산술평균, N : 개수(측정치)

② 가중평균($\overline{X}$)

    ㉠ 작업환경 유해물질 평균농도 산출에 이용되며 자료의 크기를 고려한 평균을 가중평균이라 하며, 보통 기호로 $\overline{X}$를 사용한다.

    ㉡ 계산식

$$\overline{X} = \frac{X_1 N_1 + X_2 N_2 + X_3 N_3 + \cdots + X_n N_k}{N_1 + N_2 + N_3 + \cdots + N_k}$$

    여기서, $\overline{X}$: 가중평균, N_1, N_2, $\cdots$, N_k : k개의 측정치에 대한 각각의 크기

③ 중앙치(median) : N개의 측정치를 크기순서로 배열 시 $X_1 \leq X_2 \leq X_3 \leq \cdots \leq X_n$이라 할 때 중앙에 오는 값을 중앙치라 하며, 짝수일 때는 중앙값이 유일하지 않고 두 개가 될 수 있다. 이 경우 두 값의 평균을 중앙값으로 한다.

④ 기하평균(GM)

    ㉠ 모든 자료를 대수로 변환하여 평균 후 평균한 값을 역대수 취한 값 또는 N개의 측정치 X_1, X_2, $\cdots$, X_n이 있을 때 이들 수의 곱의 N 제곱근의 값이다.

    ㉡ 산업위생 분야에서는 작업환경측정 결과 대수정규분포를 하는 경우 대푯값으로서 기하평균을 산포도로서 기하표준편차를 널리 사용한다.

    ㉢ 기하평균이 산술평균보다 작게 되므로 작업환경관리 차원에서 보면 기하평균치의 사용이 항상 바람직한 것이라고 보기는 어렵다.

    ㉣ 계산식

        (Ⅰ)

$$\log(\text{GM}) = \frac{\log X_1 + \log X_2 + \cdots + \log X_n}{N}$$

        에서 GM을 구함[가능한 (Ⅰ)계산식 사용 권장]

        (Ⅱ)

$$\text{GM} = \sqrt[N]{X_1 \cdot X_2 \cdot \cdots \cdot X_n}$$

⑤ 표준편차(SD)

    ㉠ 표준편차는 관측값의 산포도(dispersion), 즉 평균 가까이에 분포하고 있는지의 여부를 측정하는 데 많이 쓰인다.

    ㉡ 계산식

$$\text{SD} = \sqrt{\frac{\sum_{i=1}^{N}(X_i - \overline{X})^2}{N-1}}$$

    여기서, SD : 표준편차

             X_i : 측정치, $\overline{X}$: 측정치의 산술평균치, N : 측정치의 수

- 측정횟수 N이 큰 경우는 다음 식으로 사용한다.

$$SD = \sqrt{\dfrac{\sum\limits_{i=1}^{N}(X_i - \overline{X})^2}{N}}$$

⑥ 기하표준편차(GSD)

   ㉠ 작업환경평가에서 평가치 계산의 기준으로 널리 사용되고 있다.

   ㉡ 계산식

$$\log(\text{GSD}) = \left[\dfrac{(\log X_1 - \log \text{GM})^2 + (\log X_2 - \log \text{GM})^2 + \cdots + (\log X_N - \log \text{GM})^2}{N-1}\right]^{0.5}$$

   여기서, GSD : 기하표준편차

         GM : 기하평균

         N : 측정치의 수

         X_i : 측정치

(3) 변이계수(CV) ●출제율 20%

① 측정방법의 정밀도를 평가하는 계수이며, 측정자료가 데이터로서의 가치가 있음을 나타내는 지표이다.

② 변이계수가 작을수록 자료들이 평균 주위에 가깝게 분포한다는 의미이다.

③ 계산식

$$\text{CV}(\%) = \dfrac{\text{표준편차}}{\text{평균치}} \times 100$$

(4) 기하평균, 기하표준편차를 구하는 방법 ●출제율 40%

① 그래프로 구하는 법

   ㉠ 기하평균 : 누적분포에서 50%에 해당하는 값

   ㉡ 기하표준편차 : 84.1%에 해당하는 값을 50%에 해당하는 값으로 나눈 값

$$\text{GSD} = \dfrac{84.1\%\text{에 해당하는 값}}{50\%\text{에 해당하는 값}} = \dfrac{50\%\text{에 해당하는 값}}{15.9\%\text{에 해당하는 값}}$$

② 계산에 의한 방법

   ㉠ **기하평균** : 모든 자료를 대수로 변환하여 평균을 구한 값을 역대수를 취해 구한 값

   ㉡ **기하표준편차** : 모든 자료를 대수로 변환하여 표준편차를 구한 값을 역대수를 취해 구한 값

기출문제   2009년, 2013년(산업기사), 2007년, 2011년, 2014년, 2018년(기사)

측정치가 12, 10, 24, 17, 13(ppm)일 경우 기하평균과 기하표준편차를 구하시오. ●출제율 80%

풀이 (1) 산술평균

$$M = \frac{X_1 + X_2 + X_3 + \cdots\cdots + X_n}{N}$$

$$= \frac{12 + 10 + 24 + 17 + 13}{5}$$

$$= 15.2\text{ppm}$$

(2) 표준편차

$$SD = \left[\frac{\sum_{i=1}^{N}(X_i - \overline{X})^2}{N-1}\right]^{0.5} = \sqrt{\frac{\sum_{i=1}^{N}(X_i - \overline{X})^2}{N-1}}$$

$$= \left[\frac{(12-15.2)^2 + (10-15.2)^2 + (24-15.2)^2 + (17-15.2)^2 + (13-15.2)^2}{5-1}\right]^{0.5}$$

$$= \left[\frac{122.8}{4}\right]^{0.5}$$

$$= 5.54\text{ppm}$$

(3) 기하평균

$$\log(GM) = \frac{\log X_1 + \log X_2 + \cdots + \log X_n}{N}$$

$$= \frac{\log 12 + \log 10 + \log 24 + \log 17 + \log 13}{5}$$

$$= \frac{5.803}{5}$$

$$= 1.16\text{ppm}$$

$$GM = 10^{1.16} = 14.45\text{ppm}$$

(4) 기하표준편차

$$\log(GSD) = \left[\frac{(\log X_1 - \log GM)^2 + (\log X_2 - \log GM)^2 + \cdots + (\log X_N - \log GM)^2}{N-1}\right]^{0.5}$$

$$= \left[\frac{(\log 12 - 1.16)^2 + (\log 10 - 1.16)^2 + (\log 24 - 1.16)^2 + (\log 17 - 1.16)^2 + (\log 13 - 1.16)^2}{5-1}\right]^{0.5}$$

$$= \left[\frac{0.087}{4}\right]^{0.5}$$

$$= 0.148$$

$$GSD = 10^{0.148} = 1.41$$

2006년, 2010년(기사)

어떤 물질을 분석자 A와 B가 분석을 하여 다음과 같은 결과값이 나왔을 경우 각 분석자의 변이계수를 구하고, 분석자 A와 B의 분석능력을 비교 평가하시오. ●출제율 30%

No	분석자 A	분석자 B
1	0.002	0.18
2	0.003	0.17
3	0.004	0.17
4	0.005	0.16
평균	(?)	(?)
표준편차	(?)	(?)
변이계수(%)	(?)	(?)

풀이 (1) 분석자 A

평균$(M) = \dfrac{0.002 + 0.003 + 0.004 + 0.005}{4} = 0.0035$

표준편차$(SD) = \left[\dfrac{(0.002-0.0035)^2 + (0.003-0.0035)^2 + (0.004-0.0035)^2 + (0.005-0.0035)^2}{4-1}\right]^{0.5}$

$= \left[\dfrac{0.000005}{3}\right]^{0.5}$

$= 0.00129$

(2) 분석자 B

평균$(M) = \dfrac{0.18 + 0.17 + 0.17 + 0.16}{4} = 0.17$

표준편차$(SD) = \left[\dfrac{(0.18-0.17)^2 + (0.17-0.17)^2 + (0.17-0.17)^2 + (0.16-0.17)^2}{4-1}\right]^{0.5}$

$= \left[\dfrac{0.0002}{3}\right]^{0.5}$

$= 0.0082$

(3) A분석자 변이계수

변이계수$(CV : \%) = \dfrac{표준편차}{평균} \times 100 = \dfrac{0.00129}{0.0035} \times 100 = 36.89\%$

(4) B분석자 변이계수

변이계수$(CV : \%) = \dfrac{표준편차}{평균} \times 100 = \dfrac{0.0082}{0.17} \times 100 = 4.8\%$

(5) 분석능력 평가
변이계수값이 작을수록 정밀성이 좋은 의미이므로 분석자 B가 분석자 A보다 분석능력이 좋다고 평가할 수 있다.

학습Point
1. 산술평균, 기하평균, 표준편차, 기하표준편차 계산 숙지(출제 비중 높음)
2. 변이계수 공식, 중요성 숙지(출제 비중 높음)

Section 06 │ 유해 · 위험성 평가

1 개요

(1) 유해 · 위험성 평가란 화학물질의 독성에 대한 연구자료, 국내 산업계의 취급현황, 근로자 노출수준 및 그 위험성 등을 조사 · 분석하여 인체에 미치는 유해한 영향을 추정하는 일련의 과정을 말한다.

(2) 위험이 가장 큰 유해인자를 결정하는 것이며, 유해 · 위험성 평가결과에 따라 유사노출그룹(HEG)과 유해인자가 결정된다.

2 최고(포화)농도

$$최고농도(\text{ppm}) = \frac{P_c}{760} \times 10^6$$

여기서, P_c : 화학물질의 증기압(분압)

3 증기화 위험지수(VHI)에 의한 평가

증기화 위험지수는 독성과 증발력을 고려한 지수이며, 화학물질의 평가 우선순위를 결정하기 위해서는 VHI에다 노출근로자 수 및 노출시간을 고려해야 한다.

$$\text{VHI} = \log\left(\frac{C}{\text{TLV}}\right)$$

여기서, VHI : 증기화 위험지수(포텐도르프가 제안), TLV : 노출기준
　　　　C : 포화농도(최고농도 : 대기압과 해당 물질 증기압 이용 계산)
　　　　$\dfrac{C}{\text{TLV}}$: VHR(Vapor Hazard Ratio)

4 유해 · 위험성 평가 단계(환경위해도 평가 5단계)

(1) 유해성 확인

(2) 용량-반응 평가

(3) 노출 평가

(4) 위험성(위해도) 결정

(5) 위험성(위해도) 관리

2010년(산업기사), 2013년(기사)

기출문제

분압(증기압)이 5.0mmHg인 물질이 공기 중에서 도달할 수 있는 최고농도(포화농도, ppm)는? ●출제율 40%

풀이 $\text{최고농도(ppm)} = \dfrac{\text{화학물질의 증기압}}{760} \times 10^6 = \dfrac{5.0}{760} \times 10^6 = 6578.95\,\text{ppm}$

만일, 문제에서 %로 답을 요구하면 $\dfrac{5.0}{760} \times 10^2 = 0.66\%$

2014년(기사)

기출문제

대기압이 760mmHg인 화학공장에서 환기장치의 설치가 곤란하여 유해성이 적은 사용물질로 변경하려고 한다. A, B 물질 중 어느 물질을 선정하는 것이 적절한지 그 이유를 쓰시오. ●출제율 20%

• A 유기용제 TLV 150ppm, 증기압 25mmHg
• B 유기용제 TLV 350ppm, 증기압 100mmHg

풀이 ① A 유기용제 : $\text{VHI} = \log\left(\dfrac{C}{\text{TLV}}\right) = \log \dfrac{\dfrac{25}{760} \times 10^6}{150} = 2.34$

② B 유기용제 : $\text{VHI} = \log\left(\dfrac{C}{\text{TLV}}\right) = \log \dfrac{\dfrac{100}{760} \times 10^6}{350} = 2.58$

A물질을 선정하는 것이 바람직하며, 그 이유는 VHI의 값이 적기 때문이다.

예상문제

수은(알킬수은 제외)의 노출기준은 0.05mg/m³이고, 증기압은 0.0018mmHg인 경우 VHR은? (단, 25℃, 1기압 기준, 수은원자량 200.59) ●출제율 20%

풀이 $\text{VHR} = \dfrac{C}{\text{TLV}} = \dfrac{\left(\dfrac{0.0018\text{mmHg}}{760\text{mmHg}} \times 10^6\right)}{\left(0.05\text{mg/m}^3 \times \dfrac{24.45\text{L}}{200.59\text{g}}\right)} = 388.61$

CHAPTER 2

CHAPTER 03 작업환경관리

Section 01 작업환경관리 일반

1 작업환경 개선의 공학적 대책(기본원칙) ●출제율 40%

(1) 대치(대체, substitution)

① 공정의 변경
  - ㉠ 페인트를 분사하는 방식에서 담그는 형태(함침, dipping)로 변경 또는 전기 흡착식 페인트 분무방식으로 변경 사용
  - ㉡ 송풍기의 작은 날개로 고속 회전시키는 것을 큰 날개로 저속 회전시킴
  - ㉢ 도자기 제조공장에서 건조 후 실시하던 점토배합을 건조 전에 실시하는 것으로 변경

② 시설의 변경
  - ㉠ 가연성 물질 저장 시 유리병보다 철제통으로 변경
  - ㉡ 흄 배출 후드의 창을 안전유리로 변경

③ 유해물질의 변경
  - ㉠ 금속제품의 탈지(세척)에 사용하는 트리클로로에틸렌(TCE)을 계면활성제로 전환
  - ㉡ 성냥 제조 시 황린(백린) 대신 적린 사용
  - ㉢ 세탁 시 세정제로 사용하는 벤젠을 1,1,1-트리클로로에탄으로 전환

(2) 격리(isolation)

① 저장물질의 격리　② 시설의 격리　③ 공정의 격리　④ 작업자의 격리

(3) 환기(ventilation)

① 전체환기　② 국소배기

(4) 교육(education)

 작업환경 개선의 공학적 대책 숙지(출제 비중 높음)

2 분진작업 작업환경 관리대책

(1) 분진발생 억제

① 작업공정 습식화
  ㉠ 분진의 방진대책 중 가장 효과적인 개선 대책
  ㉡ 착암, 파쇄, 연마, 절단 등의 공정에 적용
  ㉢ 취급물질은 물, 기름, 계면활성제 사용

② 대치
  ㉠ 원재료 및 사용재료의 변경
  ㉡ 생산기술의 변경 및 개량
  ㉢ 작업공정의 변경

(2) 발생분진 비산방지방법

① 당해 장소를 밀폐 및 포위
② 국소배기
③ 전체환기

Reference **작업환경 측정결과를 기초로 보건관리자의 대책** ○ 출제율 20%

1. 행정적 관리대책
   ① 최적의 작업조건 조성   ② 적합한 교육과 훈련   ③ 유해물질로부터 노출시간 최소화
2. 공학적 관리대책
   ① 대치(대체)   ② 격리   ③ 환기

 분진발생 억제 및 비산방지방법 숙지

3 호흡용 보호구

(1) 개요

호흡기를 통해 흡입되는 유해물질을 강제로 차단하거나 공기를 정화해 주는 보호구를 호흡용 보호구라 하며, 분진의 체내 침입을 방지하는 방진마스크, 가스나 증기가 체내로 들어가는 것을 방지하는 방독마스크, 송기마스크, 자급식 호흡기 등이 있다. 특히, 방진마스크와 방독마스크는 외기를 여과하여 오염물질을 제거하므로 산소결핍장소에서는 착용해서는 안 된다.

(2) 구분

오염물질을 정화하는 방법에 따라 공기정화식과 공기공급식으로 구분된다.
① **여과식 호흡용 보호구(공기정화식)**
　㉠ 방진마스크
　　• 종류 : 특급, 1급, 2급
　　• 방진마스크는 분진, 미스트 및 흄이 호흡기를 통하여 인체에 유입되는 것을 방지
　　　하기 위하여 사용한다.
　㉡ 방독마스크
　　• 종류 : 격리식, 직결식, 직결식 소형
　　• 방독마스크는 유해가스, 증기 등이 호흡기를 통하여 인체에 유입되는 것을 방지하
　　　기 위하여 사용한다.
　　• 방독마스크는 공기 중의 산소가 부족하면 사용할 수 없다.
　　• 방독마스크는 일시적 작업 또는 긴급용으로 사용하여야 한다.
② **공기공급식 호흡용 보호구**
　㉠ 송기마스크 구분

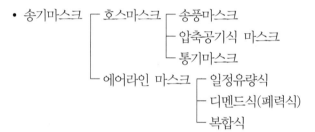

　㉡ 송기마스크는 신선한 공기원을 사용하여 공기를 호스를 통하여 송기함으로써 산소
　　결핍으로 인한 위험을 방지하기 위하여 사용한다.
　㉢ 산소농도가 18% 미만인 장소에서 착용하여야 할 호흡용 보호구 종류는 송기마
　　스크, 공기호흡기, 산소호흡기 등이다.

(3) 방진마스크

① 개요
　㉠ 공기 중의 유해한 분진, 미스트, 흄 등을 여과재를 통해 제거한다.
　㉡ 산소농도가 정상적(산소농도 18% 이상)이고 유해물의 농도가 규정 이하의 농도의
　　먼지만 존재하는 작업장에서는 방진마스크를 사용한다.
② 분진포집능력에 따른 구분(분리식) 출제율 40%
　㉠ 특급(분진포집효율 99.95% 이상) : 안면부 여과식(99.0% 이상)
　㉡ 1급(분진포집효율 94% 이상)
　㉢ 2급(분진포집효율 80% 이상)

③ 방진마스크의 선정(구비) 조건 ◯출제율 50%
　　㉠ 흡기저항이 낮을 것 : 일반적 흡기저항 범위 ⇨ 6~8mmH_2O
　　㉡ 배기저항이 낮을 것 : 일반적 배기저항 기준 ⇨ 6mmH_2O 이하
　　㉢ 여과재 포집효율이 높을 것
　　㉣ 착용 시 시야 확보가 용이할 것 : 하방 시야가 60° 이상 되어야 함
　　㉤ 중량은 가벼울 것
　　㉥ 안면에서의 밀착성이 클 것
　　㉦ 침입률 1% 이하까지 정확히 평가 가능할 것
　　㉧ 피부접촉 부위가 부드러울 것
　　㉨ 사용 후 손질이 간단할 것
④ 방진마스크의 성능기준

등급	특급	1급	2급
사용 장소	• 베릴륨 등과 같이 독성이 강한 물질들을 함유한 분진 등 발생장소 • 석면 취급장소	• 특급마스크 착용장소를 제외한 분진 등 발생장소 • 금속흄 등과 같이 열적으로 생기는 분진 등 발생장소 • 기계적으로 생기는 분진 등 발생장소(규소 등과 같이 2급 방진마스크를 착용하여도 무방한 경우는 제외한다)	특급 및 1급 마스크 착용장소를 제외한 분진 등 발생장소

※ 배기밸브가 없는 안면부 여과식 마스크는 특급 및 1급 장소에 사용해서는 안 된다.

1. 방진마스크의 개요 및 구분 숙지
2. 방진마스크의 선정 조건 숙지(출제 비중 높음)

(4) 방독마스크
① 개요 : 공기 중의 유해가스, 증기 등을 흡수관을 통해 제거하여 근로자의 호흡기 내로 침입하는 것을 가능한 적게 하기 위해 착용하는 호흡보호구이며, **고농도 작업장**(IDLH ; 순간적으로 건강이나 생명에 위험을 줄 수 있는 유해물질의 고농도 상태)이나 산소결핍의 위험이 있는 작업장(산소농도 18% 이하)에서는 절대 사용해서는 안 된다.
② 흡수제의 재질 ◯출제율 20%
　　㉠ 활성탄(activated carbon)
　　　• 가장 많이 사용되는 물질
　　　• 비극성(유기용제)에 일반적 사용
　　㉡ 실리카겔(silicagel) : 극성에 일반적 사용
　　㉢ 염화칼슘(soda lime)
　　㉣ 제오라이트

③ 흡수관 수명 ●출제율 40%

㉠ 흡수관의 수명은 시험가스가 파과되기 전까지의 시간을 의미하며, 검정 시 사용하는 물질은 **사염화탄소**(CCl₄)이다.

㉡ 파과시간(유효시간)

$$유효시간(min) = \frac{표준유효시간 \times 시험가스\ 농도}{작업장의\ 공기\ 중\ 유해가스\ 농도}$$

④ 정화통(흡수관) 종류 구분

흡수관 종류	색
유기화합물용	갈색
할로겐용, 황화수소용, 시안화수소용	회색
아황산용	노란색
암모니아용	녹색
복합용 및 겸용	• 복합용의 경우 : 해당 가스 모두 표시(2층 분리) • 겸용의 경우 : 백색과 해당 가스 모두 표시(2층 분리)

(5) 보호정도와 한계

① 보호계수(PF ; Protection Factor) : 보호구를 착용함으로써 유해물질로부터 보호구가 얼마만큼 보호해 주는가의 정도를 의미

$$PF = \frac{C_o}{C_i}$$

여기서, PF : 보호계수(항상 1보다 크다), C_i : 보호구 안의 농도, C_o : 보호구 밖의 농도

② 할당보호계수(APF ; Assigned Protection Factor)

㉠ 작업장에서 보호구 착용 시 기대되는 최소보호정도치를 의미한다.

㉡ APF 50의 의미는 APF 50의 보호구를 착용하고 작업 시 착용자는 외부 유해물질로부터 적어도 50배만큼 보호를 받을 수 있다는 의미이다.

㉢ 관련식

$$APF \geq \frac{C_{air}}{PEL}(= HR)$$

여기서, APF : 할당보호계수

PEL : 노출기준

C_{air} : 기대되는 공기 중 농도

HR : 유해비

호흡용 보호구 선정 시 유해비(HR)보다 APF가 큰 것을 선택해야 한다는 의미의 식

기출문제

공기 중 톨루엔에 대한 방독마스크 흡수관 수명이 5,000ppm에서 60분이었을 경우 다음을 구하시오. ●출제율 20%

(1) 공기 중 톨루엔 농도가 200ppm인 경우 방독마스크의 사용가능시간(분)

(2) 방독마스크의 보호계수가 50이고, 방독마스크 안의 농도가 10ppm인 경우 공기 중 톨루엔의 농도(허용수준 : ppm)

풀이

(1) 사용가능시간 $= \dfrac{\text{표준유효시간} \times \text{시험가스 농도}}{\text{공기 중 유해가스 농도}} = \dfrac{60\text{min} \times 5,000\text{ppm}}{200\text{ppm}} = 1,500\text{min}$

(2) 보호계수$(PF) = \dfrac{C_o}{C_i}$, $50 = \dfrac{C_o}{10\text{ppm}}$

　　C_o(공기 중 톨루엔 농도) $= 500\text{ppm}$

기출문제

공기 중의 사염화탄소 농도가 0.2%이며 사용하는 정화통의 정화능력이 사염화탄소 0.5%에서 60분간 사용이 가능하다면 방독면의 사용가능시간(분)은? ●출제율 60%

풀이 사용가능시간 $= \dfrac{\text{표준유효시간} \times \text{시험가스 농도}}{\text{공기 중 유해가스 농도}} = \dfrac{0.5 \times 60}{0.2} = 150$분

Point
1. 방독마스크의 개요 및 구분 숙지
2. 흡수제 재질 종류 및 파과시간 계산 숙지

CHAPTER 3

4 청력 보호구

(1) 귀마개(ear plug)

① 장점 ●출제율 40%

　㉠ 부피가 작아서 휴대가 쉬움　　㉡ 안경과 안전모 등에 방해가 되지 않음

　㉢ 고온작업에서도 사용 가능　　㉣ 좁은 장소에서도 사용 가능

　㉤ 가격이 귀덮개보다 저렴

② 단점 ●출제율 40%

　㉠ 귀에 질병이 있는 사람은 착용 불가능

　㉡ 여름에 땀이 많이 날 때는 외이도에 염증 유발 가능성

　㉢ 제대로 착용하는 데 시간이 걸리며, 요령을 습득하여야 함

　㉣ 차음효과가 일반적으로 귀덮개보다 떨어짐

　㉤ 사람에 따라 차음효과 차이가 큼

　㉥ 더러운 손으로 만짐으로써 외청도를 오염시킬 수 있음(귀마개에 묻어있는 오염물질이 귀에 들어갈 수 있음)

1. 귀마개의 방음효과 숙지
2. 귀마개의 장점 및 단점 숙지(출제 비중 높음)

(2) 귀덮개(ear muff)

① 장점 ●출제율 40%
  ㉠ 귀마개보다 일관성 있는 차음효과를 얻을 수 있다.
  ㉡ 귀마개보다 차음효과가 일반적으로 높다.
  ㉢ 동일한 크기의 귀덮개를 대부분의 근로자가 사용할 수 있다(크기를 여러 가지로 할 필요가 없다).
  ㉣ 귀에 염증이 있어도 사용할 수 있다(질병이 있을 때도 가능).
  ㉤ 귀마개보다 차음효과의 개인차가 적다.
  ㉥ 근로자들이 귀마개보다 쉽게 착용할 수 있고, 착용법이 틀리거나 잃어버리는 일이 적다.
  ㉦ 고음영역에서 차음효과가 탁월하다.

② 단점 ●출제율 40%
  ㉠ 부착된 밴드에 의해 차음효과가 감소될 수 있다.
  ㉡ 고온에서 사용 시 불편하다(보호구 접촉면에 땀이 난다).
  ㉢ 머리카락이 길 때와 안경테가 굵거나 잘 부착되지 않을 때는 사용하기가 불편하다.
  ㉣ 장시간 사용 시 꼭 끼는 느낌이 든다.
  ㉤ 보안경과 함께 사용하는 경우 다소 불편하며, 차음효과가 감소한다.
  ㉥ 가격이 비싸다.
  ㉦ 운반과 보관이 쉽지 않다.

③ 차음효과(OSHA)

$$차음효과(dB) = (NRR - 7) \times 0.5$$

여기서, NRR : 차음평가수

기출문제   2008년, 2014년, 2015년(산업기사), 2007년, 2012년, 2018년(기사)

> 어떤 작업장의 음압수준이 75dB(A)이고, 근로자는 차음평가수(NRR)가 18인 귀덮개를 착용하고 있다. 미국 OSHA의 계산방법을 활용하여 근로자가 노출되는 음압수준을 구하시오. ●출제율 70%

풀이 차음효과 $= (NRR - 7) \times 50\% = (18 - 7) \times 0.5 = 5.5dB$
노출되는 음압수준 $= 75 - 5.5 = 69.5dB(A)$

1. 귀덮개의 방음효과 숙지
2. 귀마개, 귀덮개의 장점 및 단점 숙지(출제 비중 높음)
3. 귀덮개의 차음효과 계산 숙지(출제 비중 높음)

Section **02** ┃ 작업환경 유해인자

1 이상기압

(1) 기압 ●출제율 40%

① 단위환산 ⇨ 1기압=1atm=76cmHg=760mmHg=1013.25hPa
　　　　　　　　=33.96ftH_2O=407.52inH_2O=10,336mmH_2O
　　　　　　　　=1,013mbar=29.92inHg=14.7PSI=1.0336kg/cm^2

② 정상적인 대기 중의 해면에서의 산소분압은 약 160mmHg(760mmHg×0.21)이다.

(2) 고압환경의 인체작용 ●출제율 40%

① **1차적 가압현상** : 기계적 장애라고도 하며, 인체와 환경 사이의 기압 차이로 인해 일어나는 현상이다.

② **2차적 가압현상** : 고압하의 대기가스의 독성 때문에 나타나는 현상으로 2차성 압력현상이다.

　　㉠ **질소가스 마취작용**
　　　공기 중의 질소가스는 **4기압**에서 마취작용을 일으킨다(다행증).

　　㉡ **산소중독**
　　　• 산소의 분압이 2기압이 넘으면 산소중독 증상을 보인다.
　　　• 시력장애, 정신혼란, 간질 형태의 경련을 나타낸다.
　　　• 고압산소에 대한 폭로가 중지되면 증상은 즉시 멈춘다(가역적).

　　㉢ **이산화탄소의 작용**
　　　• 이산화탄소는 산소의 독성과 질소의 마취작용을 증가시키는 역할을 한다.
　　　• 이산화탄소 농도가 고압환경에서 대기압으로 환산하여 0.2%를 초과해서는 안 된다.

1. 기압의 단위환산 숙지(출제 비중 높음)
2. 고압환경 2차적 가압현상 숙지(출제 비중 높음)

(3) 감압환경의 인체작용

① **감압에 의한 가스팽창효과**
　　감압에 따른 팽창된 공기가 폐혈관으로 유입되어 뇌공기전색(air embolism)증을 일으켜 즉시 재가압 조치를 하지 않으면 사망에 이르게 된다.

② **감압에 따른 용해질소의 기포형성효과**
　　㉠ 용해질소의 기포는 감압병(잠함병)의 증상을 대표적으로 나타내며 잠함병의 직접적인 원인은 체액 및 지방조직의 질소기포 증가이다.

ⓛ 감압 시 조직 내 질소 기포형성량에 영향을 주는 요인 ●출제율 30%
- 조직에 용해된 가스량
- 혈류변화 정도(혈류를 변화시키는 상태)
- 감압속도

> **학습 Point** 감압 시 조직 내 질소 기포형성량에 영향을 주는 요인 숙지

(4) 고기압에 대한 대책

① 작업방법
　ⓐ 가압은 신중히 행함
　ⓑ 작업시간의 규정 엄격히 지킴
　ⓒ 특히 감압 시 신중하게 천천히 단계적으로 함

② 감압병 예방 및 치료 ●출제율 20%
　ⓐ 고압환경에서의 작업시간을 제한한다.
　ⓑ 감압이 끝날 무렵에 순수한 산소를 흡입시키면 감압시간을 25% 가량 단축시킬 수 있다.
　ⓒ 고압환경에서 작업하는 근로자에게 질소를 헬륨으로 대치한 공기를 호흡시킨다.
　ⓓ 일반적으로 1분에 10m 정도씩 잠수하는 것이 안전하다.
　ⓔ 감압병의 증상이 발생하였을 때에는 환자를 바로 원래의 고압환경 상태로 복귀시키거나 인공고압실에서 천천히 감압시킨다.

(5) 저기압이 인체에 미치는 영향

① 고공증상 : 5,000m 이상의 고공에서 비행업무에 종사하는 사람에게 가장 큰 문제는 산소부족(저산소증, hypoxia)이다. 즉 산소결핍을 의미하며 가장 **민감한 조직은 뇌(대뇌피질)**이다.
② 폐수종 : 산소공급과 해면 귀환으로 급속히 소실되며, 이 증세는 반복해서 발병하는 경향이 있다.
③ 급성 고산병

(6) 기압 측정계기

① 아네로이드 기압계(aneroid barometer)
② 퍼틴 수은기압계(fortin barometer)
③ 피라니 기압계

> **학습 Point**
> 1. 고기압 작업방법 숙지
> 2. 저기압 인체영향 숙지

2 고열환경

(1) 온열지수

사람과 환경과의 사이에 일어나는 열교환에 영향을 미치는 것은 기온, 기류, 습도 및 복사열 4가지이다. 즉 기후인자 가운데서 기온, 기류, 습도(기습) 및 복사열 등 온열요소가 동시에 인체에 작용하여 관여할 때 인체는 온열감각을 느끼게 되며, 이들 **온열요소를 단일척도로 표현하는 것을 온열지수라 한다.**

(2) 온열요소

① 기온(air temperature) ●출제율 40%
  ㉠ 지적온도(적정온도, optimum temperature)
    • 인간이 활동하기에 가장 좋은 상태인 이상적인 온열조건으로 환경온도를 감각온 도로 표시한 것을 지적온도라 한다.
    • 지적온도에 영향을 미치는 인자는 **작업의 종류 및 작업량, 계절 및 의복, 연령 및 성별, 주근무시간대(밤 또는 낮 근무), 민족, 음식물** 등이다.
  ㉡ 지적온도의 종류
    • 주관적 지적온도 : 감각적으로 쾌적한 상태로 느끼는 온도
    • 생리적 지적온도 : 생리적, 즉 건강측면에서 인체에 부담을 가장 적게 주는 온도
    • 생산적 지적온도 : 노동시 생산능률을 가장 많이 상승시킬 수 있는 온도
② 기습(humidity) : 습도 ●출제율 20%
  ㉠ 상대습도(비교습도) : 단위부피의 공기 속에 현재 함유되어 있는 수증기의 양과 그 온도에서 단위부피의 공기 속에 함유할 수 있는 최대의 수증기량(포화수증기량)과 의 비를 백분율(%)로 나타낸 것

$$상대습도(U) = \frac{e}{eW} \times 100 = \frac{절대습도}{포화습도} \times 100$$

여기서, e : 공기의 수증기압
$\qquad eW$: 공기와 같은 압력과 기온일 때의 포화수증기압

  ㉡ **절대습도** : 절대적인 수증기의 양으로 나타내는 것, 즉 단위부피의 공기 속에 함유 된 수증기량의 값, 즉 [주어진 온도에서 공기 1m³ 중에 함유된 수증기량(g)]
  ㉢ **포화습도** : 일정 공기 중의 수증기량이 한계를 넘을 때 공기 중의 수증기량(g)으로 나타내며 공기 1m³가 포화상태에서 함유할 수 있는 수증기량의 의미이다.
③ 기류(air movement) : 풍속
  ㉠ 기류를 느끼고 측정할 수 있는 최저한계는 0.5m/sec이고, 기류는 대류 및 증발과 관계가 있다.

CHAPTER 3

ⓒ 불감기류 출제율 20%
- 0.5m/sec 미만의 기류
- 실내에 항상 존재하며, 신진대사 촉진(생식선 발육 촉진)

④ 복사열(radiant heat) : 인체는 실외에서는 항상 직접적으로 태양에서 방출되는 복사열에 노출, 산업현장에서는 전기로, 가열로, 용해도, 건조로 등에서 발생되는 복사열에 노출되어 있다.

> Reference **아스만 통풍온습도계** 출제율 20%
>
> 건습구 온도계의 둥근 부분에 일정속도(≒3.0m/sec)의 바람을 불어서 측정시간을 단축시키고 건구온도와 습구온도의 차이 및 습구온도를 이용 건습도용 습도표를 써서 상대습도를 구하도록 되어 있으며 이 기구는 복사열은 측정하지 못하는 단점이 있다.

1. 온열요소 4가지 내용 숙지
2. 지적온도, 감각온도, 상대습도, 절대습도, 포화습도, 불감기류의 정의 숙지

(3) 고열장애 분류

① 열사병(heat stroke) 출제율 20%

㉠ 개요 : 열사병은 **고온다습한 환경**(육체적 노동 또는 태양의 복사선을 두부에 직접적으로 받는 경우)에 노출될 때 **뇌 온도의 상승으로 신체 내부의 체온조절 중추에 기능장애**를 일으켜서 생기는 위급한 상태(고열로 인해 발생하는 장애 중 가장 위험성이 큼)이며, 태양광선에 의한 **열사병은 일사병(sunstroke)**이라고 한다.

㉡ 증상
- 중추신경계의 장애(뇌막혈관이 노출되면 뇌온도의 상승으로 체온조절 중추의 기능이 장애받음)
- 전신적인 발한 정지(땀을 흘리지 못하여 체열방산을 하지 못해 건조할 때가 많음)
- 직장온도 상승(40℃ 이상의 직장온도)

㉢ 치료
- 체온조절 중추의 손상이 있을 때에는 치료효과를 거두기 어려우며 체온을 급히 하강시키기 위한 응급조치방법으로 얼음물에 담가서 체온을 39℃까지 내려주어야 한다.
- 호흡곤란 시에는 산소를 공급해 준다.
- 울열방지와 체열이동을 돕기 위하여 사지를 격렬하게 마찰시킨다.

② 열피로(heat exhaustion), 열탈진(열 소모), 열피비
  ㉠ 개요 : 고온환경에서 장시간 힘든 노동을 할 때 주로 미숙련공(고열에 순화되지 않은 작업자)에 많이 나타나며 현기증, 두통, 구토 등의 약한 증상에서부터 심한 경우는 허탈(collapse)로 빠져 의식을 잃을 수도 있다. 체온은 그다지 높지 않고(39℃ 정도 까지) 맥박은 빨라지면서 약해지고 혈압은 낮아진다. 특히 수분과 염분 손실이 많고, 혈장량이 감소할 때 발생한다.
  ㉡ 증상
    • 체온은 정상범위를 유지한다.
    • 구강온도는 정상이거나 약간 상승하고 맥박수는 증가한다.
    • 혈액농축은 정상범위를 유지한다(혈당치는 감소하나 혈액 및 소변 소견은 현저한 변화가 없음).
  ㉢ 치료 : 휴식 후 5% 포도당을 정맥주사한다.
③ 열경련(heat cramp) ●출제율 20%
  ㉠ 개요 : 가장 전형적인 열중증의 형태로서 주로 고온환경에서 지속적인 심한 육체적인 노동을 할 때 나타나며 주로 작업 중에 많이 사용하는 근육에 발작적인 경련이 발생한다. 특히 수분 및 혈중 염분 손실이 있을 때 발생한다.
  ㉡ 증상
    • 체온이 정상이거나 약간 상승하고 혈중 Cl⁻ 이온농도가 현저히 감소한다.
    • 낮은 혈중 염분농도와 팔과 다리에 근육경련이 일어난다(수의근 유통성 경련).
    • 일시적으로 단백뇨가 나온다.
  ㉢ 치료
    • 수분 및 NaCl을 보충한다(생리식염수 0.1% 공급).
    • 바람이 잘 통하는 곳에 눕혀 안정시킨다.
    • 체열방출을 촉진시킨다(작업복을 벗겨 전도와 복사에 의한 체열방출).
    • 증상이 심하면 생리식염수 1,000~2,000mL를 정맥주사한다.
④ 열실신(heat syncope), 열허탈(heat collapse)
  ㉠ 개요 : 고열환경에 노출될 때 혈관운동장애가 일어나 정맥혈이 말초혈관에 저류되고 심박출량 부족으로 초래되는 순환부전, 특히 대뇌피질의 혈류량 부족이 주원인으로 저혈압, 뇌의 산소부족으로 실신하거나 현기증을 느낀다.
  ㉡ 증상
    • 체온조절 기능이 원활치 못해 결국 뇌의 산소부족으로 의식 잃음
    • 말초혈관 확장
  ㉢ 치료(예방) : 예방 관점에서 작업 투입 전 고온에 순화되도록 한다.

 각 고열장애 내용 숙지(열경련 내용 숙지)

(4) 고온순화(순응)

① 개요 : 순화란 외부의 환경변화나 신체활동이 반복되어 인체조절 기능이 숙련되고 습득된 상태를 순화라고 하면 고온순화는 외부의 환경영향 요인이 고온일 경우이다.

② 고온에 순환되는 과정(생리적 변화)

    ㉠ 1차적 생리적 반응

- 불감발한 과호흡 촉진
- 교감신경에 의한 피부혈관 확장
- 체표면 한선(땀샘)의 수 증가

    ㉡ 2차적 생리적 반응

- 혈중 염분량 현저히 감소
- 수분부족 상태
- 심혈관 · 위장 · 신경계 · 간장 장해

③ 고온순화(순응) 메커니즘 ●출제율 30%●

    ㉠ 체온조절 기전의 항진　　　㉡ 더위에 대한 내성 증가

    ㉢ 열생산 감소　　　　　　　㉣ 열방산능력 증가

(5) 고열 측정 및 평가

① 고열 측정

    ㉠ 온도, 습도 측정

        ⓐ 작업환경 평가 시 온도는 일반적으로 아스만 통풍건습계를 사용하며 습도는 건구온도와 습구온도 차를 구하여 습도환산표를 이용하여 구한다.

        ⓑ 아스만 통풍건습계

- 눈금의 간격은 0.5℃
- 측정시간은 5분 이상(온도 안정시간)
- 2개의 같은 눈금을 갖는 봉상수은온도계 사용
- 1개는 기온측정에 사용되는 건구온도계로, 또 다른 하나는 습구온도를 측정하는 데 사용

    ㉡ 기류 측정

        ⓐ 풍차풍속계

- 1~150m/sec 범위의 풍속 측정
- 옥외용으로 사용
- 풍차의 회전속도로 풍속 측정

        ⓑ 카타온도계 : 기류를 냉각시켜 기류 측정 ●출제율 20%●

- 0.2~0.5m/sec 정도의 불감기류 측정 시 기류속도를 측정

- 작업환경 내의 기류의 방향이 일정치 않을 경우 기류속도 측정
- 카타의 냉각력을 이용하여 측정. 즉 알코올 눈금이 100℉(37.8℃)에서 95℉(35℃)까지 내려가는 데 소요되는 시간을 4~5회 측정, 평균하여 카타 상수값으로 이용. 간접적으로 풍속을 측정
  ⓒ 열선풍속계 : 기류를 냉각시켜 기류 측정 ●출제율 20%
  - 기류속도가 아주 낮을 때 사용하여 정확함
  - 가열된 금속선에 바람이 접촉하면 열을 빼앗겨 이를 풍속과 관련지어 측정
  - 측정범위는 0~50m/sec
  ⓓ 가열온도풍속계
  - 작업환경측정의 표준방법으로 사용
  - 풍속과 기온과의 차이 관계에서 풍속을 구함
  ㉢ 습구, 흑구 온도측정
  ⓐ 아스만 통풍건습계를 이용 건구 및 자연습구온도를 측정, 흑구온도계로 복사온도(흑구온도)를 측정하여 계산함
  ⓑ 계산방법
  - 옥외(태양광선이 내리쬐는 장소)

$$WBGT(℃)=0.7×자연습구온도(℃)+0.2×흑구온도(℃)+0.1×건구온도(℃)$$

  - 옥내(태양광선이 내리쬐지 않는 장소)

$$WBGT(℃)=0.7×자연습구온도(℃)+0.3×흑구온도(℃)$$

  ⓒ 습구-흑구 온도지수(WBGT ; Wet-Bulb Globe Temperature)
  - 근로자가 고열환경에 종사함으로써 받은 열스트레스 또는 위해를 평가하기 위한 도구이다.
  - 단위는 ℃로서 기온, 기습 및 복사열을 종합적으로 고려한 지표를 말한다.
② 고열작업장의 노출기준(고용노동부, ACGIH) ●출제율 20%

(단위 : WBGT(℃))

시간당 작업과-휴식비율	작업강도		
	경작업	중등작업	중(힘든)작업
연속작업	30.0	26.7	25.0
75% 작업, 25% 휴식(45분 작업, 15분 휴식)	30.6	28.0	25.9
50% 작업, 50% 휴식(30분 작업, 30분 휴식)	31.4	29.4	27.9
25% 작업, 75% 휴식(15분 작업, 45분 휴식)	32.2	31.1	30.0

㊟ 1. 경작업 : 시간당 200kcal까지의 열량이 소요되는 작업
2. 중등작업 : 시간당 200~350kcal의 열량이 소요되는 작업
3. 중(격심)작업 : 시간당 350~500kcal의 열량이 소요되는 작업

CHAPTER 3

③ 불쾌지수 $= 0.72(건구온도 + 습구온도) + 40.6$

④ 피부온도(체감온도) $= 기온 - \left[0.4(기온 - 10) \times \left(1 - \dfrac{상대습도}{100} \right) \right]$

 학습 Point 고열에 대한 각 관리 내용 숙지

기출문제 2010년, 2013년(산업기사), 2007년(기사)

옥내작업장의 작업환경을 측정한 결과 건구온도 32℃, 습구온도 29℃, 흑구온도 40℃일 때 WBGT를 구하고, 노출기준과 비교 판정하시오. ● 출제율 80%

풀이 (1) 옥내 WBGT(℃) $= 0.7 \times$ 자연습구온도(℃) $+ 0.3 \times$ 흑구온도(℃)
$\qquad = (0.7 \times 29℃) + (0.3 \times 40℃) = 32.3℃$
(2) 고용노동부 고열작업장 노출기준과 비교 : 노출기준 초과 판정

기출문제 2005년, 2012년(산업기사), 2010년(기사)

옥외작업장의 자연습구온도 30℃, 건구온도 21℃, 흑구온도 25℃일 때 온열지수(WBGT)는? ● 출제율 80%

풀이 옥외 WBGT(℃) $= 0.7 \times$ 자연습구온도(℃) $+ 0.2 \times$ 흑구온도(℃) $+ 0.1 \times$ 건구온도(℃)
$\qquad = (0.7 \times 30℃) + (0.2 \times 25℃) + (0.1 \times 21℃) = 28.1℃$

 학습 Point
1. 고온 순응의 생리적 변화 내용 숙지
2. 온도, 습도, 기류, 복사열 측정계기 숙지
3. WBGT 정의 숙지
4. WBGT 옥내, 옥외 경우 계산 숙지(출제 비중 높음)

3 한랭 환경

(1) 한랭 환경에서의 생리적 기전(반응)

① 1차적 생리적 반응
  ㉠ 피부혈관 수축 및 체표면적 감소
  ㉡ 근육 긴장의 증가와 떨림
  ㉢ 화학적 대사(호르몬 분비) 증가
② 2차적 생리적 반응
  ㉠ 피부혈관 수축으로 표면조직의 냉각
  ㉡ 식욕 변화(식욕 항진)
  ㉢ 혈압의 일시적 상승(혈류량 증가)
  ㉣ 피부혈관 수축으로 순환기능의 감소

(2) 한랭 환경에 의한 건강장애

① 전신체온 강하(저체온증, general hypothermia)

㉠ 장시간의 한랭 폭로에 따른 일시적 체열(체온) 상실에 따라 발생한다.

㉡ 급성 중증 장애이다.

㉢ 전신 저체온의 첫 증상은 억제하기 어려운 떨림과 냉감각이 생기고, 심박동이 불규칙하게 느껴지며 맥박은 약해지고 혈압이 낮아진다.

㉣ 저체온증은 심부온도가 37℃에서 26.7℃ 이하로 떨어지는 것을 말한다.

② 동상(frostbite)

㉠ 제1도 동상 : 홍반성 동상

㉡ 제2도 동상 : 수포성 동상

㉢ 제3도 동상 : 괴사성 동상

③ 참호족(침수족, trench foot, immersion foot)

④ Raynaud 증상(병)

⑤ 선단자람증

⑥ 폐색성 혈전장애

⑦ 알레르기 반응(두드러기, 부종 등의 국소반응 일으킴)

1. 한랭 환경에 의한 건강장애 종류 숙지
2. 한랭장애 예방조치 내용 숙지(출제 비중 높음)

4 직업성 피부질환

(1) 직업성 피부질환의 요인

① 직접적 요인

㉠ 물리적 요인 : 열, 한랭, 비전리방사선(대표적 : 자외선), 진동, 반복작업에 의한 마찰

㉡ 생물학적 요인 : 세균, 바이러스, 진균, 기생충

㉢ 화학적 요인(90% 이상 차지하며 요인 중 가장 중요함) : 물, tar, pitch, 절삭유(기름), 산, 알칼리, 용매, 공업용세제, 산화제, 환원제

② 간접적 요인

㉠ 인종　　㉡ 피부의 종류　　㉢ 연령, 성별

㉣ 땀　　㉤ 계절　　㉥ 비직업성 피부질환의 공존(유무)

㉦ 온도, 습도　　㉧ 청결

(2) 알레르기성 접촉피부염

① 어떤 특정 물질에 알레르기성 체질이 있는 사람에게만 발생하며, 면역학적 기전이 관계되어 있다.

② 알레르기성 접촉피부염의 진단에 병력이 가장 중요하고 진단허가를 증명하기 위해 첩포시험을 시행한다.

③ 첩포시험(patch test) ●출제율 40%

ㄱ 알레르기성 접촉피부염의 진단에 필수적이다.

ㄴ 피부염의 원인물질로 예상되는 화학물질을 피부에 도포하고, 48시간 동안 덮어 둔 후 피부염의 발생여부를 확인한다.

ㄷ 첩포시험 결과 침윤, 부종이 지속된 경우를 알레르기성 접촉피부염으로 판독한다.

 직업성 피부질환의 직접적 요인 및 간접적 요인 종류 숙지

5 산소결핍

(1) 개요

산소결핍이란 21% 정도인 공기 중 산소 비율이 상대적으로 적어져 대기압하에서의 산소농도가 18% 미만인 상태를 말한다. 미국의 산업안전보건연구원(NIOSH)에서는 19.5% 미만을 관리기준으로 설정하여 더욱 엄격하게 관리하고 있다.

(2) 용어 정의(산업안전보건기준에 관한 규칙) ●출제율 70%

① 밀폐공간 : 산소결핍, 유해가스로 인한 화재, 폭발 등의 위험이 있는 장소

② 적정한 공기

ㄱ 산소농도의 범위가 18% 이상 23.5% 미만인 수준의 공기

ㄴ 이산화탄소의 농도가 1.5% 미만인 수준의 공기

ㄷ 황화수소의 농도가 10ppm 미만인 수준의 공기

ㄹ 일산화탄소의 농도가 30ppm 미만인 수준의 공기

③ 산소결핍 : 공기 중의 산소농도가 18% 미만인 상태를 말한다.

④ 산소결핍증 : 산소가 결핍된 공기를 들이마심으로써 생기는 증상을 말한다.

(3) 산소결핍증(hypoxia, 저산소증)

① 저산소증이라고도 하며, 저산소상태에서 산소분압의 저하에 의하여 발생되는 질환이며 산소결핍에 의한 질식사고가 가스재해 중에서 큰 비중을 차지한다.

② 무경고성이고 급성적, 치명적이기 때문에 많은 희생자를 발생시킬 수 있다. 즉, 단시간 내에 비가역적 파괴현상을 나타낸다.

③ 생체 중 최대산소 소비기관은 뇌신경세포이며, 산소결핍에 가장 민감한 조직은 대뇌 피질이다.

(4) 산소농도 측정기

① 전기화학식 측정법(갈바니전자식 산소계)

㉠ 갈바니전지방식

㉡ 폴라로그래프식

② 검지관식 산소측정기

(5) 관리대책

① 환기

② 작업 전 산소농도 측정

③ 보호구 착용 : 호스마스크, 공기호흡기, 산소호흡기를 지급 및 상시점검

④ 안전대, 구명밧줄

⑤ 감시자 배치 및 응급처치

⑥ 작업자의 교육

1. 산소결핍 관련 용어 정의 숙지(출제 비중 높음)
2. 산소농도 측정기 종류 숙지

Section 03 | 기타 작업환경

1 조명

(1) 빛과 밝기의 단위(조도의 단위)

① 럭스(lux) : 1루멘(lumen)의 빛이 $1m^2$의 평면상에 수직으로 비칠 때의 밝기이다.

② 칸델라(candela ; cd) : 광원으로부터 나오는 빛의 세기인 광도의 단위로 기호는 cd로 표시한다.

③ 촉광(candle) : 빛의 세기인 광도를 나타내는 단위로 국제촉광을 사용하며, 지름이 1인치 되는 촛불이 수평방향으로 비칠 때 빛의 광도를 나타내는 단위이다.

④ **루멘(lumen ; lm)** : 1촉광의 광원으로부터 한 단위 입체각으로 나가는 광속의 단위이고 광속이란 광원으로부터 나오는 빛의 양을 의미하고 단위는 lumen이다.

⑤ **풋 캔들(foot candle)** : 1루멘의 빛이 $1ft^2$의 평면상에 수직으로 비칠 때 그 평면의 빛 밝기이다.

⑥ **램버트(lambert)** : 빛을 완전히 확산시키는 평면의 $1ft^2(1cm^2)$에서 1lumen의 빛을 발하거나 반사시킬 때의 밝기를 나타내는 단위이다.

(2) 채광(자연조명)방법

① **창의 방향**

　　㉠ 창의 방향은 많은 채광을 요구할 경우 남향이 좋다.

　　㉡ 균일한 평등을 요하는 조명을 요구하는 작업실은 북향(or 동북향)이 좋다.

② **창의 높이와 면적**

　　㉠ 보통 조도는 창을 크게 하는 것보다 창의 높이를 증가시키는 것이 효과적이다.

　　㉡ 채광을 위한 **창의 면적**은 방바닥 면적의 15~20%$\left(\dfrac{1}{5} \sim \dfrac{1}{6}\right)$가 이상적이다.

③ **개각과 입사각(앙각)**

　　㉠ 실내 각 점의 개각은 4~5°, **입사각은 28° 이상**이 좋다.

　　㉡ 개각이 클수록 또한 입사각이 클수록 실내는 밝다.

　　㉢ 개각 1°의 감소를 입사각으로 보충하려면 2~5° 증가가 필요하다.

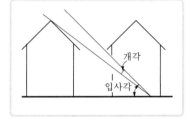

┃개각과 입사각┃

(3) 조명도를 고르게 하는 방법

전체조명의 조도는 국부조명에 의한 조도의 $\dfrac{1}{5} \sim \dfrac{1}{10}$ 정도가 되도록 조절한다.

(4) 인공조명 시 고려사항

① 작업에 충분한 조도를 낼 것

② 조명도가 균등히 유지될 것

③ 폭발성 또는 발화성이 없으며 유해가스를 발생하지 않을 것

④ 경제적이며 취급이 용이할 것

⑤ 주광색에 가까운 광색으로 조도를 높여줄 것

⑥ 가급적 간접조명이 되도록 설치할 것(직접조명, 즉 광원의 광밀도가 크면 나쁨)

⑦ 빛은 작업대 좌상방에서 비추게 할 것

(5) 국소조명을 작업환경의 한 요인으로 볼 경우 중요 고려사항 ●출제율 20%

　① 조도와 조도의 분포　　② 눈부심과 휘도　　③ 빛의 색

1. 조도의 각 단위 숙지
2. 창의 높이와 면적 숙지
3. 조명도 고르게 하는 방법 숙지

2 방사선

(1) 전리방사선과 비전리방사선의 구분

　전리방사선과 비전리방사선의 경계가 되는 **광자에너지의 강도는 12eV**이다.

(2) 전리방사선

　① 종류

　　이온화방사선(전리방사선) ┌ 전자기방사선(X-ray, γ선)
　　　　　　　　　　　　　　　 └ 입자방사선(α입자, β입자, 중성자)

　　㉠ X선(X-ray) : 고속전자의 흐름을 물질에 충돌시켰을 때 생기는 파장이 짧은 전자기
　　　파로 뢴트겐선이라고도 한다.

　　㉡ α선(α입자)
　　　• 방사선 동위원소의 붕괴과정 중에서 원자핵에서 방출되는 입자로서 헬륨 원자의
　　　　핵과 같이 2개의 양자와 두 개의 중성자로 구성되어 있다.
　　　• 투과력은 가장 약하나(매우 쉽게 흡수) 전리작용은 가장 강하다.

　　㉢ β선(β입자)
　　　• 원자핵에서 방출되며, 음전기로 하전되어 있다.
　　　• 원자핵에서 방출되는 전자의 흐름으로 α입자보다 가볍고 속도는 10배 빠르므로
　　　　충돌할 때마다 튕겨져서 방향을 바꾼다.

　　㉣ γ선
　　　• X선과 동일한 특성을 가지는 전자파 전리방사선으로 입자가 아니다.
　　　• 원자핵 전환 또는 원자핵 붕괴에 따라 방출하는 자연발생적인 전자파이다.

　　㉤ 중성자
　　　• 전기적인 성질이 없거나 파동성을 갖고 있는 입자방사선 등을 일컫는 간접전리방
　　　　사선에 속하며, 외부조사가 문제시된다.
　　　• 하전되어 있지 않으며 수소 동위원소를 제외한 모든 원자핵에 존재한다.

　　㉥ 양자

CHAPTER 3

② 단위
  ㉠ 뢴트겐(Röntgen : R)
    • 조사선량 단위
    • 1R(뢴트겐)은 표준상태 또는 표준상태하의 공기 1cc로부터 1정전단위(esu)의 이온을 생성(2.083×10^9개의 이온쌍)하는 조사량
  ㉡ 래드(rad)
    • 흡수선량 단위
    • 1rad는 피조사체 1g에 대하여 100erg의 방사선에너지가 흡수되는 선량단위
      ($=100erg/gram = 10^{-2}J/kg$)
  ㉢ 큐리(Curie : Ci), Bq(Becquerel)
    • 방사성 물질의 양단위
    • Radium이 붕괴하는 원자의 수를 기초로 하여 정해졌으며 1초간에 3.7×10^{10}개의 원자붕괴가 일어나는 방사성 물질의 양(방사능의 강도)으로 정의
  ㉣ 렘(rem) 출제율 20%
    • 전리방사선의 흡수선량이 생체에 영향을 주는 정도를 표시하는 선당량(생체실효선량)의 단위
    • 관련식

$$rem = rad \times RBE$$

      여기서, rem : 생체실효선량, rad : 흡수선량
             RBE : 상대적 생물학적 효과비(rad를 기준으로 하여 방사선효과를 상대적으로 나타낸 것)
                • X선, γ선, β입자 : 1(기준)   • 열중성자 : 2.5
                • 느린중성자 : 5   • α입자, 양자, 고속중성자 : 10
  ㉤ 노출선량 : 공기 1kg당 1쿨롬의 전하량을 갖는 이온을 생성하는 X선 또는 감마선의 양을 의미
  ㉥ Gy(Gray)
    • 흡수선량의 단위(흡수선량 : 방사선에 피폭되는 물질의 단위질량당 흡수된 당해 방사선의 에너지를 말함)
    • $1Gy = 100rad = 1J/kg$
  ㉦ Sv(Sievert)
    • 등가선량의 단위(등가선량 : 인체의 피폭선량을 나타낼 때 흡수선량에 당해 방사선의 방사선 가중치를 곱한 값을 말함)
    • $1Sv = 100rem$

③ 방사선의 SI단위 ●출제율 30%

㉠ 방사능 : Bq　　㉡ 조사선량 : C/kg　　㉢ 흡수선량 : Gy　　㉣ 등가선량 : Sv

④ 인체의 투과력 순서 ●출제율 30%

$$중성자 > X선 \ or \ \gamma > \beta > \alpha$$

⑤ 전리작용 순서 ●출제율 20%

$$\alpha > \beta > X선 \ or \ \gamma$$

⑥ 전리방사선에 대한 감수성 순서 ●출제율 40%

$$\left[\begin{array}{l}골수, 흉선 및 림프조직(조혈기관)\\눈의 수정체, 임파선\end{array}\right] > \begin{array}{l}상피세포\\내피세포\end{array} > 근육세포 > 신경조직$$

⑦ 관리대책

㉠ 시간　　㉡ 거리　　㉢ 차폐

1. 방사선의 구분 숙지
2. 전리방사선의 구분 및 종류 숙지
3. 전리방사선의 단위 숙지
4. 전리방사선의 감수성 순서 숙지
5. 관리대책 숙지

(3) 비전리방사선(비이온화방사선)

① 종류 ●출제율 20%

자외선(UV), 가시광선(VR), 적외선파(IR), 라디오파(RF), 마이크로파(MW), 저주파(LF), 극저주파(ELF)

② 자외선

㉠ 물리적 특성

ⓐ 자외선 분류

• UV−C(100~280nm : 발진, 경미한 홍반)
• UV−B(280~315nm : 발진, 경미한 홍반)
• UV−A(315~400nm : 발진, 홍반, 백내장)

ⓑ 전리작용은 없고 **사진작용, 형광작용, 광이온작용**을 가지고 있다.

ⓒ 280(290)~315nm[2,800(2,900)~3,150Å ; 1Å(angstrom)은 SI 단위로 10^{-10}m]의 파장을 갖는 자외선을 **도노선(Dorno−ray)**이라고 하며 인체에 유익한 작용을 하여 건강선(생명선)이라고도 한다. 또한 소독작용, 비타민 D 형성 등 생물학적 작용이 강하다.

ⓒ 생물학적 작용

  ⓐ 건강장애

- 자외선이 생물학적 영향을 미치는 **주요부위는 눈과 피부**이며 눈에 대해서는 270nm에서 가장 영향이 크고, 피부에서는 295nm에서 가장 민감한 영향을 준다.
- 일명 화학선이라고도 하며 여러 물질(주로 눈과 피부에 장애)에 화학변화를 일으킨다.

  ⓑ 피부에 대한 작용(장애)

- 각질층 표피세포(말피기층)의 histamine의 양이 많아져 모세혈관 수축, 홍반형성에 이어 색소침착이 발생하며, 홍반형성은 300nm 부근(2,000~2,900Å)의 폭로가 가장 강한 영향을 미치며 멜라닌 색소침착은 300~420nm에서 영향을 미친다.
- 콜타르의 유도체, 벤조피렌, 안트라센화합물과 상호작용하여 **피부암을 유발**하며, 관여하는 파장은 주로 280~320nm이다.

  ⓒ 눈에 대한 작용(장애)

- 나이가 많을수록 자외선 흡수량이 많아져 **백내장**을 일으킬 수 있다.
- 자외선의 파장에 따른 흡수정도에 따라 'arc-eye'라고 일컬어지는 광각막염 및 결막염 등의 급성영향이 나타나며, 이는 주로 270~280nm의 파장에서 주로 발생한다.

  ⓓ 비타민 D의 생성(합성) : 비타민 D 생성은 주로 280~320nm의 파장에서 광화학적 작용을 일으켜 진피층에서 형성되고, 부족 시 구루병 환자가 발생할 수 있다.

  ⓔ **살균작용** : 살균작용은 254~280nm(254nm 파장 정도에서 가장 약함)에서 핵단백을 파괴하여 이루어진다.

ⓒ 분광광도계(UV-spectrophotometer) ●출제율 20%

시료에 자외선영역의 빛을 조사할 때 나타나는 에너지 주위의 들뜸현상에 의하여 나타나는 흡수, 투과 및 반사광을 파장별 스펙트럼을 측정함으로써 분석을 수행하는 장치

1. 비전리방사선의 종류 숙지
2. 비전리방사선의 생물학적 작용 숙지

③ 적외선

  ㉠ 물리적 특성

- 적외선은 가시광선보다 파장이 길고, 약 760nm에서 1mm 범위에 있다.
- 태양복사에너지 중 적외선(52%), 가시광선(34%), 자외선(5%)의 분포를 갖는다.
- 물질에 흡수되어 열작용을 일으키므로 열선 또는 열복사라고 부른다(온도에 비례하여 적외선을 복사).

ⓛ 생물학적 작용
- 적외선이 체외에서 신체에 조사되면 일부는 피부에서 반사되고 나머지는 조직에 흡수된다.
- 조사부위의 온도가 오르면 혈관이 확장되어 혈액량이 증가되며 심하면 홍반을 유발하기도 한다.
- 적외선의 피부 투과성은 700~760nm 파장 범위에서 가장 강하다.
- 초자공, 용광로의 근로자들은 초자공 백내장(만성폭로)이 수정체의 뒷부분에서 발병할 수 있다.

 적외선의 생물학적 작용 숙지

④ 가시광선
ⓐ 물리적 특성 : 가시광선은 380~770nm(400~760nm)의 파장 범위이며, 480nm 부근에서 최대강도를 나타낸다.
ⓛ 생물학적 작용
- 신체반응은 주로 **간접작용**으로 나타난다. 즉 단독작용이 아닌 외인성 요인, 대사산물, 피부이상과의 상호공동작용으로 발생된다.
- 가시광선의 장애는 주로 조명부족(근시, 안정피로, 안구진탕증)과 조명과잉(시력장애, 시야협착, 암순응의 저하), 망막변성으로 나타난다. 녹내장, 백내장, 망막변성 등 기질적 안질환은 조명부족과 무관하다.
ⓒ 작업장에서의 조도기준(산업안전보건기준에 관한 규칙) ● 출제율 30%

작업등급	작업등급에 따른 조도기준
초정밀작업	750lux 이상
정밀작업	300lux 이상
보통작업	150lux 이상
단순일반작업	75lux 이상

작업장에서의 조도는 전체조명과 국부조명을 병행하는 것이 좋으며, **전체조명의 조도가 국부조명 조도의 1/10~1/5 정도가 좋다.**

 작업장의 조도 기준(출제 비중 높음)

CHAPTER 04 산업환기

Section 01 | 산업환기 일반

1 단위

(1) 길이

$1\text{m}=10^2\text{cm}=10^3\text{mm}=10^6\mu\text{m}=10^9\text{nm}$ $[1\text{km}=10^3\text{m}=10^5\text{cm}=10^6\text{mm}]$

$1\mu\text{m}=10^{-3}\text{mm}=10^{-6}\text{m}$

(2) 질량

$1\text{kg}=10^3\text{g}=10^6\text{mg}=10^9\mu\text{g}=10^{12}\text{ng}$

$1\text{ton}=10^3\text{kg}=10^6\text{g}=10^9\text{mg}$

$1\mu\text{g}=10^{-3}\text{mg}=10^{-6}\text{g}$

(3) 시간

$1\text{day}=24\text{hr}=1,440\text{min}=86,400\text{sec}$

(4) 넓이(면적)

$1\text{m}^2=10^4\text{cm}^2=10^6\text{mm}^2$

(5) 체적(부피)

$1\text{m}^3=10^6\text{cm}^3=10^9\text{mm}^3$

$1\text{L}=10^{-3}\text{kL}=10^3\text{mL}=10^6\mu\text{L}$ $[1\text{L}=1,000\text{mL}=1,000\text{cm}^3=1,000\text{cc}]$

(6) 온도

① 공학적으로 쓰이는 온도는 일반적으로 섭씨온도(Centigrade temperature)와 화씨온도(Fahrenheit temperature)이다.

② 섭씨온도(℃) : 1기압에서 물의 끓는점(100℃)과 어는점(0℃) 사이를 100등분하여 1등분을 1℃로 정한 것

③ 화씨온도(°F) : 1기압에서 물의 끓는점(212°F)과 어는점(32°F) 사이를 180등분하여 1등분을 1°F로 정한 것

④ 절대온도(K) : 절대영도를 기준으로 하여 온도를 나타낸 것

⑤ 관계식 ●출제율 20%

$$섭씨온도(℃) = \frac{5}{9}[화씨온도(°F)-32], \quad 화씨온도(°F) = \left[\frac{9}{5} \times 섭씨온도(℃)\right] + 32$$

$$절대온도(K) = 273 + 섭씨온도(℃), \quad 랭킨온도(°R) = 460 + 화씨온도(°F)$$

(7) 압력 ●출제율 50%

① 물체의 단위면적에 작용하는 수직방향의 힘

②
$$1Pa = 1N/m^2 = 10^{-5}bar = 10dyne/cm^2 = 1.020 \times 10^{-1}mmH_2O = 9.869 \times 10^{-6}atm$$

③
$$\begin{aligned}
1기압 &= 1atm = 760mmHg = 10,332mmH_2O = 1.0332kg_f/cm^2 = 10,332kg_f/m^2 \\
&= 14.7psi = 760Torr = 10,332mmAq = 10.332mH_2O = 1,013hPa \\
&= 1013.25mb = 1.01325bar = 1,013,250dyne/cm^2 \\
&= 101,325Pa
\end{aligned}$$

 압력단위 환산 숙지(출제 비중 높음)

2 유체의 물리적 성질

(1) 밀도(density ; ρ)

$$밀도(\rho) = \frac{질량}{부피} \ (g/cm^3, \ kg/m^3)$$

(2) 비중량(specific weight ; γ)

$$비중량(\gamma) = \frac{중량}{부피} \ (g_f/cm^3, \ kg_f/m^3)$$

(3) 비중(specific gravity ; S)

$$비중\,(S) = \frac{어떤\ 대상물질의\ 밀도}{표준물질의\ 밀도}$$

CHAPTER 4

(4) 비체적(specific volume ; V_s)

$$비체적(V_s) = \frac{1}{\rho} \ (\mathrm{m^3/kg, \ cm^3/g})$$

(5) 점성계수(dynamic viscosity ; μ) 출제율 20%

① 정의 : 유체에 미치는 전단응력과 그 속도 사이의 비례상수, 즉 전단응력에 대한 저항의 크기를 나타낸다.

② 단위 : $\mathrm{N \cdot sec/m^2}$, $\mathrm{kg/m \cdot sec}$, $\mathrm{g/cm \cdot sec}$, $\mathrm{kg_f \cdot sec/m^2}$

   $1\mathrm{Poise} = 1\mathrm{g/cm \cdot sec} = 1\mathrm{dyne \cdot sec/cm^2}$

   $1\mathrm{centipoise} = 10^{-2}\mathrm{Poise} = 1\mathrm{mg/mm \cdot sec}$

(6) 동점성계수(kinematic viscosity ; ν) 출제율 20%

① 정의 : 점성계수를 밀도로 나눈 값을 말한다.

② 단위 : $\mathrm{m^2/sec}$, $\mathrm{cm^2/sec}$

   $1\mathrm{stokes} = 1\mathrm{cm^2/sec}$

   $1\mathrm{cstoke} = 10^{-2}\mathrm{stokes}$

③ 관계식

$$동점성계수(\nu) = \frac{\mu}{\rho}$$

3 연속방정식

(1) 개요

1차원 정상류가 흐르고 있는 유체 유동에 관한 연속방정식을 설명하는 데 적용된 법칙은 질량보존의 법칙이다.

(2) 관계식(비압축성 유체 흐름 가정)

$$Q = A_1 V_1 = A_2 V_2$$

여기서, Q : 단위시간에 흐르는 유체의 체적(유량)
$\qquad\qquad$ $(\mathrm{m^3/min})$
$\qquad$ A_1, A_2 : 각 유체통과 단면적($\mathrm{m^2}$)
$\qquad$ V_1, V_2 : 각 유체의 통과 유속($\mathrm{m/sec}$)

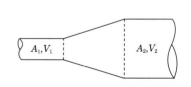

(3) 유체역학의 질량보존의 원리를 환기시설에 적용하는 데 필요한 공기 특성의 네 가지 주요 가정(전제조건) ●출제율 20%

① 환기시설 내외(덕트 내부와 외부)의 열전달(열교환) 효과 무시

② 공기의 비압축성(압축성과 팽창성 무시)

③ 건조공기 가정

④ 환기시설에서 공기 속의 오염물질 질량(무게)과 부피(용량)를 무시

기출문제   2011년(산업기사), 2007년(기사)

두 개의 원형 송풍관이 합류되어 한 개의 원형 송풍관으로 공기가 흐른다. 합류 전 ①번 송풍관의 유량이 50m³/min 이며, 합류 전 ②번 송풍관의 유량이 30m³/min일 때 합류 후 송풍관의 반송속도를 20m/sec로 하면 합류 후의 송풍관의 내경(m)을 구하시오. ●출제율 40%

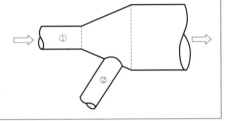

풀이 합류관의 유량(Q)

$Q = Q_1 + Q_2 = 50 + 30 = 80 \text{m}^3/\text{min}$ 이므로

$Q = A \times V$ 에서 $A = \dfrac{Q}{V} = \dfrac{80 \text{m}^3/\text{min}}{20 \text{m/sec} \times (60 \text{sec/min})} = 0.067 \text{m}^2$

A(단면적) $= \dfrac{3.14 \times D^2}{4}$ 에서 $D = \sqrt{A \times \dfrac{4}{3.14}} = \sqrt{\dfrac{0.067 \text{m}^2 \times 4}{3.14}} = 0.29 \text{m}$

예상문제

그림과 같이 Q_1과 Q_2에서 유입된 기류가 합류관인 Q_3로 흘러갈 때 Q_3의 유량(m³/min)은? (단, Q_3의 직경은 350mm)

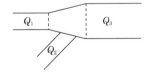

Q_1 : 직경 200mm, 유속 10m/sec

Q_2 : 직경 150mm, 유속 14m/sec

풀이 연속방정식 이론에 의해 유체의 질량보존법칙이 성립하므로

$Q_3 = Q_1 + Q_2$ 에서

$Q_1 = A \times V = \left(\dfrac{3.14 \times D^2}{4} \right) \times V = \left(\dfrac{3.14 \times 0.2^2}{4} \right) \text{m}^2 \times 10 \text{m/sec} = 0.314 \text{m}^3/\text{sec}$

$Q_2 = A \times V = \left(\dfrac{3.14 \times 0.15^2}{4} \right) \text{m}^2 \times 14 \text{m/sec} = 0.25 \text{m}^3/\text{sec}$

$= Q_1 + Q_2 = 0.314 + 0.25 = 0.564 \text{m}^3/\text{sec} \times 60 \text{sec/min} = 33.8 \text{m}^3/\text{min}$

1. $Q = A \times V$에 의한 계산 숙지(출제 비중 높음)
2. 유체역학의 질량보전의 원리를 환기시설에 적용하는 데 필요한 전제 조건 4가지 숙지

CHAPTER 4

4 공기의 성질과 오염물질

(1) 밀도보정계수(d_f)

오염물질의 농도를 계산 시 공기는 온도, 압력 변화에 따라서 밀도와 비중이 변하므로 표준상태에서의 밀도 보정을 하여 표준화하여야 한다.

[계산식]

$$밀도보정계수(d_f\;;\;무차원) = \frac{(273+21)(P)}{(℃+273)(760)}$$

여기서, P : 대기압(mmHg, inHg), ℃ : 온도

$$\rho_{(a)} = \rho_{(s)} \times d_f$$

여기서, $\rho_{(a)}$: 실제공기의 밀도, $\rho_{(s)}$: 표준상태(21℃, 1atm)의 공기 밀도(1.203kg/m^3)

기출문제   2004년, 2017년(산업기사), 2008년(기사)

공기의 온도 38℃, 압력이 710mmHg인 경우 공기의 밀도보정계수는? ●출제율 30%

풀이 $d_f = \dfrac{(273+21)(P)}{(℃+273)(760)} = \dfrac{(273+21)(710)}{(38+273)(760)} = 0.88$

기출문제   2014년, 2015년, 2019년(산업기사), 2010년(기사)

0℃, 1기압인 표준상태에서 공기의 밀도가 1.293kg/m^{3}라고 할 때 25℃, 1기압에서의 공기 밀도(kg/m^3)는? ●출제율 40%

풀이 우선 d_f 를 구하면

$$d_f = \frac{(273+0)}{(℃+273)} \times \frac{P}{760} = \frac{273}{(25+273)} \times \frac{760}{760} = 0.916$$

$$\rho_{(a)} = \rho_{(s)} \times d_f = 1.293 \times 0.916 = 1.18\,kg/m^3$$

(2) 유효비중(혼합비중)

① 공기와 증기가 혼합된 기체의 비중(유효비중)은 순수한 공기의 비중과 거의 동일하여 오염물질이 공기 중에서 자유롭게 확산이동이 이루어지므로 공기보다 무거운 증기라 할지라도 바닥으로 가라앉지 않는다.

② 오염된 공기 중에 포함되어 있는 아주 소량의 증기 유효 비중(혼합비중)은 순수한 공기 비중과 거의 동일하다.

③ 환기시설 설계 시 오염물질만의 비중만 고려하여 후드설치 위치를 선정하면 안 된다. 즉 유효 비중(혼합비중)을 고려하여 설계하여야 한다.

기출문제   2007년, 2012년, 2019년(산업기사), 2009년, 2015년, 2018년, 2019년(기사)

사염화에틸렌 500ppm이 공기 중에 존재한다면 공기와 사염화에틸렌 혼합물의 유효비중은 얼마인가? (단, 공기 비중 1.0, 사염화에틸렌 비중 5.7) 출제율 60%

풀이   유효비중 $= \dfrac{(500 \times 5.7) + (999,500 \times 1.0)}{1,000,000} = 1.00235$

기출문제   2007년, 2010년, 2015년(산업기사), 2013년(기사)

공기 중에 아세톤(비중 : 2.0) 750ppm과 사염화탄소(비중 : 5.7) 500ppm이 존재한다면 공기와 아세톤 및 사염화탄소의 유효비중은? (단, 소수점 넷째자리까지 구하시오.) 출제율 60%

풀이   유효비중 $= \dfrac{(750 \times 2.0) + (500 \times 5.7) + (998,750 \times 1.0)}{1,000,000}$

$= 1.0031$ (문제상 공기 비중이 주어지지 않으면 1로 계산함)

기출문제   2009년, 2019년(산업기사), 2005년(기사)

어떤 유기용제의 증기압이 1.5mmHg일 때 공기 중에서 도달할 수 있는 포화농도(ppm)는? 출제율 40%

풀이   최고(포화) 농도 $= \dfrac{P}{760} \times 10^6 = \dfrac{1.5}{760} \times 10^6 = 1973.68ppm$

예상문제

벤젠 1L가 모두 증발하였다면 벤젠이 차지하는 부피는? (단, 벤젠의 비중은 0.88이고 분자량은 78, 21℃, 1기압) 출제율 30%

풀이   ① 벤젠 사용량을 우선 구하면
$1L \times 0.88g/mL \times 1,000mL/L = 880g$
② 벤젠 발생 부피는
$78g : 24.1L = 880g : X(부피)$
$X(부피) = 271.9L$

예상문제

벤젠 1kg이 모두 증발하였다면 벤젠이 차지하는 부피는? (단, 벤젠의 비중 0.88, 분자량 78, 21℃, 1기압) 출제율 30%

풀이   벤젠 사용량(1kg)이 문제에서 주어졌으므로 벤젠 발생 부피는
$78g : 24.1L = 1,000g : X(부피)$
$X(부피) = 308.97L$

예상문제

실내공간이 50m³인 빈 실험실에 MEK가 2mL가 기화되어 완전히 혼합되었다고 가정하면 이때 실내의 MEK 농도는 몇 ppm인가? (단, MEK 비중=0.805, 분자량=72.1, 25℃, 1기압 기준)

풀이 ① MEK 발생 농도를 중량단위(mg/m³)로 구하면

$$\frac{2mL}{50m^3} \times 0.805g/mL = 0.0322g/m^3 \times 1,000mg/g = 32.2mg/m^3$$

② 중량농도를 용량단위(ppm)로 구하면

$$ppm = 32.2mg/m^3 \times \frac{24.45}{72.1} = 10.92ppm$$

1. 밀도보정계수 계산 숙지
2. 유효 비중 계산 숙지(출제 비중 높음)
3. 포화농도 계산 숙지
4. 증발 부피 계산 숙지(출제 비중 높음)

5 공기압력의 종류

(1) 압력은 단위면적당 단위체적의 유체가 가지고 있는 에너지를 의미한다.

(2) 베르누이 정리에 의해 속도수두를 동압(속도압), 압력수두를 정압이라 하고, 동압과 정압의 합을 전압이라 한다.

전압(TP ; Total Pressure)=동압(VP ; Velocity Pressure)+정압(SP ; Static Pressure)

① 정압 출제율 30%
   ⊙ 밀폐된 공간(duct) 내 사방으로 동일하게 미치는 압력, 즉 모든 방향에서 동일한 압력이며 송풍기 앞에서는 음압, 송풍기 뒤에서는 양압이다.
   ⓛ 양압은 공간벽을 팽창시키려는 방향으로 미치는 압력이고, 음압은 공간벽을 압축시키려는 방향으로 미치는 압력이다. 즉 유체를 압축시키거나 팽창시키려는 잠재에너지의 의미가 있다.
   ⓒ 정압은 잠재적인 에너지로 공기의 이동에 소요되며, 유용한 일을 하며 양압 혹은 음압을 가질 수 있다.
   ⓔ 정압은 속도압과 관계없이 독립적으로 발생한다.

② 동압(속도압) 출제율 30%
   ⊙ 공기의 흐름방향으로 미치는 압력이고 단위체적의 유체가 갖고 있는 운동에너지이다.
   ⓛ 정지상태의 유체에 작용하여 속도 또는 가속을 일으키는 압력으로 공기를 이동시킨다.
   ⓒ 공기의 운동에너지에 비례하여 항상 0 또는 양압을 갖는다.

ⓔ 공기속도(V)와 속도압(VP)의 관계

$$속도압(동압)(VP) = \frac{\gamma V^2}{2g} \text{ 에서 } V = \sqrt{\frac{2gVP}{\gamma}}$$

여기서 표준공기인 경우 $\gamma = 1.203\mathrm{kg_f/m^3}$, $g = 9.81\mathrm{m/sec^2}$이므로
위의 식에 대입하면

$$V = 4.043\sqrt{VP} \text{ 에서 } VP = \left(\frac{V}{4.043}\right)^2$$

여기서, V : 공기속도(m/sec), VP : 동압(속도압)(mmH₂O)

③ **전압**

㉠ 전압은 단위유체에 작용하는 정압과 동압의 총합이다.

㉡ 정압과 동압은 상호변환이 가능하며, 그 변환에 의해 정압, 동압의 값이 변화하더라도 그 합인 전압은 에너지의 득, 실이 없다면 관의 전 길이에 걸쳐 일정하다. 이를 베르누이 정리라 한다.

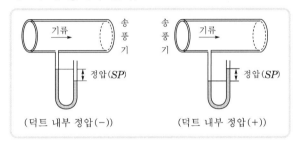

┃정압의 특징┃

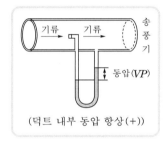

┃동압(속도압)의 측정┃

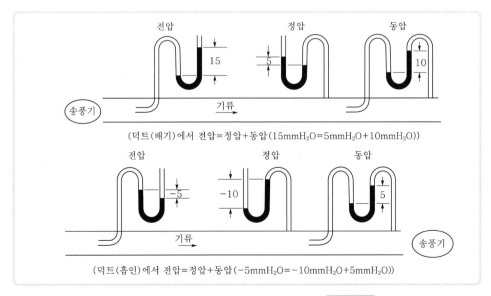

┃송풍기 위치에 따른 정압, 전압의 관계┃ ●출제율 50%

기출문제   2012년, 2018년(산업기사), 2007년, 2010년, 2013년, 2019년(기사)

덕트 단면적이 0.038m²이고, 덕트 내 정압은 −64.5mmH₂O, 전압은 −20.5mmH₂O이다. 덕트 내의 반송속도(m/sec)와 공기유량(m³/sec)은? (단, 공기의 밀도 1.2kg/m³) ●출제율 70%

풀이 (1) 반송속도(V)

동압 = 전압 − 정압 = −20.5 − (−64.5) = 44mmH₂O

$$VP(동압, 속도압) = \frac{\gamma V^2}{2g}$$

$$V = \sqrt{\frac{2g\,VP}{\gamma}} = \sqrt{\frac{2 \times 9.8 \times 44}{1.2}} = 26.81 \text{m/sec}$$

(2) 공기유량(Q)

$$Q = A \times V = 0.038\text{m}^2 \times 26.81\text{m/sec} = 1.02\text{m}^3/\text{sec}$$

기출문제   2002년, 2010년, 2014년, 2015년(산업기사), 2008년(기사)

송풍관 내를 20℃의 공기가 20m/sec의 속도로 흐를 때 속도압(mmH₂O)을 구하시오. (단, 0℃, 1atm에서 공기 밀도는 1.293kg/m³) ●출제율 70%

풀이 $VP(속도압) = \dfrac{\gamma V^2}{2g}$

$$\gamma = 1.293\text{kg/m}^3 \times \frac{273}{273 + 20} = 1.205\text{kg/m}^3$$

$$= \frac{1.205 \times 20^2}{2 \times 9.8}$$

$$= 24.59\text{mmH}_2\text{O}$$

기출문제   2007년(산업기사), 2012년(기사), 2015년(기사)

직경이 30cm인 덕트에 공기가 100m³/min으로 흐르고 있다. 현재 표준공기 상태라면 속도압(mmH₂O)은 얼마인가? ●출제율 70%

풀이 ① 단면적(A)

$$A = \frac{\pi \times D^2}{4} = \left(\frac{3.14 \times 0.3^2}{4}\right)\text{m}^2 = 0.0707\text{m}^2$$

② 속도(V)

$Q = A \times V$ 에서

$$V = \frac{Q}{A} = \frac{100\text{m}^3/\text{min}}{0.0707\text{m}^2} = 1414.43\text{m/min} \times \text{min}/60\text{sec} = 23.57\text{m/sec}$$

$$속도압(VP) = \left(\frac{V}{4.043}\right)^2 = \left(\frac{23.57}{4.043}\right)^2 = 33.99\text{mmH}_2\text{O}$$

2006년, 2012년(산업기사), 2008년(기사)

기출문제

송풍량이 120m³/min이고, 덕트 직경이 350mm일 때 동압(mmH₂O)을 구하시오. (단, 공기 밀도 1.2kg/m³) ●출제율 70%

풀이 ① 속도(V)

$Q = A \times V$에서

$$V = \frac{Q}{A} = \frac{120\text{m}^3/\text{min}}{\left(\frac{3.14 \times 0.35^2}{4}\right)\text{m}^2} = 1247.89\text{m/min} \times \text{min}/60\text{sec} = 20.8\text{m/sec}$$

② 동압(VP)

$$VP = \frac{\gamma V^2}{2g} = \frac{1.2 \times 20.8^2}{2 \times 9.8} = 26.49\text{mmH}_2\text{O}$$

2004년, 2019년(산업기사), 2009년, 2019년(기사)

기출문제

속도압이 10mmH₂O인 덕트의 유속 V(m/sec)는? (단, 공기 밀도 1.2kg/m³) ●출제율 60%

풀이 유속(V) $= \sqrt{\frac{2g\,VP}{\gamma}} = \sqrt{\frac{2 \times 9.8 \times 10}{1.2}} = 12.78\text{m/sec}$

2003년, 2010년(산업기사), 2008년(기사)

기출문제

덕트 내 어떤 공기 측정 시 동압이 21mmH₂O일 때 유속은 4m/sec이었다. 덕트의 밸브를 열고 동압을 측정하니 35mmH₂O이었다면 이때 유속(m/sec)은 얼마인가? ●출제율 70%

풀이 ① 동압(VP) $= \frac{\gamma V^2}{2g}$에서 $21 = \frac{\gamma \times 4^2}{2 \times g}$ 이므로 $\frac{\gamma}{g} = 2.625$

② 동압 35mmH₂O 상태에 적용 동압(VP) $= \frac{\gamma V^2}{2g}$에서 $35 = 2.625 \times \frac{V^2}{2}$ 이므로

$$V = \sqrt{\frac{2 \times 35}{2.625}} = 5.16\text{m/sec}$$

2004년(산업기사), 2011년(기사)

기출문제

표준 공기가 15m/sec로 흐르고 있다. 이때 송풍기 앞쪽에서 정압을 측정하였더니 10mmH₂O였다. 전압(mmH₂O)은 얼마인가? ●출제율 50%

풀이 $\text{TP} = \text{VP} + \text{SP}$ 이므로 $\text{VP} = \left(\frac{V}{4.043}\right)^2 = \left(\frac{15}{4.043}\right)^2 = 13.76\text{mmH}_2\text{O}$

$\text{SP} = -10\text{mmH}_2\text{O}$(송풍기 앞쪽이므로)

$\text{TP} = 13.76 + (-10) = 3.76\text{mmH}_2\text{O}$

CHAPTER 4

1. $Q = A \times V$ 식 관련 계산 숙지(출제 비중 높음)
2. $TP = VP + SP$ 식 관련 계산 숙지(출제 비중 높음)
3. TP, VP, SP의 정확한 이해 숙지(출제 비중 높음)
4. 속도와 속도압 관계에 의한 계산 숙지(출제 비중 높음)
5. U자 관의 TP, VP, SP 구하기 숙지(출제 비중 높음)

6 베르누이 정리(Bernoulli 정리)

(1) 개요

베르누이 정리에 의해 국소배기장치 내의 에너지 총합은 에너지의 득, 실이 없다면 언제나 일정하다. 즉 에너지 보존법칙이 성립한다.

(2) 베르누이 정리(방정식) ●출제율 30%

$$\frac{P}{\gamma} + \frac{V^2}{2g} + Z = \mathrm{constant}(H)$$

여기서, $\frac{P}{\gamma}$: 압력수두(m) ⇨ 단위질량당 압력에너지(SP)

$\frac{V^2}{2g}$: 속도수두(m) ⇨ 단위질량당 속도에너지(VP)

Z : 위치수두(m) ⇨ 단위질량당 위치에너지

H : 전수두(m)

(3) 산업환기, 즉 유체가 기체인 경우 위치수두 Z의 값은 매우 작아 무시한다. 즉 이때 베르누이 방정식은 다음과 같다.

$$\frac{P}{\gamma} + \frac{V^2}{2g} = \mathrm{constant}(H)$$

(4) 베르누이 방정식 적용조건(가정 조건) ●출제율 30%

① 정상유동
② 비압축성, 비점성 유동
③ 마찰이 없는 흐름, 즉 이상유동
④ 동일한 유선상의 유동
　상기 조건에서 한 조건이라도 만족하지 않을 경우 적용할 수 없다.

 베르누이 정리 의미 및 적용 조건 숙지

7 레이놀즈 수

(1) 층류(laminar flow)

유체의 입자들이 규칙적인 유동상태가 되어 질서정연하게 흐르는 상태이다.

(2) 난류

유체의 입자들이 불규칙적인 유동상태가 되어 상호간 활발하게 운동량을 교환하면서 흐르는 상태이다.

(3) 레이놀즈 수(Reynold number, Re) ●출제율 40%

① 개요
  ㉠ 유체흐름에서 관성력과 점성력의 비를 무차원 수로 나타낸 것을 말한다.
  ㉡ 레이놀즈 수는 유체흐름에서 층류와 난류를 구분하는 데 사용된다.
  ㉢ 유체에 작용하는 마찰력의 크기를 결정하는 데 중요한 인자이다.
② 층류흐름 : 레이놀즈 수가 작으면 관성력에 비해 점성력이 상대적으로 커져서 유체가 원래의 흐름을 유지하려는 성질을 갖는다(관성력< 점성력).
③ 난류흐름 : 레이놀즈 수가 커지면 점성력에 비해 관성력이 지배하게 되어 유체의 흐름에 많은 교란이 생겨 난류흐름을 형성한다(관성력> 점성력).
④ 관계식

$$Re = \frac{\rho VD}{\mu} = \frac{VD}{\nu} = \frac{관성력}{점성력}$$

여기서, Re : 레이놀즈 수(무차원), ρ : 유체의 밀도(kg/m³)
  D : 유체가 흐르는 직경(m), V : 유체의 평균유속(m/sec)
  μ : 유체의 점성계수(kg/m · sec(poise)), ν : 유체의 동점성계수(m²/sec)

⑤ 레이놀즈 수의 크기에 따른 구분
  ㉠ 층류($Re < 2,100$)
  ㉡ 천이영역($2,100 < Re < 4,000$)
  ㉢ 난류($Re > 4,000$)

(4) 흐름형태에 따른 평균속도 ●출제율 20%

① 난류(Re 100,000 이하)에서 평균속도

평균속도(m/sec)$= \dfrac{평균속도에 \ 해당하는 \ 반경}{덕트 \ 반경} ×$ 중심속도$= 0.762×$중심속도

② 층류에서 평균속도

평균속도(m/sec)$= 0.5×$중심속도

기출문제 | 2007년, 2014년, 2020년(산업기사), 2012년, 2018년, 2020년(기사)

직경이 120mm이고 관내 유속이 5m/sec일 때 Reynold 수를 구하고, 층류와 난류를 구하시오.
(단, 20℃, 1기압, 동점성계수 1.5×10^{-5}m²/sec) ●출제율 60%

풀이 $Re = \dfrac{VD}{\nu} = \dfrac{5 \times 0.12}{1.5 \times 10^{-5}} = 40,000$ ($Re > 4,000$이므로 난류로 구분)

기출문제 | 2011년, 2017년(산업기사), 2006년, 2010년, 2019년(기사)

덕트 직경 20cm, 공기유속이 23m/sec일 때 20℃에서 Reynold 수는? (단, 20℃에서 공기의 점성계수는 1.8×10^{-5}kg/m · sec이고, 공기 밀도는 1.2kg/m³으로 가정) ●출제율 60%

풀이 $Re = \dfrac{\rho VD}{\mu} = \dfrac{1.2 \times 23 \times 0.2}{1.8 \times 10^{-5}} = 306,667$

기출문제 | 2011년(산업기사), 2006년, 2010년, 2015년(기사)

표준 공기가 흐르고 있는 덕트의 Reynold 수가 2×10^5일 때 덕트 속의 유속(m/sec)은? (단, 덕트 직경 30cm, 표준 공기의 동점성계수 1.5×10^{-5}m²/sec) ●출제율 60%

풀이 $Re = \dfrac{VD}{\nu}$ 에서

$V = \dfrac{Re \cdot \nu}{D} = \dfrac{(2 \times 10^5) \times (1.5 \times 10^{-5})}{0.3} = 10$m/sec

---

기출문제 | 2004년(산업기사), 2010년(기사)

1기압, 20℃의 동점성계수가 1.5×10^{-5}m²/sec이고, 유속이 20m/sec이다. 원형 duct의 단면적이 0.385m²이면 Reynold number는? ●출제율 60%

풀이 $Re = \dfrac{V \cdot D}{\nu} = \dfrac{20 \times 0.7}{1.5 \times 10^{-5}}$ $\left(단면적 = \dfrac{3.14 \times D^2}{4} 에서 \ D = \sqrt{\dfrac{단면적 \times 4}{3.14}} = \sqrt{\dfrac{0.385\text{m}^2 \times 4}{3.14}} = 0.7\text{m} \right)$

$= 933,333$

기출문제 | 2007년(산업기사), 2005년, 2013년, 2017년(기사)

21℃에서 동점성계수가 1.5×10^{-5}m²/sec이다. 직경이 20cm인 관에 층류로 흐를 수 있는 최대의 평균속도(m/sec)와 유량(m³/min)을 구하시오. ●출제율 70%

풀이 (1) 공기의 최대 평균속도

관내를 층류로 흐를 수 있는 $Re = 2,100$이므로 $Re = \dfrac{VD}{\nu}$ 에서 V를 구하면

$V = \dfrac{Re \cdot \nu}{D} = \dfrac{2,100 \times (1.5 \times 10^{-5})}{0.2} = 0.16$m/sec

(2) 유량

$Q = A \times V = \left(\dfrac{3.14 \times 0.2^2}{4} \right)$m² $\times 0.16$m/sec $= 5.02 \times 10^{-3}$m³/sec $\times 60$sec/min $= 0.3$m³/min

---

기출문제   2002년, 2010년(산업기사), 2006년(기사)

1기압, 20℃의 동점성계수가 $1.5 \times 10^{-5} m^2/sec$이다. 직경이 0.5m인 관의 동압이 $5mmH_2O$라면 레이놀즈 수(Re)는? (단, 공기 비중 1.20이다.) ●출제율 30%

풀이 $Re = \dfrac{V \cdot D}{\nu}$ 에서

$$V = \sqrt{\dfrac{2g VP}{r}} = \sqrt{\dfrac{2 \times 9.8 \times 5}{1.2}} = 9.037 m/sec$$

$$= \dfrac{9.037 \times 0.5}{1.5 \times 10^{-5}} = 301,233$$

기출문제   2014년, 2017년, 2019년(기사)

표준 공기가 흐르고 있는 덕트의 Reynold 수가 30,000일 때 덕트 유속(m/sec)을 구하시오. (단, 덕트 직경 150mm, 점성계수 1.607×10^{-4}poise, 비중 1.203) ●출제율 40%

풀이 $Re = \dfrac{\rho VD}{\mu}$ 에서

$V = \dfrac{Re \cdot \mu}{\rho \cdot D}$

$D = 150mm \times m/1,000mm = 0.15m$

$\mu = 1.607 \times 10^{-4} poise \times \dfrac{1g/cm \cdot sec}{poise} \times kg/1,000g \times 100cm/m$

$= 1.607 \times 10^{-5} kg/m \cdot sec$

$= \dfrac{30,000 \times (1.607 \times 10^{-5})}{1.203 \times 0.15} = 2.67 m/sec$

---

1. Reynold 수 계산 숙지(출제 비중 높음)
2. 점성력, 관성력의 비에 의한 유체흐름 숙지
3. $Re = 0.666 VD \times 10^5$ 증명 숙지(출제 비중 높음)

Section 02 ┃ 전체 환기

1 산업환기

(1) 개요

근로자가 작업하고 있는 옥내 작업장의 공기가 건강장애를 주지 않도록 오염된 공기를 배출하는 동시에 신선한 공기를 도입해서 순환시키는 처리계통을 산업환기라 한다. 즉 화학적, 물리적 인자가 포함된 공기를 제거, 교환, 희석하는 방법이다.

(2) 산업환기의 종류 `출제율 20%`

① 강제환기(기계환기)

ㄱ 송풍기(fan)를 사용하여 강제적으로 환기하는 방식. 즉 기계적인 힘을 이용하는 것이다.

ㄴ 장점 : 필요한 공기량을 송풍기 용량으로 조절이 가능하므로 작업환경을 일정하게 유지할 수 있다.

ㄷ 단점 : 송풍기 가동에 따른 소음 · 진동의 발생과 에너지비용이 많이 소요된다.

② 자연환기

ㄱ 자연통풍, 즉 동력을 사용하지 않고 단지 자연의 힘, 온도차에 의한 부력이나 바람에 의한 풍력을 이용하는 것이다.

ㄴ 장점 : 소음, 진동이 발생하지 않고 운전비가 필요없으므로 적당한 온도차와 바람이 있으면 강제환기보다 효과적이다.

ㄷ 단점 : 기상조건이나 작업장 내부조건 등에 따라 환기량의 변화가 심하다.

(3) 산업환기의 목적 `출제율 40%`

① 유해물질의 농도를 감소시켜 근로자들의 건강을 유지 · 증진시키는 데 있다(허용기준치 이하로 낮추는 의미).

② 화재나 폭발 등의 산업재해를 예방한다.

③ 작업장 내부의 온도와 습도를 조절한다.

④ 작업생산 능률을 향상시킨다.

1. 강제환기 및 자연환기 장 · 단점 숙지
2. 산업환기의 목적 숙지

② 전체 환기의 기본 개념

(1) 개요

전체 환기는 유해물질을 외부에서 공급된 신선한 공기와의 혼합으로 유해물질의 농도를 희석시키는 방법으로 자연환기방식과 인공환기방식으로 나누며, 자연환기방식은 작업장 내외의 온도, 압력 차이에 의해 발생하는 기류의 흐름을 자연적으로 이용하는 방식이며, 인공환기방식이란 환기를 위한 기계적 시설을 이용하는 방식이다.

(2) 목적 `출제율 30%`

① 유해물질 농도를 희석, 감소시켜 근로자의 건강을 유지, 증진한다.

② 화재나 폭발을 예방한다.

③ 실내의 온도 및 습도를 조절한다.

(3) 종류 ●출제율 40%

① 자연환기

　　㉠ 작업장의 개구부(문, 창, 환기공 등)를 통하여 바람(풍력)이나 작업장 내외의 온도, 기압차이에 의한 대류작용으로 행해지는 환기를 의미한다.

　　㉡ 장점

　　　• 설치비 및 유지보수비가 적게 든다.
　　　• 운전비용이 거의 들지 않는다.
　　　• 효율적인 자연환기는 에너지비용을 최소화할 수 있다(냉방비 절감효과).
　　　• 소음발생이 적다.

　　㉢ 단점

　　　• 외부 기상조건과 내부조건에 따라 환기량이 일정하지 않아 작업환경 개선용으로 이용하는 데 제한적이다.
　　　• 계절변화에 불안정하다. 즉 여름보다 겨울철이 환기효율이 높다.
　　　• 정확한 환기량 산정이 힘들다. 즉 환기량 예측자료를 구하기 힘들다.

② 인공환기(기계환기)

　　㉠ 자연환기의 작업장 내외의 압력차는 몇 mmH_2O 이하의 차이이므로 공기를 정화해야 할 때는 인공환기를 해야 한다.

　　㉡ 장점

　　　• 외부 조건(계절변화)에 관계없이 작업조건을 안정적으로 유지할 수 있다.
　　　• 환기량을 기계적(송풍기)으로 결정하므로 정확한 예측이 가능하다.

　　㉢ 단점

　　　• 소음발생이 크다.
　　　• 설비비, 운전비용 및 유지보수비가 많이 든다.

　　㉣ 종류

　　　ⓐ 급·배기법
　　　　• 급·배기를 동력에 의해 운전하며, 가장 효과적인 인공환기방법이다.
　　　　• 실내압을 양압이나 음압으로 조정이 가능하다.
　　　　• 정확한 환기량이 예측 가능하며, **작업환경관리에 적합**하다.

　　　ⓑ 급기법
　　　　• 급기는 동력, 배기는 개구부로 자연 배출하며, 고온 작업장에 많이 사용한다.
　　　　• 실내압은 양압으로 유지되어 **청정산업(전자산업, 식품산업, 의약산업)에 적용**한다. 즉 청정공기가 필요한 작업장은 실내압을 양압(+)으로 유지한다.

CHAPTER 4

ⓒ 배기법
- 급기는 개구부, 배기는 동력으로 한다.
- 실내압을 음압으로 유지하여 **오염이 높은 작업장에 적용**한다. 즉 오염이 높은 작업장은 실내압을 음압(−)을 유지해야 한다.

1. 자연환기 및 기계환기의 장·단점 숙지(출제 비중 높음)
2. 기계환기의 종류 및 내용 숙지

3 전체 환기 적용조건 및 설치원칙

(1) 전체 환기(희석환기) 적용 시 조건 ●출제율 90%

① 유해물질의 독성이 비교적 낮은 경우(가장 중요한 제한 조건)
② 동일한 작업장에 오염원이 분산되어 있는 경우
③ 유해물질이 시간에 따라 균일하게 발생될 경우
④ 유해물질의 발생량이 적은 경우
⑤ 유해물질이 증기나 가스일 경우
⑥ 국소배기로 불가능한 경우
⑦ 배출원이 이동성인 경우
⑧ 가연성 가스의 농축으로 폭발의 위험이 있는 경우

> Reference **전체 환기로 입자상 물질을 처리하지 않는 이유** ●출제율 40%
>
> 유해물질이 증기나 가스일 경우 전체 환기를 적용하며, 비중을 갖고 있는 입자상 물질은 희석효과보다는 강제력에 의한 국소배기장치로 처리함이 바람직하다.

(2) 전체 환기시설 설치 기본원칙 ●출제율 30%

① 오염물질 사용량을 조사하여 필요환기량을 계산한다.
② 배출공기를 보충하기 위하여 청정공기를 공급한다.
③ 오염물질 배출구는 가능한 한 오염원으로부터 가까운 곳에 설치하여 '점환기'의 효과를 얻는다.
④ 공기배출구와 근로자의 작업위치 사이에 오염원이 위치해야 한다.
⑤ 공기가 배출되면서 오염장소를 통과하도록 공기 배출구와 유입구의 위치를 선정한다.
⑥ 작업장 내 압력을 경우에 따라서 양압이나 음압으로 조정해야 한다(오염원 주위에 다른 작업공정이 있으면 공기공급량을 배출량보다 작게 하여 음압을 형성시킨다).

⑦ 배출된 공기가 재유입되지 못하게 해야 한다.

⑧ 오염된 공기는 작업자가 호흡하기 전에 충분히 희석되어야 한다.

⑨ 오염물질 발생은 가능하면 비교적 일정한 속도로 유출되도록 조정해야 한다.

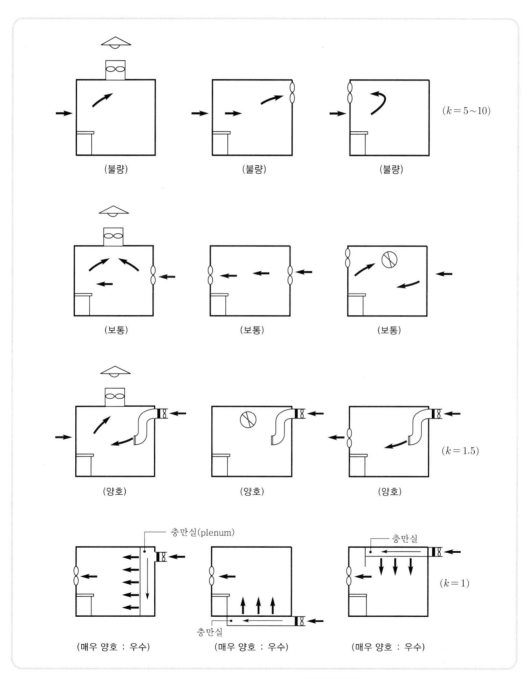

▌ 송풍기와 배기구의 위치 ▌ ● 출제율 40%

(3) 중성대(NPL) 출제율 30%

① 외부공기와 실내공기와의 압력 차이가 0인 부분의 위치로 환기의 정도를 좌우하며, 일반적으로 높을수록 환기효율이 양호하다.

② 일반적으로 건물 높이의 약 0.5배(0.3~0.7배) 위치에서 형성한다.

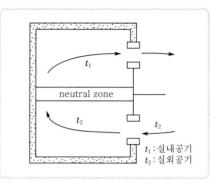

∎ 중성대(neutral zone) ∎

1. 전체 환기 적용 조건 숙지(출제 비중 높음)
2. 송풍기와 배기구 그림 숙지
3. 중성대 정의 숙지

4 전체 환기량(필요환기량, 희석환기량) : 평형상태

(1) 유효환기량(Q')

$$Q' = \frac{G}{C}$$

여기서, G : 유해물질 발생률(L/hr)
$\quad\quad\quad C$: 공기 중 유해물질 농도

(2) 실제환기량(Q)

$$Q = Q' \times K$$

여기서, Q' : 유효환기량(m^3/min)
$\quad\quad\quad K$: 작업장 내 공기의 불완전 혼합에 대해 안전확보를 위한 안전계수(여유계수, 무차원)

(3) K(안전계수) 결정 시 고려할 요인 출제율 40%

• $K = 1$은 전체 환기가 제대로 이루어져 유효환기량 만큼 실제 환기시켜도 충분한 환기가 이루어진 경우 적용
• $K = 2$는 작업장 내의 혼합이 보통인 경우 적용
• $K = 3$은 작업장 내의 혼합이 불완전한 경우
• $K = 10$인 경우는 사각지대가 생겨서 환기가 제대로 이루어지지 않기 때문에 실제환기량을 유효환기량의 10배 만큼 늘려야 한다는 의미

① 유해물질의 허용기준(TLV) (유해물질의 독성을 고려한다.)

> 독성이 약한 물질 ⇨ TLV ≧ 500ppm
> 독성이 중간 물질 ⇨ 100ppm < TLV < 500ppm
> 독성이 강한 물질 ⇨ TLV ≦ 100ppm

② 환기방식의 효율성(성능) 및 실내유입 보충용 공기의 혼합과 기류 분포를 고려
③ 유해물질의 발생률
④ 공정 중 근로자들의 위치와 발생원과의 거리
⑤ 작업장 내 유해물질 발생점의 위치와 수

(4) 필요환기량(Q : m³/min)

$$Q = \frac{G}{TLV} \times K$$

여기서, G : 시간당 공기 중으로 발생된 유해물질의 용량(발생률, L/hr)
$\quad\quad$ TLV : 허용기준
$\quad\quad$ K : 안전계수(여유계수)

기출문제 2009년, 2013년, 2019년, 2020년(산업기사), 2007년, 2008년, 2012년, 2015년, 2016년, 2018년, 2020년(기사)

어떤 공장에서 1시간에 2L의 오염물질이 증발되어 공기를 오염시키고 있다. K는 6, 분자량은 58.11, 비중은 0.792이며 허용기준 TLV가 750ppm이라면 이 작업장을 전체 환기시키기 위한 필요환기량(m³/min)은? (단, 작업장 조건 21℃, 1기압) ●출제율 90%

풀이 ① 필요환기량(Q) = $\frac{G}{TLV} \times K$

우선 사용량(g/hr)을 구하면 2L/hr × 0.792g/mL × 1,000mL/L = 1,584g/hr
다음 발생률(G : L/hr)을 구하면 58.11g : 24.1L = 1,584g/hr : G(L/hr)

$G = \dfrac{24.1L \times 1,584g/hr}{58.11g} = 656.93L/hr$

(21℃, 1기압에서 오염물질 1g 분자량은 58.11이다. 이것이 공기 중으로 발생 시 차지하는 용적이 24.1L라는 의미 ⇨ 657L/hr는 1,584g/hr를 사용 시 차지하는 용적을 의미)

② 필요환기량(Q)을 구하면

$필요환기량(Q) = \dfrac{G}{TLV} \times K = \dfrac{656.93L/hr}{750ppm} \times 6 = \dfrac{656.93L/hr \times 1,000mL/L}{750mL/m^3} \times 6$

$\quad\quad = 5255.47m^3/hr \times hr/60min$

$\quad\quad = 87.59m^3/min$

(분당 87.59m³의 외부 신선한 공기를 공급하면 오염물질 농도를 750ppm 이하로 유지할 수 있음을 의미함)

기출문제 2010년, 2015년, 2018년(산업기사), 2006년, 2018년(기사)

근로자가 벤젠을 취급하다가 실수로 작업장 바닥에 1.8L를 흘렸다. 작업장을 표준상태(25℃, 1기압)라고 가정하면 공기 중으로 증발한 벤젠의 증기 용량(L)은? (단, 벤젠 분자량 78.11, 비중 0.879, 바닥의 벤젠은 모두 증발함) ●출제율 60%

풀이 용량(L)을 중량(g)으로 변환하면 $1.8L \times 0.879 g/mL \times 1,000 mL/L = 1582.2g$

$78.11g : 24.45L = 1582.2g : G(L)$에서 $G = \dfrac{24.45L \times 1582.2g}{78.11g} = 495.26L$

기출문제 2013년, 2015년(산업기사), 2006년, 2010년, 2019년(기사)

작업장 내에서 톨루엔(M.W 92, TLV 100ppm)을 시간당 3kg/hr 사용하는 작업장에 전체 환기시설을 설치 시 필요환기량(m^3/min)은? (단, 작업장 조건은 21℃, 1기압, 혼합계수는 6) ●출제율 90%

풀이 ① 사용량(g/hr) : 3,000g/hr
② 발생률(G : L/hr)

$92g : 24.1L = 3,000g/hr : G(L/hr)$, $G = \dfrac{24.1L \times 3,000g/hr}{92g} = 785.97L/hr$

필요환기량$(Q) = \dfrac{G}{TLV} \times K = \dfrac{785.97L/hr}{100ppm} \times 6 = \dfrac{785.97L/hr \times 1,000mL/L}{100mL/m^3} \times 6$

$= 47156.4m^3/hr \times hr/60min = 785.94m^3/min$

기출문제 2005년, 2020년(산업기사), 2007년, 2011년, 2018년, 2020년(기사)

염화메틸(M.W＝84.94, 비중＝1.336)이 매 시간 1,200mL 발생하고 메틸알코올(M.W＝32.04, 비중＝0.792)은 매 시간 950mL 발생한다. 염화메틸(TLV＝200ppm)은 150ppm, 메틸알코올(TLV＝500ppm)은 400ppm일 때 노출기준 평가와 필요환기량(m^3/min)을 구하시오. (단, 염화메틸 $K＝4$, 메틸알코올 $K＝6$이고, 상가작용을 한다.) ●출제율 70%

풀이 (1) 노출기준 평가

노출지수 $= \dfrac{C_1}{TLV_1} + \dfrac{C_2}{TLV_2} = \dfrac{150}{200} + \dfrac{400}{500} = 1.55$(1보다 크므로 노출기준 초과 평가)

(2) 총 필요환기량(Q_T)
① 염화메틸
• 사용량(g/hr) : $1.2L/hr \times 1.336g/mL \times 1,000mL/L = 1603.2g/hr$
• 발생률(G : L/hr)

$84.94g : 24.1L = 1603.2g/hr : G(L/hr)$, $G = \dfrac{24.1L \times 1603.2g/hr}{84.94g} = 454.88L/hr$

• 필요환기량(Q_1)

$Q_1 = \dfrac{G}{TLV} \times K = \dfrac{454.88L/hr}{200ppm} \times 4 = \dfrac{454.88L/hr \times 1,000mL/L}{200mL/m^3} \times 4 = 9097.51m^3/hr$

② 메틸알코올
- 사용량(g/hr) : $0.95\text{L/hr} \times 0.792\text{g/mL} \times 1,000\text{mL/L} = 752.4\text{g/hr}$
- 발생률(G : L/hr)

  $$32.04\text{g} : 24.1\text{L} = 752.4\text{g/hr} : G(\text{L/hr}), \quad G = \frac{24.1\text{L} \times 752.4\text{g/hr}}{32.04\text{g}} = 565.94\text{L/hr}$$

- 필요환기량(Q_2)

  $$Q_2 = \frac{G}{\text{TLV}} \times K = \frac{565.94\text{L/hr}}{500\text{ppm}} \times 6 = \frac{565.94\text{L/hr} \times 1,000\text{mL/L}}{500\text{mL/m}^3} \times 6 = 6791.28\text{m}^3/\text{hr}$$

총 필요환기량(상가작용)

$$Q_T = Q_1 + Q_2 = 9097.51\text{m}^3/\text{hr} + 6791.28\text{m}^3/\text{hr} = 15,888\text{m}^3/\text{hr} \times \text{hr}/60\text{min} = 264.81\text{m}^3/\text{min}$$

1. 필요환기량 계산 숙지(출제 비중 높음)
2. K 결정 시 고려 요인 숙지(출제 비중 높음)
3. 유해물질의 허용 기준 3가지 숙지

5 전체 환기량(필요환기량, 희석환기량) : 유해물질 농도 변화 시

(1) 유해물질 농도 증가 시

① 초기상태를 $t_1 = 0$, $C_1 = 0$(처음 농도 0)이라 하고, 농도 C에 도달하는 데 걸리는 시간(t)

$$t = -\frac{V}{Q'}\left[\ln\left(\frac{G - Q'C}{G}\right)\right]$$

여기서, t : 농도 C에 도달하는 데 걸리는 시간(min)

V : 작업장의 기적(용적)(m^3), Q' : 유효환기량(m^3/min)

G : 유해가스의 발생량(m^3/min), C : 유해물질농도(ppm)

② 처음 농도 0인 상태에서 t시간 후의 농도(C)

$$C = \frac{G(1 - e^{-\frac{Q'}{V}t})}{Q'}$$

(2) 유해물질 농도 감소 시

① 초기시간 $t_1 = 0$에서 농도 C_1으로부터 C_2까지 감소하는 데 걸린 시간(t)

$$t = -\frac{V}{Q'}\ln\left(\frac{C_2}{C_1}\right)$$

CHAPTER 4

② 작업중지 후 C_1인 농도로부터 t분 지난 후 농도(C_2)

$$C_2 = C_1 e^{-\frac{Q'}{V}t}$$

작업장의 용적이 2,500m³이며 작업장에서 메틸클로로포름 증기가 0.03m³/min으로 발생하고 이 때 유효환기량은 50m³/min이다. 작업장의 초기농도가 0인 상태에서 200ppm에 도달하는 데 걸리는 시간(min) 및 1시간 후의 농도(ppm)는? ●출제율 60%

풀이 (1) 200ppm에 도달하는 데 걸리는 시간(t)

$$t = -\frac{V}{Q'}\left[\ln\left(\frac{G-Q'C}{G}\right)\right] \text{(단, } V:2{,}500\text{m}^3,\ G:0.03\text{m}^3/\text{min},\ Q':50\text{m}^3/\text{min})$$

$$= -\frac{2{,}500}{50}\left[\ln\left(\frac{0.03-(50\times200\times10^{-6})}{0.03}\right)\right] = 20.27\text{min}$$

(2) 1시간 후의 농도(C)

$$C = \frac{G\left(1-e^{-\frac{Q'}{V}t}\right)}{Q} \text{(단, } G:0.03\text{m}^3/\text{min},\ V:2{,}500\text{m}^3,\ Q':50\text{m}^3,\ t:1\text{hr(60min))}$$

$$= \frac{0.03\left(1-e^{-\frac{50}{2{,}500}\times60}\right)}{50}\times10^6$$

$$= 0.00041928\times10^6 = 419.28\text{ppm}$$

작업장의 체적이 1,000m³이고 0.5m³/sec의 실외 대기공기가 작업장 안으로 유입되고 있다. 작업장의 톨루엔 발생이 정지된 순간의 작업장 내 톨루엔의 농도가 50ppm이라고 할 때 10ppm으로 감소하는 데 걸리는 시간(min) 및 1시간 후의 공기 중 농도(ppm)는 얼마인가? (단, 실외 대기에서 유입되는 공기량 중 톨루엔의 농도는 0ppm이고, 1차 반응식이 적용된다.) ●출제율 60%

풀이 (1) 50ppm에서 10ppm으로 감소하는 데 걸리는 시간(t)

$$t = -\frac{V}{Q'}\ln\left(\frac{C_2}{C_1}\right) \text{(단, } V:1{,}000\text{m}^3,\ Q':0.5\text{m}^3/\text{sec(30m}^3/\text{min)},\ C_1:50\text{ppm},\ C_2:10\text{ppm})$$

$$= -\frac{1{,}000}{30}\ln\left(\frac{10}{50}\right) = 53.65\text{min}$$

(2) 1시간 후의 농도(C_2)

$$C_2 = C_1 e^{-\frac{Q'}{V}t} \text{(단, } V:1{,}000\text{m}^3,\ Q':30\text{m}^3/\text{min},\ C_1:50\text{ppm},\ t:60\text{min})$$

$$= 50e^{-\frac{30}{1{,}000}\times60} = 8.26\text{ppm}$$

Reference 전체 환기량(ACGIH) 계산방법 ○ 출제율 30%

$$Q(\mathrm{m^3/min}) = \frac{24.1 \times S \times W \times 10^6}{\mathrm{M.W} \times C} \times K$$

여기서, S : 비중(유해물질)

W : 단위시간당 증발률(소모율)(L/min)

M.W : 분자량(유해물질)

C : 노출기준(ppm)

K : 안전계수

Point 유해물질 증가 및 감소 시 계산 숙지(출제 비중 높음)

6 화재 및 폭발 방지를 위한 전체 환기량

(1) 필요환기량(Q : m³/min)

$$Q = \frac{24.1 \times S \times W \times C \times 10^2}{\mathrm{M.W} \times \mathrm{LEL} \times B}$$

여기서, Q : 필요환기량(m³/min)

S : 물질의 비중 ─────┐
W : 인화물질 사용량(L/min)─┘ 유해물질 발생량

C : 안전계수

• 안전한 조건을 유지하기 위하여 LEL의 몇 %을 물질의 농도로 유지할 것인가에 좌우되는 계수

• LEL의 25%($\frac{1}{4}$ 유지) 경우 : $C=4$

M.W : 물질의 분자량

LEL : 폭발농도 하한치(%)

B : 온도에 따른 보정상수

• 120℃까지 : $B=1.0$

• 120℃ 이상 : $B=0.7$

(2) 화재 및 폭발 방지 환기는 고온작업공장에서 환기가 필요한 경우이므로 실제 운전상태의 환기량으로 보정을 반드시 해야 한다.

CHAPTER 4

$$Q_a = Q \times \frac{273 + t}{273 + 21}$$

여기서, Q : 표준공기(21℃)에 의한 환기량(m^3/min)

        t : 실제공기의 온도(℃)(발생원 온도)

        Q_a : 실제 필요환기량(m^3/min)

기출문제   2009년(산업기사), 2007년, 2011년, 2015년, 2018년, 2020년(기사)

온도가 130℃인 크실렌이 시간당 3L로 발생하고 있다. 폭발방지를 위한 환기량을 계산하시오. (단, 크실렌의 LEL=1%, SG=0.88, M.W=106, C=10) ●출제율 80%

풀이 ① 폭발방지 환기량(Q)

$$Q = \frac{24.1 \times S \times W \times C \times 10^2}{M.W \times LEL \times B} = \frac{24.1 \times 0.88 \times (3/60) \times 10 \times 10^2}{106 \times 1 \times 0.7} \quad (B \text{는 } 120℃ \text{ 이상이므로 } 0.7)$$

      $= 14.29 m^3/min$(표준공기 환기량)

  ② 온도 보정 실제 폭발방지 환기량(Q_a)

$$Q_a = 14.29 \times \frac{273 + 130}{273 + 21} = 19.59 m^3/min$$

학습 Point 폭발방지 환기량 계산 숙지(출제 비중 높음)

7 혼합물질 발생 시의 전체 환기량

(1) 상가작용의 경우

유해물질 각각의 환기량을 계산하여 그 환기량을 모두 합하여 필요환기량으로 결정한다.

$$Q = Q_1 + Q_2 + \cdots + Q_n$$

(2) 독립작용의 경우

유해물질 각각의 환기량을 계산하여 그 중 가장 큰 값을 선택하여 필요환기량으로 결정한다.

기출문제   2018년(산업기사), 2005년, 2010년, 2013년, 2018년, 2020년(기사)

어느 작업장에서 톨루엔(분자량 92, 허용기준 100ppm)과 이소프로필알코올(분자량 60, 허용기준 400ppm)을 각각 100g/hr 사용하며 여유계수(K)는 각각 10이다. 이때 필요환기량(m^3/hr)은? (단, 21℃ 1기압, 상가작용) ●출제율 70%

풀이 (1) 톨루엔

　① 사용량(g/hr) : 100g/hr

　② 발생률(G : L/hr)

$$92\text{g} : 24.1\text{L} = 100\text{g/hr} : G(\text{L/hr}), \quad G = \frac{24.1\text{L} \times 100\text{g/hr}}{92\text{g}} = 26.19\text{L/hr}$$

　필요환기량(Q)

$$Q = \frac{G}{\text{TLV}} \times K = \frac{26.19\text{L/hr}}{100\text{ppm}} \times 10 = \frac{26.19\text{L/hr} \times 1{,}000\text{mL/L}}{100\text{mL/m}^3} \times 10 = 2619.57\text{m}^3/\text{hr}$$

(2) 이소프로필알코올

　① 사용량(g/hr) : 100g/hr

　② 발생률(G : L/hr)

$$60\text{g} : 24.1\text{L} = 100\text{g/hr} : G(\text{L/hr}), \quad G = \frac{24.1\text{L} \times 100\text{g/hr}}{60\text{g}} = 40.17\text{L/hr}$$

　필요환기량(Q)

$$Q = \frac{G}{\text{TLV}} \times K = \frac{40.17\text{L/hr}}{400\text{ppm}} \times 10 = \frac{40.17\text{L/hr} \times 1{,}000\text{mL/L}}{400\text{mL/m}^3} \times 10 = 1004.25\text{m}^3/\text{hr}$$

상가작용을 하므로 각 환기량을 합하여 필요환기량으로 한다.

$2619.57 + 1004.25 = 3623.82\text{m}^3/\text{hr}$

 상가작용 시 전체 환기량 계산 숙지(출제 비중 높음)

8 일반 실내 환기량

(1) 이산화탄소 제거 시 필요환기량

일정 부피를 갖는 작업장 내에서 매 시간 $M(\text{m}^3)$의 CO_2가 발생할 때 필요환기량(m³/hr)

$$\text{필요환기량}(Q : \text{m}^3/\text{hr}) = \frac{M}{C_S - C_O} \times 100$$

여기서, M : CO_2 발생량(m³/hr)

　　　　 C_S : 실내 CO_2 기준농도(%), C_O : 실외 CO_2 기준농도(%)

(2) 시간당 공기교환횟수(ACH)

①
$$\text{ACH} = \frac{\text{필요환기량}(\text{m}^3/\text{hr})}{\text{작업장 용적}(\text{m}^3)}$$

②
$$\text{ACH} = \frac{\ln(\text{측정 초기 농도} - \text{외부 } CO_2 \text{ 농도}) - \ln(\text{시간 경과 후 } CO_2 \text{ 농도} - \text{외부 } CO_2 \text{ 농도})}{\text{경과된 시간}}$$

CHAPTER 4

(3) 급기 중 재순환량(%), 급기 중 외부공기 포함량(%)

①
$$급기\ 중\ 재순환량(\%) = \frac{급기\ CO_2농도 - 외부\ CO_2농도}{재순환\ CO_2농도 - 외부\ CO_2농도} \times 100$$

②
$$급기\ 중\ 외부공기\ 포함량(\%) = 100 - 급기\ 중\ 재순환량(\%)$$

기출문제   2007년, 2015년, 2018년(산업기사), 2009년, 2012년(기사)

직원이 모두 퇴근 직후인 오후 6시에 측정한 공기 중 CO_2 농도는 1,200ppm, 사무실이 빈 상태로 2시간 경과한 오후 8시에 측정한 CO_2 농도는 400ppm이었다면 이 사무실의 시간당 공기교환횟수는? (단, 외부 공기 CO_2 농도 330ppm) **출제율 60%**

풀이 시간당 공기교환횟수

$$= \frac{\ln(측정\ 초기농도 - 외부의\ CO_2농도) - \ln(시간\ 지난\ 후\ CO_2농도 - 외부의\ CO_2농도)}{경과된\ 시간(hr)}$$

$$= \frac{\ln(1,200-330) - \ln(400-330)}{2\text{hr}} = 1.26회(시간당)$$

기출문제   2006년, 2014년, 2017년(산업기사), 2012년, 2018년, 2020년(기사)

재순환 공기의 CO_2 농도는 650ppm이고, 급기의 CO_2 농도는 550ppm이다. 급기 중의 외부 공기 포함량(%)은? (단, 외부 공기의 CO_2 농도는 330ppm) **출제율 60%**

풀이
$$급기\ 중\ 재순환량(\%) = \frac{급기\ CO_2농도 - 외부\ CO_2농도}{재순환\ CO_2농도 - 외부\ CO_2농도} \times 100 = \frac{550-330}{650-330} \times 100 = 68.75\%$$

급기 중 외부 공기 포함량(%) = 100 − 68.75 = 31.25%

기출문제   2007년, 2012년(산업기사), 2005년, 2015년(기사)

작업장의 용적이 세로 10m, 가로 30m, 높이 6m이고 필요환기량(Q)이 90m³/min이다. 1시간당 공기교환횟수(ACH)는? **출제율 60%**

풀이
$$1시간당\ 공기교환횟수(ACH) = \frac{필요환기량(\text{m}^3/\text{hr})}{작업장\ 용적(\text{m}^3)} = \frac{90\text{m}^3/\text{min} \times 60\text{min/hr}}{1,800\text{m}^3} = 3회(시간당)$$

기출문제   2009년, 2012년, 2015년(산업기사), 2007년, 2017년(기사)

실내에서 발생하는 CO_2의 양이 0.2m³/hr일 때 필요환기량(m³/hr)은? (단, 외기 CO_2 농도 0.03%, CO_2 허용농도 0.1%) **출제율 50%**

풀이
$$필요환기량(Q) = \frac{M}{C_S - C_O} \times 100 = \frac{0.2}{0.1-0.03} \times 100 = 285.71\text{m}^3/\text{hr}$$

기출문제 | 2017년(기사)

흡연실에서 발생되는 담배연기를 배기시키기 위해 전체 환기를 실시하고자 한다. 흡연실의 크기는 2m(H)×4m(W)×4m(L)이고, 필요한 시간당 공기교환율(ACH)을 10회로 할 경우 필요한 환기량(m³/min)은? (단, 안전계수(K)는 3이다.)

풀이
$$ACH = \frac{필요환기량}{작업장\ 용적}\ 에서$$

$$필요환기량 = ACH \times 용적 = 10회/hr \times 32m^3$$
$$= 320m^3/hr \times 1hr/60min = 5.33m^3/min \times 안전계수(3)$$
$$= 15.99m^3/min$$

Point
1. ACH 계산 숙지(출제 비중 높음)
2. 급기 중 재순환량 계산 숙지

9 온열관리와 환기

(1) 열평형 방정식 〔출제율 50%〕

① 열평형 방정식은 열역학적 관계식에 따라 이루어진다.

$$\Delta S = M \pm C \pm R - E$$

여기서, ΔS : 생체 열용량의 변화(인체의 열축적 또는 열손실)

M : 작업대사량(체내열 생산량)

C : 대류에 의한 열교환

R : 복사에 의한 열교환

E : 증발(발한)에 의한 열손실(피부를 통한 증발)

② 작업환경에서 인체가 가장 **쾌적한 상태가 되기 위해서는** $\Delta S = 0$,

즉 $0 = \boldsymbol{M} \pm \boldsymbol{C} \pm \boldsymbol{R} - \boldsymbol{E}$의 상태가 되는 것이다.

③ $\Delta S = 0$의 의미는 생체 내에서 대사로 말미암아 생성된 열은 모두 방산되는 것이다.

④ 열교환(전도, 대류, 복사, 증발)에 영향을 미치는 **환경요소(온열조건)는 기온, 기습(습도), 복사열, 기류(공기유동)**이다.

(2) 환경요소지수(온열지수)

환경요소지수 중 가장 널리 쓰이고 있는 것은 습구-흑구 온도지수(WBGT)와 실효온도(ET)이다.

CHAPTER 4

① 습구-흑구 온도지수(WBGT, ℃) ●출제율 30%

습구-흑구 온도지수의 측정은 다음과 같다.

㉠ 옥외(태양 광선이 내리쬐는 장소)

$$WBGT(℃)=0.7×자연습구온도(℃)+0.2×흑구온도(℃)+0.1×건구온도(℃)$$

㉡ 옥내(태양 광선이 내리쬐지 않는 장소)

$$WBGT(℃)=0.7×자연습구온도(℃)+0.3×흑구온도(℃)$$

㉢ 습구-흑구 온도지수의 노출기준은 작업강도에 따라 달라지며 그 기준은 다음과 같다.

(단위 : ℃, WBGT)

작업과 휴식 대비 \ 작업강도	경작업	중등작업	중작업
계속 작업	30.0	26.7	25.0
매 시간 75% 작업, 25% 휴식	30.6	28.0	25.9
매 시간 50% 작업, 50% 휴식	31.4	29.4	27.9
매 시간 25% 작업, 75% 휴식	32.2	31.1	30.0

㈜ 1. 경작업 : 시간당 200kcal까지의 열량이 소요되는 작업
2. 중등작업 : 시간당 200~350kcal의 열량이 소요되는 작업
3. 중작업 : 시간당 350~500kcal의 열량이 소요되는 작업

② 실효온도(ET) ●출제율 30%

온도, 습도, 기류가 인체에 미치는 열적효과를 나타내는 수치로 상대습도가 100%일 때의 건구온도에서 느끼는 것과 동일한 온도감각을 의미한다.

(3) 발열 시 필요환기량

① 환기량 계산 시 현열(sensible heat)에 의한 열부하량만 고려하여 계산한다.
② **필요환기량**(Q, m³/hr)

$$Q=\frac{H_s}{0.3\Delta t}$$

여기서, Q : 필요환기량(m³/hr)
Δt : 급배기(실내·외)의 온도차(℃)
H_s : 작업장 내 열부하량(kcal/hr)

기출문제   2000년, 2014년, 2017년, 2019년(산업기사), 2006년, 2015년, 2017년, 2018년, 2019년(기사)

작업장 내의 열부하량이 10,000kcal/hr이고, 온도가 35℃였다. 외기의 온도가 20℃라면 필요환기량(m³/hr)은? ●출제율 50%

풀이 $Q = \dfrac{H_s}{0.3 \Delta t} = \dfrac{10,000}{0.3 \times (35 - 20)} = 2222.2 \text{m}^3/\text{hr}$

(4) 수증기 발생 시 필요환기량

$$Q = \frac{W}{1.2 \Delta G}$$

여기서, Q : 필요환기량(m³/hr)

　　　　W : 수증기 부하량(kg/hr)

　　　　ΔG : 급배기 절대습도 차이(kg/kg 건기)

예상문제

실내의 중량 절대습도가 80kg/kg, 외부의 중량 절대습도가 60kg/kg, 실내의 수증기가 시간당 3kg씩 발생할 때, 수분제거를 위하여 중량단위로 필요한 환기량(m³/min)은 약 얼마인가? (단, 공기의 비중량은 1.2kg_f/m³로 한다.)

풀이   필요환기량(m³/min) $= \dfrac{W}{1.2 \Delta G} = \dfrac{3\text{kg/hr} \times \text{hr}/60\text{min}}{1.2\text{kg/m}^3 \times (80 - 60)\text{kg/kg}} = 0.0021 \text{m}^3/\text{min}$

Point
1. 열평형 방정식 및 각 요소 숙지(출제 비중 높음)
2. WBGT 계산 숙지(출제 비중 높음)
3. 경작업, 중등작업, 중작업 소요 열량 숙지

CHAPTER 4

Section 03 국소배기

1 국소배기시설의 개요

(1) 개요

① 유해물질 발생원과 되도록 가까운 장소에서 동력에 의하여 발생되는 유해물질을 흡인, 배출하는 장치이다. 즉 유해물질이 발생원에서 이탈하여 확산되기 전에 포집, 제거하는 환기방법이 국소배기이다(압력차에 의한 공기의 이동을 의미함).

② 국소배기에서 효율성 있는 운전을 하기 위해서 가장 우선적인 고려사항은 **필요송풍량 감소**이다.

(2) 국소배기 적용조건 ●출제율 40%

① 높은 증기압의 유기용제
② 유해물질 발생량이 많은 경우
③ 유해물질 독성이 강한 경우(낮은 허용 기준치를 갖는 유해물질)
④ 근로자의 작업위치가 유해물질 발생원에 가까이 근접해 있는 경우
⑤ 발생주기가 균일하지 않은 경우
⑥ 발생원이 고정되어 있는 경우
⑦ 법적 의무 설치사항의 경우

(3) 전체 환기와 비교 시 장점 ●출제율 30%

① 전체 환기는 희석에 의한 저감으로서 완전제거가 불가능하나, 국소배기는 발생원상에서 포집, 제거하므로 유해물질 완전제거가 가능하다.
② 국소배기는 전체 환기에 비해 필요환기량이 적어 경제적이다.
③ 작업장 내의 방해기류나 부적절한 급기에 의한 영향을 적게 받는다.
④ 유해물질에 의한 작업장 내의 기계 및 시설물을 보호할 수 있다.
⑤ 비중이 큰 침강성 입자상 물질도 제거 가능하므로 작업장 관리(청소 등) 비용을 절감할 수 있다.

(4) 국소배기장치의 설계순서 ●출제율 50%

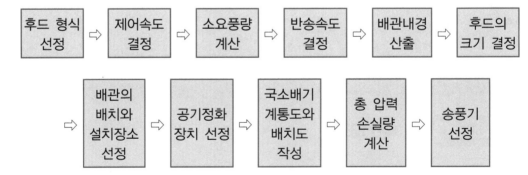

후드 형식 선정 ⇨ 제어속도 결정 ⇨ 소요풍량 계산 ⇨ 반송속도 결정 ⇨ 배관내경 산출 ⇨ 후드의 크기 결정

⇨ 배관의 배치와 설치장소 선정 ⇨ 공기정화 장치 선정 ⇨ 국소배기 계통도와 배치도 작성 ⇨ 총 압력 손실량 계산 ⇨ 송풍기 선정

1. 국소배기 적용 조건 숙지
2. 국소배기장치 설계순서 숙지

2 국소배기시설의 구성 ●출제율 40%

(1) 국소배기시설(장치)은 후드(hood), 덕트(duct), 공기정화장치(air cleaner equipment), 송풍기(fan), 배기덕트(exhaust duct)의 각 부분으로 구성되어 있다.

(2) 송풍기는 정화 후의 공기가 통하는 위치, 즉 공기정화장치 후단에 설치한다. 그 이유는 공기정화장치는 각종 유해물질이 송풍기로 유입되기 전에 정화시켜서 송풍기의 부식 및 고장을 방지하기 위한 것이다.

 국소배기시설의 계통 순서 숙지(출제 비중 높음)

3 후드(hood)

(1) 개요

후드는 발생원에서 발생한 유해물질을 작업자 호흡영역까지 확산되어 가기 전에 한 곳으로 포집하고 흡인하는 장치로 최소의 배기량과 최소의 동력비로 유해물질을 효과적으로 처리하기 위해 가능한한 오염원 가까이 설치한다.

(2) 후드 모양과 크기 선정 시 고려인자

① 작업형태
② 오염물질의 특성과 발생특성
③ 작업공간의 크기

(3) 법상 후드 설치기준(산업안전보건기준에 관한 규칙) ●출제율 40%

① 유해물질이 발생하는 곳마다 설치할 것
② 유해인자의 발생형태 및 비중, 작업방법 등을 고려하여 해당 분진 등의 발산원을 제어할 수 있는 구조로 설치할 것
③ 후드 형식은 가능한 한 포위식 또는 부스식 후드를 설치할 것
④ 외부식 또는 레시버식 후드를 설치하는 때에는 해당 분진 등의 발산원에 가장 가까운 위치에 설치할 것

(4) 제어속도(포착속도) ●출제율 50%

① 정의

유해물질을 후드쪽으로 흡인하기 위하여 필요한 최소 풍속을 말하며 포위식 후드에서는 해당 후드 개구면에서의 풍속을, 외부식 후드에서는 해당 후드의 개구면으로부터 가장 먼 작업위치(발생원)에서의 풍속을 말한다.

CHAPTER 4

② 제어속도 결정 시 고려사항
    ㉠ 유해물질의 비산방향(확산형태)   ㉡ 유해물질의 비산거리(후드에서 오염원까지 거리)
    ㉢ 후드의 형식(모양)   ㉣ 작업장 내 방해 기류(난기류의 속도)
    ㉤ 유해물질의 성상(종류)

③ 작업장 내 방해 기류 발생원
    ㉠ 고열작업 시 열에 의한 기류   ㉡ 기계의 운전 시 동작에 의한 기류
    ㉢ 원료의 이동작업 시 발생하는 기류   ㉣ 작업자의 동적인 움직임에 의한 기류
    ㉤ 작업장 내 개구부에 의한 기류(가장 큰 영향)

④ 제어속도 범위(ACGIH)

작업조건	작업공정 사례	제어속도(m/sec)
• 움직이지 않는 공기 중에서 속도없이 배출되는 작업조건 • 조용한 대기 중에 실제 거의 속도가 없는 상태로 발산하는 경우의 작업조건	• 액면에서 발생하는 가스나 증기 흄 • 탱크에서 증발, 탈지시설	0.25~0.5
비교적 조용한 대기 중에서 저속도로 비산하는 작업조건	• 용접, 도금 작업 • 스프레이 도장 • 주형을 부수고 모래를 터는 장소	0.5~1.0
발생 기류가 높고 유해물질이 활발하게 발생하는 작업조건	• 스프레이 도장, 용기 충전 • 컨베이어 적재 • 분쇄기	1.0~2.5
초고속 기류가 있는 작업장소에 초고속으로 비산하는 경우	• 회전연삭작업 • 연마작업 • 블라스트 작업	2.5~10

⑤ 제어속도 범위 적용 시 기준

범위가 낮은 쪽	범위가 높은 쪽
• 작업장 내 기류가 낮거나 제어하기 유리하게 작용될 때 • 유해물질의 독성이 낮을 때 • 유해물질 발생량이 적고, 발생이 간헐적일 때 • 대형 후드로 공기량이 다량일 때	• 작업장 내 기류가 국소배기 효과를 방해할 때 • 유해물질의 독성이 높을 때 • 유해물질 발생량이 높을 때 • 소형 후드로 국소적일 때

(5) 후드 입구의 공기흐름을 균일하게 하는 방법(후드 개구면 속도를 균일하게 분포시키는 방법) ●출제율 40%

① 테이퍼(taper, 경사접합부) 설치 : 경사각은 60° 이내로 설치하는 것이 바람직하다.
    ※ taper는 후드, 덕트 연결부위로 급격한 단면 변화로 인한 압력손실을 방지하며, 배기의 균일한 분포를 유도하고 점진적인 경사를 두는 부위를 말한다.

② 분리날개(splitter vanes) 설치
    ㉠ 후드 개구부를 몇 개로 나누어 유입하는 형식이다.
    ㉡ 분리날개에 부식 및 유해물질 축적 등 단점이 있다.

③ 슬롯(slot) 사용 : 도금조와 같이 길이가 긴 탱크에서 가장 적절하게 사용한다.

④ 차폐막 이용

(6) 플레넘(plenum) 〔출제율 30%〕

① 후드 뒷부분에 위치하며 개구면 흡입유속의 강약을 작게 하여 일정하게 하므로 압력과 공기흐름을 균일하게 형성하는 데 필요한 장치이며, 충만통풍조정실이라 한다.
② 가능한 한 설치는 길게 한다.

> **Reference** 테이퍼(taper), 개구면 속도(face velocity), 배플(baffle) 〔출제율 30%〕
>
> 1. 테이퍼 : 후드와 덕트 연결부위로 경사접합부라고도 하며, 급격한 단면변화로 인한 압력손실을 방지하며 후드 개구면 속도를 균일하게 분포시키는 장치이다.
> 2. 개구면 속도 : 후드면(face)에서 측정한 기류속도이다.
> 3. 배플 : 후드 유입기류에 영향을 미치는 방해기류를 차단하기 위해 설치하는 설비이다.

(7) 후드 선택 시 유의사항(후드의 선정조건) 〔출제율 60%〕

① 필요환기량을 최소화하여야 한다.
② 작업자의 호흡영역을 유해물질로부터 보호해야 한다.
③ ACGIH 및 OSHA의 설계기준을 준수해야 한다.
④ 작업자의 작업방해를 최소화할 수 있도록 설치되어야 한다.
⑤ 상당거리 떨어져 있어도 제어할 수 있다는 생각, 공기보다 무거운 증기는 후드 설치위치를 작업장 바닥에 설치해야 한다는 생각의 설계 오류를 범하지 않도록 유의해야 한다.
⑥ 후드는 덕트보다 두꺼운 재질을 선택하고, 오염물질의 물리화학적 성질을 고려하여 후드 재료를 선정한다.

(8) 무효점(제로점, null point) 이론 : Hemeon 이론 〔출제율 40%〕

① 무효점 : 발생원에서 방출된 유해물질이 초기 운동에너지를 상실하여 비산속도가 0이 되는 비산한계점을 의미한다.
② 무효점 이론 : 필요한 제어속도는 발생원뿐만 아니라 이 발생원을 넘어서 유해물질이 초기 운동에너지가 거의 감소되어 실제 제어속도 결정 시 이 유해물질을 흡인할 수 있는 지점까지 확대되어야 한다는 이론이다.

> **Reference** 관리대상 유해물질 관련 국소배기장치 후드의 제어풍속

물질의 상태	후드 형식	제어풍속(m/s)
가스상태	포위식 포위형	0.4
	외부식 측방흡인형	0.5
	외부식 하방흡인형	0.5
	외부식 상방흡인형	1.0
입자상태	포위식 포위혁	0.7
	외부식 측방흡인형	1.0
	외부식 하방흡인형	1.0
	외부식 상방흡인형	1.2

학습 Point
1. 제어속도 정의, 결정 시 고려사항 숙지 　2. 작업장 내 방해기류 종류 숙지
3. 제어속도 범위 적용 시 기준 숙지(출제 기준 높음) 4. 플레넘의 정의 숙지(출제 기준 높음)
5. 후드 선택 시 유의사항 숙지 　　6. 무효점 및 무효점 이론, 정의 숙지(출제 기준 높음)

(9) 후드의 형태 및 필요송풍량

후드의 형태는 **작업형태(작업공정), 유해물질의 발생특성, 근로자와 발생원 사이의 관계 등**에 의해서 결정되며, 일반적으로 **포위식(부스식) 후드, 외부식 후드, 레시버식 후드로 구분**한다.

① 포위식 후드
　㉠ 발생원을 완전히 포위하는 형태의 후드이며, 국소배기시설의 후드 형태 중 **가장 효과적인 형태**이다.
　㉡ 종류
　　• cover type : 유해물질의 제거효과가 가장 크며, 주로 분쇄, 혼합, 파쇄 공정에 사용한다.
　　• glove box type : box 내부가 음압이 형성되므로 **독성가스 및 방사성 동위원소, 발암물질 취급 공정**에 주로 사용한다.
　㉢ 특성 （출제율 20%）
　　• 후드의 개방면에서 측정한 면속도가 제어속도가 된다.
　　• 유해물질의 완벽한 흡입이 가능하다(단, 충분한 개구면 속도를 유지하지 못할 경우 오염물질이 외부로 노출될 우려가 있음).
　　• 유해물질 제거 공기량(송풍량)이 다른 형태보다 적어 경제적이다.
　　• 작업장 내 방해기류(난기류)의 영향을 거의 받지 않는다.
　㉣ 부스식 후드는 포위식 후드의 일종이며, 포위식보다 큰 것을 의미한다.
　㉤ **필요송풍량**

$$Q = 60 \cdot A \cdot V = (60 \cdot K \cdot A \cdot V)$$

여기서, Q : 필요송풍량(m^3/min), A : 후드 개구면적(m^2), V : 제어속도(m/sec)
　　　　K : 불균일에 대한 계수(개구면 평균유속과 제어속도의 비로서 기류분포가 균일할 때 $K=1$로 본다.)

기출문제
2002년, 2010년(산업기사)

덕트의 단면적이 0.5m²이고, 덕트에서 반송속도는 30m/sec였다면 유량(m³/min)은? （출제율 30%）

풀이 $Q = A \times V = 0.5m^2 \times 30m/sec \times 60sec/min = 900m^3/min$

학습 Point
1. $Q = A \times V$에 의한 계산 숙지(출제 기준 높음)
2. 포위식 hood의 적용 숙지

② 외부식 후드

   ⊙ 후드의 흡인력이 외부까지 미치도록 설계한 후드이며, 포집형 후드라고 한다.

   ⓒ 특성

- 타 후드 형태에 비해 작업자가 방해를 받지 않고 작업을 할 수 있어 일반적으로 많이 사용하고 있다.
- 포위식에 비하여 필요송풍량이 많이 소요된다.
- 방해기류의 영향이 작업장 내에 있을 경우 흡인효과가 저하된다.

   ⓒ 필요송풍량(Q)(Della Valle)

- **자유공간 위치, 플랜지 미부착** : 아래 공식은 오염원에서 후드까지의 거리가 덕트 직경의 1.5배 이내일 때만 유효하다.

$$Q = 60 \cdot V_c(10X^2 + A) \Rightarrow \text{Della Valle식(기본식)}$$

여기서, Q : 필요송풍량(m^3/min)

       V_c : 제어속도(m/sec)

       A : 개구면적(m^2)

       X : 후드 중심선으로부터 발생원(오염원)까지의 거리(m)

- **자유공간 위치, 플랜지 부착** : 일반적으로 외부식 후드에 플랜지(flange)를 부착하면 후드 후방 유입기류를 차단하고 후드 전면에서 포집범위가 확대되어 flange가 없는 후드에 비해 동일 지점에서 동일한 제어속도를 얻는 데 필요한 **송풍량을 약 25% 감소**시킬 수 있으며, 플랜지 폭은 후드 단면적의 제곱근($\sqrt{A}$) 이상이 되어야 한다.

   ◉ 출제율 30%

$$Q = 60 \cdot 0.75 \cdot V_c(10X^2 + A)$$

- **바닥면에 위치, 플랜지 미부착**

$$Q = 60 \cdot V_c(5X^2 + A)$$

여기서, Q : 필요송풍량(m^3/min), V_c : 제어속도(m/sec)

       A : 개구면적(m^2), X : 후드 중심선으로부터 발생원(오염원)까지의 거리(m)

- **바닥면에 위치, 플랜지 부착** : 필요송풍량을 가장 많이 줄일 수 있는 경제적 후드 형태이다.

$$Q = 60 \cdot 0.5 \cdot V_c(10X^2 + A)$$

Reference 후드 플랜지(hood flange)

후드 후방 유입기류를 차단하기 위해 후드에 직각으로 붙인 판으로, 후드 전면에서 포집범위를 확대시켜 플랜지가 없는 후드에 비해 약 25% 정도의 송풍량을 감소시킬 수 있다.

CHAPTER 4

2010년, 2014년(산업기사), 2007년, 2012년, 2015년(기사)

기출문제

작업장 위에서 용접을 할 때 발생하는 흄을 포집하기 위해 작업면 위에 플랜지가 붙은 외부식 후드를 설치하였을 때와 공간에 플랜지 부착 후드가 설치되었을 때의 필요송풍량을 계산하고, 효율(%)을 구하시오. (단, 제어거리 30cm, 제어속도 0.5m/sec, 후드 개구면적 0.8m²) ●출제율 70%

풀이 (1) 플랜지 부착, 자유공간 위치 경우 송풍량(Q_1)

$$Q_1 = 60 \cdot 0.75 \cdot V_c(10X^2 + A)$$

V_c(제어속도) : 0.5m/sec, X(제어거리) : 0.3m, A(개구단면적) : 0.8m²

$$= 60 \times 0.75 \times 0.5[(10 \times 0.3^2) + 0.8] = 38.25\text{m}^3/\text{min}$$

(2) 플랜지 부착, 바닥면 위치 경우 송풍량(Q_2)

$$Q_2 = 60 \cdot 0.5 \cdot V_c(10X^2 + A) = 60 \times 0.5 \times 0.5[(10 \times 0.3^2) + 0.8] = 25.5\text{m}^3/\text{min}$$

(3) 효율(%) $= \dfrac{Q_1 - Q_2}{Q_1} \times 100 = \dfrac{(38.25 - 25.5)}{38.25} \times 100$

$= 33.3\%$(플랜지 부착, 자유공간 위치 경우가 플랜지 부착, 바닥면 위치보다 33.3% 정도 송풍량이 증가됨을 의미)

2006년(산업기사), 2010년, 2015년, 2017년, 2019년(기사)

기출문제

작업대 위에 플랜지가 붙은 외부식 후드를 설치할 경우 필요송풍량(m³/min)을 구하시오. (단, 후드 개구면부터 제어거리 1.2m, 제어속도 1.8m/sec, 개구면적 4.2m²) ●출제율 60%

풀이 바닥면에 위치, 플랜지 부착 조건이므로

$$Q = 60 \cdot 0.5 \cdot V_c(10X^2 + A) = 60 \times 0.5 \times 1.8[(10 \times 1.2^2) + 4.2] = 1004.4\text{m}^3/\text{min}$$

2011년(산업기사), 2006년, 2008년, 2012년, 2016년(기사)

기출문제

전자부품 납땜을 하는 공정에서 외부식 국소배기장치를 설치하고자 한다. 후드 규격을 400mm×400mm, 제어거리를 30cm, 제어속도를 0.5m/sec, 반송속도를 1,200m/min으로 하고자 할 경우 덕트의 직경(m)은? ●출제율 70%

풀이 (1) 자유공간 위치, 플랜지 미부착

$$Q = 60 \cdot V_c(10X^2 + A)$$

V_c(제어속도) : 0.5m/sec, X(제어거리) : 0.3m, A(개구단면적) : 0.4m×0.4m=0.16m²

$$= 60 \times 0.5[(10 \times 0.3^2) + 0.16)] = 31.8\text{m}^3/\text{min}$$

(2) 덕트의 직경(m)

$Q = A \times V$에서

$A = \dfrac{Q}{V}$, Q(송풍량) : 31.8m³/min, V(반송속도) : 1,200m/min

$$= \dfrac{31.8}{1,200} = 0.0265\text{m}^2$$

$A = \dfrac{3.14D^2}{4}$에서 $D = \sqrt{\dfrac{4 \times A}{3.14}} = \sqrt{\dfrac{4 \times 0.0265}{3.14}} = 0.18\text{m}$

기출문제 | 2006년(산업기사), 2003년, 2012년(기사)

용접기에서 발생되는 용접흄을 배기시키기 위해 외부식 원형 후드를 설치하기로 하였다. 제어속도를 1m/sec로 했을 때 플랜지가 없는 원형 후드의 설계유량이 20m³/min으로 계산되었다면, 플랜지가 있는 원형 후드를 설치할 경우 설계유량은 얼마인가? (단, 기타 조건은 같음) ●출제율 40%

풀이 | flange 부착 시 25%의 송풍량이 절약되므로 $20\text{m}^3/\text{min} \times (1-0.25) = 15\text{m}^3/\text{min}$

기출문제 | 2002년, 2009년(산업기사), 2005년, 2010년, 2015년(기사)

플랜지가 없는 보통의 외부식 후드와 플랜지가 있고 작업면에 고정되어 있는 외부식 후드의 필요송풍량 차이(%)를 나타내시오. ●출제율 50%

풀이 | (1) 일반 외부식 후드 필요송풍량(Q)

$$Q = 60 \cdot V_c(10X^2 + A)$$

(2) 플랜지 부착, 작업면 고정 외부식 후드 필요송풍량(Q)

$$Q = 60 \cdot 0.5 \cdot V_c(10X^2 + A)$$

필요송풍량이 50% 차이가 난다.

학습 Point
1. 외부식 hood의 조건에 따른 송풍량 계산 숙지(출제 비중 높음)
2. 외부식 hood의 조건에 따른 송풍량 순서 숙지
3. flange 부착에 의한 송풍량 절약 의미 숙지(출제 비중 높음)

③ 슬롯(slot) 후드

㉠ slot 후드는 후드 개방부분의 길이가 길고, 높이(폭)가 좁은 형태로 [높이(폭)/길이]의 비가 0.2 이하인 것을 말한다.

㉡ slot 후드의 가장자리에서도 공기의 흐름을 균일하게 하기 위해 사용한다.

㉢ 필요송풍량(Q)

$$Q = 60 \cdot C \cdot L \cdot V_c \cdot X$$

여기서, Q : 필요송풍량(m³/min)

C : 형상계수[전원주 ⇨ 5.0(ACGIH ; 3.7), 3/4 원주 ⇨ 4.1

1/2 원주(플랜지 부착 경우와 동일) ⇨ 2.8(ACGIH ; 2.6)

1/4 원주 ⇨ 1.6]

L : slot 개구면의 길이(m)

V_c : 제어속도(m/sec)

X : 포집점까지의 거리(m)

CHAPTER 4

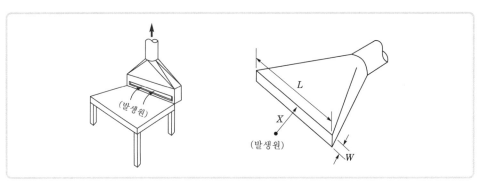

┃슬롯 후드┃

예상문제

hood의 길이가 1.25m, 폭이 0.25m인 외부식 슬롯형 후드를 설치하고자 한다. 포집점과의 거리가 1.0m, 포집속도는 0.5m/sec일 때 송풍량(m³/min)은? (단, 플랜지가 없으며, 공간에 위치하고 있음) ●출제율 40%

풀이 전원주 형상계수를 사용하면
$$Q = 60 \cdot C \cdot L \cdot V_c \cdot X$$
C(형상계수) : 5.0, L(slot 개구면의 길이) : 1.25m
V_c(제어속도) : 0.5m/sec, X(포집거리) : 1.0m
$$= 60 \times 5.0 \times 1.25 \times 0.5 \times 1.0 = 187.5 \mathrm{m^3/min}$$

예상문제

flange 부착 slot 후드가 있다. slot의 길이가 40cm이고, 제어풍속이 1m/sec, 제어풍속이 미치는 거리가 20cm인 경우 필요환기량(m³/min)은? ●출제율 30%

풀이 flange 부착 경우 형상계수는 $\frac{1}{2}$ 원주에 해당하는 2.8 적용
$$Q = 60 \cdot C \cdot L \cdot V_c \cdot X = 60 \times 2.8 \times 0.4 \times 1 \times 0.2 = 13.44 \mathrm{m^3/min}$$

예상문제

slot형 후드에서 처리유량이 50m³/min이고, slot 개구면의 높이가 10cm, 길이가 90cm일 경우 slot 내의 속도압(mmH₂O)은 얼마인가?

풀이 $Q = A \times V$ 에서
$$V = \frac{Q}{A} = \frac{50\mathrm{m^3/min}}{0.9\mathrm{m} \times 0.1\mathrm{m}} = 555.56 \mathrm{m/min}\,(9.26\mathrm{m/sec})\,\text{이므로}$$
속도압$(VP) = \left(\frac{V}{4.043}\right)^2 = \left(\frac{9.26}{4.043}\right)^2 = 5.25 \mathrm{mmH_2O}$

 slot hood 정의 및 형상에 따른 송풍량 계산 숙지

④ 천개형 후드(고열 없는 캐노피 후드)

　　㉠ 4측면 개방 외부식 천개형 후드(Thomas식)

$$필요송풍량(Q) = 60 \times 14.5 \times H^{1.8} \times W^{0.2} \times V_c$$

　　여기서, Q : 필요송풍량(m^3/min), H : 개구면에서 배출원 사이의 높이(m)

　　　　　　W : 캐노피 단변(직경)(m), V_c : 제어속도(m/sec)

　　상기 Thomas식은 $0.3 < H/W \leq 0.75$일 때 사용하며, $H/L \leq 0.3$인 장방형의 경우
　　필요송풍량(Q)은 아래와 같다.

$$Q = 60 \times 1.4 \times P \times H \times V_c$$

　　　여기서, L : 캐노피 장변(m)

　　　　　　P : 캐노피 둘레길이 ⇨ $2(L+W)$(m)

　　㉡ 3측면 개방 외부식 천개형 후드(Thomas식)

$$필요송풍량(Q) = 60 \times 8.5 \times H^{1.8} \times W^{0.2} \times V_c$$

　　단, $0.3 < H/W \leq 0.75$인 장방형, 원형 캐노피에 사용

기출문제　　　　　　　　　　　　　　　　　　　　　　　2018, 2019년, 2022년(기사)

고열 배출원이 아닌 탱크 위에 2.5m×1.5m 크기의 외부식 캐노피형 후드를 설치하였다. 배출원에서 후드 개구면까지의 높이는 0.7m이고, 제어속도가 0.3m/sec일 때 필요송풍량(m^3/min)을 구하시오.

풀이 $H/L \leq 0.3$인 장방형의 경우 필요송풍량(Q)

$Q = 1.4 \times P \times H \times V$

　　P(캐노피 둘레길이)$= 2(2.5+1.5) = 8m$

　　H(배출원에서 후드 개구면 높이)$= 0.7m$

　　V(제어속도)$= 0.3m/sec$

　　$H/L = \dfrac{0.7}{2.5} = 0.28 \ (0.28 \leq 0.3)(L : 캐노피 장변)$

　　$= 1.4 \times 8m \times 0.7m \times 0.3m/sec \times 60sec/min = 141.12 m^3/min$

---

⑤ 레시버식(수형) 천개형 후드　●출제율 50%

　　㉠ 작업공정에서 발생되는 오염물질이 **운동량(관성력)**이나 **열상승력**을 가지고 자체적
　　　으로 발생될 때, 발생되는 방향 쪽에 후드의 입구를 설치함으로써 보다 적은 풍량으
　　　로 오염물질을 포집할 수 있도록 설계한 후드이다.

　　㉡ 필요송풍량 계산 시 제어속도의 개념이 필요없다.

　　㉢ 적용 : 가열로, 용융로, 단조, 연마, 연삭 공정에 적용한다.

ㄹ 열원과 캐노피 후드와의 관계

$$F_3 = E + 0.8H$$

여기서, F_3 : 후드의 직경

E : 열원의 직경(직사각형은 단변)

H : 후드 높이

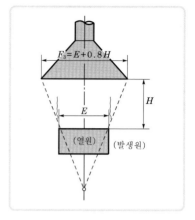

∥열원과 캐노피 후드와의 관계∥

• 배출원의 크기(E)에 대한 후드면과 배출원 간의 거리(H)의 비(H/E)는 0.7 이하로 설계하는 것이 바람직하다.

• 필요송풍량(Q)

  – 난기류가 없을 경우(유량비법)

$$Q_T = Q_1 + Q_2 = Q_1\left(1 + \frac{Q_2}{Q_1}\right) = Q_1(1 + K_L)$$

여기서, Q_T : 필요송풍량($\mathrm{m^3/min}$), Q_1 : 열상승기류량($\mathrm{m^3/min}$)

Q_2 : 유도기류량($\mathrm{m^3/min}$), K_L : 누입한계 유량비

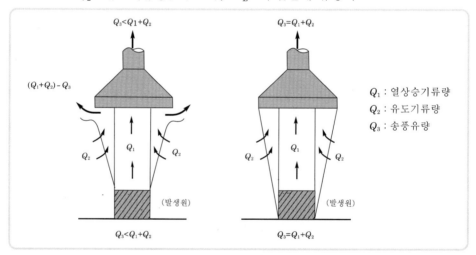

∥난기류가 없는 경우 열상승기류량과 유도기류량∥

  – 난기류가 있을 경우(유량비법)

$$Q_T = Q_1 \times [1 + (m \times K_L)] = Q_1 \times (1 + K_D)$$

여기서, Q_T : 필요송풍량($\mathrm{m^3/min}$), Q_1 : 열상승기류량($\mathrm{m^3/min}$)

m : 누출안전계수, K_L : 누입한계 유량비

K_D : 설계 유량비($K_D = m \times K_L$)

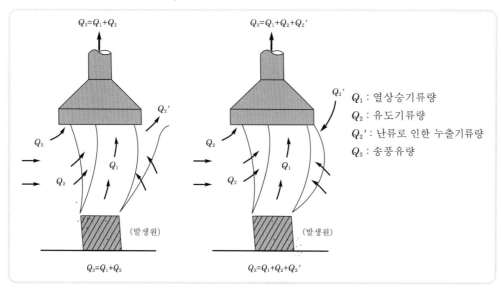

Q_1 : 열상승기류량
Q_2 : 유도기류량
Q_2' : 난류로 인한 누출기류량
Q_3 : 송풍유량

❙ 난기류가 있는 경우 필요송풍량 ❙

기출문제 2007년(산업기사), 2011년, 2013년, 2018년(기사)

용융로에 설치된 레시버식 캐노피형 후드의 열상승 기류량이 30m³/min이고, 누입한계 유량비 K_L이 2.0일 때 소요송풍량(m³/min)은? (단, 표준상태 기준, 후드 주위에 난기류 영향은 없다.) ●출제율 50%

풀이 소요송풍량(Q_T)

$$Q_T = Q_1 \times (1 + K_L)$$

$\qquad Q_1$(열상승 기류량) : 30m³/min

$\qquad K_L$(누입한계 유량비) : 2.0

$$= 30 \times (1 + 2.0)$$

$$= 90\text{m}^3/\text{min}$$

기출문제 2010년, 2014년, 2018년(산업기사), 2006년(기사)

고열 발생원에 후드를 설치할 때 주위환경의 난류 형성에 따른 누출안전계수는 소요송풍량 결정에 크게 작용한다. 열상승 기류량 20m³/min, 누입한계 유량비 2.0, 누출안전계수 6이라면 소요송풍량(m³/min)은? ●출제율 50%

풀이 소요송풍량(Q_T)

$$Q_T = Q_1 \times [1 + (m \times K_L)]$$

$$= 20 \times [1 + (6 \times 2.0)]$$

$$= 260\text{m}^3/\text{min}$$

2006년, 2009년(산업기사)

기출문제

고열 작업장의 후드를 통하여 유입되는 열상승 기류량이 30m³/min이고, 유도 기류량이 45m³/min일 때 누입한계 유량비는? ●출제율 50%

풀이 누입한계 유량비(K_L)

$$K_L = \frac{Q_2}{Q_1}$$

Q_1(열상승 기류량) : 30m³/min

Q_2(유도 기류량) : 45m³/min

$$= \frac{45}{30} = 1.5$$

1. 레시버식 천개형 후드 적용 작업 숙지(출제 비중 높음)
2. 열원과 캐노피 관계 숙지(출제 비중 높음)
3. 난기류 없을 경우, 난기류 있을 경우 필요송풍량 계산 숙지(출제 비중 높음)
4. $Q_3 = Q_1(1+K_L)$ 및 $Q_3 = Q_1(1+K_D)$의 각 factor 인지 숙지

⑦ push-pull 후드(밀어 당김형 후드) ●출제율 30%

㉠ 개요
- 제어길이가 비교적 길어서 외부식 후드에 의한 제어효과가 문제가 되는 경우에 공기를 불어주고(push) 당겨주는(pull) 장치로 되어 있다.
- 개방조 한 변에서 압축공기를 이용하여 오염물질이 발생하는 표면에 공기를 불어 반대 쪽에 오염물질이 도달하게 한다.

㉡ 적용 : 도금조 및 자동차 도장공정과 같이 오염물질 발생원의 개방면적이 큰(발산면의 폭이 넓은) 작업공정에 주로 많이 적용된다.

㉢ 장점
- 포집효율을 증가시키면서 필요유량을 대폭 감소시킬 수 있다.
- 작업자의 방해가 적고 적용이 용이하다.

㉣ 단점
- 원료의 손실이 크다.
- 설계방법이 어렵다.
- 효과적으로 기능을 발휘하지 못하는 경우가 있다.

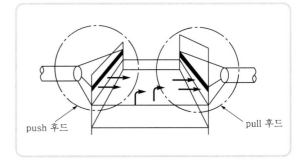

push 후드 pull 후드

│ push-pull 후드 │

push-pull hood의 배출방법 및 장·단점(출제 비중 높음)

⑧ 후드가 갖추어야 할 사항(필요환기량을 감소시키는 방법) ●출제율 60%
  ㉠ 가능한 한 오염물질 발생원에 가까이 설치한다(포집형 및 레시버식 후드).
  ㉡ 제어속도는 작업조건을 고려하여 적정하게 선정한다.
  ㉢ 작업이 방해하지 않도록 설치하여야 한다.
  ㉣ 오염물질 발생특성(오염공기의 성질, 발생상태, 발생원인)을 충분히 고려하여 설계하여야 한다.
  ㉤ 가급적이면 공정을 많이 포위한다.
  ㉥ 후드 개구면에서 기류가 균일하게 분포되도록 설계한다.
  ㉦ 공정에서 발생 또는 배출되는 오염물질의 절대량을 감소시킨다.
  ㉧ 공정 내 측면 부착 차폐막이나 커튼 사용을 늘려 오염물질의 희석을 방지한다.

 필요환기량 감소방법 숙지

4 공기공급(make-up air) 시스템

(1) 환기시설을 효율적으로 운영하기 위해서는 공기공급 시스템이 필요하다. 즉 국소배기장치가 효과적인 기능을 발휘하기 위해서는 후드를 통해 배출되는 것과 같은 양의 공기가 외부로부터 보충되어야 한다.

(2) 보충용 공기는 국소배기장치를 통해 배출되는 것과 같은 양의 공기가 외부로부터 보충되는 것을 말하며 공기공급 시스템은 환기시설에 의해 작업장 내에서 배기된 만큼의 공기를 작업장 내로 재공급하는 시스템을 말한다.

(3) 공기공급 시스템이 필요한 이유 ●출제율 60%
  ① 국소배기장치의 원활한 작동을 위하여
  ② 국소배기장치의 효율 유지를 위하여
  ③ 안전사고를 예방하기 위하여
  ④ 에너지(연료)를 절약하기 위하여
  ⑤ 작업장 내의 방해 기류(교차 기류)가 생기는 것을 방지하기 위하여
  ⑥ 외부 공기가 정화되지 않은 채로 건물 내로 유입되는 것을 막기 위하여

 공기공급 시스템이 필요한 이유(출제 비중 높음)

5 후드의 기류 분류 ●출제율 40%

(1) 잠재중심부

분출중심속도(V_c)가 분사구출구속도(V_o)와 동일한 속도를 유지하는 지점까지의 거리이며, 분출중심속도의 분출거리에 대한 변화는 **배출구 직경의 약 5배 정도($5D$)까지** 분출중심속도의 변화는 거의 없다.

(2) 천이부

분출중심속도가 작아지기 시작되는 점이 천이부의 시작이며 분출중심속도가 50%까지 줄어드는 지점까지를 천이부라 하며, **배출구 직경의 5배부터 30배 정도($5\sim30D$)까지를** 의미한다.

(3) 완전개구부

분사구로부터 어느 정도 떨어진 위치 이하에서는 위치변화에 관계없이 분출속도 분포가 유사한 형태를 보이는 영역을 의미한다.

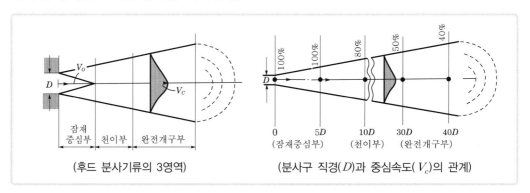

(후드 분사기류의 3영역) · (분사구 직경(D)과 중심속도(V_c)의 관계)

▮후드의 분출 기류 ▮ ●출제율 50%

 1. 잠재중심부, 천이부, 완전개구부 정의 숙지(출제 비중 높음)
2. 분출 기류 그림 이해 숙지(출제 비중 높음)

6 후드의 압력손실

후드 내의 압력은 일반작업장의 압력보다 낮아야 하며 공기가 후드 내부로 유입될 때 가속손실(acceleration loss)과 유입손실(entry loss)의 형태로 압력손실이 발생한다.

(1) 가속손실

① 정지상태의 실내공기를 일정한 속도로 가속화시키는 데 필요한 운동에너지이다.

② 관계식

$$가속손실(\Delta P) = 1.0 \times VP$$

여기서, VP : 속도압(동압)(mmH$_2$O)

(2) 유입손실 ●출제율 40%

① 후드 개구에서 발생되는 베나수축(vena contractor)의 형성과 분리에 의해 일어나는 에너지손실이다.

② 관계식

$$유입손실(\Delta P) = F \times VP$$

여기서, F : 유입손실계수(요소), VP : 속도압(동압)(mmH$_2$O)

③ 베나수축

　㉠ 관 내로 공기가 유입될 때 기류의 직경이 감소하는 현상. 즉 **기류면적의 축소현상**을 말한다.

　㉡ 베나수축에 의한 손실과 베나수축이 다시 확장될 때 발생하는 난류에 의한 손실을 합하여 유입손실이라 하고 후드의 형태에 큰 영향을 받는다.

(3) 후드(hood) 정압(SP_h)

① 가속손실과 유입손실을 합한 것이다. 즉 공기를 가속화시키는 힘인 속도압과 후드 유입구에서 발생되는 후드의 압력손실을 합한 것이다.

② 관계식

$$후드\ 정압(\mathrm{SP}_h) = VP + \Delta P = VP + (F \times VP) = VP(1+F)$$

여기서, VP : 속도압(동압)(mmH$_2$O) ⇨ 가속손실

　　　　ΔP : hood 압력손실(mmH$_2$O) ⇨ 유입손실

　　　　F : 유입손실계수(요소) ⇨ 후드 모양에 좌우됨

③ 유입계수(C_e)

　㉠ 실제 후드 내로 유입되는 유량과 이론상 후드 내로 유입되는 유량의 비이다.

　㉡ 후드의 유입효율을 나타내며, C_e가 1에 가까울수록 압력손실이 작은 hood를 의미한다.

　㉢ 관계식

$$유입계수(C_e) = \frac{실제적\ 유량}{이론적인\ 유량}$$

$$후드\ 유입\ 손실계수(F) = \frac{1 - C_e^2}{C_e^{\ 2}} = \frac{1}{C_e^{\ 2}} - 1$$

$$유입계수(C_e) = \sqrt{\frac{1}{1+F}}$$

CHAPTER 4

기출문제   2010년, 2013년, 2015년, 2020년(산업기사), 2007년, 2014년, 2019년, 2020년(기사)

환기 시스템에서 소요풍량이 0.165m³/sec, 덕트 직경이 11cm, 후드 유입계수가 0.8일 때 후드 정압(mmH₂O)은? (단, 공기 비중 1.293kg$_f$/m³) ●출제율 80%

풀이 후드 정압$(SP_h) = VP(1+F)$

VP를 구하기 위하여 V(속도)를 먼저 구하면

$Q = A \times V$에서

$$V = \frac{Q}{A} = \frac{0.165\text{m}^3/\text{sec}}{\left(\frac{3.14 \times 0.11^2}{4}\right)\text{m}^2} = 17.37\text{m/sec}$$

$$VP = \frac{\gamma V^2}{2g} = \frac{1.293 \times 17.37^2}{2 \times 9.8} = 19.9\text{mmH}_2\text{O}$$

$$F = \frac{1}{C_e^2} - 1 = \frac{1}{0.8^2} - 1 = 0.56$$

$$SP_h = 19.9(1+0.56) = 31.05\text{mmH}_2\text{O} \ (\text{실제적으로 } -31.05\text{mmH}_2\text{O})$$

기출문제   2009년, 2019년(산업기사), 2007년, 2012년, 2017년, 2019년(기사)

유입 손실계수가 0.65이고 원형 후드 직경이 20cm이며, 유량이 40m³/min인 경우 후드 정압(mmH₂O)은? (단, 21℃, 1atm) ●출제율 80%

풀이 (1) 후드 정압$(SP_h) = VP(1+F)$

$Q = A \times V$에서

$$V = \frac{Q}{A} = \frac{(40\text{m}^3/\text{min} \times 1\text{min}/60\text{sec})}{\left(\frac{3.14 \times 0.2^2}{4}\right)\text{m}^2} = 21.23\text{m/sec}$$

$$VP = \left(\frac{V}{4.043}\right)^2 = \left(\frac{21.23}{4.043}\right)^2 = 27.57\text{mmH}_2\text{O}$$

(2) 유입 손실계수$(F) = 0.65$

$$SP_h = 27.57(1+0.65) = 45.49\text{mmH}_2\text{O} \ (\text{실제적으로 } -45.49\text{mmH}_2\text{O})$$

기출문제   2006년, 2015년, 2019년(산업기사), 2010년, 2014년, 2020년(기사)

유입계수가 0.76, 속도압이 18mmH₂O일 때 후드의 압력손실(mmH₂O)은? ●출제율 70%

풀이 후드의 정압이 아니라 압력 손실계산 문제이므로

후드의 압력손실$(\Delta P) = F \times VP$

F : 후드 유입 손실계수

$$F = \frac{1}{C_e^2} - 1 = \frac{1}{0.76^2} - 1 = 0.73$$

VP(속도압) : $18\text{mmH}_2\text{O}$

$$= 0.73 \times 18 = 13.14\text{mmH}_2\text{O}$$

기출문제

후드의 유입계수가 0.7, 후드의 압력손실이 1.6mmH₂O일 때 후드의 속도압(mmH₂O)은? ●출제율 60%

풀이 후드의 압력손실$(\Delta P) = F \times VP$에서

$$VP = \frac{\Delta P}{F}$$

$$F = \frac{1}{C_e^2} - 1 = \frac{1}{0.7^2} - 1 = 1.04, \quad \Delta P = 1.6\,\mathrm{mmH_2O}$$

$$= \frac{1.6}{1.04} = 1.54\,\mathrm{mmH_2O}$$

기출문제

후드의 정압이 20mmH₂O이고, 속도압이 12mmH₂O일 때 유입계수(C_e)는? ●출제율 70%

풀이 유입계수$(C_e) = \sqrt{\dfrac{1}{1+F}}$ 이므로 우선 F(유입 손실계수)를 구하면

$$\mathrm{SP}_h = VP(1+F) \text{에서} \quad F = \frac{\mathrm{SP}_h}{VP} - 1 = \frac{20}{12} - 1 = 0.67$$

$$C_e = \sqrt{\frac{1}{1+0.67}} = 0.77$$

기출문제

유입계수 $C_e = 0.78$, 플랜지 부착 원형 후드가 있다. 덕트의 원면적이 0.0314m²이고, 필요환기량 Q는 30m³/min이라고 할 때 후드의 정압(mmH₂O)은? (단, 공기 밀도 1.2kg/m³) ●출제율 70%

풀이 후드의 정압$(\mathrm{SP}_h) = VP(1+F)$

VP를 구하기 위하여 V(속도)를 먼저 구하면

$Q = A \times V$에서

$$V = \frac{Q}{A} = \frac{30\mathrm{m^3/min}}{0.0314\mathrm{m^2}} = 955.41\mathrm{m/min} \times \mathrm{min/60sec} = 15.92\mathrm{m/sec}$$

$$VP = \left(\frac{1.2 \times 15.92^2}{2 \times 9.8} \right) = 15.52\,\mathrm{mmH_2O}$$

$$F = \frac{1}{C_e^2} - 1 = \frac{1}{0.78^2} - 1 = 0.64$$

$$= 15.52(1+0.64) = 25.45\,\mathrm{mmH_2O} \ (\text{실제적으로} -25.45\mathrm{mmH_2O})$$

1. 베나수축 정의 및 내용 숙지(출제 비중 높음)
2. 후드의 압력손실 및 정압 계산 숙지(출제 비중 높음)

CHAPTER 4

7 덕트(duct)

(1) 개요

① 후드에서 흡인한 유해물질을 공기정화기를 거쳐 송풍기까지 운반하는 송풍관 및 송풍기로부터 배기구까지 운반하는 관을 덕트라 한다.

② 후드로 흡인한 유해물질이 덕트 내에 퇴적하지 않게 공기정화장치까지 운반하는 데 필요한 최소속도를 반송속도라 한다.

(2) 덕트 설치기준(설치 시 고려사항) ⇨ 산업안전보건기준에 관한 규칙(①~⑤항) ●출제율 40%

① 가능한 한 길이는 짧게 하고 굴곡부의 수는 적게 할 것

② 접속부의 내면은 돌출된 부분이 없도록 할 것

③ 청소구를 설치하는 등 청소하기 쉬운 구조로 할 것

④ 덕트 내 오염물질이 쌓이지 아니하도록 이송속도를 유지할 것

⑤ 연결부위 등은 외부 공기가 들어오지 아니하도록 할 것(연결방법을 가능한 한 용접할 것)

⑥ 가능한 후드의 가까운 곳에 설치할 것

⑦ 송풍기를 연결할 때는 최소 덕트 직경의 6배 정도 직선구간을 확보할 것

⑧ 직관은 하향구배로 하고, 직경이 다른 덕트를 연결할 때는 경사 30° 이내의 테이퍼를 부착할 것

⑨ 가급적 원형 덕트를 사용하며, 부득이 사각형 덕트를 사용할 경우에는 가능한 정방형을 사용할 것

⑩ 곡률반경은 최소 덕트 직경의 1.5 이상, 주로 2.0을 사용할 것

⑪ 수분이 응축될 경우 덕트 내로 들어가지 않도록 경사나 배수구를 마련할 것

⑫ 덕트의 마찰계수를 작게 하고, 분지관을 가급적 적게 할 것

(3) 반송속도

① 정의 : 반송속도는 후드로 흡인한 오염물질을 덕트 내에 퇴적시키지 않고 이송하기 위한 송풍관 내 기류의 최소속도를 말한다.

② 각 조건에 따른 반송속도

유해물질	예	반송속도(m/sec)
가스, 증기, 흄 및 극히 가벼운 물질	각종 가스, 증기, 산화아연 및 산화알루미늄 등의 흄, 목재 분진, 솜먼지, 고무분, 합성수지분	10
가벼운 건조먼지	원면, 곡물분, 고무, 플라스틱, 경금속 분진	15
일반 공업 분진	털, 나무부스러기, 대패부스러기, 샌드블라스트, 글라인더 분진, 내화벽돌 분진	20
무거운 분진	납 분진, 주조 후 모래털기작업 시 먼지, 선반작업 시 먼지	25
무겁고 비교적 큰 입자의 젖은 먼지	젖은 납 분진, 젖은 주조작업 발생 먼지	25 이상

(4) 송풍관(덕트)의 재질 〔출제율 20%〕

① 유기용제(부식이나 마모의 우려가 없는 곳) : 아연도금강판
② 강산, 염소계 용제 : 스테인리스스틸 강판
③ 알칼리 : 강판
④ 주물사, 고온가스 : 흑피 강판
⑤ 전리방사선 : 중질 콘크리트

1. 덕트 설치 기준 숙지
2. 덕트의 재질 숙지

8 덕트의 압력손실

후드에서 흡입된 공기가 덕트를 통과할 때 공기 기류는 마찰 및 난류로 인해 마찰압력손실과 난류압력손실이 발생한다.

(1) 마찰압력손실 〔출제율 40%〕

① 공기가 덕트면과 접촉에 의한 마찰에 의해 발생한다.
② 마찰손실에 미치는 영향 인자로는 공기속도, 덕트면의 성질(조도, 거칠기), 덕트 직경, 공기밀도, 공기점도가 있다.
③ 상대조도란 절대표면조도를 덕트 직경으로 나눈 값이다.

(2) 난류압력손실 〔출제율 40%〕

곡관에 의한 공기 기류의 방향전환이나 수축, 확대 등에 의한 덕트 단면적의 변화에 따른 난류속도의 증감에 의해 발생한다.

(3) 덕트 압력손실 계산 종류 〔출제율 50%〕

① 등가길이(등거리) 방법
② 속도압 방법

(4) 원형 직선 duct의 압력손실 〔출제율 40%〕

① 압력손실은 덕트의 길이 공기밀도에 비례, 유속의 제곱에 비례하고 덕트의 직경에 반비례하고 또한 원칙적으로 마찰계수는 Moody chart(레이놀즈 수와 상대조도에 의한 그래프)에서 구한 값을 적용한다.

CHAPTER 4

②
$$압력손실(\Delta P) = F \times VP (\text{mmH}_2\text{O}) : \text{Darcy}-\text{Weisbach식}$$

여기서, $F(압력손실계수) = 4 \times f \times \dfrac{L}{D}\left(= \lambda \times \dfrac{L}{D}\right)$

        λ : 달시 마찰계수(관마찰계수 : 무차원)

        f : 페닝 마찰계수(표면마찰계수 : 무차원)

        D : 덕트 직경(m)

        L : 덕트 길이(m)

$$VP(속도압) = \frac{\gamma \cdot V^2}{2g} (\text{mmH}_2\text{O})$$

        γ : 비중(kg/m^3)

        V : 공기속도(m/sec)

        g : 중력가속도(m/sec^2)

- 동일한 송풍관(duct)에 송풍량 Q_1, Q_2가 통과 시 그 압력손실을 각각 P_1, P_2라고 하면 Q는 반송속도에 비례하고, P_1과 P_2는 반송속도의 제곱에 비례하므로

$$\left(\frac{Q_1}{Q_2}\right)^2 = \frac{P_1}{P_2} \;\; ; \;\; \frac{Q_1}{Q_2} = \sqrt{\frac{P_1}{P_2}}$$

- 수력반경(R_h)과 직경(D)의 관계

$$D = R_h\left(\frac{유로단면적}{접수길이}\right) \times 4$$

(5) 장방형 직선 duct 압력손실 ●출제율 40%

① 압력손실 계산 시 상당직경을 구하여 원형 직선 duct 계산과 동일하게 한다.

②
$$압력손실(\Delta P) = F \times VP (\text{mmH}_2\text{O})$$

여기서, $F(압력손실계수) = f \times \dfrac{L}{D}\left(\lambda \times \dfrac{L}{D}\right)$

        f : 페닝 마찰계수(표면마찰계수 : 무차원)

        D : 덕트 직경(상당직경, 등가직경)(m)

        L : 덕트 길이(m)

        VP : 속도압(mmH_2O)

③ 상당직경(등가직경, equivalent diameter)

사각형(장방형)관과 동일한 유체 역학적인 특성을 갖는 원형관의 직경을 의미한다.

$$상당직경\,(d_e) = \frac{2ab}{a+b}$$

$$상당직경\,(d_e) = 1.3 \times \frac{(ab)^{0.625}}{(a+b)^{0.25}} \;\Rightarrow\; 양\;변의\;비가\;75\%\;이상인\;경우\;적용$$

기출문제 2010년, 2013년, 2017년(산업기사), 2007년, 2010년, 2012년, 2016년, 2019년(기사)

장방형 직관이 가로 60cm, 세로 35cm이고 직관 내를 125m³/min의 공기가 흐르고 있다. 길이 5m, 관마찰계수 0.02, 비중 1.3kgf/m³일 때 압력손실(mmH₂O)은? ●출제율 70%

풀이 압력손실$(\Delta P) = \left(\lambda \times \dfrac{L}{D}\right) \times VP$

$Q = A \times V$ 에서

$V = \dfrac{Q}{A} = \dfrac{125\mathrm{m^3/min}}{0.6\mathrm{m} \times 0.35\mathrm{m}} = 595.23\mathrm{m/min} \times \mathrm{min/60sec} = 9.92\mathrm{m/sec}$

$VP = \dfrac{\gamma \cdot V^2}{2g} = \dfrac{1.3 \times 9.92^2}{2 \times 9.8} = 6.53\mathrm{mmH_2O}$

$= 0.02 \times \dfrac{5}{0.44} \times 6.53$

$= 1.48\mathrm{mmH_2O} \left(상당직경 = \dfrac{2ab}{a+b} = \dfrac{2(0.6 \times 0.35)}{0.6+0.35} = 0.44\mathrm{m}\right)$

기출문제 2011년, 2017년(산업기사), 2007년, 2015년, 2020년(기사)

단면의 장변이 750mm, 단변이 300mm인 장방형 덕트 직관 내를 풍량 260m³/min의 표준공기가 흐를 때 길이 10m당 압력손실(mmH₂O)을 구하시오. (단, 마찰계수(λ)는 0.021, 표준공기(21℃)에서 비중량(γ)은 1.2kgf/m³, 중력가속도 9.8m/sec²) ●출제율 70%

풀이 압력손실$(\Delta P) = \lambda \times \dfrac{L}{D} \times VP$ 에서

$V = \dfrac{Q}{A} = \dfrac{260\mathrm{m^3/min}}{0.75\mathrm{m} \times 0.3\mathrm{m}} = 1155.56\mathrm{m/min} \times \mathrm{min/60sec} = 19.26\mathrm{m/sec}$

$= 0.021 \times \dfrac{10}{0.42} \times \dfrac{1.2 \times 19.26^2}{2 \times 9.8}$

$= 11.36\mathrm{mmH_2O} \left(상당직경 = \dfrac{2(0.75 \times 0.3)}{0.75+0.3} = 0.42\mathrm{m}\right)$

CHAPTER 4

기출문제

2005년, 2010년(산업기사), 2007년, 2013년, 2016년(기사)

송풍량이 110m³/min일 때 관 내경이 400mm이고, 길이가 5m인 직관의 마찰손실(mmH₂O)은? (단, 유체밀도 1.2kg/m³, 관 마찰손실계수 0.02를 직접 적용한다.) **출제율 70%**

풀이 압력손실$(\Delta P) = \left(\lambda \times \dfrac{L}{D}\right) \times VP$

VP(속도압)을 구하려면 먼저 V(속도)를 구하여야 한다.

$Q = A \times V$에서

$$V = \frac{Q}{A} = \frac{110\text{m}^3/\text{min}}{\left(\dfrac{3.14 \times 0.4^2}{4}\right)\text{m}^2} = 875.8\text{m}/\text{min}(= 14.6\text{m}/\text{sec})$$

$$= 0.02 \times \frac{5}{0.4} \times \frac{1.2 \times 14.6^2}{2 \times 9.8}$$

$$= 3.26\text{mmH}_2\text{O}$$

기출문제

2006년, 2018년, 2020년(산업기사), 2009년, 2018년, 2020년(기사)

원형 덕트에 난류가 흐르고 있을 경우 덕트의 직경을 $\dfrac{1}{2}$로 하면 직관부분의 압력손실은 몇 배로 증가되는가? (단, 유량, 관마찰계수는 변하지 않는다고 한다.) **출제율 50%**

풀이 $\Delta P = 4 \times f \times \dfrac{L}{D} \times \dfrac{\gamma V^2}{2g}$에서 f, L, γ, g는 상수이므로

$$\Delta P_1 = \frac{V^2}{D}$$

$Q = A \times V = \dfrac{\pi D^2}{4} \times V$에서 Q는 일정

D가 $\dfrac{1}{2}$로 줄면 $V = 4$배

$Q = \dfrac{\pi D^2}{4} \times V, \quad V = \dfrac{4Q}{\pi D^2}$

$Q = \dfrac{\pi \left(\dfrac{D}{2}\right)^2}{4} \times V, \quad V = \dfrac{16Q}{\pi D^2}$ $\quad \Big] V = 4V$

$V = 4V, \ D = \dfrac{D}{2}$인 압력손실 $\Delta P_2 = \dfrac{(4V)^2}{\dfrac{D}{2}} = \dfrac{32V^2}{D}$

증가된 압력손실$(\Delta P) = \dfrac{\Delta P_2}{\Delta P_1} = \dfrac{\dfrac{32V^2}{D}}{\dfrac{V^2}{D}} = 32$배

2009년, 2014년, 2018년(산업기사), 2007년, 2013년, 2019년(기사)

어떤 송풍관에 송풍량 30m³/min을 통과시켰을 때 16mmH₂O의 압력손실이 생겼다. 동일 송풍관의 압력손실을 25mmH₂O로 해야 할 경우 필요한 송풍량(m³/min)을 구하시오. ◯출제율 60%

풀이 $\dfrac{Q_1}{Q_2} = \sqrt{\dfrac{P_1}{P_2}}$ 에서, $Q_2 = Q_1 \times \sqrt{\dfrac{P_2}{P_1}} = 30 \times \sqrt{\dfrac{25}{16}} = 37.5\,\mathrm{m^3/min}$

학습 Point
1. 덕트 압력손실 계산, 종류 숙지
2. 원형 및 장방형 덕트 압력손실 계산 숙지(출제 비중 높음)
3. 상대조도 개념 숙지

(6) 곡관압력손실

① 곡관압력손실은 곡관의 덕트 직경(D)과 곡률반경(R)의 비, 즉 곡률반경 비(R/D)에 의해 주로 좌우되며 곡관의 크기 및 형태(모양), 속도, 곡관연결 상태에 의해서도 영향을 받는다.

② 관련식

$$압력손실\,(\Delta P) = \left(\xi \times \dfrac{\theta}{90}\right) \times VP$$

여기서, ξ : 압력손실계수
θ : 곡관의 각도
VP : 속도압(동압)(mmH₂O)

③ 새우등 곡관은 직경이 ($D \leq 15\mathrm{cm}$) 경우에는 새우등 3개 이상, ($D > 15\mathrm{cm}$) 경우에는 새우등 5개 이상을 사용하고 덕트 내부 청소를 위한 청소구를 설치하는 것이 유지관리상 바람직하다.

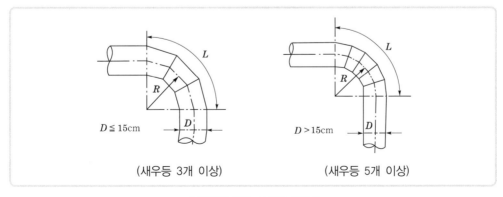

┃새우등 곡관 사용의 경우┃

기출문제　　　　　　　　　　　　2007년, 2009년, 2014년(산업기사), 2012년, 2018년(기사)

단면적의 폭(W)이 30cm, 높이(D)가 15cm인 직사각형의 덕트가 곡률반경(R)이 30cm로 구부러져 90° 곡관으로 설치되어 있다. 흡입공기의 속도압이 20mmH$_2$O일 때 다음 표를 이용하여 이 덕트의 압력손실(mmH$_2$O)을 구하여라. ●출제율 60%

형상비	$f = \Delta P / VP$					
반경비	0.25	0.5	1.0	2.0	3.0	4.0
0.0	1.50	1.32	1.15	1.04	0.92	0.86
0.5	1.36	1.21	1.05	0.95	0.84	0.79
1.0	0.45	0.28	0.21	0.21	0.20	0.19
1.5	0.28	0.18	0.13	0.13	0.12	0.12
2.0	0.24	0.15	0.11	0.11	0.10	0.10
3.0	0.24	0.15	0.11	0.11	0.10	0.10

풀이　곡률반경비$\left(R/D = \dfrac{30}{15} = 2.0 \right)$, 형상비$\left(W/D = \dfrac{30}{15} = 2.0 \right)$일 때 표에서 압력손실계수($\xi$)는 0.11

압력손실(ΔP) $= \xi \times VP = 0.11 \times 20 = 2.2mmH_2$O

기출문제　　　　　　　　　　　2007년, 2009년, 2017년, 2020년(산업기사), 2012년, 2020년(기사)

원형 덕트에서 90° 곡관의 직경이 20cm, 굴곡반경이 50cm일 때 압력손실계수(ξ)는 0.22이고, 공기의 속도압은 20mmH$_2$O이었다. 만약 45° 곡관이라면 압력손실(mmH$_2$O)은? ●출제율 50%

풀이　압력손실(ΔP) $= \left(\xi \times \dfrac{\theta}{90} \right) \times VP = 0.22 \times \dfrac{45}{90} \times 20 = 2.2mmH_2$O

기출문제　　　　　　　　　　2005년, 2013년, 2019년, 2020년(산업기사), 2009년, 2020년(기사)

직경 10cm, 중심선 반경 25cm인 60° 곡관의 속도압이 20mmH$_2$O일 때 이 곡관의 압력손실(mmH$_2$O)은? (단, 다음 표를 이용하시오.) ●출제율 60%

반경비(r/d)	1.25	1.50	1.75	2.00	2.25	2.50	2.75
압력손실계수(ξ)	0.55	0.39	0.32	0.27	0.26	0.22	0.20

풀이　압력손실(ΔP) $= \left(\xi \times \dfrac{\theta}{90} \right) \times VP$ (여기서, ξ는 $\dfrac{r}{d} = \dfrac{25}{10}$인 경우 표에서 2.5이므로 ξ는 0.22이다.)

$\Delta P = 0.22 \times \dfrac{60}{90} \times 20 = 2.93mmH_2$O

 곡관의 압력손실 계산(출제 비중 높음)

(7) 합류관 압력손실

합류관의 압력손실(ΔP)은 주관의 압력손실(ΔP_1)과 분지관의 압력손실(ΔP_2)을 합한 값으로 된다.

$$압력손실\,(\Delta P) = \Delta P_1 + \Delta P_2 = (\xi_1 VP_1) + (\xi_2 VP_2)$$

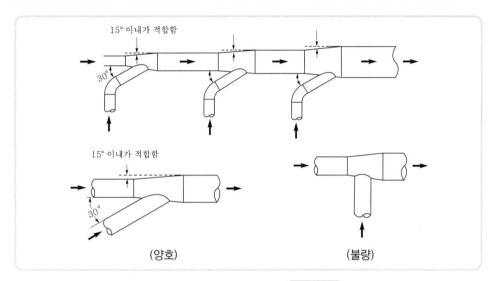

┃ 분지관(가지관)의 연결 ┃ ●출제율 30%

예상문제

주관에 45°로 분지관이 연결되어 있다. 주관과 분지관의 반송속도는 모두 18m/sec이고, 주관의 압력손실계수는 0.2이며, 분지관의 압력손실계수는 0.28이다. 주관과 분지관의 합류에 의한 압력손실(mmH₂O)은? (단, 공기 밀도는 1.2kg/m³)

풀이
$$압력손실\,(\Delta P) = \Delta P_1 + \Delta P_2$$
$$= (\xi_1 VP_1) + (\xi_2 VP_2)$$
$$VP_1 = VP_2 = \frac{\gamma V^2}{2g} = \frac{1.2 \times 18^2}{2 \times 9.8} = 19.84\,\text{mmH}_2\text{O}$$
$$= (0.2 \times 19.84) + (0.28 \times 19.84) = 9.52\,\text{mmH}_2\text{O}$$

(8) 확대관 압력손실

① 확대관 속도압이 감소한 만큼 정압이 증가되어야 하나 실제로는 완전한 변환이 어려워 속도압 중 정압으로 변환하지 않은 나머지는 압력손실로 나타난다.

② 관련식

$$\text{정압회복계수}(R) = 1 - \xi$$

여기서, ξ : 압력손실계수

$$\text{압력손실}(\Delta P) = \xi \times (VP_1 - VP_2)$$

여기서, VP_1 : 확대 전의 속도압(mmH$_2$O)

VP_2 : 확대 후의 속도압(mmH$_2$O)

$$\text{정압회복량}(SP_2 - SP_1) = (VP_1 - VP_2) - \Delta P$$

여기서, SP_2 : 확대 후의 정압(mmH$_2$O)

SP_1 : 확대 전의 정압(mmH$_2$O)

$$(SP_2 - SP_1) = (VP_1 - VP_2) - [\xi(VP_1 - VP_2)]$$
$$= (1 - \xi)(VP_1 - VP_2)$$
$$= R(VP_1 - VP_2)$$
$$\text{확대측 정압}(SP_2) = SP_1 + R(VP_1 - VP_2)$$

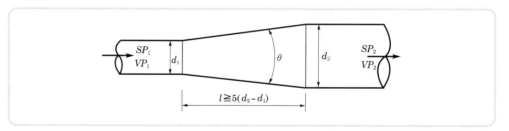

▮ 원형 확대관 ▮

기출문제
2010년(산업기사), 2004년(기사)

원형 확대관에서 입구 직관의 속도압은 30mmH$_2$O, 확대된 출구 직관의 속도압은 20mmH$_2$O이다. 압력손실계수가 0.28일 때 정압회복량(mmH$_2$O)은? ●출제율 50%

풀이 정압회복량$(SP_2 - SP_1) = (VP_1 - VP_2) - \Delta P$
$= (1 - \xi)(VP_1 - VP_2)$
$= (1 - 0.28)(30 - 20)$
$= 7.2\,\text{mmH}_2\text{O}$

2009년(산업기사), 2003년, 2018년(기사)

기출문제

확대각이 10°인 원형 확대관에서 입구 직관의 정압은 −10mmH₂O, 속도압은 30mmH₂O, 확대 후 출구 직관의 속도압은 15mmH₂O이다. 압력손실(mmH₂O)과 확대측의 정압(mmH₂O)은? (단, $\theta = 10°$일 때 압력손실계수는 0.28)

풀이 (1) 압력손실$(\Delta P) = \xi \times (VP_1 - VP_2)$
$$= 0.28 \times (30 - 15)$$
$$= 4.2\text{mmH}_2\text{O}$$

(2) 확대측 정압$(SP_2) = SP_1 + R(VP_1 - VP_2)$
$$= -10 + [(1 - 0.28)(30 - 15)]$$
$$= 0.8\text{mmH}_2\text{O}$$

 확대관 압력손실, 정압회복량, 확대측 정압 계산 숙지

(9) 축소관 압력손실

① 덕트의 단면 축소에 따라 정압이 속도압으로 변환되어 정압은 감소하고 속도압은 증가한다. 또한 축소관은 확대관에 비해 압력손실이 작으며, 축소각이 45° 이하일 때는 무시한다.

② 관련식

$$압력손실(\Delta P) = \xi \times (VP_2 - VP_1)$$

여기서, VP_2 : 축소 후의 속도압(mmH₂O)
VP_1 : 축소 전의 속도압(mmH₂O)

$$정압감소량(SP_2 - SP_1) = -(VP_2 - VP_1) - \Delta P$$
$$= -(1 + \xi)(VP_2 - VP_1)$$

여기서, SP_2 : 축소 후의 정압(mmH₂O)
SP_1 : 축소 전의 정압(mmH₂O)

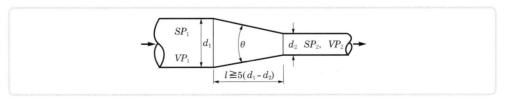

‖ 원형 축소관 ‖

2010년(산업기사), 2004년, 2013년(기사)

기출문제

축소각이 20°인 원형 축소관에서 입구 직관의 정압은 −10mmH$_2$O, 속도압은 15mmH$_2$O 이고, 축소된 출구 직관의 속도압은 30mmH$_2$O이다. 압력손실(mmH$_2$O)과 축소측 정압(mmH$_2$O)을 계산하면 얼마인가? (단, $\theta = 20°$일 때 $\xi = 0.06$) 출제율 60%

풀이 (1) 압력손실(ΔP) $= \xi \times (VP_2 - VP_1) = 0.06 \times (30 - 15) = 0.9\,\mathrm{mmH_2O}$
(2) 축소측 정압(SP_2) $= SP_1 - [(1 + \xi)(VP_2 - VP_1)]$
$= -10 - [(1 + 0.06)(30 - 15)] = -25.9\,\mathrm{mmH_2O}$

 Point 축소관 압력손실 및 축소측 정압 계산 숙지

(10) 배기구 압력손실

$$압력손실(\Delta P) = \xi \times VP, \quad 배기구의\ 정압(SP) = (\xi - 1) \times VP$$

2018년(산업기사)

기출문제

직경 0.2m, 높이 1.5m인 비마개가 붙은 원형 배기구의 속도압이 10mmH$_2$O이다. 압력손실(mmH$_2$O)과 배기구의 정압(mmH$_2$O)은? (단, $\xi = 1.18$)

풀이 (1) 압력손실(ΔP) $= \xi \times VP = 1.18 \times 10 = 11.8\,\mathrm{mmH_2O}$
(2) 배기구의 정압(SP) $= (\xi - 1) \times VP = (1.18 - 1) \times 10 = 1.8\,\mathrm{mmH_2O}$

9 총 압력손실의 계산

(1) 총 압력손실의 계산은 덕트 합류 시 균형 유지를 위한, 즉 압력평형을 이루기 위한 계산방법을 의미한다.

(2) 총 압력손실 계산 목적 출제율 40%

① 제어속도와 반송속도를 얻는 데 필요한 송풍량을 확보하기 위해
② 환기시설 전체의 압력손실을 극복하는 데 필요한 풍량과 풍압을 얻기 위한 송풍기 형식 및 동력, 규모를 결정하기 위해

(3) 총 압력손실 계산방법 출제율 70%

① 정압조절평형법(유속조절평형법, 정압균형유지법)
  ㉠ 정의 : 저항이 큰 쪽의 덕트 직경을 약간 크게, 또는 덕트 직경을 감소시켜 저항을 줄이거나 증가시켜 또는 유량을 재조정하여 합류점의 정압이 같아지도록 하는 방법이다.

ⓛ 적용 : 분지관의 수가 적고 고독성 물질이나 폭발성 및 방사성 분진을 대상으로 사용

ⓒ 계산식

$$Q_c = Q_d \sqrt{\frac{SP_2}{SP_1}}$$

여기서, Q_c : 보정유량(m^3/min), Q_d : 설계유량(m^3/min)

　　　　SP_2 : 압력손실이 큰 관의 정압(지배정압)(mmH_2O)

　　　　SP_1 : 압력손실이 작은 관의 정압(mmH_2O)

　　　　(계산결과 높은 쪽 정압과 낮은 쪽 정압의 비(정압비)가 1.2 이하인
　　　　경우는 정압이 낮은 쪽의 유량을 증가시켜 압력을 조정하고 정압비가
　　　　1.2보다 클 경우는 정압이 낮은 분지관을 재설계하여야 한다.)

ⓔ 장점

- 침식, 부식, 분진퇴적으로 인한 축적현상이 없어 덕트의 폐쇄가 일어나지 않는다.
- 잘못 설계된 분지관, 최대저항 경로선정이 잘못되어도 설계 시 쉽게 발견할 수 있다.
- 설계가 정확할 때에는 가장 효율적인 시설이 된다.
- 유속의 범위가 적절히 선택되면 덕트의 폐쇄가 일어나지 않는다.

ⓜ 단점

- 설계 시 잘못된 유량을 고치기 어렵다.
- 설계가 복잡하고 시간이 걸린다.
- 설계유량 산정이 잘못되었을 경우 수정은 덕트의 크기 변경을 필요로 한다.
- 때에 따라 전체 필요한 최소유량보다 더 초과될 수 있다.
- 설치 후 변경이나 확장에 대한 유연성이 낮다.
- 효율 개선 시 전체를 수정해야 한다.

② 저항조절평형법(댐퍼조절평형법, 덕트균형유지법)

ⓐ 정의 : 각 덕트에 댐퍼를 부착하여 압력을 조정, 평형을 유지하는 방법이며, 총 압력
손실 계산은 압력손실이 가장 큰 분지관을 기준으로 산정한다.

ⓛ 적용 : 분지관의 수가 많고 덕트의 압력손실이 클 때 사용

ⓒ 장점

- 시설 설치 후 변경에 유연하게 대처가 가능하다.
- 최소 설계풍량으로 평형유지가 가능하다.
- 공장 내부 작업공정에 따라 적절한 덕트 위치 변경이 가능하다.
- 설계 계산이 간편하고, 고도의 지식을 요하지 않는다.
- 설치 후 송풍량의 조절이 비교적 용이하다. 즉 임의의 유량을 조절하기가 용이하다.
- 덕트의 크기를 바꿀 필요가 없기 때문에 반송속도를 그대로 유지한다.

CHAPTER 4

ⓐ 단점
- 평형상태 시설에 댐퍼를 잘못 설치 시 평형상태가 파괴될 수 있다.
- 부분적 폐쇄댐퍼는 침식, 분진퇴적의 원인이 된다.
- 최대 저항경로 선정이 잘못되어도 설계 시 쉽게 발견할 수 없다.
- 댐퍼가 노출되어 있는 경우가 많아 누구나 쉽게 조절할 수 있어 정상기능을 저해할 수 있다.
- 임의의 댐퍼 조정 시 평형상태가 파괴될 수 있다.

1. 총 압력손실 계산 목적 숙지
2. 정압조절 평형법의 적용, 장·단점 숙지(출제 비중 높음)
3. 저항조절 평형법의 적용, 장·단점 숙지(출제 비중 높음)

10 배기구 설치규칙(15-3-15) ●출제율 40%

(1) 배출구와 공기를 유입하는 흡입구는 서로 15m 이상 떨어져야 한다.

(2) 배출구의 높이는 지붕꼭대기나 공기유입구보다 위로 3m 이상 높게 하여야 한다.

(3) 배출되는 공기는 재유입되지 않도록 배출가스 속도를 15m/sec 이상 유지한다.

11 송풍기

(1) 개요

국소배기장치의 일부로서 오염공기를 후드에서 덕트 내로 유동시켜서 옥외로 배출하는 원동력을 만들어내는 흡인장치를 말한다.

(2) 종류 ●출제율 70%

① 원심력 송풍기(centrifugal fan) : 원심력 송풍기는 축방향으로 흘러들어온 공기가 반지름 방향으로 흐를 때 생기는 원심력을 이용하고 달팽이 모양으로 생겼으며 **흡입방향과 배출방향이 수직**이며 날개의 방향에 따라 다익형, 평판형, 터보형으로 구분한다.

　㉠ 다익형(multi blade fan)

　　ⓐ 전향 날개형(전곡 날개형, forward-curved blade fan)이라고 하며, 많은 날개(blade)를 갖고 있다.

　　ⓑ 송풍기의 임펠러가 다람쥐 쳇바퀴 모양으로 회전날개가 회전방향과 동일한 방향으로 설계되어 있다.

ⓒ 장점
- 동일풍량, 동일풍압에 대해 가장 소형이므로 제한된 장소에 사용 가능
- 설계가 간단하고, 저가로 제작이 가능
- 회전속도 작아 소음이 낮음

ⓓ 단점
- 구조 강도상 고속회전 불가능
- 효율이 낮고, 청소 곤란
- 동력 상승률이 크고, 과부하되기 쉬우므로 큰 동력의 용도에 적합하지 않음
- 청소가 곤란

ⓛ 평판형(radial fan)

ⓐ 플레이트 송풍기, 방사 날개형 송풍기라고도 한다.
ⓑ 날개(blade)가 다익형보다 적고, 직선이며 평판모양을 하고 있어 강도가 매우 높게 설계되어 있다.
ⓒ 깃의 구조가 분진을 자체 정화할 수 있도록 되어 있다.
ⓓ 시멘트, 미분탄, 곡물, 모래 등의 고농도 분진이나 마모성이 강한 분진 이송용으로 사용된다.
ⓔ 부식성이 강한 공기를 이송하는 데 많이 사용된다.
ⓕ 압력은 다익팬보다 약간 높으며, 효율도 65%로 다익팬보다는 약간 높으나 터보팬보다는 낮다.

ⓒ 터보형(turbo fan)

ⓐ 후향 날개형(후곡 날개형 ; backward – curved blade fan) 또는 송풍량이 증가해도 동력이 증가하지 않는 장점을 가지고 있어 한계부하 송풍기라고도 한다.
ⓑ 회전날개(깃)가 회전방향 반대편으로 경사지게 설계되어 충분한 압력을 발생시킬 수 있다.

ⓒ 장점
- 장소의 제약을 받지 않음
- 송풍기 중 효율이 가장 좋음
- 풍압이 바뀌어도 풍량의 변화가 적음(하향구배 특성이기 때문에)
- 송풍량이 증가해도 동력은 크게 상승하지 않음
- 송풍기를 병렬로 배치해도 풍량에는 지장이 없음

ⓓ 단점
- 소음이 큼
- 고농도 분진 함유 공기 이송 시에 집진기 후단에 설치해야 함

② 축류 송풍기(axial flow fan)

ㄱ 장점

- 덕트에 바로 삽입할 수 있어 설치비용이 저렴
- 전동기와 직결할 수 있음
- 경량이고 재료비 및 설치비용이 저렴

ㄴ 단점

- 압력손실이 비교적 많이 걸리는 시스템에 사용했을 때 서징 현상으로 진동과 소음이 심한 경우가 생긴다.
- 최대 송풍량의 70% 이하가 되도록 압력손실이 걸릴 경우 서징 현상을 피할 수 없다.

ㄷ 종류 ●출제율 20%

- 프로펠러형 : 효율이 25~50%로 낮지만 설치비용이 저렴하고, 압력손실이 25mmH$_2$O 이내로 약하여 전체환기에 적합하다.
- 튜브형 : 효율이 30~60%이고 송풍관이 붙은 형태이며, 모터를 덕트 외부에 부착시킬 수 있으며, 압력손실은 75mmH$_2$O 이내이다.
- 고정날개형(베인형) : 효율이 25~50%로 낮지만 설치비용이 저렴하고, 안내깃이 붙은 형태로 압력손실은 100mmH$_2$O 이내이다.

1. 원심력 송풍기 종류 숙지(출제 비중 높음)
2. 다익형, 평판형, 터보형, 장·단점 숙지(출제 비중 높음)
3. 축류 송풍기의 종류

(3) 송풍기 전압 및 정압

① **송풍기 전압(FTP)** : 배출구 전압(TP_out)과 흡입구 전압(TP_in)의 차로 표시한다.

$$FTP = TP_\mathrm{out} - TP_\mathrm{in}$$
$$= (SP_\mathrm{out} + VP_\mathrm{out}) - (SP_\mathrm{in} + VP_\mathrm{in})$$

② **송풍기 정압(FSP)** : 송풍기 전압(FTP)과 배출구 속도압(VP_out)의 차로 표시한다.

$$FSP = FTP - VP_\mathrm{out}$$
$$= (SP_\mathrm{out} - SP_\mathrm{in}) + (VP_\mathrm{out} - VP_\mathrm{in}) - VP_\mathrm{out}$$
$$= (SP_\mathrm{out} - SP_\mathrm{in}) - VP_\mathrm{in}$$
$$= (SP_\mathrm{out} - TP_\mathrm{in})$$

2007년, 2011년, 2019년(기사)

기출문제

흡입구 정압이 −70mmH₂O이고, 배출구 내의 정압은 20mmH₂O이다. 반송속도가 13.5m/sec이고, 밀도는 1.21kg/m³일 경우 송풍기 정압(mmH₂O)은? 출제율 50%

풀이 송풍기 정압

$$FSP = (SP_{out} - SP_{in}) - VP_{in}$$

$$VP_{in} = \frac{\gamma V^2}{2g} = \frac{1.21 \times 13.5^2}{2 \times 9.8} = 11.25 \, mmH_2O$$

$$FSP = (SP_{out} - SP_{in}) - VP_{in} = [20 - (-70)] - 11.25 = 78.75 \, mmH_2O$$

2015년(산업기사), 2007년, 2012년(기사)

기출문제

흡인관의 정압과 속도압이 각각 −38mmH₂O, 6mmH₂O이고, 배출관의 정압과 속도압이 각각 20mmH₂O, 12mmH₂O일 때 이 송풍기의 유효전압(mmH₂O)과 유효정압(mmH₂O)은?

풀이 (1) 송풍기 전압(FTP)

$$FSP = (SP_{out} + VP_{out}) - (SP_{in} + VP_{in}) = (20 + 12) - (-38 + 6) = 64 \, mmH_2O$$

(2) 송풍기 정압(FSP)

$$FSP = (SP_{out} - SP_{in}) - VP_{in} = [20 - (-38)] - 6 = 52 \, mmH_2O$$

 송풍기의 전압, 정압 계산 숙지(출제 비중 높음)

(4) 송풍기 소요동력(kW)

$$kW = \frac{Q \times \Delta P}{6,120 \times \eta} \times \alpha, \quad HP = \frac{Q \times \Delta P}{4,500 \times \eta} \times \alpha$$

여기서, Q : 송풍량(m³/min)

ΔP : 송풍기 유효전압(전압, 정압)(mmH₂O)

η : 송풍기 효율(%)

α : 안전인자(여유율)(%)

기출문제   2009년, 2014년, 2015년, 2019년(산업기사), 2007년, 2013년, 2015년, 2016년, 2018년(기사)

송풍기 풍량이 25m³/min, 풍정압이 200mmH₂O, 효율 0.7, 여유율이 20%인 경우 송풍기의 소요 동력(kW)은? 출제율 80%

풀이 $$kW = \frac{Q \times \Delta P}{6,120 \times \eta} \times \alpha = \frac{25 \times 200}{6,120 \times 0.7} \times 1.2 = 1.4 \, kW$$

기출문제   2005년, 2012년, 2015년, 2020년(산업기사), 2010년, 2015년, 2016년, 2017년, 2019년(기사)

처리 가스량 18,000Nm³/hr, 압력손실이 250mmH₂O인 집진장치의 송풍기 소요동력(kW)은? (단, 전압효율 75%, 여유율 30%) 출제율 80%

풀이 $kW = \dfrac{Q \times \Delta P}{6,120 \times \eta} \times \alpha \, (Q = 18,000 \mathrm{Nm^3/hr} \times \mathrm{hr}/60\mathrm{min} = 300 \mathrm{m^3/min})$

$= \dfrac{300 \times 250}{6,120 \times 0.75} \times 1.3 = 21.24 \mathrm{kW}$

기출문제   2007년, 2012년(산업기사), 2004년(기사)

송풍기의 풍량이 200m³/min이고, 전압이 100mmH₂O일 때 소요동력(HP)은? (단, 송풍기 효율 0.7) 출제율 80%

풀이 $HP = \dfrac{Q \times \Delta P}{4,500 \times \eta} \times \alpha = \dfrac{200 \times 100}{4,500 \times 0.7} \times 1 = 6.35 \mathrm{HP}$

기출문제   2017년(산업기사)

터보형 송풍기에서 흡입관의 정압이 −95mmH₂O, 배출관의 정압이 10mmH₂O이며 흡입관, 배출관의 속도압이 각각 15mmH₂O일 때 유량은 150m³/min이다. 송풍기의 동력(kW)을 구하시오. (단, 효율 0.8, 여유율 1.2)

풀이 송풍기 동력(kW) $= \dfrac{Q \times \Delta P}{6,120 \times \eta} \times \alpha$

$\Delta P(FSP) = (SP_{out} - SP_{in}) - VP_{in} = 10 - (-95) - 15 = 90 \mathrm{mmH_2O}$

$= \dfrac{150 \times 90}{6,120 \times 0.8} \times 1.2 = 3.31 \mathrm{kW}$

 학습 Point 송풍기 소요동력 계산 숙지(출제 비중 높음)

(5) 송풍기 법칙(상사법칙, law of similarity) 출제율 80%

① 송풍기 크기가 같고, 공기의 비중이 일정할 때

   ㉠ 풍량은 회전속도(회전수)에 비례한다.

$$\frac{Q_2}{Q_1} = \frac{N_2}{N_1}$$

여기서, Q_1 : 회전수 변경 전 풍량(m³/min), Q_2 : 회전수 변경 후 풍량(m³/min)

N_1 : 변경 전 회전수(rpm), N_2 : 변경 후 회전수(rpm)

© 풍압(전압)은 회전속도(회전수)의 제곱에 비례한다.

$$\frac{FTP_2}{FTP_1}=\left(\frac{N_2}{N_1}\right)^2$$

여기서, FTP_1 : 회전수 변경 전 풍압(mmH$_2$O)

FTP_2 : 회전수 변경 후 풍압(mmH$_2$O)

© 동력은 회전속도(회전수)의 세제곱에 비례한다.

$$\frac{kW_2}{kW_1}=\left(\frac{N_2}{N_1}\right)^3$$

여기서, kW_1 : 회전수 변경 전 동력(kW), kW_2 : 회전수 변경 후 동력(kW)

② 송풍기 회전수, 공기의 중량이 일정할 때

㉠ 풍량은 송풍기의 크기(회전차 직경)의 세제곱에 비례한다.

$$\frac{Q_2}{Q_1}=\left(\frac{D_2}{D_1}\right)^3$$

여기서, D_1 : 변경 전 송풍기의 크기(회전차 직경)

D_2 : 변경 후 송풍기의 크기(회전차 직경)

© 풍압(전압)은 송풍기의 크기(회전차 직경)의 제곱에 비례한다.

$$\frac{FTP_2}{FTP_1}=\left(\frac{D_2}{D_1}\right)^2$$

여기서, FTP_1 : 송풍기 크기 변경 전 풍압(mmH$_2$O)

FTP_2 : 송풍기 크기 변경 후 풍압(mmH$_2$O)

© 동력은 송풍기의 크기(회전차 직경)의 오제곱에 비례한다.

$$\frac{kW_2}{kW_1}=\left(\frac{D_2}{D_1}\right)^5$$

여기서, kW_1 : 송풍기 크기 변경 전 동력(kW)

kW_2 : 송풍기 크기 변경 후 동력(kW)

③ 송풍기 회전수와 송풍기 크기가 같을 때

㉠ 풍량은 비중(량)의 변화에 무관하다.

$$Q_1 = Q_2$$

여기서, Q_1 : 비중(량) 변경 전 풍량(m^3/min)

Q_2 : 비중(량) 변경 후 풍량(m^3/min)

ⓒ 풍압과 동력은 비중(량)에 비례, 절대온도에 반비례한다.

$$\frac{\text{FTP}_2}{\text{FTP}_1} = \frac{\text{kW}_2}{\text{kW}_1} = \frac{\rho_2}{\rho_1} = \frac{T_1}{T_2}$$

여기서, FTP_1, FTP_2 : 변경 전·후의 풍압(mmH_2O)

kW$_1$, kW$_2$: 변경 전·후의 동력(kW)

ρ_1, ρ_2 : 변경 전·후의 비중(량)

T_1, T_2 : 변경 전·후의 절대온도

기출문제 2006년, 2009년, 2012년, 2016년(산업기사), 2010년, 2014년, 2015년, 2017년, 2019년(기사)

송풍기 풍압 40mmH$_2$O, 송풍량 180m^3/min일 때 회전수가 340rpm이고, 동력은 6.5HP이다. 만약 회전수를 450rpm으로 하면 송풍량, 풍압, 동력은? ●출제율 80%

풀이 (1) 송풍량

$$\frac{Q_2}{Q_1} = \frac{N_2}{N_1} \text{에서 } Q_2 = Q_1 \times \left(\frac{N_2}{N_1}\right) = 180 \times \left(\frac{450}{340}\right) = 238.24\text{m}^3/\text{min}$$

(2) 풍압

$$\frac{\text{FTP}_2}{\text{FTP}_1} = \left(\frac{N_2}{N_1}\right)^2 \text{에서 FTP}_2 = \text{FTP}_1 \times \left(\frac{N_2}{N_1}\right)^2 = 40 \times \left(\frac{450}{340}\right)^2 = 70.07\text{mmH}_2\text{O}$$

(3) 동력

$$\frac{\text{HP}_2}{\text{HP}_1} = \left(\frac{N_2}{N_1}\right)^3 \text{에서 HP}_2 = \text{HP}_1 \times \left(\frac{N_2}{N_1}\right)^3 = 6.5 \times \left(\frac{450}{340}\right)^3 = 15.07\text{HP}$$

기출문제 2006년, 2015년(산업기사), 2004년, 2011년, 2015년, 2020년(기사)

회전차 외경이 600mm인 원심송풍기의 풍량은 300m^3/min, 풍압은 100mmH$_2$O, 축동력은 10kW이다. 회전차 외경이 1,200mm인 동류(상사 구조)의 송풍기가 동일한 회전수로 운전된다면 이 송풍기의 풍량, 풍압, 축동력은? (단, 두 경우 모두 표준공기를 취급한다.) ●출제율 70%

풀이 (1) 송풍량

$$\frac{Q_2}{Q_1} = \left(\frac{D_2}{D_1}\right)^3 \text{에서 } Q_2 = Q_1 \times \left(\frac{D_2}{D_1}\right)^3 = 300 \times \left(\frac{1,200}{600}\right)^3 = 2,400\text{m}^3/\text{min}$$

(2) 풍압

$$\frac{\text{FTP}_2}{\text{FTP}_1} = \left(\frac{D_2}{D_1}\right)^2 \text{에서 FTP}_2 = \text{FTP}_1 \times \left(\frac{D_2}{D_1}\right)^2 = 100 \times \left(\frac{1,200}{600}\right)^2 = 400\text{mmH}_2\text{O}$$

(3) 축동력

$$\frac{\text{kW}_2}{\text{kW}_1} = \left(\frac{D_2}{D_1}\right)^5 \text{에서 kW}_2 = \text{kW}_1 \times \left(\frac{D_2}{D_1}\right)^5 = 10 \times \left(\frac{1,200}{600}\right)^5 = 320\text{kW}$$

1. 송풍기 상사법칙에 의한 계산 숙지(출제 비중 높음)
2. 송풍기 상사법칙 수식 표현 숙지(출제 비중 높음)

(6) 송풍기의 풍량조절방법 ●출제율 60%

① 회전수 조절법(회전수 변환법)
   ㉠ 풍량을 크게 바꾸려고 할 때 가장 적절한 방법이다.
   ㉡ 구동용 풀리의 풀리비 조정에 의한 방법이 일반적으로 사용된다.

② 안내익 조절법(vane control 법)
   ㉠ 송풍기 흡입구에 6~8매의 방사상 blade를 부착, 그 각도를 변경함으로써 풍량을 조절한다.
   ㉡ 다익, 레이디얼 팬보다 **터보팬에 적용하는 것이 효과가 크다.**

③ 댐퍼 부착법(damper 조절법) : 후드를 추가로 설치해도 쉽게 압력조절이 가능하고 사용하지 않는 후드를 막아 다른 곳에 필요한 정압을 보낼 수 있어 현장에서 배관 내에 댐퍼를 설치하여 **송풍량을 조절하기 가장 쉬운 방법이다.**

송풍기 풍량조절방법 종류 숙지(출제 비중 높음)

12 공기정화장치-집진장치

공기정화장치는 입자상 물질을 처리하는 집진장치와 유해가스를 처리하는 유해가스 처리장치로 분류된다.

• 집진장치는 집진원리에 의한 작용력에 따라 중력집진장치, 관성력집진장치, 원심력집진장치, 세정집진장치, 여과집진장치, 전기집진장치 등으로 분류된다. ●출제율 40%

• 고농도의 분진이 발생되는 작업장에서는 후드로 유입된 공기가 공기정화장치로 유입되기 전에 입경과 비중이 큰 입자를 제거할 수 있도록 전처리장치를 두며, **전처리를 위한 집진기는 일반적으로 효율이 비교적 낮은 중력집진장치, 관성력집진장치, 원심력집진장치를 사용한다.** ●출제율 30%

(1) 중력집진장치

① 원리 : 함진가스 중의 입자를 중력에 의한, 즉 Stokes의 법칙에 의한 자연침강을 이용하여 분리, 포집하는 장치이다.

② 개요
   ㉠ 취급입자 : 50μm 이상
   ㉡ 기본유속 : 1~2m/sec
   ㉢ 압력손실 : 5~10mmH$_2$O
   ㉣ 집진효율 : 40~60%

CHAPTER 4

③ 특징

  ㉠ 전처리 장치로 많이 이용된다.

  ㉡ 다른 집진장치에 비해 상대적으로 압력손실이 적다.

  ㉢ 설치 유지비가 낮다.

  ㉣ 상대적으로 집진효율이 낮으며, 넓은 설치면적이 요구된다.

  ㉤ 먼지부하 및 유량변동에 적응성이 낮다.

④ Stokes 종말침강속도(분리속도)

$$V_g = \frac{d_p^2(\rho_p - \rho)g}{18\mu}$$

여기서, V_g : 종말침강속도(m/sec), d_p : 입자의 직경(m)

  ρ_p : 입자의 밀도(kg/m^3), ρ : 가스(공기)의 밀도(kg/m^3)

  g : 중력가속도(9.8m/sec^2), μ : 가스의 점도(점성계수)(kg/m · sec)

기출문제   2004년, 2010년, 2012년, 2016년, 2019년(기사)

상온에서 밀도가 1.5g/cm^3, 입경이 30μm인 입자상 물질의 종말침강속도(m/sec)는? (단, 공기의 점도 1.7×10^{-5}kg/m · sec, 공기의 밀도 1.3kg/m^{3}이다.) ●출제율 60%

풀이 Stokes law에 의한 침강속도

$V_g = \frac{d_p^2(\rho_p - \rho)g}{18\mu}$ 에서

  d_p : 30μm × m/10^6μm = 30×10^{-6}m

  ρ_p : 1.5g/cm^3 × kg/10^{3}g × 10^{6}cm^3/m^3 = 1,500kg/m^3

$= \frac{(30\times10^{-6}\text{m})^2 \times (1500-1.3)\text{kg/m}^3 \times 9.8\text{m/sec}^2}{18 \times (1.7\times10^{-5})\text{kg/m · sec}} = 0.043\text{m/sec}$

1. 집진장치 선정 시 고려사항 숙지
2. 중력집진장치 개요 및 특징 숙지
3. 침강속도 계산 숙지

(2) 관성력집진장치

① 원리 : 함진배기를 방해판에 충돌, 기류 방향을 전환시켜 입자의 관성력에 의하여 분리 포집하는 장치이다.

② 개요

  ㉠ 취급입자 : 10~100μm 이상   ㉡ 기본유속 : 1~2m/sec

  ㉢ 압력손실 : 30~70mmH₂O   ㉣ 집진효율 : 50~70%

③ 특징

　　㉠ 구조 및 원리가 간단하다.

　　㉡ 전처리 장치로 많이 이용된다.

　　㉢ 운전비용 적고, 고온가스 중의 입자상 물질 제거가 가능하다.

　　㉣ 큰 입자 제거에 효율적이며, 미세입자의 효율은 낮다.

 관성력집진장치 개요 및 특징 숙지

(3) 원심력집진장치(cyclone)

① 원리 : 분진을 함유하는 가스에 **선회운동**을 시켜서 가스로부터 분진을 분리포집하는 장치이며, 가스유입 및 유출 형식에 따라 **접선유입식과 축류식**으로 나누어져 있다.

② 개요

　　㉠ 취급입자 : 3~10μm 이상

　　㉡ 압력손실 : 50~150mmH$_2$O

　　㉢ 집진효율 : 60~90%

　　㉣ **입구유속** : 접선유입식(7~15m/sec)　┐ 입구 유속은 압력손실, 제진효율, 경제성을
　　　　　　　　　　　축류식(10m/sec 전후)　┘ 고려하여 선정

③ 특징

　　㉠ 설치장소에 구애받지 않고, 설치비가 낮고, 고온가스, 고농도에서 운전이 가능하다.

　　㉡ 구조가 간단하여 유지, 보수 비용이 저렴하다.

　　㉢ 미세입자에 대한 집진효율이 낮고 먼지부하, 유량변동에 민감하다.

　　㉣ 점착성, 마모성, 조해성, 부식성 가스에 부적합하다.

　　㉤ 먼지 퇴적함에서 재유입, 재비산 가능성이 있다.

　　㉥ 단독 또는 **전처리** 장치로 이용된다.

④ 성능 특성 　●출제율 60%

　　㉠ 최소입경(임계입경) : 사이클론에서 100% 처리효율로 제거되는 입자의 크기 의미

　　㉡ 절단입경(cut-size) : 사이클론에서 50% 처리효율로 제거되는 입자의 크기 의미

　　㉢ 분리계수(separation factor) : 사이클론의 잠재적인 효율(분리능력)을 나타내는 지표로 이 값이 클수록 분리효율이 좋다.

$$\text{분리계수} = \frac{\text{원심력(가속도)}}{\text{중력(가속도)}} = \frac{V^2}{R \cdot g}$$

여기서, V : 입자의 접선방향 속도(입자의 원주속도)

　　　　R : 입자의 회전반경(원추 하부반경)

　　　　g : 중력가속도

CHAPTER 4

⑤ 블로다운(blow-down) ●출제율 80%

    ㉠ 정의 : 사이클론의 집진효율을 향상시키기 위한 하나의 방법으로서 더스트박스 또는 호퍼부에서 처리 가스의 5~10%를 흡인하여 선회 기류의 교란을 방지한다.

    ㉡ 효과
- 사이클론 내의 난류현상을 억제시킴으로써 집진된 먼지의 비산을 방지(유효 원심력 증대)
- 집진효율 증대
- 장치 내부의 먼지 퇴적을 억제하여 장치의 폐쇄현상을 방지(가교현상 방지)

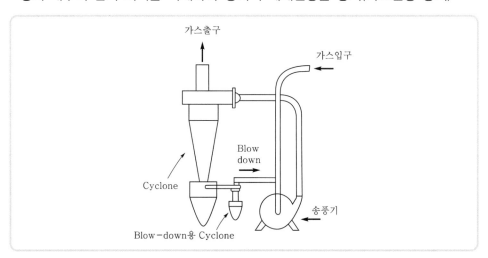

‖ blow-down cyclone ‖

 1. 원심력집진장치 형식, 개요 숙지(출제 비중 높음)
2. 분리계수, 최소입경, 절단입경 정의 숙지
3. 블로다운 정의, 효과 숙지(출제 비중 높음)

(4) 세정식 집진장치(wet scrubber)

① 원리 ●출제율 50%

    ㉠ 액적과 입자의 충돌

    ㉡ 미립자 확산에 의한 액적과의 접촉

    ㉢ 배기의 증습에 의한 입자가 서로 응집

    ㉣ 액적, 기포와 입자의 접촉

② 장점 ●출제율 30%

    ㉠ 습한 가스, 점착성 입자를 폐색없이 처리가 가능하다.

    ㉡ 인화성, 가열성, 폭발성 입자를 처리할 수 있다.

    ㉢ 고온가스의 취급이 용이하다.

　　　ⓔ 설치면적이 작아 초기 비용이 적게 든다.
　　　ⓜ 단일장치로 **입자상 외에 가스상 오염물**을 제거할 수 있다.
　　　ⓗ 부식성 가스와 분진을 중화시킬 수 있다.
　③ 단점 ●출제율 30%
　　　㉠ 폐수가 발생한다.
　　　㉡ 공업용수를 과잉 사용한다.
　　　㉢ 포집된 분진은 오염 가능성이 있고 회수가 어렵다.
　　　㉣ 추운 경우에 동결방지장치를 필요로 한다.
　　　㉤ 폐슬러지 처리비용이 발생한다.
　④ 구분 ●출제율 50%
　　세정집진장치의 형식은 유수식, 가압수식, 회전식으로 크게 구분한다.
　　　㉠ 유수식(가스분산형)
　　　　• 물(액체) 속으로 처리가스를 유입하여 다량의 액막을 형성, 함진가스를 세정하는
　　　　　방식이다.
　　　　• 종류로는 S형 임펠러형, 로터형, 분수형, 나선 안내익형, 오리피스 스크러버 등이 있다.
　　　㉡ 가압수식(액분산형)
　　　　• 물(액체)을 가압 공급하여 함진가스를 세정하는 방식이다.
　　　　• 종류로는 벤투리 스크러버, 제트 스크러버, 사이클론 스크러버, 분무탑, 충진탑 등
　　　　　이 있다.
　　　㉢ 회전식
　　　　• 송풍기의 회전을 이용하여 액막, 기포를 형성시켜 함진가스를 세정하는 방식이다.
　　　　• 종류로는 타이젠 워셔, 임펄스 스크러버 등이 있다.
　⑤ 벤투리 스크러버(Venturi Scrubber) 원리 : 가스입구에 벤투리관을 삽입하고 배기가스
　　를 벤투리관의 목부에 유속 60~90m/sec로 빠르게 공급하여 목부 주변의 노즐로부터
　　세정액을 흡인 분사되게 함으로써 포집하는 방식, 즉 기본유속이 클수록 작은 액적이
　　형성되어 미세입자를 제거한다.

　1. 세정식 집진장치 원리 숙지(출제 비중 높음)
　2. 세정식 집진장치 형식 종류 숙지
　3. 유수식, 가압수식, 회전식의 종류 숙지(출제 비중 높음)

(5) 여과집진장치(bag filter)
　① 원리 ●출제율 30%
　　함진가스를 여과재(filter media)에 통과시켜 입자를 분리, 포집하는 장치로서 $1\mu m$ 이
　　상의 분진 포집은 99%가 관성충돌과 직접 차단에 의하여 이루어지고, $0.1\mu m$ 이하의
　　분진은 확산과 정전기력에 의하여 포집하는 집진장치이다.

② 형식 〔출제율 30%〕

    ㉠ 여포의 모양에 따라 **원통형**(tube type), **평판형**(flat screen type), **봉투형**(envelope type)으로 구분된다.

    ㉡ 탈진방법에 따라 **진동형**(shaker type), **역기류형**(reverse air flow type), **펄스제트형**(pulse-jet type)으로 구분한다.

③ 장점 〔출제율 30%〕

    ㉠ 집진효율이 높다(99% 이상).

    ㉡ 연속집진방식일 경우 먼지부하의 변동이 있어도 운전효율에는 영향이 없다.

    ㉢ 건식공정이므로 포집먼지의 처리가 쉽다.

    ㉣ 여과재에 표면처리하여 가스상 물질을 처리할 수도 있다.

    ㉤ 설치적용 범위가 광범위하다.

④ 단점 〔출제율 30%〕

    ㉠ 고온, 산, 알칼리 가스일 경우 여과백의 수명이 단축된다.

    ㉡ 250℃ 이상의 고온가스를 처리할 경우 고가의 특수 여과백을 사용해야 한다.

    ㉢ 산화성 먼지농도가 $50g/m^3$ 이상일 때는 발화위험이 있다.

    ㉣ 여과백 교체 시 비용 및 작업 방법이 어렵다.

    ㉤ 가스가 노점온도 이하가 되면 수분이 생성되므로 주의를 요한다.

⑤ 여과속도

    ㉠ 공기여재비(Air to Cloth ratio ; A/C) : 단위시간 동안 단위면적당 통과하는 여과재의 총 면적으로 나눈 값

$$여과속도 = \frac{총\ 처리가스량}{총\ 여과면적(여과포\ 1개의\ 면적 \times 여과포\ 개수)}$$

    ㉡ 여과포 개수 : 전체 가스량(전체 면적)을 여과포 하나의 통과가스량(면적)으로 나눈 값

$$여과포\ 개수 = \frac{전체\ 가스량}{여과포\ 하나의\ 가스량} = \frac{전체\ 여과면적}{여과포\ 하나의\ 면적}$$

예상문제

직경이 30cm, 유효높이 10m의 원통형 bag filter를 사용하여 $1,000m^3/min$의 함진가스를 처리할 때 여과속도를 1.5cm/sec로 하면 여과포 소요개수는?

풀이 총 여과면적을 구하고 여과포 하나의 면적의 비를 구하면

$$총\ 여과면적 = \frac{총\ 처리가스량}{여과속도} = \frac{1,000m^3/min}{1.5cm/sec \times 60sec/min \times 1m/100cm} = 1111.11m^2$$

$$여과포\ 소요개수 = \frac{전체\ 여과면적}{여과포\ 하나의\ 면적(\pi \times D \times L)} = \frac{1111.11m^2}{3.14 \times 0.3m \times 10m} = 117.95(118개)$$

---

 1. 여과집진장치 원리 및 형식 숙지 2. 여과포 소요 개수 계산 숙지

(6) 전기집진장치

① 원리 ●출제율 30%

특고압 직류 전원을 사용하여 집진극을 (+), 방전극을 (-)로 불평등 전계를 형성하고 이 전계에서의 코로나(corona) 방전을 이용하여, 함진가스 중의 입자에 전하를 부여, 대전입자를 쿨롱력(coulomb)으로 집진극에 분리, 포집하는 장치이다. 즉 대전입자의 하전에 의한 쿨롱력, 전계강도에 의한 힘, 입자 간의 흡인력, 전기풍에 의한 힘에 의하여 집진이 이루어진다.

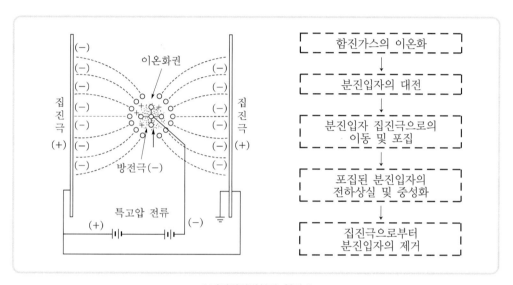

┃ 전기집진장치의 원리 ┃

② 개요

ㄱ 취급입자 : $0.01\mu m$ 이상

ㄴ 압력손실 : 건식($10mmH_2O$), 습식($20mmH_2O$)

ㄷ 집진효율 : 99.9% 이상

ㄹ 입구유속 : 건식(1~2m/sec), 습식(2~4m/sec)

③ 장점 ●출제율 40%

ㄱ 집진효율이 높다($0.01\mu m$ 정도 포집용이, 99.9% 정도 고집진 효율).

ㄴ 광범위한 온도범위에서 적용이 가능하다.

ㄷ 고온가스(500℃ 전후) 처리가 가능하여 보일러와 철강로 등에 설치할 수 있다.

ㄹ 압력손실이 낮고 대용량의 가스처리가 가능하다.

ㅁ 운전 및 유지비가 저렴하다.

ㅂ 회수가치 입자 포집에 유리하다.

ㅅ 넓은 범위의 입경과 분진농도에 집진효율이 높다.

CHAPTER 4

④ 단점 ●출제율 40%

    ㉠ 설치비용이 많이 든다.

    ㉡ 설치공간을 많이 차지한다.

    ㉢ 설치된 후에는 운전조건의 변화에 유연성이 적다.

    ㉣ 먼지성상에 따라 전처리 시설이 요구된다.

    ㉤ 분진포집에 적용되며, 기체상 물질제거에는 곤란하다.

    ㉥ 부하변동에 따른 적응이 곤란하다.

    ㉦ 가연성 입자의 처리가 곤란하다.

⑤ 분진의 비저항(전기저항) ●출제율 20%

    ㉠ 전기집진장치의 성능 지배요인 중 가장 큰 것이 분진의 비저항이며, 집진율이 가장 양호한 범위는 비저항이 $10^4 \sim 10^{11} \Omega \cdot cm$ 범위이다.

    ㉡ 비저항이 높을 경우 대책으로는 SO_3 주입, 습식 집진장치 사용, 타격빈도 높임, 물, 수증기, 염산 등 주입

    ㉢ 비저항이 낮을 경우 대책으로는 NH_3 주입, 온·습도 조절, 트리메틸아민 주입

1. 전기집진기 개요 및 장·단점 숙지(출제 비중 높음)
2. 분진의 전기저항 내용 숙지

13 집진효율과 분진농도

(1) 집진율(η)

$$\eta(\%) = \frac{S_c}{S_i} \times 100 = \left(1 - \frac{S_o}{S_i}\right) \times 100$$

여기서, η : 집진효율(%), S_i : 집진장치에 유입된 분진량(g/hr)

       S_c : 집진장치에 포집된 분진량(g/hr), S_o : 집진장치 출구 분진량(g/hr)

$$\eta(\%) = \left(1 - \frac{C_o \cdot Q_o}{C_i \cdot Q_i}\right) \times 100 = \left(1 - \frac{C_o}{C_i}\right) \times 100$$

여기서, C_i, C_o : 집진장치 입·출구 분진농도(g/m^3)

       Q_i, Q_o : 집진장치 입·출구 가스유량(m^3/hr)

(2) 통과율(P)

$$P(\%) = \frac{S_o}{S_i} \times 100 = 100 - \eta$$

(3) 부분집진효율(η_f)

부분집진효율이란 함진가스에 함유된 분진 중 어느 특정한 입경범위의 입자를 대상으로 한 집진효율을 말한다.

$$\eta(\%) = \left(1 - \frac{C_o \cdot f_o}{C_i \cdot f_i}\right) \times 100$$

여기서, f_i, f_o : 특정 입경범위의 분진입자가 전입자에 대한 입·출구 중량비

(4) 직렬조합(1차 집진 후 2차 집진) 시 총 집진율(η_T)

$$\eta_T(\%) = \eta_1 + \eta_2\left(1 - \frac{\eta_1}{100}\right) ; \eta_T = \eta_1 + \eta_2(1-\eta_1)$$

여기서, η_T : 총 집진율(%), η_1 : 1차 집진장치 집진율(%), η_2 : 2차 집진장치 집진율(%)

$$\eta_T = 1 - (1-\eta_c)^n$$

여기서, η_T : 총 집진율(%) ⇨ 동일 집진효율 집진장치 직렬 시 총 집진율
η_c : 단위집진효율(%)
n : 집진장치 개수

기출문제 2012년, 2018년, 2019년(산업기사), 2007년, 2017년, 2020년(기사)

두 개의 연결된 집진기의 전체 효율이 99%이고, 두 번째 집진기 효율이 95%일 때 첫 번째 집진기의 효율은? ●출제율 70%

풀이 $\eta_T(\%) = \eta_1 + \eta_2\left(1 - \frac{\eta_1}{100}\right)$

$0.99 = \eta_1 + 0.95(1-\eta_1)$, $0.99 = \eta_1 + 0.95 - 0.95\eta_1$, $0.99 - 0.95 = \eta_1(1-0.95)$

$\eta = 0.8 \times 100 = 80\%$

기출문제 2007년, 2011년(기사)

국소환기 시스템에서 집진장치로 유입되는 함진 가스량이 1,000m³/hr이고, 분진농도가 10g/m³일 때 출구로 배출되는 분진량을 1일 50kg으로 하기 위해서 요구되는 집진율은? (단, 연속 가동기준) ●출제율 60%

풀이 $\eta = \left(1 - \frac{C_o \cdot Q_o}{C_i \cdot Q_i}\right) \times 100 = \left(1 - \frac{50kg/day \times day/24hr \times 1,000g/kg}{10g/m^3 \times 1,000m^3/hr}\right) \times 100 = 0.79 \times 100 = 79\%$

기출문제
2018년(산업기사), 2004년, 2009년(기사)

배출가스 중의 먼지농도가 1,000mg/m³인 어느 사업장의 배기가스 중 먼지를 처리하기 위해 원심력, 세정집진장치를 직렬 연결하였다면 전체의 효율(%)은? (단, 원심력집진장치 효율 70%, 세정식 집진시설 효율 85%) ●출제율 50%

풀이 전체 효율$(\eta_T) = \left(1 - \dfrac{C_o}{C_i}\right) \times 100$

$$C_i(\text{입구농도}) = 1,000\text{mg/m}^3$$

$$C_o(\text{출구농도}) = C_i \times (1-\eta_1) \times (1-\eta_2) = 1,000 \times (1-0.7) \times (1-0.85)$$

$$= 45\text{mg/m}^3$$

$$= \left(1 - \frac{45}{1,000}\right) \times 100 = 95.5\%$$

기출문제
2005년, 2012년, 2014년, 2018년(산업기사), 2008년, 2012년, 2015년, 2018년(기사)

2개의 집진장치를 직렬로 연결하였다. 집진효율 70%인 사이클론을 전처리장치로 사용하고 전기집진장치를 후처리장치로 사용한다. 총 집진효율이 98.5%라면 전기집진장치의 집진효율(%)은? ●출제율 70%

풀이 $\eta_T(\%) = \eta_1 + \eta_2\left(1 - \dfrac{\eta_1}{100}\right)$

$$0.985 = 0.7 + \eta_2(1 - 0.7)$$

$$\eta_2 = 0.95 \times 100 = 95\%$$

 집진효율 계산 숙지(출제 비중 높음)

14 유해가스 처리장치

유해가스 처리장치는 유해가스의 물리, 화학적 특성에 따라 **흡수법, 흡착법, 연소법, 중화법**이 주로 사용된다. ●출제율 20%

(1) 흡수법

① 원리 : 유해가스가 액상에 잘 용해하거나 화학적으로 반응하는 성질을 이용하며, 주로 물이나 수용액을 사용하기 때문에 물에 대한 가스의 용해도가 중요한 요인이다.

② 헨리법칙(Henry law)

㉠ 기체의 용해도와 압력의 관계, 즉 일정온도에서 기체 중에 있는 특정 성분의 분압과 이와 접한 액체상 중 액농도와의 평형관계를 나타낸 법칙이다.

ⓛ 헨리법칙

$$P = H \cdot C$$

여기서, P : 부분압력(atm)

H : 헨리상수(atm · m³/kmol), C : 액체성분 몰분율(kmol/m³)

③ 흡수액의 구비조건 ●출제율 40%

㉠ 용해도가 클 것

㉡ 점성이 작고, 화학적으로 안정할 것

㉢ 독성이 없고, 휘발성이 적을 것

㉣ 부식성이 없고, 가격이 저렴할 것

㉤ 용매의 화학적 성질과 비슷할 것

④ 특징(장 · 단점)

㉠ 유해가스 처리 비용이 저렴

㉡ 가스온도가 고온일 경우 냉각 등 전처리 시설이 필요하지 않음

㉢ 부대적으로 폐수처리 시설이 필요

㉣ 가스의 증습으로 인한 배연확산이 원활하지 않음

⑤ 충진제 구비조건(충진탑) ●출제율 40%

㉠ 압력손실이 적고, 충전밀도가 클 것

㉡ 단위부피 내에 표면적이 클 것

㉢ 대상물질에 대한 부식성이 적을 것

㉣ 세정액의 체류현상(hold-up)이 적을 것

㉤ 내식성이 크고, 액가스 분포를 균일하게 유지할 수 있을 것

⑥ 충진제 종류

㉠ Rasching ring

㉡ pall ring

㉢ berl saddle

1. 유해가스 처리 방법 종류 숙지(출제 비중 높음)
2. 흡수액 구비조건 숙지(출제 비중 높음)
3. 충진제 종류 및 구비조건 숙지
4. 제거효율 영향인자 숙지

(2) 흡착법

① 원리 : 유체가 고체상 물질의 표면에 부착되는 성질을 이용하여 오염된 기체(주 : 유기용
제)를 제거하는 원리이다. 특히 회수가치가 있는 **불연성 희박농도 가스의 처리**에 가장
적합한 방법이 흡착법이다.

② 흡착의 분류 ●출제율 40%
  ㉠ 물리적 흡착
    • 기체와 흡착제가 분자 간의 인력(van der Waals force)에 의하여 서로 부착하는 것을 의미한다.
    • 가역적 반응이기 때문에 흡착제 재생 및 오염가스 회수에 매우 유용하다.
    • 흡착물질은 임계온도 이상에서는 흡착되지 않는다.
    • 온도가 낮을수록, 분자량이 클수록 흡착에 유리하다.
    • 흡착량은 단분자층과는 관계가 적다.
  ㉡ 화학적 흡착
    • 기체와 흡착제의 화학적 반응에 의한 결합력은 물리적 흡착보다 크다.
    • 비가역 반응이기 때문에 흡착제 재생 및 오염가스 회수를 할 수 없다.
    • 분자 간의 결합력이 강하여 흡착과정에서 발열량이 많다.
    • 흡착력은 단분자층의 영향을 받는다.
③ 흡착제 선정 시 고려사항 ●출제율 20%
  ㉠ 흡착탑 내에서 기체 흐름에 대한 저항(압력손실)이 작을 것
  ㉡ 어느 정도의 강도와 경도가 있을 것
  ㉢ 흡착률이 우수할 것
  ㉣ 흡착제의 재생이 용이할 것
  ㉤ 흡착물질의 회수가 용이할 것
④ 흡착제의 종류 : 활성탄, 실리카겔, 활성알루미나, 합성 제올라이트, 보크사이트
⑤ 흡착제의 재생방법
  ㉠ 가열공기탈착법
  ㉡ 수세탈착법
  ㉢ 수증기 송입탈착법
  ㉣ 감압탈착법
⑥ 흡착장치 설계 시 고려사항 ●출제율 50%
  ㉠ 흡착장치의 처리능력
  ㉡ 가스상 오염물질의 처리가능성 검토 여부
  ㉢ 흡착제의 break point
  ㉣ 압력손실

학습
Point
1. 물리적 흡착 내용 숙지
2. 흡착제 종류 및 선정 시 고려사항 숙지

(3) 연소법 ●출제율 30%

가연성의 유해가스, 유해가스의 농도가 낮은 경우, 악취 등에 주로 작용하며 **직접연소, 가열연소, 촉매연소**의 방법이 있다.

① 직접연소

　　㉠ 유해가스를 연소기 내에서 직접 연소시키는 방법이다.

　　㉡ 연소조건(시간, 온도, 혼합 ; 3T)이 적당하면 유해가스의 완벽한 산화처리가 가능하다.

② 간접연소(가열연소)

　　㉠ 오염가스 중 가연성 성분 농도가 낮아 직접 연소가 불가능할 때 사용되는 방법이다.

　　㉡ 악취 제거용도로 자주 사용된다.

③ 촉매연소

　　㉠ 오염가스 중 가연성 성분을 연소시설 내에서 촉매를 사용하여 불꽃없이 산화시키는 방법으로 직접연소법에 비해 낮은 온도에서도 가능하고 짧은 체류시간에서도 처리가 가능하다.

　　㉡ 사용되는 촉매는 백금, 팔라듐 등이 사용된다.

> **Reference** **휘발성유기화합물(VOCs)의 연소처리방법** ●출제율 40%　• • •
>
> 1. 불꽃연소법
>   ① VOCs 농도가 높은 경우에 적합하며, 시스템이 간단하여 보수가 용이하다.
>   ② 연소온도가 높으므로 보조연료 비용이 많이 소요되고 NO_x가 많이 발생한다.
> 2. 촉매산화법
>   ① 저온(200~400℃)에서 처리하여 CO_2와 H_2O로 완전 무해화시키고 보조연료 소모가 적다.
>   ② 가스량이 적고 VOCs 농도가 비교적 낮은 경우에 적용한다.

 연소법의 종류 숙지

---

15 국소배기장치 성능 시험 시 시험장비

(1) 반드시 갖추어야 할 측정기 ●출제율 60%

① 발연관(연기발생기, smoke tester)

② 청음기 또는 청음봉

③ 절연저항계

④ 표면온도계 및 초자온도계

⑤ 줄자

(2) 필요에 따라 갖추어야 할 측정기 ●출제율 20%

① 테스트 함마	② 나무봉 또는 대나무봉
③ 초음파 두께 측정기	④ (수주)마노미터
⑤ 정압 프로브(probe) 부착 열선풍속계	⑥ 스크레이퍼
⑦ 피토관(pitot tube)	⑧ 공기 중 유해물질 측정기
⑨ 스톱워치 또는 시계	⑩ 열선풍속계
⑪ 회전계(rpm 측정기)	

(3) 발연관(smoke tester) ●출제율 40%

① 염화제2주석이 공기와 반응, 흰색 연기를 발생시키는 원리이며, 통풍이나 환기상태 정도를 인지할 수 있도록 한 기구이다.

② 대략적인 후드의 성능을 평가할 수 있다.

(4) 송풍관 내의 풍속측정계기 ●출제율 30%

① 피토관 : 풍속 > 3m/sec에 사용

② 풍차풍속계 : 풍속 > 1m/sec에 사용

③ 열선식 풍속계

 ㉠ 측정범위가 적은 것 : 0.05m/sec < 풍속 < 1m/sec인 것을 사용

 ㉡ 측정범위가 큰 것 : 0.05m/sec < 풍속 < 40m/sec인 것을 사용

(5) 기류의 속도(공기유속) 측정기기

① 피토관(pitot tube)

② 회전날개형 풍속계(rotating vane anemometer)

③ 그네날개형 풍속계(swinging vane anemometer, 벨로미터)

④ 열선 풍속계(thermal anemoneter) : 냉각력 이용

⑤ 카타온도계(kata thermometer) : 냉각력 이용

⑥ 풍향 풍속계

⑦ 풍차 풍속계

⑧ 마노미터

(6) 압력측정기기

① 피토관	② U자 마노미터(U튜브형 마노미터)
③ 경사 마노미터	④ 아네로이드 게이지
⑤ 마크네헬릭 게이지	

1. 반드시 갖추어야 할 측정기 숙지(출제 비중 높음)
2. 발연관 내용 숙지
3. 송풍관 풍속측정계기 숙지(출제 비중 높음)
4. 기류의 속도측정기기 종류 숙지
5. 압력측정기기 종류 숙지

16 국소배기장치 유지관리

(1) 정압측정에 따른 고장의 주원인 ●출제율 20%

① 송풍기의 정압이 갑자기 증가한 경우의 원인
  ㉠ 공기정화장치의 분진 퇴적   ㉡ 덕트 계통의 분진 퇴적
  ㉢ 후드 댐퍼 닫힘   ㉣ 후드와 덕트, 덕트 연결부위의 풀림
  ㉤ 공기정화장치의 분진 취출구가 열림
② 공기정화장치 전방 정압 감소, 후방 정압이 증가한 경우의 원인
  공기정화장치의 분진퇴적으로 인한 압력손실이 증가
③ 공기정화장치 전후에 정압이 감소한 경우의 원인
  ㉠ 송풍기 자체의 성능 저하   ㉡ 송풍기 점검구의 마개 열림
  ㉢ 배기측 송풍관 막힘   ㉣ 송풍기와 송풍관의 flange 연결부위가 풀림
④ 공기정화장치 전후에 정압이 증가한 경우의 원인
  ㉠ 공기정화장치 앞쪽 주송풍관 내에 분진 퇴적
  ㉡ 공기정화장치 앞쪽 주송풍관 내에 이물질

(2) 후드의 불량원인과 대책 ●출제율 20%

① 송풍기의 송풍량 부족
  ㉠ 소량 부족 시 송풍기 회전수 증가
  ㉡ 절대적 부족 시 새 송풍기로 교환
② 발생원에서 후드 개구면 거리가 긺
  ㉠ 작업에 지장이 없는 한 후드를 발생원에 가까이 설치
  ㉡ 플랜지 부착 후드로 변경
③ 송풍관 분진 퇴적(압력손실 증대)
  ㉠ 반송속도 부족 및 저하로 인한 경우 ①의 풍량 부족 시 대책과 동일
  ㉡ 설계 오류로 인해 부족한 경우 적절한 반송속도에 따른 송풍관 관경을 개선
④ 외기 영향으로 후두 개구면 기류제어 불량
  후드 주위 배플(baffle)을 설치하여 난기류 저감

CHAPTER 4

⑤ 유해물질의 비산속도가 큼

　　㉠ 비산속도가 작아질 수 있도록 작업방법 변경

　　㉡ 후드를 발생원에 가까이 설치

⑥ 집진장치 내 분진 퇴적(압력손실 증대)

　　㉠ 흡입측 덕트 작업측정공 설치 시 항상 압력손실 점검

　　㉡ 설계 시의 압력손실보다 1.5배 되면 반드시 덕트 내 청소 실시

⑦ 송풍관 계통에서 다량 공기 유입

　　송풍관의 접속부 및 파손된 곳 즉시 보수

⑧ 설비 증가로 인한 분지관 추후 설치로 송풍기 용량 부족

　　소요 송풍량 및 풍압에 맞게 송풍기 교환

⑨ 후드 가까이에 장애물 존재

　　즉시 철거

⑩ 후드 형식이 작업조건에 부적합

　　작업조건에 맞는 후드로 교체

(3) 덕트의 불량원인과 대책

① 설치 시 충격, 내부 고부하 압력에 의한 변형

　　㉠ 설치 시 충격을 주지 않음

　　㉡ 송풍관 두께 증대 및 장방형이면 원형으로 개조

② 마모, 부식, 인위적 손상에 의한 파손

　　㉠ 곡관 등 마모가 심한 곳 내마모성 재료 사용

　　㉡ 내부식성, 내식성 재료로 사용

③ 접속부의 헐거워짐

　　너트의 조임상태를 확인하여 스프링와셔를 사용, 단단히 조임

④ 퇴적분진의 중량이 원인되어 휨

　　송풍관의 지지보강을 잘 함

⑤ 송풍관 분진퇴적(압력손실 증대)

　　후드의 대책 ③과 동일함

(4) 공기정화장치의 불량원인과 대책

① 원심력집진장치

　　㉠ 각 부위(특히 외통상부, 원추하부)에 마모에 의한 구멍 생김 : 즉시 보수함

　　㉡ 분진실(dust box) 및 분진실 도어에 구멍으로 인한 공기 유입 : 즉시 보수함

　　㉢ 내부에 돌기, 요철, 분진퇴적에 의한 역류현상 : 장치 전후에 정압측정공 설치하여
　　　　측정 후 문제점 조치

② 벤투리 스크러버(venturi-scrubber)

 ㉠ 세정수에 의한 부식된 부위 : 내식성 재료 사용으로 조치

 ㉡ 목부의 마모가 심함 : 즉시 교체

 ㉢ 급수노즐 및 벤투리관 폐색 : 정지 시 청소를 철저히 하고, 점착성 분진인 경우 액기비를 여유있게 하며, 심하면 즉시 교체

③ 여과집진장치

 ㉠ 가연성 고온가스 처리 시 연소 또는 폭발위험 : 분진발생 정지 후 공회전으로 5~10분간 여과집진장치 운전(가스 완전제거 위함)

 ㉡ 여과포의 눈막힘 현상 ●출제율 20%

  • 여과집진장치 내 각부 온도를 산노점 이상으로 유지

  • 여과집진장치 정지 후 탈진 실시

 ㉢ 압력손실 감소에 따른 효율 저하 : 보수 및 해당 부위 교체

1. 점검 시 준비사항 종류 숙지
2. 정압 측정에 따른 고장의 주원인 내용 숙지

PART 02

과년도 출제문제

2주완성 **산업위생관리산업기사 실기**

❖ PART 02. 과년도 출제문제

2015년 제**1**회 산업위생관리산업기사

01
다음 압력에 대한 단위를 만족하게 (   )를 채우시오.

$$1atm=(\ ①\ )mmHg=(\ ②\ )mmH_2O=(\ ③\ )mbar=(\ ④\ )kPa$$

풀이
① 760   ② 10,332   ③ 1013.25   ④ 101.3

02
대상먼지와 침강속도가 같고 밀도가 $1g/cm^3$인 구형인 먼지의 직경으로 환산된 직경이며, 입자의 공기 중 운동이나 호흡기 내의 침착기전을 설명할 때 유용하게 사용되는 직경을 무엇이라고 하는지 쓰시오.

풀이
공기역학적 직경

03
개인 시료채취의 정의 및 호흡위치의 범위를 쓰시오.

풀이
① 개인 시료채취의 정의
    개인 시료채취기를 이용하여 가스 · 증기 · 분진 · 흄(fume) · 미스트(mist) 등을 근로자 호흡위치에서 채취하는 것을 말한다.
② 호흡위치의 범위
    호흡기를 중심으로 반경 30cm인 반구를 말한다.

04
공기 중에 A, B, C 3종류의 유해물질이 존재하는 작업장이 있다. A, B는 상가작용, C는 독립적인 영향을 나타내는 물질이다. 각각의 물질에 대한 필요환기량 계산결과 $120m^3/min$, $150m^3/min$, $300m^3/min$이다. 이 작업장에서 필요한 전체환기량(m^3/min)을 구하시오.

풀이
A, B 상가작용 시 전체환기량=$120+150=270m^3/min$
독립작용을 하는 C 물질의 환기량은 $300m^3/min$이다.
$270m^3/min$과 비교 시 C 물질의 환기량이 크므로 전체환기량은 $300m^3/min$이다.

05 환기시스템에서 설계 시보다 제어풍속(제어속도) 성능이 감소하는 이유 3가지를 쓰시오.

풀이
① 송풍기의 송풍량 부족
② duct 내 분진퇴적
③ 집진장치 내 분진퇴적

06 유해물질의 종류가 유기용제나 가스·증기일 때 적용할 수 있는 공기정화장치(유해가스처리장치)의 종류 4가지를 쓰시오.

풀이
① 흡착장치
② 직접연소장치
③ 촉매연소장치
④ 흡수장치(packed tower)

07 석면 채취 시 오픈 페이스(open face)의 정의와 사용목적을 쓰시오.

풀이
① open face의 정의
3단 카세트의 상단부 뚜껑을 열어(open face) 시료를 채취하며, 카세트의 열린 면이 작업장 바닥쪽을 향하도록 한다.
② 사용목적
여과지에 균일하게 석면을 포집하기 위함이다.

08 고열작업장에 적합한 후드를 쓰고, 후드의 설치위치를 그림으로 나타내시오.

풀이
① 후드의 종류
레시버식 천개형(캐노피) 후드
② 설치위치

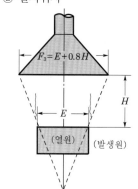

$F_3 = E + 0.8H$
여기서, F_3 : 후드의 직경
E : 열원의 직경(직사각형은 단변)
H : 후드 높이

09 다음 조건에서 음향출력이 0.1watt인 작은 점음원으로부터 50m 떨어진 곳의 음압수준 (dB)은 얼마인지 각각 계산하시오.

(1) 무지향성 자유공간

(2) 무지향성 반자유공간

풀이 (1) 점음원, 자유공간

$$SPL = PWL - 20\log r - 11$$
$$= \left(10\log \frac{0.1}{10^{-12}}\right) - 20\log 50 - 11 = 65 dB$$

(2) 점음원, 반자유공간

$$SPL = PWL - 20\log r - 8$$
$$= \left(10\log \frac{0.1}{10^{-12}}\right) - 20\log 50 - 8 = 68 dB$$

10 열평형 방정식을 쓰고, 각 요소를 설명하시오.

풀이 열평형 방정식
$$\Delta S = M \pm C \pm R - E$$
여기서, ΔS : 생체 열용량의 변화
$\quad\quad M$: 작업대사량
$\quad\quad C$: 대류에 의한 열교환
$\quad\quad R$: 복사에 의한 열교환
$\quad\quad E$: 증발에 의한 열교환(열손실 의미)

11 송풍관 내를 15℃의 공기가 20m/sec의 속도로 흐를 때 속도압(mmH₂O)을 구하시오. (단, 공기밀도는 1.2, 0℃, 1atm이다.)

풀이
$$VP(속도압) = \frac{\gamma V^2}{2g} = \frac{1.2 \times 20^2}{2 \times 9.8} = 24.49 \, mmH_2O$$
$$= 24.49 \times \frac{273}{273 + 15} = 23.21 \, mmH_2O$$

12 환기시스템에서 공기공급시스템을 사용하여야 하는 이유 3가지를 쓰시오. (단, 연료절약, 안전사고 예방은 제외)

풀이 ① 국소배기장치의 원활한 작동 및 효율유지를 위하여
② 작업장 내의 교차기류(방해기류)가 생기는 것을 방지하기 위하여
③ 외부공기가 정화되지 않은 채 건물 내로 유입되는 것을 막기 위하여

13 작업환경 측정결과를 토대로 보건관리자가 취해야 할 행정적 관리대책 및 공학적 관리대책을 각각 3가지씩 쓰시오.

풀이
(1) 행정적 관리대책
   ① 최적의 작업조건 조성
   ② 적합한 교육과 훈련
   ③ 유해물질로부터 노출시간 최소화
(2) 공학적 관리대책
   ① 대치(대체)
   ② 격리
   ③ 환기

14 작업환경측정은 1일 작업시간 동안 6시간 연속측정하거나 작업시간을 등간격으로 나누어 6시간 이상 연속분리하여 측정해야 한다. 예외되는 경우를 3가지 쓰시오.

풀이
① 대상물질의 발생이 6시간 이하인 경우
② 불규칙작업으로 6시간 이하의 작업
③ 발생원에서의 발생시간이 간헐적인 경우

15 흡입관의 정압과 속도압이 각각 -38mmH$_2$O, 6mmH$_2$O이고, 배출관의 정압과 속도압이 각각 20mmH$_2$O, 12mmH$_2$O일 때 이 송풍기의 유효전압(mmH$_2$O)과 유효정압(mmH$_2$O)을 구하시오.

풀이
① 송풍기 유효전압(FTP)
$$FTP = \left(SP_{out} + VP_{out}\right) - \left(SP_{in} + VP_{in}\right)$$
$$= (20 + 12) - (-38 + 6) = 64\,mmH_2O$$
② 송풍기 유효정압(FSP)
$$FSP = \left(SP_{out} - SP_{in}\right) - VP_{in}$$
$$= [20 - (-38)] - 6 = 52\,mmH_2O$$

16 근로자 건강진단 실시 결과에 따른 건강관리를 구분하여 쓰시오.

풀이
① A : 건강자(정상자)
② C1 : 직업병 요관찰자
③ C2 : 일반질병 요관찰자
④ D1 : 직업병 유소견자
⑤ D2 : 일반질병 유소견자
⑥ R : 질환의심자(제2차 건강진단 대상자)

17 다음 그림을 보고 각각의 이름을 쓰시오.

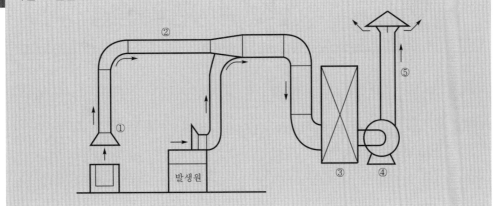

발생원

풀이 ① 후드   ② 덕트   ③ 공기정화장치   ④ 송풍기   ⑤ 배기덕트

18 공장에서 이황화탄소(분자량 76, 허용기준 10ppm)를 시간당 100g을 사용하고 있다. 실내의 이황화탄소를 허용기준 이하로 유지하기 위하여 공급해야 할 필요환기량(m³/min)을 구하시오. (단, 작업장의 조건은 21℃, 1기압을 가정, 혼합 여유계수는 5이다.)

풀이 사용량(g/hr)
100g/hr
발생률(G : L/hr)
76g : 24.1L = 100g/hr : G(L/hr)
$$G = \frac{24.1L \times 100g/hr}{76g} = 31.71L/hr$$
필요환기량(Q)
$$Q = \frac{G}{\text{TLV}} \times K$$
$$= \frac{31.71L/hr}{10ppm} \times 5 = \frac{31.71L/hr \times 1,000mL/L}{10mL/m^3} \times 5$$
$$= 15,855m^3/hr \times hr/60min = 264.25m^3/min$$

01 다음 방사선을 인체투과력 순서대로 쓰시오.

> γ, β, 중성자, α

풀이 중성자 $> \gamma > \beta > \alpha$

02 근로자가 벤젠을 취급하다가 실수로 작업장 바닥에 1.0L를 흘렸다. 작업장은 표준상태 (25℃, 1기압)라고 가정할 때 공기 중으로 증발한 벤젠의 증기 용량(L)을 구하시오. (단, 벤젠 분자량 78.11, 비중 0.879, 바닥의 벤젠은 모두 증발한다.)

풀이 용량(L)을 중량(g)으로 변환
1.0L×0.879g/mL×1,000mL/L=879g
78.11g : 24.45L=879g : G(L)

G(벤젠 증기 용량)$= \dfrac{24.45\text{L} \times 879\text{g}}{78.11\text{g}} = 275.15\text{L}$

03 작업장 내에서 톨루엔(M.W 92, TLV 100ppm)을 시간당 3kg/hr 사용할 때, 이 작업장에 전체 환기시설 설치 시 필요환기량(m^3/min)을 구하시오. (단, 작업장 조건은 21℃, 1기압, 혼합계수는 6이다.)

풀이 사용량(g/hr)
3,000g/hr
발생률(G : L/hr)
92g : 24.1L = 3,000g/hr : G(L/hr)
$G = \dfrac{24.1\text{L} \times 3,000\text{g/hr}}{92\text{g}} = 785.87\text{L/hr}$
필요환기량(Q)
$Q = \dfrac{G}{\text{TLV}} \times K$

$\quad = \dfrac{785.87\text{L/hr}}{100\text{ppm}} \times 6 = \dfrac{785.87\text{L/hr} \times 1,000\text{mL/L}}{100\text{mL/m}^3} \times 6 = 47152.17\text{m}^3/\text{hr}$

$\quad = 47152.17\text{m}^3/\text{hr} \times \text{hr}/60\text{min} = 785.87\text{m}^3/\text{min}$

04 전체 환기 방법 중 급·배기법에 대하여 설명하고, 실내압을 양압으로 유지하여야 하는 산업 종류를 쓰시오.

풀이 (1) 급·배기법
　　　① 급·배기를 동력에 의해 운전하며, 가장 효과적인 인공환기 방법이다.
　　　② 실내압을 양압이나 음압으로 조정이 가능하다.
　　　③ 정확한 환기량이 예측가능하며, 작업환경관리에 적합하다.
　　(2) 실내압 양압유지 산업
　　　청정공기가 필요한 작업장(전자산업, 식품산업, 의약산업)은 실내압을 양압으로 유지한다.

05 공기역학적 직경을 설명할 수 있는 이론을 쓰시오.

풀이 스토크스(Stokes) 법칙
　　　스토크스 법칙에 의한 침강속도에 의하여 측정되는 입자의 크기가 공기역학적 직경이다.

06 가스상 물질 채취방법 중 흡착법 및 흡수법을 적용할 수 있는 해당물질 및 채취기구를 쓰시오.

풀이 (1) 흡착법
　　　① 적용물질 : 유기용제
　　　② 채취기구 : 고체흡착관
　　(2) 흡수법
　　　① 적용물질 : 수용(용해)성 물질
　　　② 채취기구 : 미젯 임핀저

07 단위작업장소에서 시료채취 근로자 수의 기준에 관한 내용이다. (　) 안에 알맞은 내용을 쓰시오.

> 단위작업장소에서 최고 노출근로자 2명 이상에 대하여 동시에 측정하되, 단위작업장소에 근로자가 1명인 경우에는 그러하지 아니하며, 동일작업 근로자 수가 10명을 초과하는 경우에는 매 (　①　)명당 1명(1개 지점) 이상 추가하여 측정하여야 한다. 다만, 동일작업 근로자 수가 100명을 초과하는 경우에는 최대 시료채취 근로자 수를 (　②　)명으로 조정할 수 있다.

풀이 ① 5
　　　② 20

08 작업환경측정 시 공시료(blank sample)의 채취목적을 쓰시오.

> **풀이** 공기 중의 대상물질 측정 시 측정오차를 보정하기 위하여 공시료를 채취하며, 현장시료와 동일한 방법으로 취급, 운반, 분석되어야 한다.

09 입자상 물질의 인체방어기전 중 점액섬모운동의 배출기전을 설명하시오.

> **풀이** 재채기, 침, 코 등의 벌크(bulk) 세척기전으로 침전된 입자상 물질이 제거된다.

10 환기시스템에서 공기공급시스템이 필요한 목적을 3가지 쓰시오.

> **풀이** ① 국소배기장치의 원활한 작동을 위하여
> ② 국소배기장치의 효율 유지를 위하여
> ③ 안전사고를 예방하기 위하여
> ④ 에너지(연료)를 절약하기 위하여
> ⑤ 작업장 내의 방해기류(교차기류)가 생기는 것을 방지하기 위하여
> ⑥ 외부공기가 정화되지 않은 채로 건물 내로 유입되는 것을 막기 위하여
> (위의 내용 중 3가지만 기술)

11 작업장의 체적이 1,000m³이고 0.5m³/sec의 실외 대기공기가 작업장 안으로 유입되고 있다. 작업장의 톨루엔 발생이 정지된 순간의 작업장 내 톨루엔의 농도가 50ppm이라고 할 때 10ppm으로 감소하는 데 걸리는 시간(min) 및 1시간 후의 공기 중 농도(ppm)는 얼마인지 구하시오. (단, 실외 대기에서 유입되는 공기량 중 톨루엔의 농도는 0ppm이고, 1차 반응식이 적용된다.)

> **풀이** ① 50ppm에서 10ppm으로 감소하는 데 걸리는 시간(t)
> $$t = -\frac{V}{Q'}\ln\left(\frac{C_2}{C_1}\right)$$
> (단, V : 1,000m³, Q' : 0.5m³/sec(30m³/min), C_1 : 50ppm, C_2 : 10ppm)
> $$= -\frac{1,000}{30}\ln\left(\frac{10}{50}\right) = 53.65\text{min}$$
> ② 1시간 후의 농도(C)
> $$C = C_1 e^{-\frac{Q'}{V}t}$$
> (단, V : 1,000m³, Q' : 30m³/min, C_1 : 50ppm, t : 60min)
> $$= 50e^{-\frac{30}{1,000} \times 60} = 8.26\text{ppm}$$

12 국소배기장치에서 제어속도 및 반송속도의 정의를 쓰시오.

풀이
① 제어속도
    유해물질을 후드 내로 완벽하게 흡인하기 위하여 필요한 최소풍속을 말한다.
② 반송속도
    후드로 흡인한 유해물질이 덕트 내에 퇴적되지 않게 공기정화장치까지 운반하는 데 필요한 최소속도를 말한다.

13 공기 중에 아세톤(비중 : 2.0) 750ppm과 사염화탄소(비중 : 5.7) 500ppm이 존재할 때, 공기와 아세톤 및 사염화탄소의 유효 비중을 구하시오. (단, 소수점 넷째 자리까지 구하시오.)

풀이
$$\text{유효 비중} = \frac{(750 \times 2.0) + (500 \times 5.7) + (998,750 \times 1.0)}{1,000,000}$$
$$= 1.0031 \ (\text{문제상 공기비중이 주어지지 않으면 1로 계산함})$$

14 입자상 물질 제진장치의 집진원리 5가지를 쓰시오.

풀이 ① 중력 ② 관성력 ③ 원심력 ④ 여과 ⑤ 전기력

15 어떤 작업장의 음압수준이 75dB(A)이고, 근로자는 차음평가지수(NRR)가 18인 귀덮개를 착용하고 있다. 미국 OSHA의 계산방법을 활용하여 근로자가 노출되는 음압수준(dB)을 구하시오.

풀이
① 차음효과 $=(NRR-7) \times 50\% = (18-7) \times 0.5 = 5.5dB$
② 노출되는 음압수준 $=75-5.5=69.5dB(A)$

16 송풍기 정압이 1,800N/m²일 때 유량 25m³/sec를 갖는 덕트가 있다. 동일한 덕트 내 유량이 38m³/sec로 증가되었을 때의 정압(N/m²)을 구하시오.

풀이
$$\frac{P_2}{P_1} = \left(\frac{Q_2}{Q_1}\right)^2$$
$$P_2 = P_1 \times \left(\frac{Q_2}{Q_1}\right)^2 = 1,800N/m^2 \times \left(\frac{38}{25}\right)^2 = 4158.72N/m^2$$

2015년 제3회 산업위생관리산업기사

01 PVC막 여과지를 분진 중량분석에 사용하는 가장 큰 이유를 설명하시오.

풀이 PVC막 여과지는 흡습성이 낮기 때문에 분진의 중량분석에 사용된다.

02 온도 21℃, 1atm에서 15℃, 750mmHg로 되었을 때 공기밀도(kg/m³)를 구하시오. (단, 밀도는 1.203kg/m³이다.)

풀이
$$d_f = \frac{(273+21) \times (P)}{(℃+273) \times (760)} = \frac{(273+21) \times (750)}{(15+273) \times (760)} = 1.0074$$
공기밀도 $= 1.0074 \times 1.203 \mathrm{kg/m^3} = 1.21 \mathrm{kg/m^3}$

03 수동식 확산흡착배지가 시료채취펌프의 역할을 대신할 수 있는 원리의 명칭을 쓰시오.

풀이 픽스(Fick's)의 확산법칙

04 작업환경 개선의 공학적 대책 중 대치(대체, substitution)의 3가지 방법 및 각각의 예를 1가지씩 쓰시오.

풀이
(1) 공정의 변경
  ① 페인트를 분사하는 방식에서 담그는 형태(함침, dipping)로 변경 또는 전기흡착식 페인트 분무방식으로 변경 사용
  ② 송풍기의 작은 날개로 고속 회전시키는 것을 큰 날개로 저속 회전시킴
  ③ 도자기 제조공장에서 건조 후 실시하던 점토배합을 건조 전에 실시하는 것으로 변경
(2) 시설의 변경
  ① 가연성 물질 저장 시 유리병보다 철제통으로 변경
  ② 흄 배출 후드의 창을 안전유리로 변경
(3) 유해물질의 변경
  ① 금속제품의 탈지(세척)에 사용하는 트리클로로에틸렌을 계면활성제로 전환
  ② 성냥 제조 시 황린(백린) 대신 적린 사용
  ③ 세탁 시 세정제로 사용하는 벤젠을 1,1,1-트리클로로에탄으로 전환
(위의 내용 중 '예'는 각각 1가지씩만 기술)

05 작업장에서 90dB(A) 5시간, 95dB(A) 3시간 변동하는 소음발생 시 누적소음 폭로량 (%)과 시간가중 평균소음수준[dB(A)]을 구하시오.

풀이

① 누적소음 폭로량(D) $= \left(\dfrac{C_1}{T_1} + \dfrac{C_2}{T_2} \right) \times 100$

$= \left(\dfrac{5}{8} + \dfrac{3}{4} \right) \times 100 = 137.5\%$

② 시간가중 평균소음수준(TWA) $= 16.61 \log \left[\dfrac{D\%}{100} \right] + 90\text{dB(A)}$

$= 16.61 \log \left[\dfrac{137.5}{100} \right] + 90\text{dB(A)} = 92.3\text{dB(A)}$

06 산업피로 중 전신피로의 원인 3가지를 쓰시오.

풀이

① 산소공급 부족
② 혈중 포도당 농도 저하
③ 혈중 젖산 농도 증가
④ 근육 내 글리코겐량의 감소
⑤ 작업강도의 증가
(위의 내용 중 3가지만 기술)

07 유체의 층류 및 난류를 관성력과 점성력을 이용하여 설명하시오.

풀이

① 층류흐름
레이놀즈 수가 작으면 관성력에 비해 점성력이 상대적으로 커져서 유체가 원래의 흐름을 유지하려는 성질을 갖는다(관성력 < 점성력).
② 난류흐름
레이놀즈 수가 커지면 점성력에 비해 관성력이 지배하게 되어 유체의 흐름에 많은 교란이 생겨 난류흐름을 형성한다(관성력 > 점성력).

08 다음 〈보기〉의 자료를 이용하여 기하표준편차를 구하시오.

〈보기〉 대수정규분포의 누적도수 : 84.1% (2.41)
50% (1.12)
15.9% (0.52)

풀이

기하표준편차(GSD) $= \dfrac{84.1\%\text{에 해당하는 값}}{50\%\text{에 해당하는 값}} = \dfrac{50\%\text{에 해당하는 값}}{15.9\%\text{에 해당하는 값}}$

$= \dfrac{2.41}{1.12} = \dfrac{1.12}{0.52} = 2.15$

09 송풍관(duct) 내부의 풍속 측정계기인 피토관 및 풍차풍속계의 측정범위를 쓰시오.

> **풀이**
> ① 피토관 : 풍속 > 3m/sec에 사용
> ② 풍차풍속계 : 풍속 > 1m/sec에 사용

10 전체 환기 급배기의 설치위치를 나타낸 것이다. 그림을 보고 설치위치에 따라 〈보기〉에서 해당되는 것을 골라 쓰시오.

> 〈보기〉 • 불가   • 불량   • 양호   • 우수

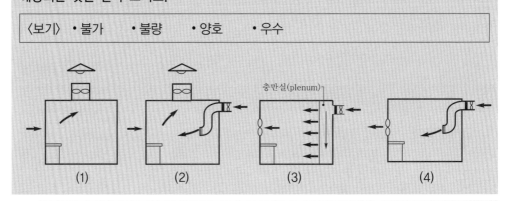

> **풀이**
> (1) 불량
> (2) 양호
> (3) 우수(매우 양호)
> (4) 양호

11 분지관의 수가 적고 고독성 물질이나 폭발성 및 방사성 분진을 대상으로 사용하는 총 압력손실의 계산방법을 쓰고, 장·단점을 2가지씩 적으시오.

> **풀이**
> 정압조절 평형법
> (1) 장점
>   ① 침식, 부식, 분진퇴적으로 인한 축적현상이 없어 덕트의 폐쇄가 일어나지 않는다.
>   ② 잘못 설계된 분지관, 최대저항 경로선정이 잘못되어도 설계 시 쉽게 발견할 수 있다.
>   ③ 설계가 정확할 때에는 가장 효율적인 시설이 된다.
>   ④ 유속의 범위가 적절히 선택되면 덕트의 폐쇄가 일어나지 않는다.
> (2) 단점
>   ① 설계 시 잘못된 유량을 고치기 어렵다.
>   ② 설계가 복잡하고 시간이 걸린다.
>   ③ 설계유량 산정이 잘못되었을 경우 수정은 덕트의 크기 변경을 필요로 한다.
> (위의 내용 중 '장·단점'은 각각 2가지씩만 기술)

12 오염물질 발생량이 60g/hr이고 허용농도가 20mg/m³일 때, 필요환기량(m³/min)을 구하시오.

풀이

$$필요환기량 = \frac{60\text{g/hr} \times \text{hr/60min} \times 1{,}000\text{mg/g}}{20\text{mg/m}^3} = 50\text{m}^3/\text{min}$$

13 직원이 모두 퇴근한 직후인 오후 6시에 측정한 공기 중 CO_2 농도는 1,600ppm, 사무실이 빈 상태로 1.5시간 경과한 후 측정한 CO_2 농도는 600ppm이었을 때, 이 사무실의 시간당 공기교환횟수를 구하시오. (단, 외부공기 CO_2 농도는 330ppm이다.)

풀이

시간당 공기교환횟수(ACH)

$$= \frac{\ln(측정초기\ 농도 - 외부의\ CO_2\ 농도) - \ln(시간이\ 지난\ 후\ CO_2\ 농도 - 외부의\ CO_2\ 농도)}{경과된\ 시간(\text{hr})}$$

$$= \frac{\ln(1{,}600 - 330) - \ln(600 - 330)}{1.5\text{hr}}$$

$$= 1.03회(시간당)$$

14 산업안전보건 규칙상 국소배기장치의 사용 전 점검사항 3가지를 쓰시오.

풀이

① 덕트 및 배풍기의 분진상태
② 덕트 접속부의 이완 유무
③ 흡기 및 배기 능력
④ 그 밖에 국소배기장치의 성능을 유지하기 위하여 필요한 사항
(위의 내용 중 3가지만 기술)

15 송풍기의 회전수가 1,200rpm일 때 송풍량은 25m³/min, 송풍기 정압은 60mmH₂O, 동력은 0.7kW였다. 송풍기 회전수를 1,400rpm으로 할 때 송풍량(m³/min), 정압(mmH₂O), 동력(kW)을 구하시오.

풀이

① 송풍량

$$Q_2 = Q_1 \times \left(\frac{\text{rpm}_2}{\text{rpm}_1}\right) = 25 \times \left(\frac{1{,}400}{1{,}200}\right) = 29.17\text{m}^3/\text{min}$$

② 정압

$$\Delta P_2 = \Delta P_1 \times \left(\frac{\text{rpm}_2}{\text{rpm}_1}\right)^2 = 60 \times \left(\frac{1{,}400}{1{,}200}\right)^2 = 81.67\text{mmH}_2\text{O}$$

③ 동력

$$\text{kW}_2 = \text{kW}_1 \times \left(\frac{\text{rpm}_2}{\text{rpm}_1}\right)^3 = 0.7 \times \left(\frac{1{,}400}{1{,}200}\right)^3 = 1.11\text{kW}$$

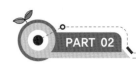

16 cascade impactor(직경분립 충돌기)를 이용하여 시료채취 시 Mylar substrate에 그리스를 뿌리는 이유를 쓰시오.

풀이 │ 시료의 되튐현상을 방지하기 위하여 Mylar substrate에 그리스를 뿌린다.

17 노출기준에 대하여 기술하시오.

풀이 │ "노출기준"이라 함은 근로자가 유해인자에 노출되는 경우 노출기준 이하 수준에서는 거의 모든 근로자에게 건강상 나쁜 영향을 미치지 아니하는 기준을 말하며, 1일 작업시간 동안의 시간가중 평균노출기준(TWA ; Time Weighted Average), 단시간노출기준(STEL ; Short Term Exposure Limit) 또는 최고노출기준(C ; Ceiling)으로 표시한다.

18 다음 [조건]에서 후드의 유입손실(mmH₂O)을 구하시오.

[조건] • 유입손실계수 : 0.4
• 유량 : 10m³/min
• 후드 직경 : 200mm

풀이 │ 후드의 유입손실$(mmH_2O) = F \times VP$

$$F = 0.4$$

$$V = \frac{Q}{A} = \frac{10m^3/min \times min/60sec}{\left(\frac{3.14 \times 0.2^2}{4}\right)m^2} = 5.31m/sec$$

$$VP = \left(\frac{5.31}{4.043}\right)^2 = 1.72mmH_2O$$

$$= 0.4 \times 1.72mmH_2O$$

$$= 0.69mmH_2O$$

01 교대근무에서 서캐디안 리듬(circadian rhythm)에 대해 설명하시오.

> **풀이** 일주기성 리듬을 서캐디안 리듬이라 하며 외부환경의 변화에 대처하여 효율적으로 적응하기 위한 생물학적 리듬으로 교대근무는 일주기성 리듬을 교란시키고 수면에 영향을 주어 건강을 해치고 일상생활에 영향을 준다.

02 개인시료채취 및 지역시료채취의 정의를 쓰시오. (단, 고용노동부 고시)

> **풀이** ① 개인시료채취 : 개인시료채취기를 이용하여 가스·증기·분진·흄(fume)·미스트(mist) 등을 근로자의 호흡위치(호흡기를 중심으로 반경 30cm인 반구)에서 채취하는 것을 말한다.
> ② 지역시료채취 : 시료채취기를 이용하여 가스·증기·분진·흄(fume)·미스트(mist) 등을 근로자의 작업행동 범위에서 호흡기 높이에 고정하여 채취하는 것을 말한다.

03 송풍기 임펠러의 회전수비와 송풍량, 풍압, 동력의 관계를 설명하시오.

> **풀이** ① 송풍량은 회전수비에 비례한다.
> ② 풍압은 회전수비의 제곱에 비례한다.
> ③ 동력은 회전수비의 세제곱에 비례한다.

04 속도압의 정의와 공기속도와의 관계식을 쓰시오.

> **풀이** (1) 정의
> 공기의 흐름방향으로 미치는 압력으로 단위체적의 유체가 갖고 있는 운동에너지를 의미한다. 또한 공기의 운동에너지에 비례하여 항상 0 또는 양압을 갖는다.
> (2) 공기속도(V)와 속도압(VP)의 관계
>   ① $VP = \dfrac{\gamma V^2}{2g}$
>
>   (γ : 비중, g : 중력가속도)
>   ② $VP = \left(\dfrac{V}{4.043}\right)^2$

05 진동에 의한 생체반응에 관여하는 인자 4가지를 쓰시오.

풀이 ① 진동의 강도   ② 진동수   ③ 진동의 방향   ④ 진동 폭로시간

06 국소배기에서 덕트기류를 측정하는 1차 표준기구를 쓰고, 이 기구로 실제적으로 측정할 수 있는 인자 2가지 및 이 인자로 환산하는 방법을 쓰시오.

풀이
(1) 덕트기류 1차 표준기구
    피토튜브(pitot tube)
(2) 측정할 수 있는 인자 2가지
    ① 전압(공기흐름과 직접 마주치는 튜브)
    ② 정압(외곽튜브)
(3) 환산방법
    속도압(동압) = 전압 – 정압
    유속 = 4.043 $\sqrt{\text{속도압}}$

07 어떤 작업장의 소음이 105dB(A)이고, 근로자는 차음평가수(NRR)가 19인 귀덮개를 착용하고 있다. 미국 OSHA의 계산방법에 의해 차음효과와 근로자가 노출되는 음압수준을 구하시오.

풀이
① 차음효과 = (NRR – 7)×0.5 = (19 – 7)×0.5 = 6dB(A)
② 노출음압수준 = 105dB(A) – 6dB(A) = 99dB(A)

08 벤젠이 시간당 2.7L 사용되는 작업장에서 0℃, 1기압일 때 벤젠의 증발량(L/hr)을 구하시오. (단, 벤젠의 분자량은 78, 비중 0.880)

풀이
용량(L)을 중량(g)으로 전환
2.7L/hr×0.880g/mL×1,000mL/L = 2,376g/hr
78g : 22.4L = 2,376g/hr : G(L/hr)
벤젠 증발량(L/hr) = $\dfrac{22.4\text{L} \times 2,376\text{g/hr}}{78\text{g}}$ = 682.34L/hr

09 음향파워가 10^{-5}watt일 때 PWL을 구하시오.

풀이
$$\text{PWL} = 10\log\frac{W}{W_o} = 10\log\frac{10^{-5}}{10^{-12}} = 70\text{dB}$$

10 직경이 3cm이고 관 내 유속이 4m/sec일 때 레이놀즈수를 구하고, 유체의 흐름형태를 쓰시오. (단, 동점성계수 $1.5 \times 10^{-5} \text{m}^2/\text{sec}$)

풀이
① $Re = \dfrac{VD}{\nu} = \dfrac{4 \times 0.03}{1.5 \times 10^{-5}} = 8,000$
② 유체 흐름형태 : 4,000 이상이므로 난류

11 작업장 체적은 1,500m³이고 농도는 $40\mu g/\text{m}^3$이다. 농도가 30분 후 $7\mu g/\text{m}^3$로 감소하였다면 이때 유효환기량(m³/hr)을 구하시오.

풀이
$t = -\dfrac{V}{Q'} \ln\left(\dfrac{C_2}{C_1}\right)$

$Q'(\text{유효환기량}) = -\dfrac{V}{t} \ln\left(\dfrac{C_2}{C_1}\right) = -\dfrac{1,500}{30} \ln\left(\dfrac{7}{40}\right)$
$= 87.15 \text{m}^3/\text{min} \times 60\text{min/hr} = 5,229\text{m}^3/\text{hr}$

12 톨루엔이 0.067L/min씩 사용되는 작업장의 필요환기량(m³/min)을 구하시오. (단, 분자량 92.13, 비중 0.866, TLV 50ppm, $K=5$이며, ACGIH 방법을 이용한다.)

풀이
$(\text{L/min} \rightarrow 24.1)$
$\text{필요환기량}(\text{m}^3/\text{min}) = \dfrac{24.1 \times 0.866 \times 0.067 \times 10^6}{92.13 \times 50} \times 5 = 1517.78\text{m}^3/\text{min}$

13 TWA, STEL, C에 대하여 각각의 정의를 쓰시오.

풀이
① TWA(시간가중 평균노출기준)
1일 8시간, 주 40시간 동안의 평균농도로서 거의 모든 근로자가 평상작업에서 반복하여 노출되더라도 건강장애를 일으키지 않는 공기 중 유해물질의 노출기준
② STEL(단시간 노출기준)
근로자가 1회 15분간 유해인자에 노출되는 경우의 노출기준
③ C(최고 노출기준)
근로자가 1일 작업시간 동안 잠시라도 노출되어서는 안되는 노출기준

14 누적소음노출량 측정기의 법정 설정기준을 쓰고 청감보정 특성을 쓰시오.

풀이
(1) 법정 설정기준
① criteria : 90dB
② exchange rate : 5dB
③ threshold : 80dB
(2) 청감보정 특성 : A특성[dB(A)]

15 재순환 공기의 온도는 24℃, 외부의 공기온도는 10℃, 급기 공기온도는 18℃일 때 급기 중 외부공기 포함량(%)을 구하시오.

풀이 급기 중 외부공기 포함량(%)＝100－급기 중 재순환량(%)

$$급기 중 재순환량 = \left(\frac{18℃ - 10℃}{24℃ - 10℃} \right) \times 100 = 57.14\% = 100 - 57.14 = 42.86\%$$

16 국소배기가 전체환기와 비교 시 갖는 장점 3가지를 쓰시오.

풀이
① 전체환기는 희석에 의한 저감으로서 완전제거가 불가능하나, 국소배기는 발생원상에서 포집, 제거하므로 유해물질의 완전제거가 가능하다.
② 국소배기는 전체환기에 비해 필요환기량이 적어 경제적이다.
③ 작업장 내의 방해기류나 부적절한 급기에 의한 영향을 적게 받는다.
④ 유해물질에 의한 작업장 내의 기계 및 시설물을 보호할 수 있다.
⑤ 비중이 큰 침강성 입자상 물질도 제거 가능하므로 작업장 관리(청소 등) 비용을 절감할 수 있다.
(위의 내용 중 3가지만 기술)

17 송풍기의 풍량조절방법 3가지를 쓰시오.

풀이 ① 회전수 조절법   ② 안내익 조절법   ③ 댐퍼 부착법

18 다음 [조건]에서 불쾌지수를 구하시오.

[조건] • 건구온도 : 32℃   • 습구온도 : 18℃   • 흑구온도 : 20℃

풀이 불쾌지수＝0.72(건구온도＋습구온도)＋40.6
＝0.72(32℃＋18℃)＋40.6
＝76.6

01 0.001N-NaOH의 pH를 구하시오.

풀이
$$\frac{0.001\text{eq}}{\text{L}}\bigg|\frac{1\text{mol}}{1\text{eq}}=0.001\text{M}, \quad \text{NaOH} \rightarrow \text{Na}^+ + \text{OH}^-$$
$$\qquad\qquad\qquad\qquad\qquad 0.001\text{M} \qquad 0.001\text{M}$$
$$\text{pOH}=-\log 0.001=3, \quad \text{pH}+\text{pOH}=14$$
$$\text{pH}=14-\text{pOH}=14-3=11$$

02 작업장 내의 열부하량이 15,000kcal/hr이고, 온도가 35℃였다. 외기의 온도가 25℃라면 필요환기량(m³/hr)은?

풀이 필요환기량(Q)
$$Q=\frac{H_s}{0.3\Delta t}=\frac{15,000}{0.3\times(35-25)}=5,000\text{m}^3/\text{hr}$$

03 고열 작업장의 후드를 통하여 유입되는 열상승기류량이 30m³/min이고, 유도기류량이 45m³/min일 때 누입한계유량비는?

풀이 누입한계유량비(K_L)
$$K_L=\frac{Q_2}{Q_1}=\frac{45}{30}=1.5$$
$$\qquad Q_1(\text{열상승기류량}):30\text{m}^3/\text{min}, \quad Q_2(\text{유도기류량}):45\text{m}^3/\text{min}$$

04 변동이 심한 소음의 평가방법인 등가소음레벨 공식을 쓰고 구성요소를 설명하시오.

풀이
$$\text{등가소음도(Leq)[dB(A)]}=16.61\log\frac{n_1\times10^{\frac{LA_1}{16.61}}+n_2\times10^{\frac{LA_2}{16.61}}+n_N\times10^{\frac{LA_N}{16.61}}}{\text{각 소음레벨 측정치의 발생시간 합}}$$
여기서, Leq : 등가소음레벨[dB(A)]
　　　　LA : 각 소음레벨의 측정치[dB(A)]
　　　　n : 각 소음레벨 측정치의 발생시간(분)

05 송풍기 임펠러의 회전수 비와 송풍량, 풍압, 동력의 관계를 설명하시오.

풀이

① 송풍량 : 회전수 비에 비례
② 풍압 : 회전수 비의 제곱에 비례
③ 동력 : 회전수 비의 세제곱에 비례

06 실리카겔이 활성탄에 비해 갖는 장점 3가지를 쓰시오.

풀이

① 극성 물질을 채취한 경우 물, 메탄올 등 다양한 용매로 쉽게 탈착한다.
② 추출용액(탈착용매)이 화학분석이나 기기분석에 방해물질로 작용하는 경우가 많지 않다.
③ 활성탄으로 채취가 어려운 아닐린, 오르토−톨루이딘 등의 아민류나 몇몇 무기물질의 채취가 가능하다.

07 국소배기시설의 후드형태 중 가장 효과적이며 hood 내부가 음압으로 형성되어 독성 가스 및 발암물질 취급공정에 주로 적용하는 것을 쓰시오.

풀이

포위식 후드

08 송풍기에 의한 기류의 흡기와 배기 시 흡기는 흡입면의 직경 1배인 위치에서 입구유속의 10%로 된다. 배기 시 출구유속의 10%로 되는 거리를 직경으로 나타내시오.

풀이

배기 직경의 30배 거리에서 유속은 1/10로 감소한다. 즉 배기 시 출구면의 직경 30배인 위치에서 출구유속의 10%로 된다.

09 전자부품조립 작업장에서 근무자들이 오후 5시에 퇴근한 직후 실내공기를 측정한 결과 공기 중 CO_2 농도가 1,100ppm이었고, 작업장에 근무자들이 없는 상태로 2시간이 경과한 오후 7시에 측정한 CO_2 농도는 380ppm이었다. 이 작업장의 시간당 공기교환횟수를 구하시오. (단, 이때 외부 공기 중 CO_2 농도는 340ppm)

풀이

시간당 공기교환횟수

$$= \frac{\ln(측정초기\ 농도-외부의\ CO_2\ 농도)-\ln(시간이\ 지난\ 후\ CO_2\ 농도-외부의\ CO_2\ 농도)}{경과된\ 시간(hr)}$$

$$= \frac{\ln(1,100-340)-\ln(380-340)}{2hr}$$

$$= 1.47 회(시간당)$$

10 다음 [조건]에서 압력손실(mmH₂O)을 계산하시오. (단, 관마찰계수=0.015−0.002log(Re))

[조건] • 관 직경 : 0.1m, 길이 : 10m • 관 유속 : 10m/sec
• 공기밀도 : 1.186kg/m³ • 동점성계수 : 1.55×10⁻⁵m²/sec

풀이

$$\Delta P = \lambda \times \frac{L}{D} \times \frac{\gamma V^2}{2g}$$

$$\lambda = 0.015 - 0.002\log(Re)$$

$$Re = \frac{VD}{\nu} = \frac{10 \times 0.1}{1.55 \times 10^{-5}} = 64516.13$$

$$= 0.015 - [0.002\log 64516.13] = 0.0054$$

$$= 0.0054 \times \frac{10}{0.1} \times \frac{1.186 \times 10^2}{2 \times 9.8} = 3.26 \, \text{mmH}_2\text{O}$$

11 소음성 난청에 영향을 미치는 인자 3가지를 설명하시오.

풀이

① 소음 크기
음압수준이 높을수록 영향이 큼
② 개인 감수성
소음에 노출된 모든 사람이 똑같이 반응하지 않으며 감수성이 매우 높은 사람이 극소수 존재함
③ 소음의 주파수 구성
고주파음이 저주파음보다 영향이 큼
④ 소음의 발생 특성
지속적인 소음 노출이 단속적인(간헐적) 소음 노출보다 더 큰 장애를 초래함
(위의 내용 중 3가지만 기술)

12 수은의 증기압 0.0028mmHg의 포화농도를 ppb로 구하고 농도를 μg/m³로 환산하시오. (단, 수은 원자량=200.59, 25℃ 1기압)

풀이

$$\text{포화농도(ppb)} = \frac{0.0028}{760} \times 10^9 = 3684.21 \, \text{ppb}$$

$$\text{농도}(\mu g/m^3) = 3684.21 \text{ppb} \times \frac{200.59}{24.45} = 30225.59 \mu g/m^3$$

13 작업장에서 소음이 95dB로 3시간 동안 발생하고 105dB로 30분 동안 발생하였을 경우 노출지수를 구하시오.

풀이

$$\text{소음노출지수} = \frac{C_1}{T_1} + \frac{C_2}{T_2} = \frac{3}{4} + \frac{0.5}{1} = 1.25$$

14 다음 물질의 채취방법 및 분석방법을 쓰시오. (고용노동부 고시)
(1) 석면 　　　　　　　　　　　(2) 용접흄
(3) 일반 입자상 물질 　　　　　　(4) 호흡성 분진

풀이 (1) 석면
　　① 채취방법 : 여과채취방법
　　② 분석방법 : 계수법
(2) 용접흄
　　① 채취방법 : 여과채취방법
　　② 분석방법 : 중량분석방법, 원자흡광광도계, 유도결합플라즈마
(3) 일반 입자상 물질
　　① 채취방법 : 여과채취방법
　　② 분석방법 : 중량분석방법
(4) 호흡성 분진
　　① 채취방법 : 여과채취방법(10mm nylon cyclone 이용)
　　② 분석방법 : 중량분석방법

15 온도 140℃, 기압 650mmHg인 상태에서 관 내로 분당 100m³의 기체가 흐르고 있다. 0℃, 1기압에서 유량(m³/min)을 구하시오.

풀이
$$\frac{P_1 V_1}{T_1} = \frac{P_2 V_2}{T_2}$$

$$V_2 = V_1 \times \frac{T_2}{T_1} \times \frac{P_1}{P_2} = 100\text{m}^3/\text{min} \times \frac{273}{273+140} \times \frac{650}{760} = 56.53\text{m}^3/\text{min}$$

16 TWA가 설정되어 있는 유해물질 중 STEL이 설정되어 있지 않은 물질인 경우 TWA 외에 단시간 허용농도 상한치를 설정한다. 노출의 상한선과 노출시간 권고사항 2가지를 쓰시오.

풀이 ① TLV-TWA 3배 이상 : 30분 이하 노출권고
② TLV-TWA 5배 이상 : 잠시도 노출금지

17 다음 [조건]에서 피부온도를 구하시오.

[조건] • 온도 : 30℃
• 상대습도 : 60%
• 바람의 영향 : 고려하지 않음
• 체감온도 : 기온-0.4(기온-10)$\left(1 - \dfrac{\text{습도}}{100}\right)$

풀이 사람의 피부가 느끼는 온도감각을 정량적으로 나타낸 것이 체감온도이므로
피부온도(체감온도)$= 30 - \left[0.4 \times (30-10) \times \left(1 - \dfrac{60}{100}\right)\right] = 26.8℃$

2016년 제3회 산업위생관리산업기사

01 확대각이 30°인 원형 확대관에서 입구 직관의 정압은 −10mmH₂O, 입구 직관 속도압은 50mmH₂O, 확대 후 출구 직관의 속도압은 30mmH₂O이다. 압력손실(mmH₂O)과 확대측 정압(mmH₂O)을 구하시오. (단, $\theta = 30°$일 때 압력손실계수는 0.56이다.)

풀이
① 압력손실(ΔP) = $\xi \times (VP_1 - VP_2) = 0.56 \times (50 - 30) = 11.2\,\text{mmH}_2\text{O}$
② 확대측 정압(SP_2) = $SP_1 + R(VP_1 - VP_2) = -10 + [(1 - 0.56)(50 - 30)] = -1.2\,\text{mmH}_2\text{O}$

02 생체 열용량 변화의 열평형 방정식을 쓰고, 각 요소를 설명하시오.

풀이
열평형 방정식
$\Delta S = M \pm C \pm R - E$
여기서, ΔS : 생체 열용량의 변화
　　　　M : 작업대사량
　　　　C : 대류에 의한 열교환
　　　　R : 복사에 의한 열교환
　　　　E : 증발에 의한 열교환(열손실 의미)

03 개인 시료 채취의 정의 및 호흡 위치의 범위를 쓰시오.

풀이
① 개인 시료 채취의 정의
　개인 시료 채취기를 이용하여 가스 · 증기 · 분진 · 흄(fume) · 미스트(mist) 등을 근로자 호흡 위치에서 채취하는 것을 말한다.
② 호흡 위치의 범위
　호흡기를 중심으로 반경 30cm인 반구를 말한다.

04 흡입구 정압이 20mmH₂O이고 배출구 내의 정압은 70mmH₂O이다. 흡입유속이 900m/min일 경우 송풍기 정압(mmH₂O)을 구하시오.

풀이
송풍기 정압(FSP)
$= (SP_{\text{out}} - SP_{\text{in}}) - VP_{\text{in}} = (70 - 20) - \left(\dfrac{900\text{m/min} \times \text{min/60sec}}{4.043} \right)^2 = 36.24\,\text{mmH}_2\text{O}$

05 세정집진장치의 집진원리 4가지를 쓰시오.

풀이
① 액적과 입자의 충돌
② 미립자 확산에 의한 액적과의 접촉
③ 배기의 증습에 의해 입자가 서로 응집
④ 액적 · 기포와 입자의 접촉

06 검지관을 사용하여 측정하는 경우 측정위치 3가지를 쓰시오.

풀이
① 해당 작업근로자의 호흡기
② 가스상 물질 발생원에 근접한 위치
③ 근로자 작업행동 범위 중 주작업위치에서의 근로자 호흡기 높이

07 직경이 5μm, 비중이 2.6인 입자의 침강속도(cm/sec)를 구하시오.

풀이
문제에서 직경 및 비중만 주어졌으므로 Lippman 공식 적용
Lippman의 침강속도(cm/sec)
$$V = 0.003 \times \rho \times d^2$$
$$= 0.003 \times 2.6 \times 5^2$$
$$= 0.195 \text{cm/sec}$$

08 전체 환기의 목적 3가지를 쓰시오.

풀이
① 유해물질 농도를 희석, 감소시켜 근로자의 건강을 유지 및 증진시킨다.
② 화재나 폭발을 예방한다.
③ 실내의 온도 및 습도를 조절한다.

09 집진율 50%, 55%, 60%, 70%인 집진장치 4개가 직렬로 되어 있다. 초기 농도 1,000mg/m³의 분진이 4개의 집진장치를 통과 후 최종 농도(mg/m³)를 구하시오.

풀이
① 50%, 55%의 총 효율
$$\eta_T = \eta_1 + \eta_2(1-\eta_1) = 0.5 + [0.55 \times (1-0.5)] = 0.775 \times 100 = 77.5\%$$
② 77.5%, 60%의 총 효율
$$\eta_T = 0.775 + [0.6 \times (1-0.775)] = 0.91 \times 100 = 91\%$$
③ 91%, 70%의 총 효율
$$\eta_T = 0.91 + [0.7 \times (1-0.91)] = 0.973 \times 100 = 97.3\%$$
최종 농도(mg/m³)=1,000mg/m³×(1-0.973)=27mg/m³

10 급기가 8,000m³/hr이고 배기가 10,000m³/hr인 사무실의 압력상태를 설명하고 이로 인해 발생할 수 있는 문제점 3가지를 쓰시오.

풀이 (1) 사무실의 압력상태
　　　　배기 > 급기이므로 실내는 음압상태임.
　　(2) 발생할 수 있는 문제점
　　　　① 근로자 안전사고
　　　　② 국소배기장치의 정상효율 유지의 어려움
　　　　③ 작업장 내의 방해기류 유발
　　　　④ 외부 공기가 실내로 유입
　　　　⑤ 근로자의 불쾌감 유발
　　　　(위의 내용 중 3가지만 기술)

11 에틸벤젠(TLV=100ppm)이 존재하는 A작업장에서 1일 10시간 근무 시 보정된 허용농도(ppm)를 구하시오. (단, Brief-Scala의 보정방법을 사용한다.)

풀이
$$RF(보정계수) = \frac{8}{H} \times \frac{24-H}{16}$$
$$= \frac{8}{10} \times \frac{24-10}{16}$$
$$= 0.7$$
보정된 허용농도 $= TLV \times RF = 100ppm \times 0.7 = 70ppm$

12 산업안전보건기준에 관한 규칙 중 '적정한 공기'의 3가지를 쓰시오.

풀이 ① 산소농도의 범위가 18% 이상 23.5% 미만인 수준의 공기
　　② 탄산가스의 농도가 1.5% 미만인 수준의 공기
　　③ 황화수소의 농도가 10ppm 미만인 수준의 공기

13 전체 환기 중 자연환기에 비해 강제(기계)환기가 갖는 장·단점을 2가지씩 쓰시오.

풀이 (1) 장점
　　　　① 외부 조건(계절 변화)에 관계없이 작업 조건을 안정적으로 유지할 수 있다.
　　　　② 환기량을 기계적(송풍기)으로 결정하므로 정확한 예측이 가능하다.
　　(2) 단점
　　　　① 소음 발생이 크다.
　　　　② 설비비, 운전비용 및 유지보수비가 많이 든다.

14 실내 환경의 오염에 영향을 미치는 생물학적 요인 5가지를 쓰시오.

풀이
① 각종 바이러스
② 세균
③ 진균
④ 애완동물의 털
⑤ 곰팡이

15 태양광선이 내리쬐지 않는 옥외작업장에서 고온의 영향을 평가하기 위하여 아스만 통풍 건습계 및 흑구온도계 등으로 측정한 결과 자연습구온도 29℃, 건구온도 32℃, 흑구온도 40℃일 때 WBGT를 구하고, 고열에 대한 노출기준을 평가하시오.

풀이
① 옥내 또는 옥외(태양광선이 내리쬐지 않는 장소)의 WBGT(℃)

WBGT(℃) = (0.7×자연습구온도) + (0.3×흑구온도)
= (0.7×29℃) + (0.3×40℃)
= 32.3℃

② 노출기준 평가 : 노출기준 초과 판정(고열작업장의 노출기준 중 가장 큰 값인 32.2℃를 초과하므로)

참고 ㉠ 옥외(태양광선이 내리쬐는 장소)의 WBGT(℃)

WBGT(℃) = 0.7×자연습구온도 + 0.2×흑구온도 + 0.1×건구온도

㉡ 고열작업장의 노출기준(고용노동부, ACGIH)

(단위 : WBGT(℃))

시간당 작업과 휴식 비율	작업강도		
	경작업	중등작업	중(힘든)작업
연속 작업	30.0	26.7	25.0
75% 작업, 25% 휴식 (45분 작업, 15분 휴식)	30.6	28.0	25.9
50% 작업, 50% 휴식 (30분 작업, 30분 휴식)	31.4	29.4	27.9
25% 작업, 75% 휴식 (15분 작업, 45분 휴식)	32.2	31.1	30.0

주 1. 경작업 : 200kcal까지의 열량이 소요되는 작업
2. 중등작업 : 시간당 200~350kcal의 열량이 소요되는 작업
3. 중작업 : 시간당 350~500kcal의 열량이 소요되는 작업

16 다음 [조건]에서 시간당 공기교환횟수(ACH)를 구하시오.

> [조건] • 작업장(실내) 체적 50m³
> • 실내에서 발생하는 1인당 CO_2 발생량 2.1L/hr
> • 실내 인원 20명
> • 외기 CO_2 농도 0.03%, CO_2 실내 허용농도 0.1%

풀이

$$ACH = \frac{필요환기량}{작업장\ 용적}$$

$$필요환기량 = \frac{2.1L/인 \cdot hr \times 20인 \times m^3/1,000L}{0.1-0.03} \times 100 = 60m^3/hr$$

$$= \frac{60m^3/hr}{50m^3} = 1.2회(시간당)$$

17 작업장 내에서 톨루엔(M.W 92, TLV 100ppm)을 시간당 3kg/hr 사용하는 작업장에 전체 환기시설을 설치 시 필요환기량(m³/min)을 구하시오. (단, 작업장 조건은 21℃, 1기압, 혼합계수는 6이다.)

풀이

사용량(g/hr) : 3,000g/hr
발생률(G ; L/hr)
92g : 24.1L = 3,000g/hr : G(L/hr)

$$G = \frac{24.1L \times 3,000g/hr}{92g} = 785.87L/hr$$

$$필요환기량(Q) = \frac{G}{TLV} \times K = \frac{785.87L/hr}{100ppm} \times 6 = \frac{785.87L/hr \times 1,000mL/L}{100mL/m^3} \times 6$$

$$= 47152.2m^3/hr \times hr/60min$$

$$= 785.87m^3/min$$

18 일반적 실내 환기시설을 설치하는 목적 3가지를 쓰시오.

풀이

① 오염물질 배출
② 탈취(냄새 제거)
③ 제진(먼지 제거)
④ 제습(과다한 습기 제거)
⑤ 실온 조절
(위의 내용 중 3가지만 기술)

성공하려면
당신이 무슨 일을 하고 있는지를 알아야 하며,
하고 있는 그 일을 좋아해야 하며,
하는 그 일을 믿어야 한다.

-월 로저스(Will Rogers)-

☆

때론 지치고 힘들지만 언제나 가슴에 큰 꿈을 안고 삽시다.
노력은 배반하지 않습니다.^^

01 장방형 직관이 가로 60cm, 세로 35cm이고 직관 내를 300m³/min의 공기가 흐르고 있다. 길이 10m, 관마찰계수 0.02, 비중 1.3kg/m³일 때 압력손실(mmH₂O)을 구하시오.

풀이

$$\Delta P = \lambda \times \frac{L}{D} \times VP$$

$$V = \frac{Q}{A} = \frac{300\text{m}^3/\text{min} \times \text{min}/60\text{sec}}{0.6\text{m} \times 0.35\text{m}} = 23.81\text{m/sec}$$

$$VP = \frac{\gamma V^2}{2g} = \frac{1.3 \times 23.81^2}{2 \times 9.8} = 37.6\text{mmH}_2\text{O}$$

$$\text{상당 직경} = \frac{2ab}{a+b} = \frac{2 \times 0.6 \times 0.35}{0.6+0.35} = 0.44\text{m}$$

$$= 0.02 \times \frac{10}{0.44} \times 37.6$$

$$= 17.09\text{mmH}_2\text{O}$$

02 1일 12시간 작업 시 메틸클로로헥산(TLV=100ppm)의 허용농도를 보정하여 계산하시오. (단, Brief와 Scala의 보정방법 적용)

풀이

$$\text{RF} = \left(\frac{8}{H}\right) \times \left(\frac{24-H}{16}\right) = \left(\frac{8}{12}\right) \times \left(\frac{24-12}{16}\right) = 0.5$$

$$\text{보정된 허용농도} = \text{TLV} \times \text{RF}$$
$$= 100\text{ppm} \times 0.5$$
$$= 50\text{ppm}$$

03 국소배기장치 성능시험 시 필수장비 4가지를 쓰시오.

풀이
① 발연관(연기발생기 ; smoke tester)
② 청음기 또는 청음봉
③ 절연저항계
④ 표면온도계 및 초자온도계
⑤ 줄자
(위의 내용 중 4가지만 기술)

PART 02 과년도 출제문제

04 ACGIH의 TLV(허용기준) 적용 시 주의사항 4가지를 쓰시오.

풀이
① 대기오염 평가 및 지표에 사용할 수 없다.
② 24시간 노출 또는 정상 작업시간을 초과한 노출에 대한 독성평가에는 적용할 수 없다.
③ 기존의 질병이나 신체적 조건을 판단하기 위한 척도로 사용될 수 없다.
④ 안전농도와 위험농도를 정확히 구분하는 경계선이 아니다.
⑤ 작업조건이 다른 나라의 ACGIH-TLV를 그대로 사용할 수 없다.
(위의 내용 중 4가지만 기술)

05 음압실효치가 50μbar일 때 음압수준(dB)을 구하시오.

풀이
$$음압수준(SPL) = 20\log\left(\frac{P}{P_0}\right)$$
$$P = 50\mu\text{bar} \times \frac{101,325\text{Pa}}{1,013,250\mu\text{bar}} = 5\text{Pa}$$
$$= 20\log\frac{5}{2\times10^{-5}} = 107.96\text{dB}$$

06 음향출력이 1watt인 점음원으로부터 10m 떨어진 곳에서의 SPL을 구하시오. (단, 무지향성 음원, 자유공간)

풀이
$$SPL = PWL - 20\log r - 11$$
$$PWL = 10\log\frac{1}{10^{-12}} = 120\text{dB}$$
$$= 120\text{dB} - 20\log10 - 11 = 89\text{dB}$$

07 송풍기의 정압 계산식을 쓰시오.

풀이
$$\begin{aligned}송풍기 \ 정압(FSP) &= 송풍기 \ 전압(FTP) - VP_{\text{out}}\\ &= (SP_{\text{out}} - SP_{\text{in}}) + (VP_{\text{out}} - VP_{\text{in}}) - VP_{\text{out}}\\ &= (SP_{\text{out}} - SP_{\text{in}}) - VP_{\text{in}}\\ &= (SP_{\text{out}} - TP_{\text{in}})\end{aligned}$$

08 작업장 내 열부하량이 22,500kcal/hr이고, 온도가 35℃였다. 외기의 온도가 25℃일 때 필요환기량(m³/hr)을 구하시오.

풀이
$$필요환기량(Q) = \frac{H_s}{0.3\Delta t} = \frac{22,500}{0.3\times(35-25)} = 7,500\text{m}^3/\text{hr}$$

09 작업환경측정 및 정도관리 등에 관한 고시상 작업환경측정방법 중 동일작업근로자 수가 10명을 초과 시 다음을 답하시오.
(1) 시료채취방법
(2) 측정시간
(3) 시료채취 근로자 수

풀이 (1) 개인시료채취
(2) TWA가 설정되어 있는 대상물질을 측정하는 경우에는 1일 작업시간 동안 6시간 이상 연속 측정하거나 작업시간을 등간격으로 나누어 6시간 이상 연속 분리하여 측정
(3) 최고 노출근로자 2명 이상에 대하여 동시에 측정하되, 단위작업장소에 근로자가 1명인 경우에는 그러하지 아니하며, 동일작업근로자 수가 10명을 초과하는 경우에는 5명당 1명 (1개 지점) 이상 추가하여 측정

10 소음계 및 소음노출량계의 정의를 쓰시오.

풀이 (1) 소음계
소음의 주파수를 분석하지 않고 총 음압수준(SPL)으로 측정하는 기기를 말하며, 주파수의 범위와 청감보정특성의 허용범위 정밀도 차이에 의해 정밀소음계, 지시소음계, 간이소음계로 분류된다.
(2) 소음노출량계
Noise Dose Meter(누적소음 노출량 측정기)를 말하며, 근로자 개인의 노출량을 측정하는 기기로서 노출량(Dose)은 노출기준에 대한 백분율(%)로 나타낸다.

11 액체흡수법(임핀저, 버블러)으로 채취 시 흡수효율을 높이기 위한 방법 3가지를 쓰시오.

풀이 ① 포집액의 온도를 낮추어 오염물질의 휘발성을 제한한다.
② 두 개 이상의 임핀저나 버블러를 연속적(직렬)으로 연결하여 사용하는 것이 좋다.
③ 채취속도를 낮춘다(채취물질이 흡수액을 통과하는 속도).
④ 기체와 액체의 접촉면적을 크게 한다(가는 구멍이 많은 fritted 버블러 사용).
⑤ 액체의 교반을 강하게 한다.
(위의 내용 중 3가지만 기술)

12 전체환기의 목적 3가지를 쓰시오.

풀이 ① 유해물질농도를 희석, 감소시켜 근로자의 건강을 유지, 증진한다.
② 화재나 폭발을 예방한다.
③ 실내의 온도 및 습도를 조절한다.

PART 02 과년도 출제문제

13 검지관의 농도 범위별 측정 시 농도 범위가 PEL~AL일 경우 정확도(오차)를 쓰시오.

풀이 PEL(허용농도)~AL(감시농도)의 정확도(오차)는 ±35%이다.

14 바람직한 VDT 작업자세에 관한 다음 물음에 답하시오.
(1) 모니터 화면과 눈의 거리
(2) 팔의 각도

풀이 (1) 두 뼘(40cm) 이상 유지할 것
(2) 90° 이상일 것

15 화재 및 폭발 방지를 위한 전체환기량 계산 시 안전계수가 중요하다. LEL(폭발농도 하한치 ; %)과의 관계를 설명하시오.

풀이 안전계수는 안전한 조건을 유지하기 위하여 LEL의 몇 %를 물질의 농도로 유지할 것인가에 좌우되는 계수로, LEL의 25% 이하를 농도로 유지할 경우는 25% 즉, 1/4을 유지하는 것이 안전하므로 안전계수는 4를 적용하여 환기량을 계산한다.

16 국소배기장치의 송풍관(duct) 점검사항 4가지를 쓰시오.

풀이 ① 외면의 마모, 부식, 변형 확인
② 내면의 마모, 부식, 분진의 축적 확인
③ 댐퍼의 작동상태 확인
④ 접속부의 이완유무 확인

17 전체환기량 계산 시 안전계수(K)를 결정하는 요인 중 유해물질의 허용기준에서 독성이 강한 물질의 기준을 쓰시오.

풀이 TLV $\leq$ 100ppm

18 0℃, 1.5atm 상태에서의 배기가스 20L를 273K, 560mmHg 상태로 부피(L)를 구하시오.

풀이
$$\frac{P_1 V_1}{T_1} = \frac{P_2 V_2}{T_2}$$
$$V_2 = V_1 \times \frac{T_2}{T_1} \times \frac{P_1}{P_2} = 20\text{L} \times \frac{273}{273} \times \frac{1.5 \times 760}{560} = 40.71\text{L}$$

01 터보형 송풍기에서 흡입관의 정압이 −95mmH₂O, 배출관의 정압이 10mmH₂O이며 흡입관, 배출관의 속도압이 각각 15mmH₂O일 때 유량은 150m³/min이다. 송풍기의 동력(kW)을 구하시오. (단, 효율 0.8, 여유율 1.2)

풀이

$$송풍기 동력(kW) = \frac{Q \times \Delta P}{6,120 \times \eta} \times \alpha$$

$$\Delta P(FSP) = (SP_{out} - SP_{in}) - VP_{in}$$
$$= 10 - (-95) - 15$$
$$= 90 \, mmH_2O$$

$$= \frac{150 \times 90}{6,120 \times 0.8} \times 1.2 = 3.31 kW$$

02 두 가지 이상의 화학물질에 동시에 노출되는 경우 건강에 미치는 영향은 각 화학물질 간 상호작용에 따라 다르게 나타난다. 이와 같이 2가지 이상의 화학물질이 동시에 작용할 때 물질 간 상호작용의 종류를 4가지 쓰고, 간단히 설명하시오.

풀이

① 상가작용
   각 유해인자의 독성합 만큼 독성 결과를 나타내는 작용(2+3=5)
② 상승작용
   각 유해인자의 독성합보다 독성 결과가 훨씬 커짐을 나타내는 작용(2+3=20)
③ 잠재작용
   독성 영향을 나타내지 않는 물질이 다른 물질과 복합적으로 노출 시 독성 결과가 커지는 작용(2+0=10)
④ 길항작용
   독성 영향이 있는 각 물질이 서로의 작용을 방해, 독성 결과가 작아지는 작용(2+3=1)

03 온도 21℃, 압력 1atm일 때 공기 밀도는 1.2kg/m³이다. 온도 38℃, 압력 710mmHg인 공기의 밀도 보정계수를 구하시오.

풀이

$$밀도 \, 보정계수(d_f) = \frac{(273+21)(P)}{(℃+273)(760)} = \frac{(273+21)(710)}{(38+273)(760)} = 0.88$$

04 덕트 직경이 20cm, 공기유속이 3m/sec일 때 레이놀즈 수(Re)를 구하시오. (단, 점성계수 $1.8×10^{-5}$kg/m · sec, 공기 밀도 1.2kg/m³)

풀이 　레이놀즈 수(Re)
$$Re = \frac{\rho VD}{\mu} = \frac{1.2 \times 3 \times 0.2}{1.8 \times 10^{-5}} = 40,000$$

05 작업환경측정에서 예비조사 시 측정계획서에서 시행하는 내용 4가지를 쓰시오.

풀이 　① 원재료의 투입과정부터 최종 제품생산 공정까지의 주요공정 도식
　② 해당 공정별 작업내용, 측정대상 공정 및 공정별 화학물질 사용실태
　③ 측정대상 유해인자, 유해인자 발생주기, 종사근로자 현황
　④ 유해인자별 측정방법 및 측정소요기간 등 필요한 사항

06 재순환공기의 CO_2 농도는 650ppm이고, 급기의 CO_2 농도는 550ppm이다. 외부의 CO_2 농도가 300ppm일 때 급기 중 외부 공기 포함량(%)을 구하시오.

풀이 　급기 중 외부 공기 포함량(%) = 100 - 급기 중 재순환량(%)
　　　　　급기 중 재순환량(%)
$$= \frac{\text{급기 } CO_2 \text{ 농도} - \text{외부 } CO_2 \text{ 농도}}{\text{재순환 } CO_2 \text{ 농도} - \text{외부 } CO_2 \text{ 농도}} \times 100$$
$$= \frac{550 - 300}{650 - 300} \times 100 = 71.43\%$$
$$= 100 - 71.43 = 28.57\%$$

07 덕트직경이 20cm이고 관 내 유속이 23m/sec일 때 Reynolds수를 구하시오. (단, 20℃에서 공기의 점성계수는 $1.8×10^{-5}$kg/m · sec이고, 공기밀도는 1.3kg/m³)

풀이 $$Re = \frac{\rho VD}{\mu} = \frac{1.3 \times 23 \times 0.2}{1.8 \times 10^{-5}} = 332222.22$$

08 원형 덕트에서 90° 곡관의 직경이 20cm, 굴곡반경이 50cm일 때 압력손실계수는 0.22이고, 공기의 속도압은 20mmH₂O였다. 45° 곡관일 때의 압력손실(mmH₂O)을 구하시오.

풀이 　압력손실(ΔP) = $\xi \times VP \times \dfrac{\theta}{90}$
$$= 0.22 \times 20 \times \frac{45}{90} = 2.2\,mmH_2O$$

09 다음은 고용노동부 고시 "사무실 공기관리지침"에 관한 내용이다. (   ) 안에 알맞은 용어를 쓰시오.

> 사무실 공기질의 측정결과는 측정치 전체에 대한 (①)을 오염물질별 관리기준과 비교하여 평가한다. 다만, 이산화탄소는 각 지점에서 측정한 측정치 중 (②)을 기준으로 비교, 평가한다.

풀이 ① 평균값   ② 최고값

10 자동차 공업사에서 톨루엔 측정 시, 분석을 위해 표준용액과 기기의 반응 간의 관계에 따른 검량선을 다음과 같이 구하였다. 현장시료를 분석했더니 면적 28,952, 공시료 0일 때 채취된 톨루엔의 양(μg)을 구하시오.

$$Y(면적) = 78,723 \times 농도(\mu g) + 816.2$$

풀이 $28,952 = 78,723 \times 농도(\mu g) + 816.2$

$농도(\mu g) = \dfrac{28,952 - 816.2}{78,723} = 0.36\,\mu g$

11 가스 크로마토그래피 분석에서 다음을 설명하시오.
(1) 크로마토그램(chromatogram)
(2) 분해능(resolution)

풀이 (1) 크로마토그램(chromatogram)
크로마토그래피에서 시간에 따라 분리되어 나오는 각 성분들의 용리곡선, 즉 각 성분의 크로마토그래피적을 말한다.
(2) 분해능(resolution)
분석기기 등이 대상을 얼마나 세밀하게 분리할 수 있는지를 나타내는 수치를 말한다.

12 섬유(fiber)의 정의를 쓰시오. (단, 길이 및 길이 대 너비의 비 내용 포함)

풀이 길이가 5μm 이상이고 길이 대 너비의 비가 3 : 1 이상인 가늘고 긴 먼지를 섬유라 한다.

13 다음 물질들의 생물학적 노출지표 및 시료채취 시기를 쓰시오.

> 일산화탄소, 벤젠, 톨루엔, 아세톤, 크롬

풀이

1. 일산화탄소
   (1) 생물학적 노출지표
      ① 호기 : 일산화탄소   ② 혈액 : 카르복실헤모글로빈
   (2) 시료채취 시기 : 작업종료 시
2. 벤젠
   (1) 생물학적 노출지표 - 뇨 : 총 페놀
   (2) 시료채취 시기 : 작업종료 시
3. 톨루엔
   (1) 생물학적 노출지표
      ① 혈액, 호기 : 톨루엔   ② 뇨 : o-크레졸
   (2) 시료채취 시기 : 작업종료 시
4. 아세톤
   (1) 생물학적 노출지표 - 뇨 : 아세톤
   (2) 시료채취 시기 : 작업종료 시
5. 크롬
   (1) 생물학적 노출지표 - 뇨 : 총 크롬
   (2) 시료채취 시기 : 주말작업 종료 시

14 두 가지의 화학물질이 공기 중에서 작용 시 화학적 상호작용 4가지를 쓰시오.

풀이 ① 상가작용   ② 상승작용   ③ 잠재작용   ④ 길항작용

15 재순환공기의 CO_2 농도는 800ppm이고, 급기의 CO_2 농도는 700ppm이다. 외부의 CO_2 농도가 330ppm일 때 급기 중 외부공기 포함량(%)을 구하시오.

풀이 급기 중 외부공기 포함량(%) = 100 - 급기 중 재순환량(%)

$$급기 중 재순환량(\%)$$
$$= \frac{급기\ CO_2\ 농도 - 외부\ CO_2\ 농도}{재순환량\ CO_2\ 농도 - 외부\ CO_2\ 농도} \times 100$$
$$= \frac{700 - 330}{800 - 330} \times 100 = 78.72\%$$
$$= 100 - 78.72 = 21.28\%$$

16 다음 방사선의 SI 단위를 쓰시오.
(1) 방사능   (2) 조사선량   (3) 흡수선량   (4) 등가선량

풀이 (1) 방사능 : Bq(Becquerel)   (2) 조사선량 : C/kg(Coulomb/kg)
(3) 흡수선량 : Gy(Gray)   (4) 등가선량 : Sv(Sievert)

01 사이클론(cyclone)의 집진효율을 향상시키기 위한 하나의 방법으로 Dust Box 또는 Hopper부에서 처리가스의 5~10%를 흡인하여 선회기류의 교란을 방지하여 집진효율을 증대시키는 것을 무엇이라 하는지 쓰시오.

풀이 블로다운 효과(Blow Down Effect)

02 용해작업 시 사용되는 보호구 3가지를 쓰고, 해당 유해물질과 착용이유를 설명하시오.

풀이 ① 보호안경
　 유해광선을 차단하기 위하여 착용
② 방열장갑
　 고열로부터 피부를 보호하기 위하여 착용
③ 방진마스크
　 흄과 분진으로부터 호흡기를 보호하기 위하여 착용

03 고농도 분진이 발생하는 작업장에 대한 환경관리대책 3가지를 쓰시오.

풀이 ① 작업공정 습식화
② 작업장소의 밀폐 및 포위
③ 국소배기 및 전체환기
④ 개인보호구 지급 및 착용
(위의 내용 중 3가지만 기술)

04 석면 채취 시 오픈 페이스(open face)의 정의와 사용목적을 쓰시오.

풀이 (1) open face의 정의
　 3단 카세트의 상단부 뚜껑을 열어(open face) 시료를 채취하며, 카세트의 열린 면이 작업장 바닥쪽을 향하도록 한다.
(2) 사용목적
　 여과지에 균일하게 석면을 포집하기 위함이다.

05 개인시료 채취의 정의 및 개인시료 채취 시 측정위치를 쓰시오.

풀이
(1) 개인시료 채취의 정의
개인시료채취기를 이용하여 가스 · 증기 · 분진 · 흄 · 미스트 등을 근로자의 호흡위치에서 채취하는 것을 말한다.
(2) 측정위치
호흡기를 중심으로 반경 30cm인 반구

06 온도 30℃, 기압 740mmHg 상태에서 부피가 10m³인 이상기체가 0℃, 1atm에서 차지하는 부피(m³)는 얼마인지 구하시오.

풀이
$$\frac{P_1 V_1}{T_1} = \frac{P_2 V_2}{T_2}$$

$$V_2 = V_1 \times \frac{T_2}{T_1} \times \frac{P_1}{P_2} = 10\text{m}^3 \times \frac{273+0}{273+30} \times \frac{740}{760} = 8.77\text{m}^3$$

07 송풍기 크기가 같고, 공기의 비중이 일정할 경우 회전수와 풍량, 전압, 동력의 변화를 식으로 나타내시오.

풀이
① 풍량은 회전속도비에 비례한다.
$$\frac{Q_2}{Q_1} = \frac{\text{rpm}_2}{\text{rpm}_1}$$
② 전압은 회전속도비의 제곱에 비례한다.
$$\frac{\text{FTP}_2}{\text{FTP}_1} = \left(\frac{\text{rpm}_2}{\text{rpm}_1}\right)^2$$
③ 동력은 회전속도비 세제곱에 비례한다.
$$\frac{\text{kW}_2}{\text{kW}_1} = \left(\frac{\text{rpm}_2}{\text{rpm}_1}\right)^3$$

08 국소배기장치 적용 시 조건을 5가지 쓰시오.

풀이
① 높은 증기압의 유기용제
② 유해물질 발생량이 많은 경우
③ 유해물질 독성이 강한 경우(낮은 허용기준치를 갖는 유해물질)
④ 근로자의 작업위치가 유해물질 발생원에 가까이 근접해 있는 경우
⑤ 발생주기가 균일하지 않은 경우
⑥ 발생원이 고정되어 있는 경우
⑦ 법적 의무설치 사항의 경우
(위의 내용 중 5가지만 기술)

09 A작업장에서는 아세톤(분자량 58.08, 비중 0.79)이 시간당 1,200mL, 메틸알코올(분자량 32.04, 비중 0.792)은 시간당 950mL가 증발되어 모두 공기와 혼합되고 있다. 작업환경측정 결과 아세톤(TLV 500ppm)이 300ppm, 메틸알코올(TLV 200ppm)이 150ppm 이었을 때 노출기준의 초과여부를 평가하고 필요환기량(m^3/min)을 구하시오. (단, 아세톤과 메틸알코올에 대한 안전계수는 각각 4, 6이고, 두 물질은 서로 상가작용을 하며, 주위는 25℃, 1atm으로 온도보정에 대하여는 고려하지 않는다.)

풀이
(1) 노출기준 평가

$$노출지수 = \frac{C_1}{TLV_1} + \frac{C_2}{TLV_2} = \frac{150}{200} + \frac{300}{500} = 1.35$$

1보다 크므로 노출기준 초과 평가

(2) 총 필요환기량(Q_T)

① 아세톤

사용량(g/hr)

$1.2 \text{L/hr} \times 0.79 \text{g/mL} \times 1,000 \text{mL/L} = 948 \text{g/hr}$

발생률(G : L/hr)

$58.08 \text{g} : 24.45 \text{L} = 948 \text{g/hr} : G(\text{L/hr})$

$$G = \frac{24.45 \text{L} \times 948 \text{g/hr}}{58.08 \text{g}} = 399.08 \text{L/hr}$$

필요환기량(Q_1)

$$Q_1 = \frac{G}{TLV} \times K$$

$$= \frac{399.08 \text{L/hr}}{500 \text{ppm}} \times 4 = \frac{399.08 \text{L/hr} \times 1,000 \text{mL/L}}{500 \text{mL/m}^3} \times 4$$

$$= 3192.65 \text{m}^3/\text{hr}$$

② 메틸알코올

사용량(g/hr)

$0.95 \text{L/hr} \times 0.792 \text{g/mL} \times 1,000 \text{mL/L} = 752 \text{g/hr}$

발생률(G : L/hr)

$32.04 \text{g} : 24.45 \text{L} = 752 \text{g/hr} : G(\text{L/hr})$

$$G = \frac{24.45 \text{L} \times 752 \text{g/hr}}{32.04 \text{g}} = 573.86 \text{L/hr}$$

필요환기량(Q_2)

$$Q_2 = \frac{G}{TLV} \times K$$

$$= \frac{573.86 \text{L/hr}}{200 \text{ppm}} \times 6 = \frac{573.86 \text{L/hr} \times 1,000 \text{mL/L}}{200 \text{mL/m}^3} \times 6$$

$$= 17215.73 \text{m}^3/\text{hr}$$

$$Q_T = Q_1 + Q_2$$

$$= 3192.65 + 17215.73$$

$$= 20,408 \text{m}^3/\text{hr} \times \text{hr}/60\text{min}$$

$$= 340 \text{m}^3/\text{min}$$

10 다음 조건에서 필요환기량을 구하는 공식을 쓰시오.
(1) 포위식 후드
(2) 외부식 후드(자유공간 위치, 플랜지 미부착)
(3) 레시버식 후드(난기류 없는 경우)

풀이
(1) 포위식 후드
$Q(\mathrm{m^3/min}) = A \times V \times 60$
여기서, A : 후드 개구면적($\mathrm{m^2}$), V : 제어속도(m/sec)
(2) 외부식 후드(자유공간 위치, 플랜지 미부착)
$Q(\mathrm{m^3/min}) = V \times (10X^2 + A) \times 60$
여기서, X : 후드 중심선으로부터 발생원까지의 거리(m)
(3) 레시버식 후드(난기류가 없는 경우)
$Q(\mathrm{m^3/min}) = Q_1(1 + K_L)$
여기서, Q_1 : 열상승기류량($\mathrm{m^3/min}$), K_L : 누입한계 유량비

11 작업환경측정방법에서 TWA이 설정되어 있는 대상물질을 측정하는 경우에는 1일 작업시간 동안 6시간 이상 연속측정하거나 작업시간을 등간격으로 나누어 6시간 이상 연속분리하여 측정하여야 한다. 예외규정으로 대상물질의 발생시간 동안 측정할 수 있는 경우 3가지를 쓰시오.

풀이
① 대상물질의 발생시간이 6시간 이하인 경우
② 불규칙 작업으로 6시간 이하의 작업
③ 발생원에서 발생시간이 간헐적인 경우

12 전체환기로 작업환경관리를 하려고 할 경우 적용조건 4가지를 쓰시오.

풀이
① 유해물질의 독성이 비교적 낮은 경우
② 동일한 작업장에 오염원이 분산되어 있는 경우
③ 유해물질이 시간에 따라 균일하게 발생될 경우
④ 유해물질의 발생량이 적은 경우
⑤ 배출원이 이동성인 경우
(위의 내용 중 4가지만 기술)

13 국부조명을 작업환경의 한 요인으로 볼 때 고려해야 할 중요한 사항 3가지를 쓰시오.

풀이
① 조도와 조도의 분포
② 눈부심과 휘도
③ 빛의 색

14 흡착제를 사용하는 흡착장치 설계 시 고려사항 3가지를 쓰시오.

풀이
① 흡착장치의 처리능력
② 가스상 오염물질의 처리가능성 검토 여부
③ 흡착제의 break point
④ 압력손실
(위의 내용 중 3가지만 기술)

15 직경 10cm인 직선 덕트에 유량 12m³/min의 공기가 유입될 때 후드의 정압(mmH₂O)을 구하시오. (단, 유입손실계수는 0.5)

풀이
후드 정압(SP_h)

$SP_h = VP(1+F)$

$$VP = \left(\frac{V}{4.043}\right)^2 = \left(\frac{25.48}{4.043}\right)^2 = 39.7\,\mathrm{mmH_2O}$$

$$V = \frac{Q}{A} = \frac{12\mathrm{m^3/min}}{\left(\frac{3.14 \times 0.1^2}{4}\right)\mathrm{m^2}} = 1528.66\mathrm{m/min} \times \mathrm{min/60sec} = 25.48\mathrm{m/sec}$$

$$= 39.7(1+0.5) = 59.57\mathrm{mmH_2O}(실제적으로\ -59.57\mathrm{mmH_2O})$$

16 재순환 공기의 CO_2 농도는 650ppm이고, 급기의 CO_2 농도는 550ppm이다. 급기 중의 외부 공기 포함량(%)을 구하시오. (단, 외부 공기의 CO_2 농도는 330ppm)

풀이
급기 중 재순환량(%) = $\dfrac{\text{급기 } CO_2 \text{ 농도} - \text{외부 } CO_2 \text{ 농도}}{\text{재순환 } CO_2 \text{ 농도} - \text{외부 } CO_2 \text{ 농도}} \times 100$

$= \dfrac{550-330}{650-330} \times 100$

$= 68.75\%$

급기 중 외부 공기 포함량(%) $= 100 - 68.75 = 31.25\%$

17 석면 시료채취에 사용되는 여과지 명칭 및 공극 크기, 직경을 쓰시오.

풀이
(1) 여과지 명칭
   MCE막 여과기
(2) 공극 크기(Pore Size)
   0.45~0.8μm (0.8μm)
(3) 직경
   37mm

18 두 분지관이 동일합류점에서 만나 합류관을 이루도록 설계되어 있다. 한쪽 분지관의 송풍량은 200m³/min, 합류점에서의 이관의 정압은 −30mmH₂O이며 다른 쪽 분지관의 송풍량은 150m³/min, 합류점에서의 이관의 정압은 −26mmH₂O일 경우 합류점에서 유량의 균형을 유지하기 위한 다음을 구하시오.

(1) 정압비
(2) 보정된 필요환기량(m³/min)
(3) 합류관의 필요환기량(m³/min)

풀이 (1) 정압비

$$정압비 = \frac{압력손실이\ 큰\ 관의\ 정압}{압력손실이\ 작은\ 관의\ 정압} = \frac{-30}{-26} = 1.15$$

(2) 보정된 필요환기량(Q)

정압비가 1.2보다 작은 경우에는 관의 직경을 그대로 두고 더 낮은 압력손실 분지관의 공기유량을 증가시킨다.

$$Q_{보정} = Q_{설계} \times \sqrt{\frac{압력손실\ 큰\ 관\ 정압}{압력손실\ 작은\ 관\ 정압}}$$

$$= 150\text{m}^3/\text{min} \times \sqrt{\frac{-30}{-26}}$$

$$= 161.13\text{m}^3/\text{min}$$

(3) 합류관 필요환기량(Q')

$$Q' = Q_{보정} + 한쪽\ 분지관\ 송풍량$$

$$= 161.13 + 200$$

$$= 361.13\text{m}^3/\text{min}$$

2018

01 다음의 용어를 설명하시오.

(1) 플랜지   (2) 테이퍼   (3) 충만실

풀이
(1) 플랜지
후드 후방기류를 차단하기 위해 후드에 직각으로 붙인 판으로, 후드 전면에서 포집범위를 확대시켜 플랜지가 없는 후드에 비해 약 25% 정도의 송풍량을 감소시킬 수 있다.
(2) 테이퍼
후드와 덕트 연결부위로 경사접합부라고도 하며, 급격한 단면변화로 인한 압력손실을 방지하며 후드 개구면 속도를 균일하게 분포시키는 장치이다.
(3) 충만실
후드 뒷부분에 위치하며, 개구면 흡입유속의 강약을 작게 하여 일정하게 하므로 압력과 공기흐름을 균일하게 형성하는 데 필요한 장치이다. 또한 설치는 가능한 길게 한다.

02 전체환기는 급기와 배기 방식에 따라 4가지 형식으로 구분할 수 있는데 작업장 내부의 실내압을 양압(+)으로 유지시키고자 할 때 요구되는 급기 및 배기 방식을 각각 한 가지씩 쓰고, 이런 형식을 적용함으로써 얻게되는 환기효과를 쓰고, 이를 적용할 수 있는 작업장의 예를 한 가지만 쓰시오.

풀이
① 급기방식 : 기계력(동력)   ② 배기방식 : 자연배출(개구부, 창)
③ 환기효과 : 청정공기 유입효과   ④ 적용 작업장 : 청정산업(식품, 의약 산업)

03 흡수탑(충진탑)의 충진제 구비조건 3가지를 쓰시오.

풀이
① 압력손실이 적고, 충진밀도가 클 것
② 단위부피 내의 표면적이 클 것
③ 세정액의 체류현상(hold-up)이 적을 것

04 산업안전보건법에서 정하는 작업환경 측정대상 유해인자 중 분진의 종류 7가지를 쓰시오.

풀이
① 광물성분진   ② 곡물분진   ③ 면분진   ④ 목재분진
⑤ 용접흄   ⑥ 유리섬유   ⑦ 석면분진

05 밀폐공간작업으로 인한 건강장애 예방에 관한 내용 중 다음 물질의 적정공기 농도를 쓰시오.
(1) 탄산가스
(2) 황화수소
(3) 일산화탄소

> **풀이** (1) 탄산가스
> 농도가 1.5% 미만인 수준의 공기
> (2) 황화수소
> 농도가 10ppm 미만인 수준의 공기
> (3) 일산화탄소
> 농도가 30ppm 미만인 수준의 공기

06 공중에 위치하는 직사각형 외부식 후드의 개구면적은 2m²이고 제어속도는 0.4m/sec이다. 후드로부터 발생원까지의 거리가 200cm일 경우 필요환기량(m³/min)을 구하시오.

> **풀이**
> $$Q(\text{m}^3/\text{min}) = V_c(10X^2 + A)$$
> $$= 0.4\text{m/sec} \times [(10 \times 2^2)\text{m}^2 + 2\text{m}^2] \times 60\text{sec/min}$$
> $$= 1,008\text{m}^3/\text{min}$$

07 원형관에서 수력반경(R_h)과 직경(D)의 관계식을 쓰고, 직경은 수력반경의 몇 배인지를 쓰시오.

> **풀이**
> ① 관계식
> $$직경(D) = R_h \times 4 = \frac{유로단면적}{접수길이} \times 4$$
> ② 직경(D)은 수력반경(R_h)의 4배이다.

08 용접작업 시 자유공간에 플랜지가 붙은 외부식 후드를 설치하였다. 제어속도는 0.5m/sec, 후드 규격은 가로 100cm, 세로 50cm, 발생원에서 후드 개구면까지의 거리는 200cm일 경우 필요배기량(m³/min)을 구하시오.

> **풀이**
> $$Q = 0.75\,V_c(10X^2 + A)$$
> $$= 0.75 \times 0.5\text{m/sec} \times [(10 \times 2^2)\text{m}^2 + (1 \times 0.5)\text{m}^2] \times 60\text{sec/min}$$
> $$= 911.25\text{m}^3/\text{min}$$

09 다음 조건에서 음향출력이 0.1watt인 작은 점음원으로부터 50m 떨어진 곳의 음압수준 (dB)은 얼마인지 각각 계산하시오.
(1) 무지향성 자유공간   (2) 무지향성 반자유공간

풀이
(1) 점음원, 자유공간
$$SPL = PWL - 20\log r - 11 = \left(10\log\frac{0.1}{10^{-12}}\right) - 20\log50 - 11 = 65dB$$
(2) 점음원, 반자유공간
$$SPL = PWL - 20\log r - 8 = \left(10\log\frac{0.1}{10^{-12}}\right) - 20\log50 - 8 = 68dB$$

10 주물공장에서 제진시설 처리 전 농도가 500mg/m³, 제진시설 처리 후 농도가 100mg/m³로 줄었을 때 저감효율(%)을 구하시오.

풀이
$$저감효율(\%) = \left(1 - \frac{C_o}{C_i}\right) \times 100 = \left(1 - \frac{100}{500}\right) \times 100 = 80\%$$

11 톨루엔(MW=92.1)이 150ppm일 때 mg/m³로 농도를 구하시오. (단, 25℃, 1atm)

풀이
$$농도(mg/m^3) = 150ppm \times \frac{92.1}{24.45} = 565.03\,mg/m^3$$

12 대치의 작업환경 개선방법 3가지를 쓰시오.

풀이
① 공정의 변경   ② 시설의 변경   ③ 유해물질의 변경

13 WBGT가 4시간 동안은 35℃, 3시간 동안은 30℃, 1시간 동안은 25℃였다. 이 작업자의 8시간 평균 WBGT를 구하시오.

풀이
$$WBGT(℃) = \frac{(4\times35℃)+(3\times30℃)+(1\times25℃)}{8} = 31.88℃$$

14 용융로에 설치된 레시버식 캐노피형 후드의 열상승기류량이 45m³/min이고 주변에 0.14m/sec의 난류가 형성되어 있는 경우 소요송풍량(m³/min)을 구하시오. (단, 누입한 계유량비 2.5, 누출안전계수 5)

풀이
$$소요송풍량(m^3/min) = Q_1 \times [1+(m \times K_L)] = 45 \times [1+(5\times2.5)] = 607.50\,m^3/min$$

15 소음에 대한 개인보호구 중 귀덮개의 장점 3가지를 쓰시오.

[풀이] ① 귀마개보다 일관성 있는 차음효과를 얻을 수 있다.
② 귀마개보다 차음효과가 일반적으로 높다.
③ 동일한 크기의 귀덮개를 대부분의 근로자가 사용할 수 있다.

[참고] ①~③항 이외에
ㄱ 귀에 염증이 있어도 사용할 수 있다.
ㄴ 귀마개보다 차음효과의 개인차가 적다.
ㄷ 근로자들이 귀마개보다 쉽게 착용할 수 있고, 착용법이 틀리거나 잃어버리는 일이 적다.
ㄹ 고음영역에서 차음효과가 탁월하다.

16 실험실 후드의 송풍량은 1,000m³/min, 후드 정압은 19mmH₂O였다. 3개월 가동 후 후드 정압이 12.7mmH₂O일 때 송풍량(m³/min)을 구하시오.

[풀이]
$$\frac{Q_2}{Q_1} = \sqrt{\frac{SPh_2}{SPh_1}}$$

$$Q_2 = Q_1 \times \sqrt{\frac{SPh_2}{SPh_1}} = 1,000\text{m}^3/\text{min} \times \sqrt{\frac{12.7}{19}} = 817.57\text{m}^3/\text{min}$$

17 포착속도의 정의를 쓰시오.

[풀이] 제어속도라고도 하며, 유해물질을 후드 내로 완벽하게 흡인하기 위하여 필요한 최소풍속을 말한다.

18 10HP인 기계가 10대, 시간당 250kcal의 열량을 발산하는 작업자가 10명, 0.3kW 용량의 전등이 4대 켜져 있는 작업장이 있다. 실내 온도가 32℃이고, 외부공기 온도가 27℃일 때 실내 온도를 외부공기 온도로 낮추기 위한 필요환기량(m³/min)을 구하시오. (단, 1HP= 641kcal/hr, 1kW=860kcal/hr)

[풀이] 발열 시 필요환기량(Q)
$$Q = \frac{H_s}{0.3\Delta t}\ (\text{m}^3/\text{hr})$$
H_s(작업장 내 열부하량 : kcal/hr)
$$H_s = (10 \times 10 \times 641) + (10 \times 250) + (0.3 \times 4 \times 860) = 67,632\text{kcal/hr}$$
$$= \frac{67,632}{0.3 \times (32-27)} = 45,088\text{m}^3/\text{hr} \times \text{hr}/60\text{min} = 751.47\text{m}^3/\text{min}$$

[참고] 단위에 주의하여야 한다.

01 용접작업 시 발생하는 fume을 제거하기 위하여 외부식 후드를 설치하려고 한다. 후드 개구면에서 fume 발생지점까지의 거리 30cm, 제어속도 0.5m/sec, 후드 직경 35cm일 때 필요 송풍량(m^3/min)을 구하시오.

풀이
$$Q = V_c(10X^2 + A)$$
$$= 0.5\text{m/sec} \times \left[(10 \times 0.3^2)\text{m}^2 + \left(\frac{3.14 \times 0.35^2}{4}\right)\text{m}^2\right] \times 60\text{sec/min}$$
$$= 29.88\text{m}^3/\text{min}$$

02 누적소음노출량 측정기의 법정 설정기준을 쓰고, 90dB(A)에서 3시간, 95dB(A)에서 2시간, 100dB(A)에서 3시간 노출되었을 경우 등가소음레벨[dB(A)]을 구하시오.

풀이
(1) 법정 설정기준
   ① Criteria : 90dB
   ② Exchange rate : 5dB
   ③ Threshold : 80dB
(2) 등가소음레벨(Leq)
$$\text{Leq} = 16.61\log\left[\frac{3 \times 10^{\frac{90}{16.61}} + 2 \times 10^{\frac{95}{16.61}} + 3 \times 10^{\frac{100}{16.61}}}{8}\right]$$
$$= 96.24\text{dB(A)}$$

03 어떤 작업장의 소음이 105dB(A)이고, 근로자는 차음평가지수(NRR)가 19인 귀덮개를 착용하고 있다. 미국 OSHA의 계산방법에 의해 차음효과와 근로자가 노출되는 음압수준을 구하시오.

풀이
(1) 차음효과 = (NRR − 7) × 0.5
          = (19 − 7) × 0.5
          = 6dB(A)
(2) 노출음압수준 = 105dB(A) − 6dB(A)
              = 99dB(A)

04 공기 중 혼합물로서 벤젠 0.25ppm(TLV : 0.5ppm), 톨루엔 25ppm(TLV : 50ppm), 크실렌 60ppm(TLV : 100ppm)이 서로 상가작용을 한다고 할 때 허용농도 초과여부를 평가하고, 혼합공기의 허용농도(ppm)를 구하시오.

풀이

(1) 노출지수(EI) $= \dfrac{C_1}{\mathrm{TLV}_1} + \dfrac{C_2}{\mathrm{TLV}_2} + \dfrac{C_3}{\mathrm{TLV}_3}$

$\qquad = \dfrac{0.25}{0.5} + \dfrac{25}{50} + \dfrac{60}{100} = 1.6$ (1을 초과하므로 허용농도 초과 판정)

(2) 혼합공기 허용농도 $= \dfrac{\text{혼합물의 공기 중 농도}(C_1 + C_2 + C_3)}{\text{노출지수}}$

$\qquad = \dfrac{(0.25 + 25 + 60)}{1.6}$

$\qquad = 53.28\,\mathrm{ppm}$

05 환기시설을 효율적으로 운영하기 위해서는 공기공급 시스템이 필요하다. 필요한 이유 4가지를 쓰시오.

풀이

① 국소배기장치의 효율 유지를 위하여
② 안전사고 예방을 위하여
③ 에너지 절약을 위하여
④ 외부 공기가 정화되지 않은 채 건물 내로 유입되는 것을 막기 위하여

06 총 압력손실의 계산방법 중 정압균형유지법의 장·단점을 각각 3가지씩 쓰시오.

풀이

(1) 장점
① 침식, 부식, 분진퇴적으로 인한 축적현상이 없어 덕트의 폐쇄가 일어나지 않는다.
② 잘못 설계된 분지관, 최대저항 경로 선정이 잘못되어도 설계 시 쉽게 발견할 수 있다.
③ 설계가 정확할 때에는 가장 효율적인 시설이 된다.
(2) 단점
① 설계 시 잘못된 유량을 고치기 어렵다.
② 설계가 복잡하고 시간이 걸린다.
③ 설계유량 산정이 잘못되었을 경우 수정은 덕트의 크기 변경을 필요로 한다.

07 유해물질의 종류 중 분진에 적용할 수 있는 공기정화장치의 종류 4가지를 쓰시오.

풀이

① 중력집진장치
② 관성력집진장치
③ 원심력집진장치
④ 여과집진장치

08 작업장의 온열조건이 다음과 같을 때, 옥내 및 옥외의 WBGT(℃)를 계산하시오.

> 흑구온도 27℃, 건구온도 26℃, 자연습구온도 25℃

풀이 (1) 옥내
WBGT(℃) = (0.7 × 자연습구온도) + (0.3 × 흑구온도)
= (0.7 × 25℃) + (0.3 × 27℃)
= 25.6℃
(2) 옥외
WBGT(℃) = (0.7 × 자연습구온도) + (0.2 × 흑구온도) + (0.1 × 건구온도)
= (0.7 × 25℃) + (0.2 × 27℃) + (0.1 × 26℃)
= 25.5℃

09 push-pull hood의 원리와 후드로 유입하는 공기흐름의 분포를 균일하게 유지시키는 방법 3가지를 쓰시오.

풀이 (1) push-pull hood의 원리
제어길이가 길어서 외부식 후드에 의한 제어효과가 문제가 되는 경우에 개방로 한 변에서 압축공기를 불어주고 반대에서 당겨주는 hood로 흡인하는 원리이다.
(2) 공기흐름의 분포를 균일하게 유지시키는 방법
① 테이퍼 설치
② 분리날개 설치
③ 슬롯 설치

10 덕트 내 어떤 공기 측정 시 동압이 21mmH₂O일 때 유속은 4m/sec이었다. 덕트의 밸브를 열고 동압을 측정하니 35mmH₂O이었다면 이때 유속(m/sec)은 얼마인지 계산하시오.

풀이 동압(VP) $= \dfrac{\gamma V^2}{2g}$ 에서 $21 = \dfrac{\gamma \times 4^2}{2 \times g}$ 이므로 $\dfrac{\gamma}{g} = 2.625$
동압 35mmH₂O 상태에 적용
동압(VP) $= \dfrac{\gamma V^2}{2g}$ 에서 $35 = 2.625 \times \dfrac{V^2}{2}$ 이므로
$V = \sqrt{\dfrac{2 \times 35}{2.625}} = 5.16$m/sec

11 화학물질 톨루엔의 생물학적 검체 뇨 중 대사산물을 쓰시오.

풀이 o-크레졸

12 근로자의 상시작업장 작업면의 조도기준을 쓰시오.

풀이
① 초정밀 작업 : 750lux 이상
② 정밀 작업 : 300lux 이상
③ 보통 작업 : 150lux 이상
④ 그 밖의 작업 : 75lux 이상

13 SKIN 표시물질을 설명하고, 노출기준에 SKIN 표시를 하여야 하는 물질 3가지를 쓰시오.

풀이
(1) SKIN 표시물질
　점막과 눈 그리고 경피로 흡수되어 전신영향을 일으킬 수 있는 물질을 말한다.
(2) 노출기준에 SKIN 표시물질 (아래 내용 중 3가지만 기술)
　① 손이나 팔에 의한 흡수가 몸 전체 흡수에 지대한 영향을 주는 물질
　② 반복하여 피부에 도포했을 때 전신작용을 일으키는 물질
　③ 급성 동물실험 결과 피부 흡수에 의한 치사량이 비교적 낮은 물질
　④ 옥탄올-물 분배계수가 높아 피부 흡수가 용이한 물질
　⑤ 피부 흡수가 전신작용에 중요한 역할을 하는 물질

14 톨루엔이 4L/hr씩 사용되는 작업장에 필요한 필요환기량(m^3/min)을 ACGIH 방법으로 구하시오. (단, 분자량 92.13, 비중 0.866, TLV=50ppm, $K=5$)

풀이
$$Q(m^3/min) = \frac{24.1 \times 비중 \times 분당\ 증발량 \times 10^6}{MW \times TLV} \times K$$
$$= \frac{24.1 \times 0.866 \times (4/60) \times 10^6}{92.13 \times 50} \times 5$$
$$= 1510.23 m^3/min$$

15 전체환기 적용조건 6가지를 쓰시오.

풀이
① 유해물질의 독성이 비교적 낮은 경우
② 동일한 작업장에 오염원이 분산되어 있을 경우
③ 유해물질이 시간에 따라 균일하게 발생될 경우
④ 유해물질의 발생량이 적은 경우
⑤ 배출원이 이동성인 경우
⑥ 국소배기로 불가능한 경우
⑦ 가연성 가스의 농축으로 폭발의 위험이 있는 경우
(위의 내용 중 6가지만 기술)

16 용접작업 시 작업환경대책 3가지를 쓰시오.

> 풀이 ① 국소배기장치 및 전체환기장치 설치
> ② 개인보호구(방진마스크, 차광안경)
> ③ 작업 전 산소농도 수시점검 및 차광펜스 설치

17 8시간에 24L의 오염물질이 증발되어 공기를 오염시키는 작업장이 있다. 분자량은 72.1g, k는 2, 비중은 0.805, 허용기준은 200ppm이라 할 때, 이 작업장의 오염물질을 전체환기 시키기 위한 필요환기량(m^3/min)을 구하시오.

> 풀이 사용량(g/hr)=24L/8hr×0.805g/mL×1,000mL/L=2,415g/hr
> 발생률(G, L/hr)
> 72.1g : 24.1L = 2,415g/hr : G(L/hr)
> $$G(\text{L/hr})=\frac{24.1\text{L}\times2,415\text{g/hr}}{72.1\text{g}}=807.23\text{L/hr}$$
> 필요환기량 $Q(\text{m}^3/\text{min})=\dfrac{G}{TLV}\times k$
> $$=\frac{807.23\text{L/hr}\times1,000\text{mL/L}\times\text{hr}/60\text{min}}{200\text{mL/m}^3}\times2$$
> $$=134.54\text{m}^3/\text{min}$$

18 Toluene 증기 100ppm을 함유하는 공기 200m^3/min을 활성탄 1,000kg을 사용하여 흡착할 경우 흡착에 소요되는 시간(hr)을 구하시오. (단, Toluene의 활성탄에 대한 흡착률은 0.25kg/kg, Toluene 증기의 흡착률은 90%이며, Toluene 함유 배출가스 온도는 25℃)

> 풀이 배출가스 중 포함 Toluene 양=100mL/m^3×200m^3/min×$\left(\dfrac{273}{273+25}\right)$
> $$\times\frac{92.13\text{g}\times10^{-3}\text{kg/g}}{22,400\text{mL}}$$
> $$=0.075\text{kg/min}$$
> 활성탄 1,000kg의 Toluene 흡착 양=1,000kg×0.25kg/kg=250kg
> 흡착에 소요되는 시간(t)
> 250kg=0.075kg/min×0.9×t×60min/hr
> t=61.73hr

01 속도압의 정의와 공기속도와의 관계식을 쓰시오.

풀이

(1) 정의

공기의 흐름방향으로 미치는 압력으로 단위체적의 유체가 갖고 있는 운동에너지를 의미한다. 또한 공기의 운동에너지에 비례하여 항상 0 또는 양압을 갖는다.

(2) 공기속도(V)와 속도압(VP)의 관계

① $VP = \dfrac{\gamma V^2}{2g}$ (여기서, γ : 비중, g : 중력가속도)

② $VP = \left(\dfrac{V}{4.043}\right)^2$

02 원형 덕트에 난기류가 흐르고 있을 경우 덕트의 직경을 $\dfrac{1}{2}$로 하면 직관부분의 압력손실은 몇 배로 증가하는지 구하시오. (단, 유량, 관마찰계수는 변하지 않는다고 한다.)

풀이

$\Delta P = 4 \times f \times \dfrac{L}{D} \times \dfrac{\gamma V^2}{2g}$ 에서

f, L, γ, g는 상수이므로 $\Delta P_1 = \dfrac{V^2}{D}$

$Q = A \times V = \dfrac{\pi D^2}{4} \times V$ 에서 Q는 일정

D가 $\dfrac{1}{2}$로 줄면 $V = 4$배

$\left.\begin{array}{l} Q = \dfrac{\pi D^2}{4} \times V, \quad V = \dfrac{4Q}{\pi D^2} \\[3mm] Q = \dfrac{\pi \left(\dfrac{D}{2}\right)^2}{4} \times V, \quad V = \dfrac{16Q}{\pi D^2} \end{array}\right\} V = 4V$

$V = 4V$, $D = \dfrac{D}{2}$ 인 압력손실

$\Delta P_2 = \dfrac{(4V)^2}{\dfrac{D}{2}} = \dfrac{32 V^2}{D}$

증가된 압력손실(ΔP) $= \dfrac{\Delta P_2}{\Delta P_1} = \dfrac{\dfrac{32 V^2}{D}}{\dfrac{V^2}{D}} = 32$배

03 밀도는 1.3, 직경은 0.0015cm일 때 Lippman 식을 이용하여 침강속도(cm/sec)를 구하시오.

풀이
$$V(\text{cm/sec}) = 0.003 \times \rho \times d^2$$
$$d = 0.0015\text{cm} \times 10^4 \mu\text{m/cm} = 15\mu\text{m}$$
$$= 0.003 \times 1.3 \times 15^2$$
$$= 0.88\,\text{cm/sec}$$

04 다음 〈조건〉에서 유량(m^3/sec)을 구하시오.

〈조건〉 • 덕트 직경 : 180mm   • 공기 밀도 : 1.2kg/m^3
         • 전압 : 23.5mmH$_2$O   • 정압 : −58.5mmH$_2$O

풀이
$$Q = A \times V$$
$$A = \left(\frac{3.14 \times 0.18^2}{4} \right) \text{m}^2 = 0.0254\,\text{m}^2$$
$$V = \sqrt{\frac{2g \cdot VP}{\gamma}} = \sqrt{\frac{2 \times 9.8 \times 82}{1.2}} = 36.6\,\text{m/sec}$$
$$VP = TP - SP = 23.5 - (-58.5) = 82\,\text{mmH}_2\text{O}$$
$$= 0.0254\,\text{m}^2 \times 36.6\,\text{m/sec}$$
$$= 0.93\,\text{m}^3/\text{sec}$$

05 TWA, STEL, C에 대하여 각각의 정의를 쓰시오.

풀이
① TWA(시간가중 평균노출기준)
    1일 8시간, 주 40시간 동안의 평균농도로서 거의 모든 근로자가 평상작업에서 반복하여 노출되더라도 건강장애를 일으키지 않는 공기 중 유해물질의 노출기준
② STEL(단시간 노출기준)
    근로자가 1회 15분간 유해인자에 노출되는 경우의 노출기준
③ C(최고 노출기준)
    근로자가 1일 작업시간 동안 잠시라도 노출되어서는 안되는 노출기준

06 유해가스처리를 위한 연소법으로 적용하기 위한 조건 3가지를 쓰시오.

풀이
① 배출가스량이 많은 경우
② 가연성의 유해가스일 경우
③ 유해가스의 농도가 낮은 경우

07 근로자가 벤젠을 취급하다가 실수로 작업장 바닥에 1.0L를 흘렸다. 작업장은 표준상태 (25℃, 1기압)라고 가정할 때 공기 중으로 증발한 벤젠의 증기 용량(L)을 구하시오. (단, 벤젠 분자량 78.11, 비중 0.879, 바닥의 벤젠은 모두 증발한다.)

풀이 용량(L)을 중량(g)으로 변환
1.0L×0.879g/mL×1,000mL/L=879g
78.11g : 24.45L=879g : G(L)

$$G(벤젠\ 증기\ 용량) = \frac{24.45L \times 879g}{78.11g} = 275.15L$$

08 톨루엔이 4L/hr씩 사용되는 작업장에 필요한 전체 환기량(m^3/min)을 계산하고, 또한 ACGIH 방법으로도 계산하시오. (단, 분자량 92.13, 비중 0.866, TLV 50ppm, $K=5$)

풀이 사용량(g/hr)
4L/hr×0.866g/mL×1,000mL/L=3,464g/hr
발생률(G : L/hr)
92.13g : 24.1L=3,464g/hr : G(L/hr)

$$G = \frac{24.1L \times 3,464g/hr}{92.13g} = 906.13L/hr$$

필요환기량(Q)

$$Q = \frac{G}{TLV} \times K$$

$$= \frac{906.13L/hr}{50ppm} \times 5 = \frac{906.13L/hr \times 1,000mL/L}{50mL/m^3} \times 5$$

$$= 90613.69m^3/hr \times hr/60min = 1510.23m^3/min$$

[ACGIH 방법]

$$Q(m^3/min) = \frac{24.1 \times 비중 \times 분당\ 증발량 \times 10^6}{MW \times TLV} \times K$$

$$= \frac{24.1 \times 0.866 \times 0.067 \times 10^6}{92.13 \times 50} \times 5 = 1517.78m^3/min$$

09 예비조사 시 측정계획서에 포함되어야 하는 내용 5가지를 쓰시오.

풀이 ① 원재료의 투입과정부터 최종 제품생산 공정까지의 주요공정 도식
② 해당 공정별 작업내용
③ 측정대상 공정 및 공정별 화학물질 사용실태
④ 측정대상 유해인자
⑤ 유해인자 발생주기
⑥ 종사 근로자 현황
⑦ 유해인자별 측정방법 및 측정 소요시간 등 필요한 사항
(위의 내용 중 5가지만 기술)

10 집진장치의 종류를 원리에 따라 5가지로 쓰시오.

풀이
① 중력집진장치
② 관성력집진장치
③ 원심력집진장치
④ 여과집진장치
⑤ 전기집진장치

11 소음대책 중 전파경로대책 3가지를 쓰시오.

풀이
① 흡음
② 차음
③ 거리감쇠
④ 지향성 변환
(위의 내용 중 3가지만 기술)

12 덕트 단면적이 0.038m²이고, 덕트 내 정압은 −64.5mmH₂O, 전압은 −20.5mmH₂O이다. 덕트 내의 반송속도(m/sec) 및 공기유량(m³/min)을 구하시오. (단, 공기의 밀도 1.2kg/m³)

풀이
① 반송속도(V)

$$V = \sqrt{\frac{2g\,VP}{\gamma}}$$

VP(동압)=전압−정압=−20.5−(−64.5)=44 mmH₂O

$$= \sqrt{\frac{2 \times 9.8 \times 44}{1.2}}$$

$$= 26.81 \, \text{m/sec}$$

② 공기유량(Q)

$$Q = A \times V$$

$$= 0.038 \, \text{m}^2 \times 26.81 \, \text{m/sec} \times 60 \, \text{sec/min}$$

$$= 61.13 \, \text{m}^3/\text{min}$$

13 다음 내용의 자외선측정기를 쓰시오.

시료에 자외선영역의 빛을 조사할 때 나타나는 에너지 주위의 들뜸현상에 의하여 나타나는 흡수 및 투과, 반사광을 파장별 스펙트럼을 측정함으로써 분석을 수행하는 장치

풀이 분광광도계(uv-spectrophotometer)

14 작업장 내에서 시간당 1kg의 메틸에틸케톤(TLV=200ppm)이 증발되어 공기를 오염시키고 있다. 전체 환기를 위한 필요환기량(m³/min)을 구하시오. (단, 21℃, 1기압, 안전계수 4, 비중 0.805, 분자량 72.1, 증발된 양은 모두 공기와 혼합되었다.)

풀이 사용량(g/hr)

1,000g/hr

발생률(G : L/hr)

72.1g : 24.1L = 1,000g/hr : G(L/hr)

$$G = \frac{24.1L \times 1,000g/hr}{72.1g} = 334.26L/hr$$

필요환기량(Q : m³/hr)

$$Q = \frac{G}{TLV} \times K = \frac{334.26L/hr}{200ppm} \times 4 = \frac{334.26L/hr \times 1,000mL/L}{200mL/m^3} \times 4$$

$$= 6685.2m^3/hr \times hr/60min$$

$$= 111.42m^3/min$$

15 직경 0.2m, 높이 1.5m인 비마개가 붙은 원형 배기구의 속도압이 10mmH₂O이다. 압력손실(mmH₂O)과 배기구의 정압(mmH₂O)을 구하시오. (단, ξ=1.18)

풀이 ① 압력손실(ΔP) $= \xi \times VP$

$$= 1.18 \times 10$$

$$= 11.8mmH_2O$$

② 배기구의 정압(SP) $= (\xi - 1) \times VP$

$$= (1.18 - 1) \times 10$$

$$= 1.8mmH_2O$$

16 전자부품조립 작업장에서 근무자들이 오후 5시에 퇴근한 직후 실내공기를 측정한 결과 공기 중 CO₂ 농도가 1,100ppm이었고, 작업장에 근무자들이 없는 상태로 2시간이 경과한 오후 7시에 측정한 CO₂ 농도는 380ppm이었다. 이 작업장의 시간당 공기교환횟수를 구하시오. (단, 이때 외부 공기 중 CO₂ 농도는 340ppm)

풀이 시간당 공기교환횟수

$$= \frac{\ln(측정초기\ 농도 - 외부의\ CO_2\ 농도) - \ln(시간이\ 지난\ 후\ CO_2\ 농도 - 외부의\ CO_2\ 농도)}{경과된\ 시간(hr)}$$

$$= \frac{\ln(1,100 - 340) - \ln(380 - 340)}{2hr}$$

$$= 1.47\ 회(시간당)$$

17 다음은 고열작업장의 노출기준이다. ( ) 안에 알맞은 내용을 쓰시오.

(단위 : ℃, WBGT)

작업강도\작업과 휴식 시간비	경작업	중등작업	중작업
계속 작업	(③)	26.7	25.0
매 시간 75% 작업, 25% 휴식	30.6	(④)	25.9
매 시간 50% 작업, 50% 휴식	31.4	29.4	27.9
매 시간 (①) 작업, (②) 휴식	32.2	31.1	30.0

풀이 ① 25% ② 75% ③ 30.0 ④ 28.0

18 다음 내용에 알맞은 용어를 쓰시오.

단위체적의 유체에 모든 방향으로 동일한 크기로 작용하며, 관 벽을 송풍기의 내측으로 잡아당기거나 배출구측으로 밀어부침으로써 유체에 팽창 및 압축 작용의 역할을 하는 압력

풀이 정압(static pressure)

인생에서 가장 멋진 일은
사람들이 당신이 해내지 못할 것이라 장담한 일을
해내는 것이다.

-월터 배젓(Walter Bagehot)-

☆

항상 긍정적인 생각으로 도전하고 노력한다면,
언젠가는 멋진 성공을 이끌어 낼 수 있다는 것을 잊지 마세요.^^

01 근로자의 건강상 심각한 장애를 유발하는 석면의 종류 4가지를 쓰시오.

풀이
① 백석면(크리소타일) ② 청석면(크로시돌라이트)
③ 갈석면(아모사이트) ④ 액티노라이트 석면

02 공기 중 혼합물로서 벤젠 6ppm(TLV=10ppm), 톨루엔 80ppm(TLV=100ppm), 크실렌 60ppm(TLV=100ppm)으로 존재 시 허용농도 초과 여부를 평가하고, 보정된 허용기준 (농도)을 구하시오. (단, 상가작용)

풀이
(1) 노출지수(EI) $= \dfrac{C_1}{\text{TLV}_1} + \dfrac{C_2}{\text{TLV}_2} + \dfrac{C_3}{\text{TLV}_3} = \dfrac{6}{10} + \dfrac{80}{100} + \dfrac{60}{100} = 2$

기준값 1보다 크므로 허용농도 초과 평가

(2) 보정된 허용농도(기준) $= \dfrac{C_1 + C_2 + C_3}{\text{EI}} = \dfrac{6 + 80 + 60}{2} = 73\text{ppm}$

03 작업장의 체적이 3,000m³이고, 1.17m³/sec의 실외 대기공기가 작업장으로 유입되고 있다. 작업장의 톨루엔 발생이 정지된 순간의 작업장 내 톨루엔의 농도가 350ppm이라고 할 때 50ppm으로 감소하는 데 걸리는 시간(min)을 구하시오.

풀이
$t = -\dfrac{V}{Q'} \ln\left(\dfrac{C_2}{C_1}\right)$

$\quad Q' = 1.17\text{m}^3/\text{sec} \times 60\text{sec/min} = 70.2\text{m}^3/\text{min}$

$\quad = -\dfrac{3{,}000}{70.2} \times \ln\left(\dfrac{50}{350}\right) = 83.16\text{min}$

04 후드의 기류 분류에서 분출구의 중심속도가 50%까지 줄어드는 지점까지를 무엇이라 하는지 쓰시오.

풀이
천이부

2019

05 덕트직경 30cm, 곡률반경 60cm인 30° 곡관의 속도압이 20mmH₂O일 때 이 곡관의 압력손실(mmH₂O)을 구하시오. (단, 다음 표를 이용하시오.)

곡률반경 비(R/D)	1.25	1.50	1.75	2.00	2.25	2.50	2.75
압력손실계수(ξ)	0.55	0.39	0.32	0.27	0.26	0.22	0.20

풀이

$$\Delta P = \xi \times VP \times \frac{\theta}{90}$$

$$\xi \rightarrow R/D = \frac{60}{30} = 2 \ (\text{표에서 } 0.27)$$

$$= 0.27 \times 20 \times \frac{30}{90} = 1.8\,\text{mmH}_2\text{O}$$

06 SF₆가스를 이용하여 작업장의 침투(자연환기)를 측정하려고 한다. 시간(t)=0분일 때, SF₆ 농도는 50μg/m³이고, 시간(t)=60분일 때, SF₆ 농도는 7μg/m³였다. 작업장의 체적이 1,500m³라면 이 작업장의 침투(또는 자연환기)량(m³/hr)을 구하시오.

풀이

$$t = -\frac{V}{Q'}\ln\left(\frac{C_2}{C_1}\right)$$

$$Q' = -\frac{V}{t}\ln\left(\frac{C_2}{C_1}\right) \ : \ Q'(\text{자연환기량}=\text{유효환기량})$$

$$= -\frac{1,500\,\text{m}^3}{60\,\text{min} \times \text{hr}/60\,\text{min}} \times \ln\left(\frac{7}{50}\right) = 2949.17\,\text{m}^3/\text{hr}$$

07 공기 채취기구의 보정에 사용되는 1차 표준기구 종류 2가지를 쓰시오.

풀이
① 비누거품미터 ② 폐활량계 ③ 가스치환병 ④ 피토튜브
(위의 내용 중 2가지만 기술)

08 사염화에틸렌 3,500ppm이 공기 중에 존재한다고 할 때 공기와 사염화에틸렌 혼합물의 유효비중을 구하시오. (단, 사염화에틸렌 비중 5.7)

풀이

$$\text{유효비중} = \frac{(3,500 \times 5.7) + (996,500 \times 1.0)}{1,000,000} = 1.0165$$

09 입자상 물질의 크기 측정방법 2가지를 쓰시오.

풀이
① 현미경 측정법 ② 관성 충돌법(cascade impactor)

10 후드의 유입계수가 0.81, 속도압이 18mmH2O일 때 후드의 압력손실(mmH2O)을 구하시오.

풀이
$$\Delta P = F \times VP$$

$$F = \frac{1}{Ce^2} - 1 = \frac{1}{0.81^2} - 1 = 0.524$$

$$= 0.524 \times 18\,\text{mmH}_2\text{O}$$

$$= 9.43\,\text{mmH}_2\text{O}$$

11 다음 빈칸에 맞는 세정집진장치의 형식을 쓰시오.

형 식	종 류
(1)	S형 임펠러형, 로터형, 분수형
(2)	벤투리 스크러버, 분무탑
(3)	타이젠 워셔, 임펄스 스크러버

풀이 (1) 유수식   (2) 가압수식   (3) 회전식

12 전체환기는 분진(dust), 흄(fume)이 발생하는 장소에서는 적용할 수 없는데 국소배기장치와 비교하여 그 이유를 3가지 쓰시오.

풀이
① 작업장 내 청소비와 작업인력 비용이 크기 때문에
② 비중을 갖고 있는 입자상 물질은 희석력보다 강제력에 의한 국소배기를 적용해야 하기 때문에
③ 실내 방해기류에 의한 재비산이 발생할 수 있기 때문에
Note 문제복원상 실제문제와 상이할 수 있습니다.

13 톨루엔이 균일하게 20L/8hr가 공기 중으로 증발되는 작업장에 전체환기시설을 설치 시 필요환기량(m³/min)을 구하시오. (단, 21℃, 1atm, TLV 50ppm, 비중 0.87, 안전계수 3)

풀이 사용량(g/hr)
20L/8hr×0.87g/mL×1,000mL/L=2,175g/hr
발생률(L/hr)
92.13g : 24.1L=2,175g/hr : G(L/hr)

$$G(\text{L/hr}) = \frac{24.1\text{L} \times 2,175\text{g/hr}}{92.13\text{g}} = 568.95\,\text{L/hr}$$

$$\text{필요환기량}(Q) = \frac{568.95\text{L/hr} \times 1,000\text{mL/L} \times \text{hr/60min}}{50\text{mL/m}^3} \times 3 = 568.95\,\text{m}^3/\text{min}$$

14 국소배기장치 성능시험 시 필요에 따라 갖추어야 할 측정기 5가지를 쓰시오. (단, 발연관, 청음기 · 청음봉, 절연저항계, 표면온도계 및 초자온도계, 줄자는 제외)

풀이

① 테스트 해머
② 나무봉 또는 대나무봉
③ 초음파 두께측정기
④ 수주마노미터
⑤ 정압프로브 부착 열선풍속계
⑥ 스크레이퍼
⑦ 피토관
⑧ 공기 중 유해물질측정기
⑨ 스톱워치 또는 시계
⑩ 열선풍속계
⑪ 회전계(rpm측정기)
(위의 내용 중 5가지만 기술)

15 청감보정회로에서 A특성이 갖는 의미를 간단히 쓰시오.

풀이

A특성은 사람의 청감에 맞춘 것으로 순차적으로 40phon 등청감곡선과 비슷하게 주파수에 따른 반응을 보정하여 측정한 음압수준을 말한다.

16 덕트 내 속도압이 32.5mmH₂O에서의 덕트 유속(m/sec)을 구하시오.

풀이

$$VP = \left(\frac{V}{4.043}\right)^2$$

$$V = 4.043 \times \sqrt{VP} = 4.043 \times \sqrt{32.5} = 23.05 \text{m/sec}$$

17 흡광광도법의 장치 구성 중 파장선택부에서 사용되는 흡수셀의 재질 3가지 및 각 사용파장 선택범위를 쓰시오.

풀이

① 유리 : 가시, 근적외파장
② 석영 : 자외파장
③ 플라스틱 : 근적외파장

18 140℃, 680mmHg 상태에서 배기가스 부피가 120m³이다. 이를 0℃, 1atm으로 환산하여 부피(m³)를 구하시오.

풀이

$$V_2 = V_1 \times \frac{T_2}{T_1} \times \frac{P_1}{P_2} = 120 \text{m}^3 \times \frac{273+0}{273+140} \times \frac{680}{760} = 70.97 \text{m}^3$$

01 국소배기장치의 공기이동 위치 구분을 다음과 같이 하였다. 압력이 가장 높아야 하는 곳과 이유를 설명하시오.

> 실내 대기(작업장 내부)−후드 안−후드와 정화장치 사이−정화장치와 송풍기 사이
> −송풍기 뒤−실외 대기(외부)

풀이 (1) 압력이 가장 높아야 하는 곳
　　　송풍기 뒤
　　(2) 이유
　　　정압이 −에서 +로 상승하여야 정화된 공기를 이송시킬 수 있기 때문

02 자유공간에 직경이 25cm이고 일반 후드 개구면으로부터 20cm 떨어진 곳에서 입자를 흡인하였다. 제어속도를 1.0m/sec로 하였을 때의 필요환기량(m^3/min), 덕트 내 유속(m/sec), 후드 정압(mmH$_2$O)을 구하시오. (단, 21℃, 1atm, 후드 유입손실계수 0.93)

풀이 (1) 필요환기량(Q)

$$Q(\mathrm{m^3/min}) = V_c(10X^2 + A)$$

$$= 1.0\mathrm{m/sec} \times \left[(10 \times 0.2^2)\mathrm{m^2} + \left(\frac{3.14 \times 0.25^2}{4} \right)\mathrm{m^2} \right] \times 60\mathrm{sec/min}$$

$$= 26.94\mathrm{m^3/min}$$

(2) 덕트 내 유속(V)

$$V(\mathrm{m/sec}) = \frac{Q}{A}$$

$$= \frac{26.94\mathrm{m^3/min} \times \mathrm{min/60sec}}{\left(\dfrac{3.14 \times 0.25^2}{4} \right)\mathrm{m^2}}$$

$$= 9.15\mathrm{m/sec}$$

(3) 후드 정압(SP$_h$)

$$\mathrm{SP}_h(\mathrm{mmH_2O}) = VP(1 + F)$$

$$VP = \left(\frac{V}{4.043} \right)^2 = \left(\frac{9.15}{4.043} \right)^2 = 5.12\mathrm{mmH_2O}$$

$$= 5.12(1 + 0.93)$$

$$= 9.88\mathrm{mmH_2O}$$

03 노출기준이 185mg/m³인 A물질을 하루 10시간 작업한다고 하였을 경우 보정된 노출기준(mg/m³)을 구하시오. (단, Brief와 Scala 보정방법을 적용)

풀이

보정된 노출기준$(\mathrm{mg/m^3})=\mathrm{TLV}\times\mathrm{RF}$

$$\mathrm{RF}=\left(\frac{8}{H}\right)\times\left(\frac{24-H}{16}\right)=\left(\frac{8}{10}\right)\times\left(\frac{24-10}{16}\right)=0.7$$

$$=185\mathrm{mg/m^3}\times0.7=129.50\mathrm{mg/m^3}$$

04 펌프, 탈착, 측정시간, 분석 등에 의한 각 오차가 −20%, −10%, −5%, −5%에서 펌프 오차를 10% 줄였을 때 전체 누적오차가 얼마나 감소(%)하는지 구하시오.

풀이

(1) 펌프 오차 줄이기 전 누적오차(E_1)

$$E_1=\sqrt{(-20)^2+(-10)^2+(-5)^2+(-5)^2}=23.45\%$$

(2) 펌프 오차를 10% 줄였을 때 누적오차(E_2)

$$E_2=\sqrt{(-18)^2+(-10)^2+(-5)^2+(-5)^2}=21.77\%$$

전체 누적오차 감소$=23.45-21.77=1.68\%$

05 환기시스템에서 공기공급시스템이 필요한 이유 5가지를 쓰시오.

풀이

① 국소배기장치의 원활한 작동을 위하여
② 국소배기장치의 효율 유지를 위하여
③ 안전사고를 예방하기 위하여
④ 에너지(연료)를 절약하기 위하여
⑤ 작업장 내의 방해기류(교차기류)가 생기는 것을 방지하기 위하여
⑥ 외부공기가 정화되지 않은 채로 건물 내로 유입되는 것을 막기 위하여
(위의 내용 중 5가지만 기술)

06 작업환경측정에서 예비조사 시 측정계획서에서 시행하는 내용 3가지를 쓰시오.

풀이

① 원재료의 투입과정부터 최종 제품생산 공정까지의 주요공정 도식
② 해당 공정별 작업내용, 측정대상 공정 및 공정별 화학물질 사용실태
③ 측정대상 유해인자, 유해인자 발생주기, 종사근로자 현황
④ 유해인자별 측정방법 및 측정소요기간 등 필요한 사항
(위의 내용 중 3가지만 기술)

07 자연환기방식 중 중성대(NPL)에 대해 설명하시오.

풀이

외부 공기와 실내 공기와의 압력 차이가 0인 부분의 위치이며, 환기의 정도를 좌우하고 일반적으로 높을수록 환기효율이 양호하다.

08 공기가 덕트를 통과할 때 생기는 압력손실의 종류 2가지 및 각각의 원인을 쓰시오.

풀이
① 마찰압력손실
  원인 : 공기가 덕트면과의 접촉에 의한 마찰에 의해 발생
② 난류압력손실
  원인 : 곡관에 의한 공기기류의 방향전환이나 수축, 확대 등에 의한 단면적의 변화에 따른 난류속도의 증감에 의해 발생

09 근로자 건강진단을 실시한 결과 다음과 같이 분류되었다. 〈보기〉의 기호는 각각 무엇을 의미하는지 설명하시오.

〈보기〉 ① A   ② C1   ③ C2   ④ D1   ⑤ D2   ⑥ R

풀이
① A : 정상자   ② C1 : 직업병 요관찰자
③ C2 : 일반질병 요관찰자   ④ D1 : 직업병 유소견자
⑤ D2 : 일반질병 유소견자   ⑥ R : 질환의심자

10 유해물질 허용기준 중 단시간허용농도(STEL)에 대하여 설명하시오.

풀이
근로자가 1회 15분간 유해인자에 노출되는 경우의 허용농도로, 이 기준은 이하에서는 노출 간격이 1시간 이상인 경우 1일 작업시간 동안 4회까지 노출이 허용될 수 있음을 의미한다.

11 덕트에서 속도압, 정압을 측정하는 표준기기의 명칭을 쓰시오.

풀이
피토튜브(피토관)

12 분진발생 작업 시 일반적인 대책 6가지를 쓰시오.

풀이
① 작업공정 습식화(습식방법)   ② 작업장소의 밀폐 또는 포위(비산억제)
③ 국소배기장치 설치   ④ 전체환기시설 설치
⑤ 생산기술이나 작업공정을 변경(대치방법)   ⑥ 개인보호구(방진마스크) 지급 및 착용

13 여과집진장치(Bag Filter)의 장점 3가지를 쓰시오.

풀이
① 집진효율이 높다.
② 연속집진방식일 경우 먼지부하의 변동이 있어도 운전효율에는 영향이 없다.
③ 건식공정이므로 집진먼지의 처리가 쉽다.
④ 설치 적용범위가 광범위하다.
(위의 내용 중 3가지만 기술)

14 작업장 내의 열부하량이 13,500kcal/hr이고 온도가 38℃였다. 외기의 온도가 25℃일 때 전체환기를 위한 필요환기량(m³/hr)을 구하시오.

풀이
$$Q(\mathrm{m^3/hr}) = \frac{H_s}{0.3\Delta t} = \frac{13,500}{0.3 \times (38-25)} = 3461.54\,\mathrm{m^3/hr}$$

15 어떤 송풍기의 정압이 1,800N/m²일 때 유량 25m³/sec를 갖는 덕트가 있다. 동일한 덕트 내 유량이 38m³/sec로 증가되었을 때 정압(N/m²)을 구하시오.

풀이
$$\frac{FSP_2}{FSP_1} = \left(\frac{Q_2}{Q_1}\right)^2$$
$$FSP_2 = FSP_1 \times \left(\frac{Q_2}{Q_1}\right)^2 = 1,800\mathrm{N/m^2} \times \left(\frac{38}{25}\right)^2 = 4158.72\mathrm{N/m^2}$$

16 사염화탄소의 증기압이 90mmHg일 때 포화농도(%)를 구하시오.

풀이
$$포화농도(\%) = \frac{증기압}{760} \times 100 = \frac{90}{760} \times 100 = 11.84\%$$

17 공기시료 채취용 pump는 비누거품미터로 보정한다. 만약 1,000cc의 공간에 비누거품이 도달하는 데 소요되는 시간을 4번 측정한 결과 25.5초, 25.2초, 25.9초, 25.4초였다면 이 펌프의 평균유량(L/min)을 구하시오.

풀이
우선 소요시간의 평균값을 구하면
$$평균값 = \frac{25.5 + 25.2 + 25.9 + 25.4}{4} = 25.5\mathrm{sec}$$
$$1,000\mathrm{cc}(1\mathrm{L}) \;:\; 25.5\mathrm{sec} = X(\mathrm{L}) \;:\; 60\mathrm{sec}$$
$$X(펌프 \ 평균유량) = \frac{1\mathrm{L} \times 60\,\mathrm{sec/min}}{25.5\mathrm{sec}} = 2.35\mathrm{L/min}$$

18 HCl, HF, SO₂와 같은 물질처럼 흡수제로 용해되는 가스의 채취기기와 그 이유를 쓰시오.

풀이
(1) 채취기기 : 실리카겔 흡착관
(2) 이유 : HCl, HF, SO₂ 등 무기화합물은 활성탄과 반응을 잘하므로 활성탄 흡착관은 사용할 수 없다. (HCl은 끓는점이 낮아 활성탄보다는 실리카겔 흡착관으로 채취)

Note 문제복원상 여러 의견이 상이하여, 추정하여 문제풀이를 하였으니 참고바랍니다.

01 온도 140℃, 기압 650mmHg인 상태에서 관 내로 분당 100m³의 기체가 흐르고 있다. 0℃, 1기압에서의 유량(m³/min)을 구하시오.

풀이
$$\frac{P_1 V_1}{T_1} = \frac{P_2 V_2}{T_2}$$

$$V_2 = V_1 \times \frac{T_2}{T_1} \times \frac{P_1}{P_2} = 100\text{m}^3/\text{min} \times \frac{273}{273+140} \times \frac{650}{760} = 56.53\text{m}^3/\text{min}$$

02 진동에 의한 생체반응에 관여하는 인자 4가지를 쓰시오.

풀이
① 진동의 강도
② 진동수
③ 진동의 방향
④ 진동 폭로시간

03 cascade impactor(직경분립충돌기)를 이용하여 시료채취 시 Mylar substrate에 그리스를 뿌리는 이유를 쓰시오.

풀이
시료의 되튐현상을 방지하기 위하여 Mylar substrate에 그리스를 뿌린다.

04 전체환기 적용조건 5가지를 쓰시오.

풀이
① 유해물질의 독성이 비교적 낮은 경우
② 동일한 작업장에 오염원이 분산되어 있을 경우
③ 유해물질이 시간에 따라 균일하게 발생될 경우
④ 유해물질의 발생량이 적은 경우
⑤ 배출원이 이동성인 경우

참고 ①~⑤항 이외에
㉠ 국소배기로 불가능한 경우
㉡ 유해물질이 증기나 가스인 경우
㉢ 가연성 가스의 농축으로 폭발의 위험이 있는 경우

05 0℃, 1기압인 표준상태에서 공기의 밀도가 1.293kg/m³라고 할 때 25℃, 1기압에서의 공기의 밀도(kg/m³)를 구하시오.

풀이 우선 d_f를 구하면

$$d_f = \frac{(273+0)}{(℃+273)} \times \frac{P}{760} = \frac{273}{(25+273)} \times \frac{760}{760} = 0.916$$

$$\rho_{(a)} = \rho_{(s)} \times d_f = 1.293 \times 0.916 = 1.18\text{kg/m}^3$$

06 다음 방사선을 인체투과력 순서대로 쓰시오.

$$\gamma, \ \beta, \ 중성자, \ \alpha$$

풀이 중성자 > γ > β > α

07 다음 내용에 맞는 용어를 쓰시오.

대상 먼지와 침강속도가 같고, 밀도가 1g/cm³이며, 구형인 먼지의 직경으로 환산된 직경이며, 입자의 공기 중 운동이나 호흡기 내의 침착기전을 설명할 때 유용하게 적용된다.

풀이 공기역학적 직경

08 유해가스처리를 위한 방법 중 연소법의 종류 3가지를 쓰시오.

풀이 ① 직접연소
② 간접연소
③ 촉매연소

09 중성대(NPL)에 대해 쓰시오.

풀이 외부공기와 실내공기와의 압력 차이가 0인 부분의 위치로, 환기의 정도를 좌우하며 일반적으로 높을수록 환기효율이 양호하다.

10 사람과 환경과의 사이에 일어나는 열교환에 미치는 온열요소 4가지를 쓰시오.

풀이 기온, 기류, 습도, 복사열

11 작업환경 측정 및 정도관리 등에 관한 고시에 따라 가스상 물질의 측정 중 검지관을 사용하는 경우 3가지를 쓰시오.

풀이
① 예비조사 목적인 경우
② 검지관방식 외에 다른 측정방법이 없는 경우
③ 발생하는 가스상 물질이 단일물질인 경우

12 시료채취 여과지 중 막 여과지의 종류 3가지를 쓰시오.

풀이
① MCE막 여과지
② PVC막 여과지
③ PTFE막 여과지
④ 은막 여과지
⑤ nuclepore 여과지
(위의 내용 중 3가지만 기술)

13 저유량 펌프를 이용하여 납흄으로 오염되어 있는 작업장 공기 0.43m³를 포집하여 납을 채취한 시료를 10mL의 10% 질산에 용해시켰다. 실험실에서 원자흡광광도계를 이용하여 농도를 분석한 결과 납의 농도가 56μg/mL이었을 때 작업장 내 공기 중 납의 농도(mg/m³)를 구하시오.

풀이

$$농도(mg/m^3) = \frac{분석\ 농도 \times 용해\ 부피}{공기\ 채취량}$$

$$= \frac{56\mu g/mL \times 10mL}{0.43m^3} = 1302.32\mu g/m^3 \times 10^{-3}mg/\mu g = 1.3mg/m^3$$

14 용접작업 중의 건강보호 대책은 용접흄, 유해가스 제거를 위한 환기 대책, 유해광선 차단을 위한 대책, 소음에 대한 대책, 고열에 대한 대책 등이다. 다음 〈보기〉 중 용접흄 대책과 유해광선 대책에 해당하는 것을 골라 쓰시오.

〈보기〉 ① 인접 작업장에 영향을 미칠 우려가 있을 경우 난연차광커튼 설치
② 용접근로자에게 방음귀마개 제공
③ 용접근로자에게 호흡 방진마스크 및 송기마스크 제공
④ 환기량을 계산하여 국소배기장치 및 전체환기장치 가동
⑤ 작업장의 조도를 65lux 미만으로 유지

풀이
(1) 용접흄 대책 : ③, ④
(2) 유해광선 대책 : ①

2019

15 국소배기장치의 후드 선택 시 전제 조건 5가지를 쓰시오.

풀이
① 필요환기량을 최소화 할 것
② 작업자의 호흡영역을 보호할 것
③ 추천 설계사양을 따를 것(ACGIH 및 OSHA 설계 기준)
④ 작업자의 작업방해를 최소화 할 수 있도록 편리하게 설치할 것
⑤ 일반적인 오류를 범하지 말 것(오염물질 제어거리, 유효비중)

16 다음 물음에 답하시오.
(1) 고온작업 시 가장 적합한 후드 형식을 쓰시오.
(2) 산업안전보건법상에서 규정한 허가대상 유해물질 관련 국소배기장치 후드의 제어풍속(m/sec)을 쓰시오.

풀이
(1) 레시버식(캐노피형) 후드
(2) 가스상태일 때 0.5m/sec, 입자상태일 때 1.0m/sec

17 가로 40cm, 세로 60cm인 방형 직관의 길이가 10m일 때 압력손실(mmH$_2$O)을 구하시오. (단, 관마찰계수 0.1, 속도압 100mmH$_2$O)

풀이
압력손실(ΔP)
$$\Delta P = \lambda \times \frac{L}{D} \times VP$$
$$D(\text{상당 직경}) = \frac{2(0.4 \times 0.6)}{0.4 + 0.6} = 0.48\text{m}$$
$$= 0.1 \times \frac{10}{0.48} \times 100 = 208.33\,\text{mmH}_2\text{O}$$

18 후드의 정압이 20mmH$_2$O이고, 속도압이 12mmH$_2$O일 때 유입계수(C_e)를 구하시오.

풀이
유입계수$(C_e) = \sqrt{\dfrac{1}{1+F}}$ 이므로 우선 F(유입 손실계수)를 구하면
$\text{SP}_h = VP(1+F)$ 에서
$$F = \frac{\text{SP}_h}{VP} - 1 = \frac{20}{12} - 1 = 0.67$$
$$C_e = \sqrt{\frac{1}{1+0.67}} = 0.77$$

01 1시간에 2L의 오염물질이 증발되어 공기를 오염시키는 작업장이 있다. 분자량은 76.14, K는 6, 비중은 1.279, 허용기준은 10ppm이라 할 때, 이 작업장의 오염물질을 전체환기 시키기 위한 발생률(L/hr) 및 필요환기량(m³/min)을 구하시오.

풀이 사용량(g/hr) = 2L/hr × 1.279g/mL × 1,000mL/L = 2,558g/hr

① 발생률(G : L/hr)

　　76.14g : 24.1L = 2,558g/hr : G(L/hr)

　　$G = \dfrac{24.1L \times 2,558g/hr}{76.14g} = 809.66L/hr$

② 필요환기량(Q : m³/min)

　　$Q = \dfrac{G}{TLV} \times K = \dfrac{809.66L/hr}{10ppm} \times 6$

　　　$= \dfrac{809.66L/hr \times 1,000mL/L}{10mL/m^3} \times 6$

　　　$= 485798.26m^3/hr \times hr/60min = 8096.64m^3/min$

02 TLV를 설정하거나 개정 시 이용되는 자료 3가지를 쓰시오.

풀이 ① 화학구조상의 유사성
② 동물 실험자료
③ 인체 실험자료
④ 산업장 역학조사자료
(위의 내용 중 3가지만 기술)

03 누적소음노출량 측정기의 법정 설정기준과 청감보정 특성을 쓰시오.

풀이 (1) 법정 설정기준
　　① criteria : 90dB
　　② exchange rate : 5dB
　　③ threshold : 80dB
(2) 청감보정 특성 : A특성[dB(A)]

04 도금조처럼 상부가 개방되어 있고, 그 면적이 넓어 한쪽 방향에 후드를 설치하는 것으로는 충분한 흡인력이 발생되지 않는 경우에 적용하는 후드 형식을 쓰시오.

> **풀이** push-pull 후드(밀어당김형 후드)

05 다음 〈보기〉의 내용을 국소배기장치의 설계 순서로 나타내시오.

> 〈보기〉　① 공기정화장치　　　② 반송속도 결정
> 　　　　　③ 후드 형식 선정　　④ 제어속도 결정
> 　　　　　⑤ 총 압력손실 계산　⑥ 소요풍량 계산
> 　　　　　⑦ 송풍기 선정

> **풀이** ③ → ④ → ⑥ → ② → ① → ⑤ → ⑦

06 재순환공기의 CO_2 농도는 650ppm이고, 급기의 CO_2 농도는 550ppm이다. 외부의 CO_2 농도가 300ppm일 때 급기 중 외부 공기 포함량(%)을 구하시오.

> **풀이** 급기 중 외부 공기 포함량(%) = 100 - 급기 중 재순환량(%)
> 　　　급기 중 재순환량
> $$= \frac{급기\ CO_2\ 농도 - 외부\ CO_2\ 농도}{재순환\ CO_2\ 농도 - 외부\ CO_2\ 농도} \times 100$$
> $$= \frac{550 - 300}{650 - 300} \times 100 = 71.43\%$$
> $$= 100 - 71.43 = 28.57\%$$

07 시료채취에서 여과포집에 관여하는 기전 6가지를 쓰시오.

> **풀이** ① 직접차단(간섭)　② 관성충돌　③ 확산
> 　　　　④ 중력침강　　　⑤ 정전기　　⑥ 체(질)

08 유해가스 처리방법 중 흡수법에서 흡수액의 구비조건 4가지를 쓰시오. (단, 비용에 대한 것은 제외)

> **풀이** ① 용해도가 클 것
> 　　　　② 점성이 작고, 화학적으로 안정할 것
> 　　　　③ 독성이 없고, 휘발성이 적을 것
> 　　　　④ 부식성이 없을 것

09 밀폐공간 보건작업 프로그램 수립 · 시행 시 포함사항 3가지를 쓰시오. (단, 그 밖에 밀폐공간 작업 근로자의 건강장애 예방에 관한 사항은 답안에서 제외)

풀이
① 작업시간 전 공기상태가 적정한지를 확인하기 위한 측정 · 평가
② 응급조치 등 안전보건 교육 및 훈련
③ 공기호흡기나 송기마스크 등의 착용과 관리

10 작업환경에서 발생되는 유해요인을 감소시키기 위한 공학적 작업환경 관리대책 4가지를 쓰시오.

풀이
① 물질 대치
② 장치(시설) 대치
③ 격리
④ 환기

11 지적온도의 종류 3가지와 각각의 정의를 간단히 쓰시오.

풀이
① 주관적 지적온도
　감각적으로 쾌적한 상태로 느끼는 온도
② 생리적 지적온도
　생리적, 즉 건강 측면에서 인체에 부담을 가장 적게 주는 온도
③ 생산적 지적온도
　노동 시 생산능률을 가장 많이 상승시킬 수 있는 온도

12 표준공기가 흐르고 있는 덕트의 Reynolds수가 30,000일 때 덕트 유속(m/sec)을 구하시오. (단, 덕트 직경 100mm, 점성계수 1.607×10^{-4}poise, 비중 1.203)

풀이
$Re = \dfrac{\rho VD}{\mu}$ 에서

$V = \dfrac{Re \cdot \mu}{\rho \cdot D}$

$\quad D = 100\text{mm} \times \text{m}/1{,}000\text{mm} = 0.1\text{m}$

$\quad \mu = 1.607\times10^{-4}\ \text{poise} \times \dfrac{1\text{g/cm} \cdot \text{sec}}{\text{poise}} \times \text{kg}/1{,}000\text{g} \times 100\text{cm/m}$

$\qquad = 1.607\times10^{-5}\text{kg/m} \cdot \text{sec}$

$\quad = \dfrac{30{,}000 \times (1.607\times10^{-5})}{1.203\times0.1}$

$\quad = 4\text{m/sec}$

13 이산화탄소 농도 1,000ppm은 몇 mg/m³인가? (단, 0도, 1기압)

풀이

$$농도(mg/m^3) = 1,000\,ppm \times \frac{44}{22.4} = 1964.29\,mg/m^3$$

14 A작업장에서는 아세톤(분자량 58.08, 비중 0.79)이 시간당 1,200mL, 메틸알코올(분자량 32.04, 비중 0.792)은 시간당 950mL가 증발되어 모두 공기와 혼합되고 있다. 작업환경측정 결과 아세톤(TLV 500ppm)이 300ppm, 메틸알코올(TLV 200ppm)이 150ppm이었을 때 노출기준의 초과여부를 평가하고 필요환기량(m³/min)을 구하시오. (단, 아세톤과 메틸알코올에 대한 안전계수는 각각 4, 6이고, 두 물질은 서로 상가작용을 하며, 주위는 25℃, 1atm으로, 온도보정에 대하여는 고려하지 않는다.)

풀이

(1) 노출기준 평가

$$노출지수 = \frac{C_1}{TLV_1} + \frac{C_2}{TLV_2} = \frac{150}{200} + \frac{300}{500} = 1.35$$

1보다 크므로 노출기준 초과 평가

(2) 총 필요환기량(Q_T)

① 아세톤

사용량(g/hr)

$$1.2L/hr \times 0.79g/mL \times 1,000mL/L = 948g/hr$$

발생률(G : L/hr)

$$58.08g : 24.45L = 948g/hr : G(L/hr)$$

$$G = \frac{24.45L \times 948g/hr}{58.08g} = 399.08L/hr$$

필요환기량(Q_1)

$$Q_1 = \frac{G}{TLV} \times K = \frac{399.08L/hr}{500ppm} \times 4 = \frac{399.08L/hr \times 1,000mL/L}{500mL/m^3} \times 4$$

$$= 3192.65\,m^3/hr$$

② 메틸알코올

사용량(g/hr)

$$0.95L/hr \times 0.792g/mL \times 1,000mL/L = 752g/hr$$

발생률(G : L/hr)

$$32.04g : 24.45L = 752g/hr : G(L/hr)$$

$$G = \frac{24.45L \times 752g/hr}{32.04g} = 573.86L/hr$$

필요환기량(Q_2)

$$Q_2 = \frac{G}{TLV} \times K = \frac{573.86L/hr}{200ppm} \times 6 = \frac{573.86L/hr \times 1,000mL/L}{200mL/m^3} \times 6$$

$$= 17215.73\,m^3/hr$$

$$Q_T = Q_1 + Q_2$$

$$= 3192.65 + 17215.73 = 20,408\,m^3/hr \times hr/60min = 340\,m^3/min$$

15 전체환기량 계산 시 다음 경우의 안전계수값을 각각 쓰시오.
(1) 작업장 내 공기혼합이 원활한 경우의 안전계수
(2) 작업장 내 공기혼합이 보통인 경우의 안전계수
(3) 작업장 내 공기혼합이 불완전한 경우의 안전계수

풀이 (1) $K=1$
(2) $K=2$
(3) $K=3$

16 후드의 유입계수가 0.81, 속도압이 18mmH$_2$O일 때 후드의 압력손실(mmH$_2$O)을 구하시오.

풀이 $\Delta P = F \times \mathrm{VP}$
$F = \dfrac{1}{Ce^2} - 1 = \dfrac{1}{0.81^2} - 1 = 0.524$
$= 0.524 \times 18\,\mathrm{mmH_2O}$
$= 9.43\,\mathrm{mmH_2O}$

17 송풍기 크기가 같고, 공기의 비중이 일정할 경우 회전수와 풍량, 전압, 동력의 변화를 식으로 나타내시오.

풀이 ① 풍량은 회전속도비에 비례한다.
$\dfrac{Q_2}{Q_1} = \dfrac{\mathrm{rpm}_2}{\mathrm{rpm}_1}$
② 전압은 회전속도비의 제곱에 비례한다.
$\dfrac{\mathrm{FTP}_2}{\mathrm{FTP}_1} = \left(\dfrac{\mathrm{rpm}_2}{\mathrm{rpm}_1}\right)^2$
③ 동력은 회전속도비의 세제곱에 비례한다.
$\dfrac{\mathrm{kW}_2}{\mathrm{kW}_1} = \left(\dfrac{\mathrm{rpm}_2}{\mathrm{rpm}_1}\right)^3$

18 0℃, 1기압인 표준상태에서 공기의 밀도가 1.293kg/m³라고 할 때 25℃, 1기압에서의 공기의 밀도(kg/m³)를 구하시오.

풀이 $d_f = \dfrac{(273+0)}{(℃+273)} \times \dfrac{P}{760} = \dfrac{273}{(25+273)} \times \dfrac{760}{760} = 0.916$
$\rho_{(a)} = \rho_{(s)} \times d_f = 1.293 \times 0.916 = 1.18\,\mathrm{kg/m^3}$

01 터보형 송풍기에서 흡입관의 정압이 −95mmH₂O, 배출관의 정압이 10mmH₂O이며 흡입관, 배출관의 속도압이 각각 15mmH₂O일 때 유량은 150m³/min이다. 송풍기의 동력(kW)을 구하시오. (단, 효율 0.8, 여유율 1.2)

풀이

$$송풍기\ 동력(kW) = \frac{Q \times \Delta P}{6,120 \times \eta} \times \alpha$$

$$\Delta P(FSP) = (SP_{out} - SP_{in}) - VP_{in} = 10 - (-95) - 15 = 90\,mmH_2O$$

$$= \frac{150 \times 90}{6,120 \times 0.8} \times 1.2 = 3.31\,kW$$

02 1일 12시간 작업 시 메틸클로로헥산(TLV=100ppm)의 허용농도를 보정하여 계산하시오. (단, Brief와 Scala의 보정방법 적용)

풀이

$$RF = \left(\frac{8}{H}\right) \times \left(\frac{24 - H}{16}\right) = \left(\frac{8}{12}\right) \times \left(\frac{24 - 12}{16}\right) = 0.5$$

$$보정된\ 허용농도 = TLV \times RF$$
$$= 100ppm \times 0.5 = 50\,ppm$$

03 다음 조건에서 음향출력이 0.1watt인 작은 점음원으로부터 50m 떨어진 곳의 음압수준(dB)은 얼마인지 각각 계산하시오.
(1) 무지향성 자유공간
(2) 무지향성 반자유공간

풀이

(1) 점음원, 자유공간

$$SPL = PWL - 20\log r - 11$$
$$= \left(10\log \frac{0.1}{10^{-12}}\right) - 20\log 50 - 11 = 65dB$$

(2) 점음원, 반자유공간

$$SPL = PWL - 20\log r - 8$$
$$= \left(10\log \frac{0.1}{10^{-12}}\right) - 20\log 50 - 8 = 68dB$$

04 국소배기장치의 송풍관(duct) 점검사항 4가지를 쓰시오.

[풀이]
① 외면의 마모, 부식, 변형 확인
② 내면의 마모, 부식, 분진의 축적 확인
③ 댐퍼의 작동상태 확인
④ 접속부의 이완유무 확인

05 TWA, STEL, C에 대하여 각각의 정의를 쓰시오.

[풀이]
① TWA(시간가중 평균노출기준)
  1일 8시간, 주 40시간 동안의 평균농도로서 거의 모든 근로자가 평상작업에서 반복하여 노출되더라도 건강장애를 일으키지 않는 공기 중 유해물질의 노출기준
② STEL(단시간 노출기준)
  근로자가 1회 15분간 유해인자에 노출되는 경우의 노출기준
③ C(최고 노출기준)
  근로자가 1일 작업시간 동안 잠시라도 노출되어서는 안 되는 노출기준

06 국소배기가 전체환기와 비교하여 갖는 장점 3가지를 쓰시오.

[풀이]
① 전체환기는 희석에 의한 저감으로서 완전 제거가 불가능하나, 국소배기는 발생원 상에서 포집·제거하므로 유해물질의 완전 제거가 가능하다.
② 국소배기는 전체환기에 비해 필요환기량이 적어 경제적이다.
③ 작업장 내의 방해기류나 부적절한 급기에 의한 영향을 적게 받는다.
④ 유해물질에 의한 작업장 내의 기계 및 시설물을 보호할 수 있다.
⑤ 비중이 큰 침강성 입자상 물질도 제거가 가능하므로 작업장 관리(청소 등) 비용을 절감할 수 있다.
(위의 내용 중 3가지만 기술)

2020

07 전자부품 조립 작업장에서 근무자들이 오후 5시에 퇴근한 직후 실내공기를 측정한 결과 공기 중 CO_2 농도가 1,100ppm이었고, 작업장에 근무자들이 없는 상태로 2시간이 경과한 오후 7시에 측정한 CO_2 농도는 380ppm이었다. 이 작업장의 시간당 공기교환횟수를 구하시오. (단, 이때 외부 공기 중 CO_2 농도 340ppm)

[풀이] 시간당 공기교환횟수
$$= \frac{\ln(측정초기\ 농도-외부의\ CO_2\ 농도)-\ln(시간이\ 지난\ 후\ CO_2\ 농도-외부의\ CO_2\ 농도)}{경과된\ 시간(hr)}$$
$$= \frac{\ln(1,100-340)-\ln(380-340)}{2hr}$$
$$= 1.47회(시간당)$$

08 흡수탑(충진탑)의 충진제 구비조건 3가지를 쓰시오.

> 풀이
> ① 압력손실이 적고, 충진밀도가 클 것
> ② 단위부피 내의 표면적이 클 것
> ③ 세정액의 체류현상(hold-up)이 적을 것

09 태양광선이 내리쬐지 않는 실내의 경우 흑구온도 38℃, 건구온도 25℃, 자연습구온도 30℃일 때 WBGT를 구하시오.

> 풀이
> $$WBGT(℃) = (0.7 \times 자연습구온도) + (0.3 \times 흑구온도)$$
> $$= (0.7 \times 30℃) + (0.3 \times 38℃)$$
> $$= 32.4℃$$

10 소음발생 작업에서 한 근로자가 2시간 작업하였다. 작업시간 동안 노출된 음압수준이 95dB(A)이었다면 소음 노출량계로 측정 시 측정되는 소음 노출량값(%)을 구하시오.

> 풀이
> $$누적소음 폭로량(\%) = \left(\frac{C_1}{T_1}\right) \times 100 = \left(\frac{2}{4}\right) \times 100 = 50\%$$

11 직경 10cm인 직선 덕트에 유량 12m³/min의 공기가 유입될 때 후드의 정압(mmH₂O)을 구하시오. (단, 유입손실계수 0.65)

> 풀이
> $$후드 정압(SP_h) = VP(1+F)$$
> $$VP = \left(\frac{V}{4.043}\right)^2 = \left(\frac{25.48}{4.043}\right)^2 = 39.72\,mmH_2O$$
> $$V = \frac{Q}{A} = \frac{12m^3/min}{\left(\frac{3.14 \times 0.1^2}{4}\right)m^2} = 1528.66\,m/min\,(25.48\,m/sec)$$
> $$= 39.72(1+0.65)$$
> $$= 65.54\,mmH_2O\,(실제적으로, \,-65.54\,mmH_2O)$$

12 분진이 발생하는 작업장에서 근로하는 작업자에 대한 작업관리대책 4가지를 쓰시오.

> 풀이
> ① 작업공정의 습식화(습식 작업)
> ② 작업장소의 밀폐 또는 포위(비산 억제)
> ③ 국소배기장치 및 전체환기장치 설치
> ④ 개인보호구(방진마스크) 지급 및 착용

13 다음 〈보기〉의 내용을 국소배기장치의 설계 순서로 나타내시오.

> 〈보기〉 ① 공기정화장치   ② 반송속도 결정
>   ③ 후드 형식 선정   ④ 제어속도 결정
>   ⑤ 총 압력손실 계산   ⑥ 소요풍량 계산
>   ⑦ 송풍기 선정

풀이 ③ → ④ → ⑥ → ② → ① → ⑤ → ⑦

14 다음의 용어를 각각 설명하시오.

(1) 플랜지
(2) 테이퍼
(3) 충만실

풀이 (1) 플랜지
후드 후방기류를 차단하기 위해 후드에 직각으로 붙인 판으로, 후드 전면에서 포집범위를 확대시켜 플랜지가 없는 후드에 비해 약 25% 정도의 송풍량을 감소시킬 수 있다.
(2) 테이퍼
후드와 덕트 연결부위로 경사접합부라고도 하며, 급격한 단면변화로 인한 압력손실을 방지하며 후드 개구면 속도를 균일하게 분포시키는 장치이다.
(3) 충만실
후드 뒷부분에 위치하며, 개구면 흡입유속의 강약을 작게 하여 일정하게 하므로 압력과 공기흐름을 균일하게 형성하는 데 필요한 장치이다. 또한 설치는 가능한 길게 한다.

15 전체환기는 급기와 배기 방식에 따라 4가지 형식으로 구분할 수 있는데 작업장 내부의 실내압을 양압(+)으로 유지시키고자 할 때 요구되는 급기 및 배기 방식을 각각 한 가지씩 쓰고, 이런 형식을 적용함으로써 얻게 되는 환기효과와 이를 적용할 수 있는 작업장의 예를 한 가지만 쓰시오.

풀이 ① 급기방식 : 기계력(동력)
② 배기방식 : 자연배출(개구부, 창)
③ 환기효과 : 청정공기 유입효과
④ 적용 작업장 : 청정산업(식품 · 의약 산업)

16 작업환경 개선 공학적 대책인 대치, 격리, 환기 중에서 대치의 공학적 대책 3가지를 쓰시오.

풀이 ① 공정의 변경   ② 시설의 변경   ③ 유해물질의 변경

17 저용량 에어 샘플러(low volume air sampler)로 시료채취를 한 결과 납의 정량치는 15μg 이고 총 흡인유량이 250L일 때 공기 중 납의 농도(mg/m³)를 구하시오. (단, 회수율은 95%로 가정한다.)

풀이

$$\text{농도}(\mathrm{mg/m^3}) = \frac{15\mu\mathrm{g} \times \mathrm{mg}/1{,}000\mu\mathrm{g}}{250\mathrm{L} \times 0.95 \times \mathrm{m^3}/1{,}000\mathrm{L}} = 0.06\mathrm{mg/m^3}$$

18 다음은 작업환경 측정횟수의 내용이다. (   ) 안에 알맞은 용어를 쓰시오.

사업주는 작업장 또는 작업공정이 신규로 가동되거나 변경되는 등으로 작업환경 측정 대상 작업장이 된 경우에는 그 날로부터 (①) 이내에 작업환경 측정을 실시하고, 그 후 반기에 (②) 이상 정기적으로 작업환경을 측정하여야 한다. 다만, 작업환경 측정결과가 다음 각 호의 어느 하나에 해당하는 작업장 또는 작업공정은 해당 유해인자에 대하여 그 측정일부터 (③)에 (④) 이상 작업환경을 측정해야 한다.

1. 화학적 인자(고용노동부장관이 정하여 고시하는 물질만 해당)의 측정치가 노출기준을 초과하는 경우
2. 화학적 인자(고용노동부장관이 정하여 고시하는 물질은 제외)의 측정치가 노출기준을 2배 이상 초과하는 경우

풀이 ① 30일   ② 1회   ③ 3개월   ④ 1회

2020년 제3회

산업위생관리산업기사

01 21℃, 1기압인 상태에서 공기의 밀도가 1.203kg/m³라고 할 때 38℃, 710mmHg에서의 공기밀도(kg/m³)를 구하시오.

풀이 우선 밀도보정계수(d_f)를 구하면

$$d_f = \frac{273+21}{(℃+273)} \times \frac{P}{760} = \frac{294}{38+273} \times \frac{710}{760} = 0.883$$

공기밀도$(kg/m^3) = 1.203kg/m^3 \times 0.883 = 1.06kg/m^3$

02 전체환기 적용조건 5가지를 쓰시오.

풀이
① 유해물질의 독성이 비교적 낮은 경우
② 유해물질이 증기나 가스일 경우
③ 동일한 작업장에 오염원이 분산되어 있는 경우
④ 유해물질이 시간에 따라 균일하게 발생될 경우
⑤ 유해물질의 발생량이 적은 경우
⑥ 국소배기로 불가능한 경우
⑦ 배출원이 이동성인 경우
⑧ 가연성 가스의 농축으로 폭발의 위험이 있는 경우 등
(위의 내용 중 5가지만 기술)

03 총 압력손실 계산방법 중 정압균형유지법의 장·단점을 각각 3가지씩 쓰시오.

풀이
(1) 장점
① 침식, 부식, 분진퇴적으로 인한 축적현상이 없어 덕트의 폐쇄가 일어나지 않는다.
② 분지관 설계가 잘못되거나 최대저항 경로 선정이 잘못되어도 설계 시 쉽게 발견할 수 있다.
③ 설계가 정확할 때에는 가장 효율적인 시설이 된다.
(2) 단점
① 설계 시 잘못된 유량을 고치기 어렵다.
② 설계가 복잡하고 시간이 걸린다.
③ 설계유량 산정이 잘못되었을 경우 수정은 덕트의 크기 변경을 필요로 한다.

2020

04 사람과 환경과의 사이에 일어나는 열교환에 미치는 온열요소 4가지를 쓰시오.

풀이 기온, 기류, 습도, 복사열

05 덕트 단면적이 0.038m²이고, 덕트 내 정압은 −64.5mmH₂O, 전압은 −20.5mmH₂O이다. 덕트 내의 반송속도(m/sec) 및 공기유량(m³/min)을 구하시오. (단, 공기의 밀도 1.2kg/m³)

풀이 ① 반송속도(V)

$$V = \sqrt{\frac{2g\mathrm{VP}}{\gamma}}$$

$\quad$ VP(동압)=전압−정압=$-20.5-(-64.5)=44\,\mathrm{mmH_2O}$

$$= \sqrt{\frac{2\times9.8\times44}{1.2}}$$

$$= 26.81\,\mathrm{m/sec}$$

② 공기유량(Q)

$\quad Q = A\times V = 0.038\,\mathrm{m^2}\times26.81\,\mathrm{m/sec}\times60\,\mathrm{sec/min} = 61.13\,\mathrm{m^3/min}$

06 음향출력이 1watt인 점음원으로부터 10m 떨어진 곳에서의 SPL을 구하시오. (단, 무지향성 음원, 자유공간)

풀이 $\mathrm{SPL} = \mathrm{PWL} - 20\log r - 11$

$$\mathrm{PWL} = 10\log\frac{1}{10^{-12}} = 120\mathrm{dB}$$

$$= 120\mathrm{dB} - 20\log10 - 11$$

$$= 89\mathrm{dB}$$

07 송풍기 크기가 같고 공기의 비중이 일정할 경우, 회전수와 풍량, 전압, 동력의 변화를 식으로 나타내시오.

풀이 ① 풍량은 회전속도비에 비례한다.

$$\frac{Q_2}{Q_1} = \frac{\mathrm{rpm}_2}{\mathrm{rpm}_1}$$

② 전압은 회전속도비의 제곱에 비례한다.

$$\frac{\mathrm{FTP}_2}{\mathrm{FTP}_1} = \left(\frac{\mathrm{rpm}_2}{\mathrm{rpm}_1}\right)^2$$

③ 동력은 회전속도비의 세제곱에 비례한다.

$$\frac{\mathrm{kW}_2}{\mathrm{kW}_1} = \left(\frac{\mathrm{rpm}_2}{\mathrm{rpm}_1}\right)^3$$

08 개인시료채취의 정의 및 개인시료채취 시 측정위치를 쓰시오.

풀이 ① 개인시료채취의 정의 : 개인시료채취기를 이용하여 가스 · 증기 · 분진 · 흄 · 미스트 등을 근로자의 호흡위치에서 채취하는 것
② 개인시료채취 시 측정위치 : 호흡기를 중심으로 반경 30cm인 반구

09 태양광선이 내리쬐지 않는 옥외 작업장에서 고온의 영향을 평가하기 위하여 아스만 통풍건습계 및 흑구온도계 등으로 측정한 결과 자연습구온도 29℃, 건구온도 32℃, 흑구온도 40℃일 때 WBGT를 구하고, 중등작업으로 연속작업 시 고열에 대한 노출기준을 평가하시오.

풀이 ① 옥내 또는 옥외(태양광선이 내리쬐지 않는 장소)의 WBGT
WBGT(℃) = (0.7×자연습구온도) + (0.3×흑구온도)
= (0.7×29℃) + (0.3×40℃)
= 32.3℃
② 노출기준 평가
중등작업으로 연속작업 시 노출기준인 26.7℃보다 높기 때문에 초과 판정

10 여과포집방법에서 여과지 선정 시 구비조건 4가지를 쓰시오.

풀이 ① 포집대상 입자의 입도 분포에 대하여 포집효율이 높을 것(0.3μm의 입자가 95% 이상 포집이 가능할 것)
② 포집 시의 흡인저항은 될 수 있는 대로 낮을 것(압력손실이 적을 것)
③ 접거나 구부리더라도 파손되지 않고 찢어지지 않을 것
④ 될 수 있는 대로 가볍고, 1매당 무게의 불균형이 적을 것
⑤ 될 수 있는 대로 흡습률이 낮을 것
⑥ 측정대상 물질의 분석상 방해가 되는 것과 같은 불순물을 함유하지 않을 것
(위의 내용 중 4가지만 기술)

11 국소배기설비에서 필요송풍량을 최소화하기 위한 방법 3가지를 쓰시오.

풀이 ① 가능한 한 오염물질 발생원에 가까이 설치한다(포집식 및 레시버식 후드).
② 제어속도는 작업조건을 고려하여 적정하게 선정한다.
③ 작업이 방해되지 않도록 설치하여야 한다.
④ 오염물질 발생 특성을 충분히 고려하여 설계하여야 한다.
⑤ 가급적이면 공정을 많이 포위한다.
⑥ 후드 개구면에서 기류가 균일하게 분포되도록 설계한다.
⑦ 공정에서 발생 또는 배출되는 오염물질의 절대량을 감소시킨다.
(위의 내용 중 3가지만 기술)

2020

12 실내에서 발생하는 CO_2 양이 1인당 21L/hr일 때 시간당 공기교환횟수는? (단, 실내용적 400m³, 실내인원 30명, CO_2 허용농도 0.08%, 외기 CO_2 농도 0.02%)

풀이　필요환기량(Q)

$$Q(\mathrm{m^3/hr}) = \frac{M}{C_s - C_o} \times 100$$

$$= \frac{21\mathrm{L/인 \cdot hr} \times 30인}{(0.08 - 0.02)\%} \times 100$$

$$= 1,050,000\mathrm{L/hr} \times \mathrm{m^3/1,000L}$$

$$= 1,050\mathrm{m^3/hr}$$

시간당 공기교환횟수(ACH)

$$ACH = \frac{필요환기량}{작업장\ 용적} = \frac{1,050\mathrm{m^3/hr}}{400\mathrm{m^3}} = 2.63회(시간당\ 3회)$$

13 작업환경측정 및 정도관리 등에 관한 고시상의 시료채취방법 5가지를 쓰시오.

풀이　① 액체채취방법
② 고체채취방법
③ 직접채취방법
④ 냉각응축채취방법
⑤ 여과채취방법

14 다음 A, B, C 혼합물의 공기 중 허용농도와 각 구성별 허용농도를 구하시오.

물 질	구성비(%)	노출기준(mg/m³)
A	40	1,500
B	25	1,800
C	35	800

풀이　(1) 혼합물의 허용농도(TLV)

$$\mathrm{TLV(mg/m^3)} = \frac{1}{\dfrac{f_a}{\mathrm{TLV}_a} + \dfrac{f_b}{\mathrm{TLV}_b} + \dfrac{f_n}{\mathrm{TLV}_n}} = \frac{1}{\dfrac{0.4}{1,500} + \dfrac{0.25}{1,800} + \dfrac{0.35}{800}}$$

$$= 1186.16\mathrm{mg/m^3}$$

(2) 각 물질의 허용농도
① A물질 = 1186.16 × 0.4 = 474.46mg/m³
② B물질 = 1186.16 × 0.25 = 296.54mg/m³
③ C물질 = 1186.16 × 0.35 = 415.16mg/m³

15 다음 항목의 사무실 공기관리지침상 관리기준을 쓰시오.

(1) 미세먼지(PM 10)
(2) 일산화탄소
(3) 총 휘발성 유기화합물

풀이
(1) 미세먼지(PM 10) : $100\mu\mathrm{g/m^3}$ 이하
(2) 일산화탄소 : 10ppm 이하
(3) 총 휘발성 유기화합물 : $500\mu\mathrm{g/m^3}$ 이하

16 다음에서 설명하는 용어를 각각 쓰시오.

(1) 상온에서 액체인 물질의 교반, 발포, 스프레이 작업 시 공기 중에서 발생하는 액체 미립자
(2) 상온에서 고체상태의 물질이 용융되어 공기 중에서 응결을 일으켜 생기는 작은 고체성 입자
(3) 유기물질이 불완전연소되어 만들어진 에어로졸의 혼합체

풀이
(1) 미스트(mist)
(2) 흄(fume)
(3) 연기(smoke)

17 덕트 내 속도압이 30mmH₂O인 경우 덕트 내 공기의 속도(m/sec)를 구하시오. (단, 공기밀도 1.203kg/m³)

풀이
$$\mathrm{VP} = \frac{\gamma V^2}{2g}$$

$$V(\mathrm{m/sec}) = \sqrt{\frac{2g\mathrm{VP}}{\gamma}} = \sqrt{\frac{2 \times 9.8 \times 30}{1.203}} = 22.11\,\mathrm{m/sec}$$

01 세정식 집진장치의 장점 5가지를 쓰시오.

풀이
① 단일장치로 입자상 외에 가스상 오염물질을 제거할 수 있다.
② 고온가스의 취급이 용이하다.
③ 습한 가스, 점착성 입자를 폐색 없이 처리가 가능하다.
④ 인화성 · 가연성 · 폭발성 입자를 처리할 수 있다.
⑤ 산 · 알칼리 가스의 중화 처리가 가능하다.

02 TWA, STEL, C에 대하여 각각의 정의를 쓰시오.

풀이
① TWA(시간가중 평균노출기준)
    1일 8시간, 주 40시간 동안의 평균농도로서 거의 모든 근로자가 평상작업에서 반복하여
    노출되더라도 건강장애를 일으키지 않는 공기 중 유해물질의 노출기준
② STEL(단시간 노출기준)
    근로자가 1회 15분간 유해인자에 노출되는 경우의 노출기준
③ C(최고 노출기준)
    근로자가 1일 작업시간 동안 잠시라도 노출되어서는 안 되는 노출기준

03 환기시스템에서 공기공급시스템이 필요한 이유 5가지를 쓰시오.

풀이
① 국소배기장치의 원활한 작동을 위하여
② 국소배기장치의 효율 유지를 위하여
③ 안전사고를 예방하기 위하여
④ 에너지(연료)를 절약하기 위하여
⑤ 작업장 내의 방해기류(교차기류)가 생기는 것을 방지하기 위하여
⑥ 외부공기가 정화되지 않은 채로 건물 내로 유입되는 것을 막기 위하여
(위의 내용 중 5가지만 기술)

04 환기시스템에서 설계 시보다 제어풍속(제어속도) 성능이 감소하는 이유 3가지를 쓰시오.

풀이
① 송풍기의 송풍량 부족
② 덕트(duct) 내 분진 퇴적
③ 집진장치 내 분진 퇴적

05 전체환기의 적용조건 5가지를 쓰시오.

풀이
① 유해물질의 독성이 비교적 낮은 경우
② 동일한 작업장에 오염원이 분산되어 있는 경우
③ 유해물질이 시간에 따라 균일하게 발생될 경우
④ 유해물질의 발생량이 적은 경우
⑤ 유해물질이 증기나 가스일 경우
⑥ 배출원이 이동성인 경우
⑦ 국소배기로 불가능한 경우
⑧ 가연성 가스의 농축으로 폭발의 위험이 있는 경우 등
(위의 내용 중 5가지만 기술)

06 분진 발생 작업 시 일반적인 대책 6가지를 쓰시오.

풀이
① 작업공정의 습식화(습식방법)
② 작업장소의 밀폐 또는 포위(비산 억제)
③ 국소배기장치 설치
④ 전체환기시설 설치
⑤ 생산기술이나 작업공정을 변경(대치방법)
⑥ 개인보호구(방진마스크) 지급 및 착용

07 집진장치의 종류를 원리에 따라 5가지로 쓰시오.

풀이
① 중력집진장치
② 관성력집진장치
③ 원심력집진장치
④ 여과집진장치
⑤ 전기집진장치

08 어떤 작업장의 소음이 105dB(A)이고, 근로자는 차음평가지수(NRR)가 19인 귀덮개를 착용하고 있다. 미국 OSHA의 계산방법에 의해 차음효과와 근로자가 노출되는 음압수준을 구하시오.

풀이
① 차음효과 = (NRR − 7) × 0.5
$\qquad$ = (19 − 7) × 0.5
$\qquad$ = 6dB(A)
② 노출음압수준 = 105dB(A) − 6dB(A)
$\qquad$ = 99dB(A)

09 A작업장에서는 아세톤(분자량 58.08, 비중 0.79)이 시간당 1,200mL, 메틸알코올(분자량 32.04, 비중 0.792)이 시간당 950mL가 증발되어 모두 공기와 혼합되고 있다. 작업환경측정 결과 아세톤(TLV 500ppm)이 300ppm, 메틸알코올(TLV 200ppm)이 150ppm이었을 때 노출기준의 초과여부를 평가하고, 필요환기량(m^3/min)을 구하시오. (단, 아세톤과 메틸알코올에 대한 안전계수는 각각 4, 6이고, 두 물질은 서로 상가작용을 하며, 주위는 25℃, 1atm으로 온도보정에 대하여는 고려하지 않는다.)

풀이 (1) 노출기준 평가

$$노출지수 = \frac{C_1}{TLV_1} + \frac{C_2}{TLV_2} = \frac{150}{200} + \frac{300}{500} = 1.35$$

1보다 크므로, 노출기준 초과 평가

(2) 총 필요환기량(Q_T)

① 아세톤

사용량(g/hr)

$$1.2L/hr \times 0.79g/mL \times 1,000mL/L = 948g/hr$$

발생률(G : L/hr)

$$58.08g : 24.45L = 948g/hr : G(L/hr)$$

$$G = \frac{24.45L \times 948g/hr}{58.08g} = 399.08L/hr$$

필요환기량(Q_1)

$$Q_1 = \frac{G}{TLV} \times K$$

$$= \frac{399.08L/hr}{500ppm} \times 4 = \frac{399.08L/hr \times 1,000mL/L}{500mL/m^3} \times 4$$

$$= 3192.65\,m^3/hr$$

② 메틸알코올

사용량(g/hr)

$$0.95L/hr \times 0.792g/mL \times 1,000mL/L = 752g/hr$$

발생률(G : L/hr)

$$32.04g : 24.45L = 752g/hr : G(L/hr)$$

$$G = \frac{24.45L \times 752g/hr}{32.04g} = 573.86L/hr$$

필요환기량(Q_2)

$$Q_2 = \frac{G}{TLV} \times K$$

$$= \frac{573.86L/hr}{200ppm} \times 6 = \frac{573.86L/hr \times 1,000mL/L}{200mL/m^3} \times 6$$

$$= 17215.73\,m^3/hr$$

$$Q_T = Q_1 + Q_2$$

$$= 3192.65 + 17215.73$$

$$= 20,408\,m^3/hr \times hr/60min$$

$$= 340\,m^3/min$$

10 생체 열용량 변화의 열평형방정식을 쓰고, 각 요소를 설명하시오.

풀이

열평형방정식

$\Delta S = M \pm C \pm R - E$

여기서, ΔS : 생체 열용량의 변화, M : 작업대사량

C : 대류에 의한 열교환, R : 복사에 의한 열교환

E : 증발에 의한 열교환(열손실 의미)

11 표준공기가 흐르고 있는 덕트의 Re가 2×10^4이다. 덕트의 반경이 20cm인 경우 덕트의 반송속도(m/sec)는? (단, 표준공기 동점성계수 $1.45 \times 10^{-5} m^2$/sec)

풀이

$Re = \dfrac{VD}{\nu}$ 에서 $V = \dfrac{Re \cdot \nu}{D} = \dfrac{(2 \times 10^4) \times (1.45 \times 10^{-5})}{(0.2 \times 2)} = 0.73 \text{m/sec}$

12 다음 ( ) 안에 알맞은 내용을 쓰시오.

"적정한 공기"라 함은 산소 농도의 범위가 18% 이상 (①)% 미만, 탄산가스의 농도가 (②)% 미만, 황화수소의 농도가 (③)ppm 미만, 일산화탄소 농도가 (④)ppm 미만인 수준의 공기를 말한다.

풀이

① 23.5 ② 1.5 ③ 10 ④ 30

13 용접작업 시 발생하는 fume을 제거하기 위하여 외부식 후드를 설치하려고 한다. 후드 개구면에서 fume 발생지점까지의 거리 30cm, 제어속도 0.5m/sec, 후드 직경 35cm일 때 필요송풍량(m³/min)을 구하시오.

풀이

$Q = V_c (10X^2 + A)$

$= 0.5 \text{m/sec} \times \left[(10 \times 0.3^2) \text{m}^2 + \left(\dfrac{3.14 \times 0.35^2}{4} \right) \text{m}^2 \right] \times 60 \text{sec/min} = 29.88 \text{m}^3/\text{min}$

14 송풍량이 60m³/min인 공간에 설치된 외부식 후드를 개구면적과 설치위치의 변경 없이 플랜지 부착 외부식 후드로 개조하였다. 이때 외부식 후드와 동일한 제어속도를 얻는 데 필요한 송풍량(m³/min)은?

풀이

플랜지 부착 시 25%의 송풍량이 절약되므로

$60 \text{m}^3/\text{min} \times (1 - 0.25) = 45 \text{m}^3/\text{min}$

2020

15 전자부품조립 작업장에서 근무자들이 오후 5시에 퇴근한 직후 실내공기를 측정한 결과 공기 중 CO_2 농도가 1,100ppm이었고, 작업장에 근무자들이 없는 상태로 2시간이 경과한 오후 7시에 측정한 CO_2 농도는 380ppm이었다. 이 작업장의 시간당 공기교환횟수를 구하시오. (단, 이때 외부공기 중 CO_2 농도는 340ppm이다.)

풀이 ┃ 시간당 공기교환횟수

$$= \frac{\ln(측정\ 초기\ 농도 - 외부의\ CO_2\ 농도) - \ln(시간이\ 지난\ 후\ CO_2\ 농도 - 외부의\ CO_2\ 농도)}{경과된\ 시간(hr)}$$

$$= \frac{\ln(1,100 - 340) - \ln(380 - 340)}{2hr}$$

$$= 1.47 회(시간당)$$

16 공기 중 혼합물로서 carbon tetrachloride(TLV=10ppm) 5ppm, 1,2-dichloroethane (TLV=50ppm) 25ppm, 1,2-dibromoethane(TLV=20ppm) 5ppm으로 존재 시 허용농도 초과여부를 평가하고, 보정된 허용기준을 구하여라. (단, 혼합물은 상가작용을 한다.)

풀이 ┃ ① 노출지수(EI) $= \dfrac{C_1}{TLV_1} + \dfrac{C_2}{TLV_2} + \cdots + \dfrac{C_n}{TLV_n}$

$$= \frac{5}{10} + \frac{25}{50} + \frac{5}{20}$$

$$= 1.25$$

1을 초과하므로, 허용농도 초과 판정

② 보정된 허용농도(기준) $= \dfrac{혼합물의\ 공기\ 중\ 농도(C_1 + C_2 + C_3)}{노출지수}$

$$= \frac{(5 + 25 + 5)}{1.25} = \frac{35}{1.25}$$

$$= 28ppm$$

17 톨루엔을 활성탄관을 이용하여 분석하였더니 활성탄관 앞 층(100mg층)에서 22.0mg이 검출되었고, 뒤 층(50mg층)에서 0.225mg이 검출되었다. 이때, 앞 층과 뒤 층을 구분하는 이유와 공기 중 농도(ppm)를 구하시오. (단, 공기채취량 850L, 25℃, 1기압 기준)

풀이 ┃ ① 앞ㆍ뒤 층을 구분하는 이유는 시료채취를 정확하게 하고, 파과현상으로 인한 오염물질의 과소평가를 방지하기 위함이다.

② 공기 중 농도(ppm)

$$농도(mg/m^3) = \frac{분석량}{부피} = \frac{(22.0 + 0.225)mg}{850L \times m^3/1,000L} = 26.15mg/m^3$$

$$농도(ppm) = 26.15mg/m^3 \times \frac{24.45}{92.13} = 6.94ppm$$

18 다음은 고열작업장의 노출기준이다. (   ) 안에 알맞은 내용을 쓰시오.

(단위 : ℃, WBGT)

작업과 휴식시간 비 작업강도	경작업	중등작업	중작업
계속 작업	(③)	26.7	25.0
매 시간 75% 작업, 25% 휴식	30.6	(④)	25.9
매 시간 50% 작업, 50% 휴식	31.4	29.4	27.9
매 시간 (①) 작업, (②) 휴식	32.2	31.1	30.0

풀이 ① 25%   ② 75%   ③ 30.0   ④ 28.0

꿈을 이루지 못하게 만드는 것은 오직하나
실패할지도 모른다는 두려움일세...
-파울로 코엘료(Paulo Coelho)-
☆
해 보지도 않고 포기하는 것보다는 된다는 믿음을 가지고
열심히 해 보는 건 어떨까요?
말하는 대로 이루어지는 당신의 미래를 응원합니다. ^^

01 어떤 작업장의 소음이 105dB(A)이고, 근로자는 차음평가지수(NRR)가 19인 귀덮개를 착용하고 있다. 미국 OSHA의 계산방법에 의하여, 차음효과와 근로자가 노출되는 음압수준을 구하시오.

풀이
① 차음효과＝$(NRR - 7) \times 0.5 = (19 - 7) \times 0.5 = 6dB(A)$
② 노출음압수준＝$105dB(A) - 6dB(A) = 99dB(A)$

02 입자상 물질이 여과지에 채취되는 작용기전 5가지를 쓰시오.

풀이
① 직접차단(간섭)
② 관성충돌
③ 확산
④ 중력침강
⑤ 정전기침강
⑥ 체(질)
(위의 내용 중 5가지만 기술)

03 1일 12시간 작업 시 메틸클로로헥산(TLV＝100ppm)의 허용농도를 보정하여 계산하시오. (단, Brief와 Scala의 보정방법 적용)

풀이
$$RF = \left(\frac{8}{H} \right) \times \left(\frac{24 - H}{16} \right) = \left(\frac{8}{12} \right) \times \left(\frac{24 - 12}{16} \right) = 0.5$$

보정된 허용농도＝$TLV \times RF$
$= 100ppm \times 0.5 = 50ppm$

04 유해가스 처리를 위해 연소법을 적용하기 위한 조건 3가지를 쓰시오.

풀이
① 배출가스량이 많은 경우
② 가연성의 유해가스인 경우
③ 유해가스의 농도가 낮은 경우

05 A작업장에서는 아세톤(분자량 58.08, 비중 0.79)이 시간당 1,200mL, 메틸알코올(분자량 32.04, 비중 0.792)이 시간당 950mL가 증발되어 모두 공기와 혼합되고 있다. 작업환경측정 결과 아세톤(TLV 500ppm)이 300ppm, 메틸알코올(TLV 200ppm)이 150ppm이었을 때, 노출기준의 초과 여부를 평가하고 필요환기량(m^3/min)을 구하시오. (단, 아세톤과 메틸알코올에 대한 안전계수는 각각 4, 6이고, 두 물질은 서로 상가작용을 하며, 주위는 25℃, 1atm으로 온도보정에 대하여는 고려하지 않는다.)

풀이 (1) 노출기준 평가

$$노출지수 = \frac{C_1}{TLV_1} + \frac{C_2}{TLV_2} = \frac{150}{200} + \frac{300}{500} = 1.35$$

1보다 크므로, 노출기준 초과 평가

(2) 총 필요환기량(Q_T)

① 아세톤
- 사용량(g/hr)

    1.2L/hr × 0.79g/mL × 1,000mL/L = 948g/hr
- 발생률(G : L/hr)

    58.08g : 24.45L = 948g/hr : G(L/hr)

    $$G = \frac{24.45L \times 948g/hr}{58.08g} = 399.08L/hr$$
- 필요환기량(Q_1)

    $$Q_1 = \frac{G}{TLV} \times K$$

    $$= \frac{399.08L/hr}{500ppm} \times 4 = \frac{399.08L/hr \times 1,000mL/L}{500mL/m^3} \times 4 = 3192.65\,m^3/hr$$

② 메틸알코올
- 사용량(g/hr)

    0.95L/hr × 0.792g/mL × 1,000mL/L = 752g/hr
- 발생률(G : L/hr)

    32.04g : 24.45L = 752g/hr : G(L/hr)

    $$G = \frac{24.45L \times 752g/hr}{32.04g} = 573.86L/hr$$
- 필요환기량(Q_2)

    $$Q_2 = \frac{G}{TLV} \times K$$

    $$= \frac{573.86L/hr}{200ppm} \times 6 = \frac{573.86L/hr \times 1,000mL/L}{200mL/m^3} \times 6 = 17215.73\,m^3/hr$$

∴ $Q_T = Q_1 + Q_2 = 3192.65 + 17215.73 = 20,408\,m^3/hr \times hr/60min = 340\,m^3/min$

06 원형 덕트에 난기류가 흐르고 있을 경우 덕트의 직경을 $\frac{1}{2}$로 하면 직관 부분의 압력손실은 몇 배로 증가하는지 구하시오. (단, 유량, 관마찰계수는 변하지 않는다고 한다.)

풀이

$\Delta P = 4 \times f \times \dfrac{L}{D} \times \dfrac{\gamma V^2}{2g}$ 에서 f, L, γ, g는 상수이므로, $\Delta P_1 = \dfrac{V^2}{D}$

$Q = A \times V = \dfrac{\pi D^2}{4} \times V$ 에서 Q는 일정, D가 $\dfrac{1}{2}$로 줄면 $V = 4$배

$\left.\begin{array}{l} Q = \dfrac{\pi D^2}{4} \times V, \quad V = \dfrac{4Q}{\pi D^2} \\[4mm] Q = \dfrac{\pi \left(\dfrac{D}{2}\right)^2}{4} \times V, \quad V = \dfrac{16Q}{\pi D^2} \end{array}\right\} V = 4V$

$V = 4V$, $D = \dfrac{D}{2}$인 압력손실 $\Delta P_2 = \dfrac{(4V)^2}{\dfrac{D}{2}} = \dfrac{32V^2}{D}$

$\therefore$ 증가된 압력손실$(\Delta P) = \dfrac{\Delta P_2}{\Delta P_1} = \dfrac{\dfrac{32V^2}{D}}{\dfrac{V^2}{D}} = 32$배

---

07 국소배기장치 적용 시 조건을 5가지만 쓰시오.

풀이
① 높은 증기압의 유기용제인 경우
② 유해물질 발생량이 많은 경우
③ 유해물질 독성이 강한 경우(낮은 허용기준치를 갖는 유해물질)
④ 근로자의 작업위치가 유해물질 발생원 가까이에 근접해 있는 경우
⑤ 발생주기가 균일하지 않은 경우
⑥ 발생원이 고정되어 있는 경우
⑦ 법적 의무설치사항인 경우
(위의 내용 중 5가지만 기술)

---

08 원형 덕트에서 90° 곡관의 직경이 20cm이고 굴곡반경이 50cm일 때, 압력손실계수는 0.22이고 공기의 속도압은 20mmH₂O였다. 45° 곡관일 때의 압력손실(mmH₂O)을 구하시오.

풀이

압력손실$(\Delta P) = \xi \times \text{VP} \times \dfrac{\theta}{90} = 0.22 \times 20 \times \dfrac{45}{90} = 2.2 \, \text{mmH}_2\text{O}$

---

09 두 가지 이상의 화학물질에 동시에 노출되는 경우 건강에 미치는 영향은 각 화학물질 간 상호작용에 따라 다르게 나타난다. 이와 같이 2가지 이상의 화학물질이 동시에 작용할 때 물질 간 상호작용의 종류를 4가지 쓰고, 간단히 설명하시오.

풀이
① 상가작용 : 각 유해인자의 독성 합만큼 독성 결과를 나타내는 작용(2+3=5)
② 상승작용 : 각 유해인자의 독성 합보다 독성 결과가 훨씬 커짐을 나타내는 작용(2+3=20)
③ 잠재작용 : 독성 영향을 나타내지 않는 물질이 다른 물질과 복합적으로 노출 시 독성 결과가 커지는 작용(2+0=10)
④ 길항작용 : 독성 영향이 있는 각 물질이 서로의 작용을 방해하여 독성 결과가 작아지는 작용(2+3=1)

10 국소배기장치 성능시험 시 필수장비 4가지를 쓰시오.

풀이　① 발연관(연기발생기 ; smoke tester)
② 청음기 또는 청음봉
③ 절연저항계
④ 표면온도계 및 초자온도계
⑤ 줄자
(위의 내용 중 4가지만 기술)

11 다음 조건에서 시간당 공기교환횟수(ACH)를 구하시오.

- 작업장(실내) 체적 : 50m³
- 실내에서 발생하는 1인당 CO_2 발생량 : 2.1L/hr
- 실내 인원 : 20명
- 외기 CO_2 농도 : 0.03%, 실내 CO_2 허용농도 : 0.1%

풀이
$$ACH = \frac{필요환기량}{작업장\ 용적}$$
$$필요환기량 = \frac{2.1L/인 \cdot hr \times 20인 \times m^3/1{,}000L}{0.1-0.03} \times 100 = 60m^3/hr$$
$$= \frac{60m^3/hr}{50m^3} = 1.2회(시간당)$$

12 덕트 직경이 10cm, 공기 유속이 2m/sec일 때의 Reynold수를 구하시오. (단, 공기의 점성계수는 1.8×10^{-5}kg/m · sec이고, 공기 밀도는 1.2kg/m³로 가정한다.)

풀이
$$Re = \frac{\rho VD}{\mu} = \frac{1.2 \times 2 \times 0.1}{1.8 \times 10^{-5}} = 13{,}333$$

13 어떤 물질의 독성에 관한 인체실험 결과 안전흡수량이 체중 kg당 0.06mg이었다. 체중 70kg인 사람이 1일 8시간 작업 시 이 물질의 체내 흡수를 안전흡수량 이하로 유지하려면 이 물질의 공기 중 농도를 얼마 이하로 규제하여야 하는가? (단, 작업 시 폐환기율 0.98m³/hr, 체내잔류율 1.0)

풀이　안전흡수량(SHD) $= C \times T \times V \times R$
$$C = \frac{SHD}{T \times V \times R} = \frac{0.06mg/kg \times 70kg}{8hr \times 0.98m^3/hr \times 1.0} = 0.54mg/m^3$$

14 누적소음노출량 측정기의 법정 설정기준과 청감보정 특성을 쓰시오.

풀이
(1) 법정 설정기준
① criteria : 90dB
② exchange rate : 5dB
③ threshold : 80dB
(2) 청감보정 특성 : A특성[dB(A)]

15 벤젠이 시간당 2.7L 사용되는 작업장에서 0℃, 1기압일 때 벤젠의 증발량(L/hr)을 구하시오. (단, 벤젠의 분자량은 78, 비중은 0.880이다.)

풀이
용량(L)을 중량(g)으로 전환하면, $2.7\text{L/hr} \times 0.880\text{g/mL} \times 1{,}000\text{mL/L} = 2{,}376\text{g/hr}$
$78\text{g} : 22.4\text{L} = 2{,}376\text{g/hr} : G(\text{L/hr})$
벤젠 증발량$(G) = \dfrac{22.4\text{L} \times 2{,}376\text{g/hr}}{78\text{g}} = 682.34\text{L/hr}$

16 외부식 후드의 방해기류를 방지하고 송풍량을 절약하기 위한 기구(방법)를 3가지 쓰시오.

풀이
① 테이퍼(taper, 경사접합부) 설치   ② 분리날개(splitter vanes) 설치
③ 슬롯(slot) 사용   ④ 차폐막 이용
(위의 내용 중 3가지만 기술)

17 흡습성이 낮기 때문에 분진의 중량분석에 사용되며, 유리규산을 채취하여 X선 회절법으로 분석하는 여과지를 쓰시오.

풀이
PVC막 여과지

18 공기 중 벤젠(분자량=78.1)을 활성탄에 0.1L/min의 유량으로 3시간 동안 채취하여 분석한 결과 1.5mg이 나왔다. 공기 중 벤젠의 농도는 몇 ppm인지 구하시오. (단, 공시료에서는 벤젠이 검출되지 않았으며, 25℃, 1기압이다.)

풀이
농도를 구하여 단위를 변환(mg/m³ ⇨ ppm)한다.
농도$(\text{mg/m}^3) = \dfrac{\text{질량(분석)}}{\text{공기 채취량}}$
[공기 채취량=유량(L/min)×시료채취시간(min)이므로]
$= \dfrac{1.5\text{mg}}{0.1\text{L/min} \times 180\text{min}} = \dfrac{1.5\text{mg}}{18\text{L} \times (\text{m}^3/1{,}000\text{L})} = 83.33\text{mg/m}^3$
농도$(\text{ppm}) = 83.33\text{mg/m}^3 \times \dfrac{24.45}{78.1} = 26.09\text{ppm}$

01 사염화에틸렌 3,500ppm이 공기 중에 존재한다고 할 때 공기와 사염화에틸렌 혼합물의 유효비중을 구하시오. (단, 사염화에틸렌의 비중은 5.7, 공기의 비중은 1.0이며, 답은 소수점 셋째 자리에서 반올림하여 쓰시오.)

풀이 $\text{유효비중} = \dfrac{(3,500 \times 5.7) + (996,500 \times 1.0)}{1,000,000} = 1.02$

02 전체환기는 분진(dust), 흄(fume)이 발생하는 장소에서는 적용할 수 없는데, 그 이유를 국소배기장치와 비교하여 3가지만 쓰시오.

풀이 ① 작업장 내 청소비와 작업인력비용이 크기 때문에
② 비중을 갖고 있는 입자상 물질은 희석력보다 강제력에 의한 국소배기를 적용해야 하기 때문에
③ 실내 방해기류에 의한 재비산이 발생할 수 있기 때문에

03 작업환경측정방법에서 TWA가 설정되어 있는 대상물질을 측정하는 경우에는 1일 작업시간 동안 6시간 이상 연속 측정하거나 작업시간을 등간격으로 나누어 6시간 이상 연속 분리하여 측정하여야 한다. 예외규정으로 대상물질의 발생시간 동안 측정할 수 있는 경우 3가지를 쓰시오.

풀이 ① 대상물질의 발생시간이 6시간 이하인 경우
② 불규칙 작업으로 6시간 이하의 작업인 경우
③ 발생원에서 발생시간이 간헐적인 경우

04 ACGIH의 입자 크기에 따른 종류 3가지와 각각의 평균입경을 쓰시오.

풀이 ① 흡입성 입자상 물질 : $100\mu m$
② 흉곽성 입자상 물질 : $10\mu m$
③ 호흡성 입자상 물질 : $4\mu m$

05 다음은 작업환경 측정횟수의 내용이다. ( ) 안에 알맞은 용어를 쓰시오.

> 사업주는 작업장 또는 작업공정이 신규로 가동되거나 변경되는 등으로 작업환경 측정 대상 작업장이 된 경우에는 그 날로부터 (①) 이내에 작업환경 측정을 실시하고, 그 후 반기에 (②) 이상 정기적으로 작업환경을 측정하여야 한다. 다만, 작업환경 측정결과가 다음 각 호의 어느 하나에 해당하는 작업장 또는 작업공정은 해당 유해인자에 대하여 그 측정일부터 (③)에 (④) 이상 작업환경을 측정해야 한다.
> 1. 화학적 인자(고용노동부장관이 정하여 고시하는 물질만 해당)의 측정치가 노출기준을 초과하는 경우
> 2. 화학적 인자(고용노동부장관이 정하여 고시하는 물질은 제외)의 측정치가 노출기준을 2배 이상 초과하는 경우

풀이
① 30일
② 1회
③ 3개월
④ 1회

06 근로자의 상시작업장 작업면의 조도기준을 쓰시오.

풀이
① 초정밀 작업 : 750lux 이상
② 정밀 작업 : 300lux 이상
③ 보통 작업 : 150lux 이상
④ 그 밖의 작업 : 75lux 이상

07 작업장의 온열조건이 다음과 같을 때, 햇빛이 없는 옥내·옥외 및 햇빛이 내리쬐는 옥외의 WBGT(℃)를 계산하시오.

> 흑구온도 27℃, 건구온도 26℃, 자연습구온도 25℃

풀이
① 햇빛이 없는 옥내 및 옥외

$$WBGT(℃) = (0.7 \times 자연습구온도) + (0.3 \times 흑구온도)$$
$$= (0.7 \times 25℃) + (0.3 \times 27℃)$$
$$= 25.6℃$$

② 햇빛이 내리쬐는 옥외

$$WBGT(℃) = (0.7 \times 자연습구온도) + (0.2 \times 흑구온도) + (0.1 \times 건구온도)$$
$$= (0.7 \times 25℃) + (0.2 \times 27℃) + (0.1 \times 26℃)$$
$$= 25.5℃$$

2021

08 유해물질의 종류 중 분진에 적용할 수 있는 공기정화장치의 종류 4가지를 쓰시오.

풀이
① 중력집진장치
② 관성력집진장치
③ 원심력집진장치
④ 여과집진장치

09 어떤 작업장의 소음이 105dB(A)이고, 근로자는 차음평가지수(NRR)가 19인 귀덮개를 착용하고 있다. 미국 OSHA의 계산방법에 의해 차음효과와 근로자가 노출되는 음압수준을 구하시오.

풀이
① 차음효과 $=(NRR-7) \times 0.5 = (19-7) \times 0.5 = 6dB(A)$
② 노출 음압수준 $= 105dB(A) - 6dB(A) = 99dB(A)$

10 두 분지관이 동일 합류점에서 만나 합류관을 이루도록 설계되어 있다. 한쪽 분지관의 송풍량은 200m³/min, 합류점에서 이관의 정압은 −30mmH₂O이며, 다른 쪽 분지관의 송풍량은 150m³/min, 합류점에서 이관의 정압은 −26mmH₂O일 경우, 합류점에서 유량의 균형을 유지하기 위한 다음의 내용을 구하시오.

(1) 정압비
(2) 보정된 필요환기량(m³/min)
(3) 합류관의 필요환기량(m³/min)

풀이
(1) 정압비

$$정압비 = \frac{압력손실이\ 큰\ 관의\ 정압}{압력손실이\ 작은\ 관의\ 정압} = \frac{-30}{-26} = 1.15$$

(2) 보정된 필요환기량(Q)

정압비가 1.2보다 작은 경우에는 관의 직경을 그대로 두고 더 낮은 압력손실 분지관의 공기 유량을 증가시킨다.

$$Q_{보정} = Q_{설계} \times \sqrt{\frac{압력손실이\ 큰\ 관의\ 정압}{압력손실이\ 작은\ 관의\ 정압}}$$

$$= 150m^3/min \times \sqrt{\frac{-30}{-26}}$$

$$= 161.13m^3/min$$

(3) 합류관의 필요환기량(Q')

$Q' = Q_{보정} +$ 한쪽 분지관의 송풍량

$= 161.13 + 200$

$= 361.13m^3/min$

11 재순환 공기의 CO_2 농도는 650ppm이고, 급기의 CO_2 농도는 550ppm이다. 급기 중의 외부 공기 포함량(%)을 구하시오. (단, 외부 공기의 CO_2 농도는 330ppm이다.)

풀이
$$급기\ 중\ 재순환량(\%) = \frac{급기\ CO_2\ 농도 - 외부\ CO_2\ 농도}{재순환\ CO_2\ 농도 - 외부\ CO_2\ 농도} \times 100$$
$$= \frac{550 - 330}{650 - 330} \times 100$$
$$= 68.75\%$$
급기 중 외부 공기 포함량(%) = $100 - 68.75 = 31.25\%$

12 화학물질 길항작용의 종류 3가지를 쓰고, 간단히 설명하시오.

풀이
① 화학적 길항작용
   두 화학물질이 반응하여 저독성의 물질을 형성하는 경우의 길항작용
② 기능적 길항작용
   동일한 생리적 기능에 길항작용을 나타내는 경우의 길항작용
③ 배분적 길항작용
   물질의 흡수, 대사 등에 영향을 미쳐 표적기관 내 축적기관의 농도가 저하되는 경우의 길항작용

참고 ①~③항 이외에
   수용적 길항작용
   두 화학물질이 같은 수용체에 결합하여 독성이 저하되는 경우의 길항작용

13 원심력식 송풍기를 날개 각도 기준으로 3가지로 분류하시오.

풀이
① 전향날개형 송풍기(다익형)
② 방사날개형 송풍기(평판형)
③ 후향날개형 송풍기(터보형)

14 근로자가 벤젠을 취급하다가 실수로 작업장 바닥에 2.0L를 흘렸다. 작업장이 21℃, 1atm이라고 가정할 때 공기 중으로 증발된 벤젠의 증기용량(L)을 구하시오. (단, 벤젠의 분자량은 78.11, 비중은 0.879이며, 바닥의 벤젠은 모두 증발한다.)

풀이
용량(L)을 중량(g)으로 변환
$2.0L \times 0.879g/mL \times 1,000mL/L = 1,758g$
$78.11g : 24.1L = 1,758g : G(L)$
$G(벤젠\ 증기용량) = \dfrac{24.1L \times 1758g}{78.11g} = 542.41L$

2021

15 다음 용어의 정의를 간단히 쓰시오.
(1) 제어속도　　　　　　　　　(2) 개구면 속도
(3) 충만실　　　　　　　　　　(4) 테이퍼
(5) 반송속도

풀이 (1) 제어속도
　　　유해물질을 후드 내부로 흡인하기 위하여 필요한 최소 풍속
(2) 개구면 속도
　　후드의 개구면상에서 측정한 기류속도
(3) 충만실
　　플레넘이라 하며, 후드 뒷부분에 위치하여 압력과 공기흐름을 균일하게 형성하는 데 필요한 장치
(4) 테이퍼
　　경사 접합부를 의미하며, 후드 개구면 속도를 균일하게 분포시키는 장치
(5) 반송속도
　　후드로 흡인한 유해물질이 덕트 내에 퇴적하지 않게 공기정화장치까지 운반하는 데 필요한 최소 속도

16 다음 그림의 물리적 직경을 써 넣으시오.

(1)　　　　　　　　　(2)　　　　　　　　　(3)

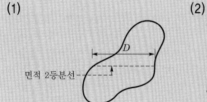 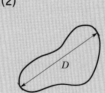 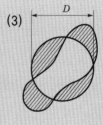

풀이 (1) 마틴 직경
(2) 페렛 직경
(3) 등면적 직경

17 반송속도를 이론치 또는 실험치보다 높게 설정하여야 하는 이유 3가지를 쓰시오.

풀이 ① 덕트의 일부분에 손상(형상이 찌그러지는 현상 등)이 생길 경우 그 부위에 저항이 생겨 공기유량과 속도가 감소되기 때문에
② 만약 1개 이상의 덕트를 차단할 경우 국소배기시설의 총 유량이 변화함에 따라, 특정 덕트상 어느 지점에서의 반송속도가 변화되기 때문에
③ 국소배기시설이 적절하게 가동되지 못하여 먼지 등이 이미 덕트 내에 침적되어 있을 경우, 이러한 침적된 먼지도 운반하여 제거할 수 있도록 반송속도를 유지해야 하기 때문에

18 전자부품 조립 작업장에서 근로자들이 오후 6시 30분에 퇴근한 직후 실내 공기를 측정한 결과 공기 중 CO_2 농도가 1,500ppm이었고, 작업장에 근로자들이 없는 상태로 오후 9시 30분에 측정한 CO_2 농도가 500ppm이었다. 이 작업장의 시간당 공기교환횟수를 구하시오. (단, 이때 외부 공기 중 CO_2 농도는 330ppm이다.)

풀이 시간당 공기교환횟수

$$= \frac{\ln(측정\ 초기\ CO_2\ 농도 - 외부\ CO_2\ 농도) - \ln(시간이\ 지난\ 후\ CO_2\ 농도 - 외부\ CO_2\ 농도)}{경과된\ 시간(hr)}$$

$$= \frac{\ln(1,500 - 330) - \ln(500 - 330)}{3hr}$$

$$= 0.64회(시간당)$$

2021

01 전체환기 적용조건 5가지를 쓰시오.

풀이
① 유해물질의 독성이 비교적 낮은 경우
② 유해물질이 증기나 가스일 경우
③ 동일한 작업장에 오염원이 분산되어 있는 경우
④ 유해물질이 시간에 따라 균일하게 발생될 경우
⑤ 유해물질의 발생량이 적은 경우
⑥ 국소배기로 불가능한 경우
⑦ 배출원이 이동성인 경우
⑧ 가연성 가스의 농축으로 폭발의 위험이 있는 경우 등
(위의 내용 중 5가지만 기술)

02 에틸벤젠(TLV=100ppm)을 사용하는 A작업장의 작업시간이 1일 10시간일 경우 허용농도를 보정하면 얼마나 되는지 구하시오. (단, Brief와 Scala의 보정방법 적용)

풀이
$$\mathrm{RF}=\frac{8}{H}\times\frac{24-H}{16}=\frac{8}{10}\times\frac{24-10}{16}=0.7$$
∴ 보정된 허용농도=TLV×RF=100ppm×0.7=70ppm

03 다음 조건에서 음향출력이 0.1watt인 작은 점음원으로부터 50m 떨어진 곳의 음압수준 (dB)은 얼마인지 각각 계산하시오.
(1) 무지향성 자유공간
(2) 무지향성 반자유공간

풀이
(1) 점음원, 자유공간
$$\mathrm{SPL}=\mathrm{PWL}-20\log r-11$$
$$=\left(10\log\frac{0.1}{10^{-12}}\right)-20\log 50-11=65\mathrm{dB}$$
(2) 점음원, 반자유공간
$$\mathrm{SPL}=\mathrm{PWL}-20\log r-8$$
$$=\left(10\log\frac{0.1}{10^{-12}}\right)-20\log 50-8=68\mathrm{dB}$$

04 온도 140℃, 압력 650mmHg 상태에서 관 내로 100m³/min의 유량이 흐르고 있다. 0℃, 1atm에서의 유량(m³/min)을 구하시오.

풀이

$$V_s = V_1 \times \frac{T_2}{T_1} \times \frac{P_1}{P_2}$$

$$= 100\text{m}^3/\text{min} \times \frac{273}{273+140} \times \frac{650}{760}$$

$$= 56.53\text{m}^3/\text{min}$$

05 진동에 의한 생체반응에 관여하는 인자 4가지를 쓰시오.

풀이
① 진동 강도
② 진동 수
③ 진동 방향
④ 진동 폭로시간

06 HCl, HF, SO₂와 같은 물질처럼 흡수제로 용해되는 가스의 채취기기와 그 이유를 쓰시오.

풀이
① 채취기기 : 실리카겔 흡착관
② 이유 : HCl, HF, SO₂ 등 무기화합물은 활성탄과 반응을 잘하므로 활성탄 흡착관은 사용할 수 없다(HCl은 끓는점이 낮아 활성탄보다는 실리카겔 흡착관으로 채취).

07 공기시료 채취용 펌프는 비누거품미터로 보정한다. 만약 1,000cc의 공간에 비누거품이 도달하는 데 소요되는 시간을 4번 측정한 결과 25.5초, 25.2초, 25.9초, 25.4초였을 경우, 이 펌프의 평균유량(L/min)을 구하시오.

풀이
우선 소요시간의 평균값을 구하면,

$$\text{평균값} = \frac{25.5 + 25.2 + 25.9 + 25.4}{4} = 25.5\text{sec}$$

$$1,000\text{cc}(1\text{L}) : 25.5\text{sec} = X(\text{L}) : 60\text{sec/min}$$

$$\therefore X(\text{펌프의 평균유량}) = \frac{1\text{L} \times 60\text{sec/min}}{25.5\text{sec}} = 2.35\text{L/min}$$

08 청감보정회로에서 A특성이 갖는 의미를 간단히 쓰시오.

풀이
A특성은 사람의 청감에 맞춘 것으로 순차적으로 40phon 등청감곡선과 비슷하게 주파수에 따른 반응을 보정하여 측정한 음압수준을 말한다.

2021

09 예비조사 시 측정계획서에 포함되어야 하는 내용 5가지를 쓰시오.

풀이
① 원재료의 투입과정부터 최종 제품 생산공정까지의 주요 공정 도식
② 해당 공정별 작업내용
③ 측정대상 공정 및 공정별 화학물질 사용실태
④ 측정대상 유해인자
⑤ 유해인자 발생주기
⑥ 종사 근로자 현황
⑦ 유해인자별 측정방법 및 측정 소요시간 등 필요한 사항
(위의 내용 중 5가지만 기술)

10 용접작업 시 작업환경대책 3가지를 쓰시오.

풀이
① 국소배기장치 및 전체환기장치 설치
② 개인보호구(방진마스크, 차광안경)
③ 작업 전 산소농도 수시점검 및 차광펜스 설치

11 단면적의 폭(W)이 30cm, 높이(D)가 15cm인 직사각형 덕트의 곡률반경(R)이 30cm로 구부러져 90° 곡관으로 설치되어 있다. 흡입공기의 속도압이 20mmH₂O일 때 다음 조건표를 이용하여 이 덕트의 압력손실(mmH₂O)을 구하시오.

형상비 / 반경비	$\xi = \Delta P / VP$					
	0.25	0.5	1.0	2.0	3.0	4.0
0.0	1.50	1.32	1.15	1.04	0.92	0.86
0.5	1.36	1.21	1.05	0.95	0.84	0.79
1.0	0.45	0.28	0.21	0.21	0.20	0.19
1.5	0.28	0.18	0.13	0.13	0.12	0.12
2.0	0.24	0.15	0.11	0.11	0.10	0.10
3.0	0.24	0.15	0.11	0.11	0.10	0.10

풀이

곡률반경비 $\left(R/D = \dfrac{30}{15} = 2.0\right)$
형상비 $\left(W/D = \dfrac{30}{15} = 2.0\right)$ 표에서, 압력손실계수(ξ)=0.11

∴ 압력손실(ΔP) = $\xi \times VP = 0.11 \times 20 = 2.2\,mmH_2O$

12 작업장 내 열부하량이 22,500kcal/hr이고, 온도가 35℃였다. 외기의 온도가 25℃일 때 필요환기량(m³/hr)을 구하시오.

풀이

$$필요환기량(Q) = \frac{H_s}{0.3\Delta t} = \frac{22,500}{0.3 \times (35-25)} = 7,500 \mathrm{m^3/hr}$$

13 작업환경개선의 기본원칙 4가지를 쓰고, 각각의 방법 혹은 대상을 1가지씩 쓰시오.

풀이
① 대치 : 유해물질의 변경
② 격리 : 저장물질의 격리
③ 환기 : 국소배기장치 설치
④ 교육 : 근로자에게 작업방법에 대해 교육

14 다음 〈보기〉를 보고, 국소배기장치의 구성 순서를 쓰시오.

〈보기〉 • 덕트   • 송풍기
       • 배출구   • 공기정화장치
       • 후드

풀이
후드 → 덕트 → 공기정화장치 → 송풍기 → 배출구

15 입자상 물질의 인체 내 호흡기계 침적기전을 5가지 쓰시오.

풀이
① 관성충돌
② 중력침강
③ 차단
④ 확산
⑤ 정전기

16 실리카겔이 활성탄에 비해 갖는 장점 3가지를 쓰시오.

풀이
① 극성 물질을 채취한 경우 물, 메탄올 등 다양한 용매로 쉽게 탈착한다.
② 추출용액(탈착용매)이 화학분석이나 기기분석에 방해물질로 작용하는 경우가 많지 않다.
③ 활성탄으로 채취가 어려운 아닐린, 오르토-톨루이딘 등의 아민류나 몇몇 무기물질의 채취가 가능하다.

2021

17 금속흄 시료를 8시간 동안 채취하였고, 여과지의 채취 전 무게는 80.78mg, 채취 후 무게는 84.54mg이었다. 시료포집 펌프의 유속이 2.0L/min이었다면 공기 중 흄 농도는 (mg/m³)는?

풀이

$$농도(mg/m^3) = \frac{시료채취\ 후\ 여과지\ 무게 - 시료채취\ 전\ 여과지\ 무게}{공기채취량}$$

$$= \frac{(84.54 - 80.78)mg}{2.0L/min \times 480min}$$

$$= \frac{3.76mg}{960L \times m^3/1,000L}$$

$$= 3.92mg/m^3$$

18 원심력식 집진시설(cyclone)의 점검사항 5가지를 쓰시오.

풀이
① 분진 배출구의 외관 및 내부 상태
② 분진 배출기능의 원활성
③ 막힘의 유무(테스트 함마로 조사)
④ 목부의 마찰도(초음파 측정기)
⑤ 배출부의 공기 유입상태

01 전체환기 적용조건 5가지를 쓰시오.

풀이
① 유해물질의 독성이 비교적 낮은 경우
② 유해물질이 증기나 가스일 경우
③ 동일한 작업장에 오염원이 분산되어 있는 경우
④ 유해물질이 시간에 따라 균일하게 발생될 경우
⑤ 유해물질의 발생량이 적은 경우
⑥ 국소배기로 불가능한 경우
⑦ 배출원이 이동성인 경우
⑧ 가연성 가스의 농축으로 폭발의 위험이 있는 경우 등
(위의 내용 중 5가지만 기술)

02 다음 (   ) 안에 알맞은 내용을 쓰시오.

"적정한 공기"라 함은 산소 농도의 범위가 18% 이상 (①)% 미만, 탄산가스의 농도가
(②)% 미만, 황화수소의 농도가 (③)ppm 미만, 일산화탄소 농도가 (④)ppm
미만인 수준의 공기를 말한다.

풀이
① 23.5   ② 1.5   ③ 10   ④ 30

03 시료채취 여과지 중 막 여과지의 종류 3가지를 쓰시오.

풀이
① MCE막 여과지
② PVC막 여과지
③ PTFE막 여과지
④ 은막 여과지
⑤ 핵기공(nucleopore filter) 여과지
(위의 내용 중 3가지만 기술)

04 덕트에서 속도압, 정압을 측정하는 표준기기의 명칭을 쓰시오.

풀이
피토튜브(피토관)

05 다음 방사선을 인체투과력이 높은 순서대로 쓰시오.

$$\gamma, \ \beta, \ 중성자, \ \alpha$$

풀이 중성자 $> \gamma > \beta > \alpha$

06 사염화탄소의 증기압이 90mmHg일 때 포화농도(%)를 구하시오.

풀이 포화농도(%)$= \dfrac{증기압}{760} \times 100 = \dfrac{90}{760} \times 100 = 11.84\%$

07 다음 빈칸에 적절한 세정집진장치의 형식을 쓰시오.

형 식	종 류
(1)	임펄스 스크러버, 타이젠 워셔
(2)	나선 안내익형, 분수형 스크러버
(3)	벤투리 스크러버, 사이클론 스크러버

풀이 (1) 회전식 (2) 유수식 (3) 가압수식

08 페인트 제조업체에서, 공기 중 혼합물로 벤젠 6ppm(TLV=10ppm), 톨루엔 80ppm (TLV=100ppm), 크실렌 60ppm(TLV=100ppm)이 존재 시 허용농도 초과 여부를 평가하고, 보정된 허용기준(농도)을 구하시오. (단, 상가작용)

풀이
① 노출지수(EI)$= \dfrac{C_1}{TLV_1} + \dfrac{C_2}{TLV_2} + \dfrac{C_3}{TLV_3} = \dfrac{6}{10} + \dfrac{80}{100} + \dfrac{60}{100} = 2$
  기준값 1보다 크므로, 허용농도 초과 평가
② 보정된 허용기준(농도)$= \dfrac{C_1 + C_2 + C_3}{EI} = \dfrac{6 + 80 + 60}{2} = 73ppm$

09 밀도는 1.30이고, 직경은 0.0015cm일 때, Lippman 식을 이용하여 침강속도(cm/sec)를 구하시오.

풀이
$V(\text{cm/sec}) = 0.003 \times \rho \times d^2$
$\qquad d = 0.0015\text{cm} \times 10^4 \mu\text{m/cm} = 15\mu\text{m}$
$\qquad = 0.003 \times 1.3 \times 15^2$
$\qquad = 0.88\,\text{cm/sec}$

10 Toluene 증기 100ppm을 함유하는 공기 200m³/min을 활성탄 1,000kg을 사용하여 흡착할 경우 흡착에 소요되는 시간(hr)을 구하시오. (단, Toluene의 활성탄에 대한 흡착률은 0.25kg/kg, Toluene 증기의 흡착률은 90%, Toluene 함유 배출가스 온도는 25℃이다.)

풀이 배출가스 중 포함된 Toluene의 양

$$= 100\text{mL/m}^3 \times 200\text{m}^3/\text{min} \times \left(\frac{273}{273+25}\right) \times \frac{92.13\text{g} \times 10^{-3}\text{kg/g}}{22,400\text{mL}}$$

$$= 0.075\text{kg/min}$$

활성탄 1,000kg에 대한 Toluene의 흡착량 $= 1,000\text{kg} \times 0.25\text{kg/kg} = 250\text{kg}$

흡착에 소요되는 시간(t)

$250\text{kg} = 0.075\text{kg/min} \times 0.9 \times t \times 60\text{min/hr}$

$t = 61.73\text{hr}$

11 용접작업 중의 건강보호 대책으로는 용접흄 대책, 유해가스 제거를 위한 환기 대책, 유해광선 차단을 위한 대책, 소음에 대한 대책, 고열에 대한 대책 등이 있다. 다음 〈보기〉 중 용접흄 대책과 유해광선 대책에 해당되는 것을 골라 각각 쓰시오.

〈보기〉 ① 아크광의 조도에 알맞은 차광번호의 차광안경을 착용시킨다.
② 용접작업 근로자에게 호흡기 보호구를 착용시킨다.
③ 용접작업 근로자에게 소음 보호구를 착용시킨다.
④ 환기량을 계산하여 국소배기장치 및 전체환기장치를 설치한다.
⑤ 황색의 난연성 비닐 커튼으로 차광용 커튼을 설치한다.
⑥ 작업장 조도를 65lux 미만으로 유지시킨다.

풀이 (1) 용접흄 대책 : ②, ④
(2) 유해광선 대책 : ①, ⑤

12 유해가스의 처리에 있어서 연소법으로 처리할 때의 3가지 방법을 쓰시오.

풀이 ① 직접 연소
② 간접 연소
③ 촉매 연소

13 송풍기를 기준으로 흡인덕트 내에서는 감압상태(−압력)가 되고, 배기덕트 내에서는 가압상태(+압력)가 되는 압력이 무엇인지를 쓰시오.

풀이 정압(SP ; Static Pressure)

14 유량을 보정하기 위한 2차 표준기구의 종류 3가지를 쓰시오.

풀이
① 로터미터　　　　　　　　② 습식 테스트미터
③ 건식 가스미터　　　　　　④ 오리피스미터
⑤ 열선기류계
(위의 내용 중 3가지만 기술)

15 여과집진장치(bag filter)의 장점 3가지를 쓰시오.

풀이
① 집진효율이 높다(99% 이상).
② 연속집진방식일 경우 먼지부하의 변동이 있어도 운전효율에는 영향이 없다.
③ 건식 공정이므로 포집먼지의 처리가 쉽다.
④ 여과재에 표면 처리하여 가스상 물질을 처리할 수도 있다.
⑤ 설치 적용범위가 광범위하다.
(위의 내용 중 3가지만 기술)

16 규격이 16m×3m×4m인 작업장에서 MEK를 8시간 동안 24L씩 일정하게 사용하고 있다. 작업장에 필요한 전체환기량(m^3/min)을 ACGIH 방법으로 계산하시오. (단, MEK 분자량 72.1, 비중 0.805, 노출기준 200ppm, 안전계수 2)

풀이
필요 전체환기량(Q)

$$Q(\mathrm{m^3/min}) = \frac{24.1 \times 비중 \times 분당\ 증발량 \times 10^6}{\mathrm{MW} \times \mathrm{TLV}} \times K$$

$$분당\ 증발량 = 24\mathrm{L}/8\mathrm{hr} \times \mathrm{hr}/60\mathrm{min} = 0.05\mathrm{L/min}$$

$$= \frac{24.1 \times 0.805 \times 0.05 \times 10^6}{72.1 \times 200} \times 2$$

$$= 134.54\mathrm{m^3/min}$$

17 원형 덕트에서 90° 곡관의 직경이 30cm, 곡률반경이 90cm일 때 압력손실계수는 0.22이다. 속도압이 20mmH₂O일 경우 이 곡관의 압력손실(mmH₂O)을 구하시오.

풀이
압력손실$(\mathrm{mmH_2O}) = \xi \times \mathrm{VP} = 0.22 \times 20 = 4.4\mathrm{mmH_2O}$

18 덕트 내 속도압이 1mmH₂O인 경우 덕트 내 공기의 속도(m/sec)를 구하시오. (단, 공기밀도 1.203kg/m^3)

풀이
$$\mathrm{VP} = \frac{\gamma V^2}{2g}$$

$$V(\mathrm{m/sec}) = \sqrt{\frac{2g \times \mathrm{VP}}{\gamma}} = \sqrt{\frac{2 \times 9.8 \times 1}{1.203}} = 4.04\mathrm{m/sec}$$

01 작업장의 온열조건이 다음과 같을 때, 햇빛이 없는 옥내·옥외 및 햇빛이 내리쬐는 옥외의 WBGT(℃)를 계산하시오.

> 흑구온도 27℃, 건구온도 26℃, 자연습구온도 25℃

풀이 ① 햇빛이 없는 옥내 및 옥외

$$WBGT(℃) = (0.7 \times 자연습구온도) + (0.3 \times 흑구온도)$$
$$= (0.7 \times 25℃) + (0.3 \times 27℃)$$
$$= 25.6℃$$

② 햇빛이 내리쬐는 옥외

$$WBGT(℃) = (0.7 \times 자연습구온도) + (0.2 \times 흑구온도) + (0.1 \times 건구온도)$$
$$= (0.7 \times 25℃) + (0.2 \times 27℃) + (0.1 \times 26℃)$$
$$= 25.5℃$$

02 근로자가 벤젠을 취급하다 실수로 작업장 바닥에 1.8L를 흘렸다. 작업장은 25℃, 1기압 상태라 가정할 때, 공기 중으로 증발한 벤젠의 증기 용량(L)을 구하시오. (단, 벤젠의 분자량은 78.11, 비중은 0.879이며, 바닥의 벤젠은 모두 증발한 것으로 가정한다.)

풀이 벤젠의 사용량(g) = 1.8L × 0.879g/mL × 1,000mL/L = 1582.2g

벤젠의 증기 용량(x)

$$78.11g : 24.45L = 1582.2g : x$$
$$x = \frac{24.45L \times 1582.2g}{78.11g} = 495.26L$$

03 시료채취에서 여과포집에 관여하는 기전 6가지를 쓰시오.

풀이 ① 직접차단(간섭)
② 관성충돌
③ 확산
④ 중력침강
⑤ 정전기
⑥ 체(질)

04 MEK(분자량=72.1, 비중=0.805)이 시간당 2L 발생하고, 톨루엔(분자량=92.13, 비중=0.866)도 시간당 2L 발생한다. MEK(TLV=200ppm)은 150ppm, 톨루엔(TLV=100ppm)은 50ppm일 때, 각각의 노출지수를 구하여 노출기준을 평가하고, 전체환기시설의 설치 여부를 결정하여라. 또한, 각 물질이 상가작용을 할 경우의 전체환기량(m³/min)을 구하시오. (단, MEK의 $K=4$, 톨루엔의 $K=5$)

풀이
(1) 노출지수(EI)와 노출기준 평가

$$EI = \frac{150}{200} + \frac{50}{100} = 1.25$$

∴ 1보다 크므로, 노출기준 초과 평가

(2) 전체환기시설 설치 여부

노출기준 초과 판정이므로, 설치해야 한다.

(3) 총 전체환기량(Q_T)

① MEK
- 사용량(g/hr)

  $2L/hr \times 0.805g/mL \times 1,000mL/L = 1,610g/hr$

- 발생률(G : L/hr)

  $72.1g : 24.1L = 1,610g/hr : G(L/hr)$

  $G = \dfrac{24.1L \times 1,610g/hr}{72.1g} = 538.15L/hr$

- 전체환기량(Q_1)

  $$Q_1 = \frac{G}{TLV} \times K$$

  $$= \frac{538.15L/hr}{200ppm} \times 4$$

  $$= \frac{538.15L/hr \times 1,000mL/L}{200mL/m^3} \times 4 = 10763.1m^3/hr\,(179.39m^3/min)$$

② 톨루엔
- 사용량(g/hr)

  $2L/hr \times 0.866g/mL \times 1,000mL/L = 1,732g/hr$

- 발생률(G : L/hr)

  $92.13g : 24.1L = 1,732g/hr : G(L/hr)$

  $G = \dfrac{24.1L \times 1,732g/hr}{92.13g} = 453.07L/hr$

- 전체환기량(Q_2)

  $$Q_2 = \frac{G}{TLV} \times K$$

  $$= \frac{453.07L/hr}{100ppm} \times 5$$

  $$= \frac{453.07L/hr \times 1,000mL/L}{100mL/m^3} \times 5 = 22653.4m^3/hr\,(377.56m^3/min)$$

∴ $Q_T = Q_1 + Q_2 = 179.39 + 377.56 = 556.95m^3/min$

05 전체환기량 계산 시 다음 경우의 안전계수값을 각각 쓰시오.
(1) 작업장 내 공기혼합이 원활한 경우의 안전계수
(2) 작업장 내 공기혼합이 보통인 경우의 안전계수
(3) 작업장 내 공기혼합이 불완전한 경우의 안전계수

풀이 (1) 1
(2) 2
(3) 3

06 재순환공기의 CO_2 농도는 650ppm이고, 급기의 CO_2 농도는 550ppm이다. 외부의 CO_2 농도가 300ppm일 때 급기 중 외부 공기 포함량(%)을 구하시오.

풀이 급기 중 외부 공기 포함량(%) = 100 - 급기 중 재순환량(%)

급기 중 재순환량

$$= \frac{급기\ CO_2\ 농도 - 외부\ CO_2\ 농도}{재순환\ CO_2\ 농도 - 외부\ CO_2\ 농도} \times 100$$

$$= \frac{550 - 300}{650 - 300} \times 100 = 71.43\%$$

$$= 100 - 71.43 = 28.57\%$$

07 표준공기가 흐르고 있는 덕트의 Reynold수가 30,000일 때 덕트의 임계속도(m/sec)를 구하시오. (단, 덕트 직경 15cm, 점성계수 1.85×10^{-5}kg/m·sec, 공기밀도 1.203kg/m³)

풀이 $Re = \dfrac{\rho VD}{\mu}$

$V = \dfrac{Re \times \mu}{\rho \times D}$

$D = 15cm\,(0.15m)$

$$= \frac{30,000 \times (1.85 \times 10^{-5})}{1.203 \times 0.15} = 3.08\,m/sec$$

08 작업환경 측정에서 예비조사 시, 측정계획서에서 시행하는 내용 3가지를 쓰시오.

풀이 ① 원재료의 투입과정부터 최종제품 생산공정까지의 주요 공정 도식
② 해당 공정별 작업내용, 측정대상 공정 및 공정별 화학물질 사용실태
③ 측정대상 유해인자, 유해인자 발생주기, 종사근로자 현황
④ 유해인자별 측정방법 및 측정소요기간 등 필요한 사항
(위의 내용 중 3가지만 기술)

09 입자상 물질의 크기 측정방법 2가지를 쓰시오.

풀이
① 현미경 측정법
② 관성충돌법(cascade impactor)

10 산업안전보건법에서 정하는 작업환경 측정대상 유해인자 중 분진의 종류 7가지를 쓰시오.

풀이
① 광물성 분진　② 곡물 분진
③ 면 분진　④ 목재 분진
⑤ 용접흄　⑥ 유리섬유
⑦ 석면 분진

11 단위작업장소에서 동일 작업 근로자수가 10명을 초과할 경우 시료채취 근로자수 선정기준을 쓰시오.

풀이
5명당 1명을 추가하여 측정하며, 100명을 초과하는 경우에는 최대 시료채취 근로자수를 20명으로 조정할 수 있다.

12 산업피로 중 전신피로의 생체 관련 원인 3가지를 쓰시오.

풀이
① 산소공급 부족
② 혈중 포도당 농도 저하
③ 혈중 젖산 농도 증가
④ 근육 내 글리코겐량의 감소
⑤ 작업강도의 증가
(위의 내용 중 3가지만 기술)

13 작업환경 측정결과를 토대로 보건관리자가 취해야 할 행정적 관리대책 및 공학적 관리대책을 각각 3가지씩 쓰시오.

풀이
(1) 행정적 관리대책
　① 최적의 작업조건 조성
　② 적합한 교육과 훈련
　③ 유해물질로부터 노출시간 최소화
(2) 공학적 관리대책
　① 대치(대체)
　② 격리
　③ 환기

14 유해가스 처리를 위한 방법에서 원리에 의한 방법 3가지를 쓰시오.

풀이
① 흡수법
② 흡착법
③ 연소법

15 청감보정회로 A, B, C에 해당하는 음의 크기 레벨(phon)을 각각 쓰고, 청감보정회로 A특성이 갖는 의미를 간단히 설명하시오.

풀이
(1) 청감보정회로에 해당하는 음의 크기 레벨
① A특성(A청감보정회로) : 40phon
② B특성(B청감보정회로) : 70phon
③ C특성(C청감보정회로) : 100phon
(2) A청감보정회로의 의미
A특성은 사람의 청감에 맞춘 것으로 순차적으로 40phon 등청감곡선과 비슷하게 주파수에 따른 반응을 보정하여 측정한 음압수준을 말한다.

16 총흡음량이 1,300sabin인 작업장의 천장에 흡음물질을 첨가하여 3,900sabin을 더할 경우, 소음 감소량(dB)은?

풀이
$$NR(저감량) = 10\log\frac{대책\ 전\ 흡음력 + 부가된\ 흡음력}{대책\ 전\ 흡음력}$$
$$= 10\log\frac{1,300 + 3,900}{1,300} = 6.02dB$$

17 국소배기장치의 후드 선정 시 고려사항 3가지를 쓰시오.

풀이
① 작업형태(작업공정)
② 오염물질의 특성과 발생특성
③ 작업공간의 크기(근로자와 발생원 사이의 관계)

18 다음 내용에 해당하는 후드 형식을 쓰시오.

· 다른 후드 형식에 비하여 필요송풍량이 많이 소요된다.
· 방해기류의 영향이 작업장 내에 있을 경우 흡인효과가 저하된다.

풀이
외부식 후드

2022

01 진동에 의한 생체반응에 관여하는 인자 4가지를 쓰시오.

풀이
① 진동 강도
② 진동 수
③ 진동 방향
④ 진동 폭로시간

02 밀폐공간 보건작업 프로그램의 수립·시행 시 포함사항 3가지를 쓰시오. (단, 그 밖에 밀폐공간 작업 근로자의 건강장애 예방에 관한 사항은 답안에서 제외)

풀이
① 작업시간 전 공기상태가 적정한지를 확인하기 위한 측정·평가
② 응급조치 등 안전보건 교육 및 훈련
③ 공기호흡기나 송기마스크 등의 착용과 관리

03 자유공간에 직경이 25cm이고 일반 후드 개구면으로부터 20cm 떨어진 곳에서 입자를 흡인하였다. 제어속도를 1.0m/sec로 하였을 때의 필요환기량(m^3/min), 덕트 내 유속(m/sec), 후드 정압(mmH₂O)을 구하시오. (단, 21℃, 1atm, 후드 유입손실계수 0.93)

풀이
(1) 필요환기량(Q)

$$Q(\text{m}^3/\text{min}) = V_c(10X^2 + A)$$

$$= 1.0\text{m/sec} \times \left[(10 \times 0.2^2)\text{m}^2 + \left(\frac{3.14 \times 0.25^2}{4}\right)\text{m}^2\right] \times 60\text{sec/min}$$

$$= 26.94\text{m}^3/\text{min}$$

(2) 덕트 내 유속(V)

$$V(\text{m/sec}) = \frac{Q}{A} = \frac{26.94\text{m}^3/\text{min} \times \text{min}/60\text{sec}}{\left(\frac{3.14 \times 0.25^2}{4}\right)\text{m}^2} = 9.15\text{m/sec}$$

(3) 후드 정압(SP_h)

$$\text{SP}_h(\text{mmH}_2\text{O}) = \text{VP}(1 + F)$$

$$\text{VP} = \left(\frac{V}{4.043}\right)^2 = \left(\frac{9.15}{4.043}\right)^2 = 5.12\text{mmH}_2\text{O}$$

$$= 5.12(1 + 0.93) = 9.88\text{mmH}_2\text{O}$$

04 다음 조건에서 음향출력이 0.1watt인 작은 점음원으로부터 50m 떨어진 곳의 음압수준 (dB)은 얼마인지 각각 계산하시오.
(1) 무지향성 자유공간
(2) 무지향성 반자유공간

풀이 (1) 점음원, 자유공간

$$SPL = PWL - 20\log r - 11 = \left(10\log\frac{0.1}{10^{-12}}\right) - 20\log 50 - 11 = 65\text{dB}$$

(2) 점음원, 반자유공간

$$SPL = PWL - 20\log r - 8 = \left(10\log\frac{0.1}{10^{-12}}\right) - 20\log 50 - 8 = 68\text{dB}$$

05 입자상 물질이 여과지에 채취되는 작용기전 5가지를 쓰시오.

풀이 ① 직접차단(간섭)
② 관성충돌
③ 확산
④ 중력침강
⑤ 정전기침강
⑥ 체(질)
(위의 내용 중 5가지만 기술)

06 TWA, STEL, C에 대하여 각각의 정의를 쓰시오.

풀이 ① TWA(시간가중 평균노출기준)
1일 8시간, 주 40시간 동안의 평균농도로서 거의 모든 근로자가 평상작업에서 반복하여 노출되더라도 건강장애를 일으키지 않는 공기 중 유해물질의 노출기준
② STEL(단시간 노출기준)
근로자가 1회 15분간 유해인자에 노출되는 경우의 노출기준
③ C(최고 노출기준)
근로자가 1일 작업시간 동안 잠시라도 노출되어서는 안 되는 노출기준

07 국소배기장치의 공기이동 위치 구분을 다음과 같이 하였다. 압력이 가장 높아야 하는 곳과 이유를 설명하시오.

> 실내 대기(작업장 내부) - 후드 안 - 후드와 정화장치 사이 - 정화장치와 송풍기 사이 - 송풍기 뒤 - 실외 대기(외부)

풀이 (1) 압력이 가장 높아야 하는 곳 : 송풍기 뒤
(2) 이유 : 정압이 -에서 +로 상승하여야 정화된 공기를 이송시킬 수 있기 때문

2022

08 환기시스템에서 공기공급시스템이 필요한 이유 5가지를 쓰시오.

풀이 ① 국소배기장치의 원활한 작동을 위하여
② 국소배기장치의 효율 유지를 위하여
③ 안전사고를 예방하기 위하여
④ 에너지(연료)를 절약하기 위하여
⑤ 작업장 내의 방해기류(교차기류)가 생기는 것을 방지하기 위하여
⑥ 외부 공기가 정화되지 않은 채로 건물 내로 유입되는 것을 막기 위하여
(위의 내용 중 5가지만 기술)

09 후드의 기류 분류에서 분출구의 중심속도가 50%까지 줄어드는 지점까지를 무엇이라 하는지 쓰시오.

풀이 천이부

10 다음은 고용노동부 고시 "사무실 공기관리지침"에 관한 내용이다. (　) 안에 알맞은 용어를 쓰시오.

사무실 공기질의 측정결과는 측정치 전체에 대한 (①)을 오염물질별 관리기준과 비교하여 평가한다. 다만, 이산화탄소는 각 지점에서 측정한 측정치 중 (②)을 기준으로 비교·평가한다.

풀이 ① 평균값
② 최고값

11 21℃, 1atm에서 공기밀도가 1.203kg/m³이다. 15℃, 750mmHg로 상태가 되었을 때의 공기밀도(kg/m³)를 구하시오.

풀이
$$d_f = \frac{(273+21)\times(P)}{(℃+273)\times(760)} = \frac{(273+21)\times(750)}{(15+273)\times(760)} = 1.0074$$
공기밀도 $= 1.0074 \times 1.203 \text{kg/m}^3 = 1.21 \text{kg/m}^3$

12 소음발생작업에서 한 근로자가 2시간 작업하였다. 작업시간 동안 노출된 음압수준이 95dB(A)이었다면 소음 노출량계로 측정 시 측정되는 소음 노출량값(%)을 구하시오.

풀이 누적소음 폭로량(%) $= \left(\frac{C_1}{T_1}\right)\times100 = \left(\frac{2}{4}\right)\times100 = 50\%$

13 공장에서 이황화탄소(분자량 76, 허용기준 10ppm)를 시간당 100g 사용하고 있다. 실내의 이황화탄소를 허용기준 이하로 유지하기 위하여 공급해야 할 필요환기량(m³/min)을 구하시오. (단, 작업장의 조건은 21℃, 1기압을 가정, 혼합여유계수는 5이다.)

풀이 사용량(g/hr)=100g/hr
발생률(G : L/hr)
76g : 24.1L = 100g/hr : G(L/hr)
$G = \dfrac{24.1L \times 100g/hr}{76g} = 31.71L/hr$

필요환기량(Q) = $\dfrac{G}{TLV} \times K = \dfrac{31.71L/hr}{10ppm} \times 5 = \dfrac{31.71L/hr \times 1,000mL/L}{10mL/m^3} \times 5$
$= 15,855m^3/hr \times hr/60min = 264.25m^3/min$

14 전기집진장치의 장점 3가지를 쓰시오.

풀이 ① 집진효율이 높다(99.9% 정도 고집진 효율).
② 광범위한 온도범위에서 적용이 가능하며, 폭발성 가스의 처리도 가능하다.
③ 고온가스(500℃ 전후) 처리가 가능하여 보일러와 철강로 등에 설치할 수 있다.

참고 ①~③항 이외에
㉠ 압력손실이 낮고 대용량의 가스 처리가 가능하다.
㉡ 운전 및 유지비가 저렴하다.
㉢ 회수가치 입자 포집에 유리하다.
㉣ 넓은 범위의 입경과 분진농도에 집진효율이 높다.

15 총흡음량이 2,000sabin인 작업장의 내부에 흡음량 4,000sabin을 더할 경우, 감소되는 실내소음저감량(dB)를 구하시오.

풀이 $NR(저감량) = 10\log\dfrac{A_2}{A_1} = 10\log\left(\dfrac{2,000+4,000}{2,000}\right) = 4.77dB$

16 주로 상지말단(전자부품 조립작업, 세탁 업무를 하는 작업가가 손목을 반복적을 사용)의 직업관련성 근골격계 유해요인을 평가하기 위해 체크리스트를 이용·평가하는 평가방법(평가도구)을 쓰시오.

풀이 JSI

참고 JSI
주로 상지말단(㊟ 손목)의 직업관련성 근골격계 유해요인을 평가하기 위한 도구로 각각의 작업을 세분하여 평가하며, 작업을 정량적으로 평가함과 동시에 질적인 평가도 함께 고려한다.

17 사무직 근로자 및 기타 근로자의 일반건강진단 실시 시기(주기)를 쓰시오.

풀이
① 사무직 근로자 : 2년에 1회 이상
② 기타 근로자 : 1년에 1회 이상

18 화학물질 및 화학제품 제조업(의약품 제외)의 안전보건관리책임자 선임기준을 쓰시오.

풀이 상시근로자 50명 이상

참고 안전보건관리책임자를 두어야 하는 사업의 종류 및 사업장의 상시근로자

사업의 종류	사업장의 상시근로자 수
1. 토사석 광업 2. 식료품 제조업, 음료 제조업 3. 목재 및 나무제품 제조업(가구 제외) 4. 펄프, 종이 및 종이제품 제조업 5. 코크스, 연탄 및 석유정제품 제조업 6. 화학물질 및 화학제품 제조업(의약품 제외) 7. 의료용 물질 및 의약품 제조업 8. 고무 및 플라스틱제품 제조업 9. 비금속 광물제품 제조업 10. 1차 금속 제조업 11. 금속가공제품 제조업(기계 및 가구 제외) 12. 전자부품, 컴퓨터, 영상, 음향 및 통신장비 제조업 13. 의료, 정밀, 광학기기 및 시계 제조업 14. 전기장비 제조업 15. 기타 기계 및 장비 제조업 16. 자동차 및 트레일러 제조업 17. 기타 운송장비 제조업 18. 가구 제조업 19. 기타 제품 제조업 20. 서적, 잡지 및 기타 인쇄물 출판업 21. 해체, 선별 및 원료 재생업 22. 자동차 종합 수리업, 자동차 전문 수리업	상시근로자 50명 이상
23. 농업 24. 어업 25. 소프트웨어 개발 및 공급업 26. 컴퓨터 프로그래밍, 시스템 통합 및 관리업 27. 정보서비스업 28. 금융 및 보험업 29. 임대업(부동산 제외) 30. 전문, 과학 및 기술 서비스업(연구개발업은 제외한다) 31. 사업지원 서비스업 32. 사회복지 서비스업	상시근로자 300명 이상
33. 건설업	공사금액 20억원 이상
34. 제1호부터 제33호까지의 사업을 제외한 사업	상시근로자 100명 이상

---

01 전체환기 적용조건 5가지를 쓰시오.

풀이
① 유해물질의 독성이 비교적 낮은 경우
② 유해물질이 증기나 가스일 경우
③ 동일한 작업장에 오염원이 분산되어 있는 경우
④ 유해물질이 시간에 따라 균일하게 발생될 경우
⑤ 유해물질의 발생량이 적은 경우
⑥ 국소배기로 불가능한 경우
⑦ 배출원이 이동성인 경우
⑧ 가연성 가스의 농축으로 폭발의 위험이 있는 경우
(위의 내용 중 5가지만 기술)

---

02 다음 조건에서 시간당 공기교환횟수(ACH)를 구하시오.

- 작업장(실내) 체적 : 50m^3
- 실내에서 발생하는 1인당 CO_2 발생량 : 2.1L/hr
- 실내 인원 : 20명
- 외기 CO_2 농도 : 0.03%, 실내 CO_2 허용농도 : 0.1%

풀이

$$ACH = \frac{필요환기량}{작업장 \ 용적}$$

$$필요환기량 = \frac{2.1L/인 \cdot hr \times 20인 \times m^3/1{,}000L}{0.1 - 0.03} \times 100 = 60m^3/hr$$

$$= \frac{60m^3/hr}{50m^3} = 1.2회 \,(시간당)$$

---

03 1일 12시간 작업 시 메틸클로로헥산(TLV＝100ppm)의 허용농도를 보정하여 계산하시오.
(단, Brief와 Scala의 보정방법을 적용한다.)

풀이

$$RF = \left(\frac{8}{H}\right) \times \left(\frac{24-H}{16}\right) = \left(\frac{8}{12}\right) \times \left(\frac{24-12}{16}\right) = 0.5$$

보정된 허용농도＝ $TLV \times RF$ ＝100ppm×0.5＝50ppm

04 공기 중 혼합물로서 carbon tetrachloride(TLV=10ppm) 5ppm, 1,2-dichloroethane (TLV=50ppm) 25ppm, 1,2-dibromoethane(TLV=20ppm) 5ppm으로 존재 시 허용농도 초과여부를 평가하고, 보정된 허용기준을 구하여라. (단, 혼합물은 상가작용을 한다.)

풀이
① 노출지수(EI) $= \dfrac{C_1}{TLV_1} + \dfrac{C_2}{TLV_2} + \cdots + \dfrac{C_n}{TLV_n}$

$= \dfrac{5}{10} + \dfrac{25}{50} + \dfrac{5}{20} = 1.25$

1을 초과하므로, 허용농도 초과 판정

② 보정된 허용농도(기준) $= \dfrac{혼합물의 \ 공기 \ 중 \ 농도(C_1 + C_2 + C_3)}{노출지수}$

$= \dfrac{(5+25+5)}{1.25} = \dfrac{35}{1.25} = 28\text{ppm}$

05 집진장치의 종류를 원리에 따라 5가지로 쓰시오.

풀이
① 중력집진장치
② 관성력집진장치
③ 원심력집진장치
④ 여과집진장치
⑤ 전기집진장치

06 다음 각 용어의 정의를 쓰시오.
(1) TWA
(2) STEL
(3) C

풀이
(1) TWA는 시간가중 평균노출기준으로, 1일 8시간, 주 40시간 동안의 평균농도로서 거의 모든 근로자가 평상작업에서 반복하여 노출되더라도 건강장애를 일으키지 않는 공기 중 유해물질의 노출기준을 말한다.
(2) STEL은 단시간 노출기준으로, 근로자가 1회 15분간 유해인자에 노출되는 경우의 노출기준이다.
(3) C는 최고 노출기준으로, 근로자가 1일 작업시간 동안 잠시라도 노출되어서는 안 되는 노출기준이다.

07 사람과 환경과의 사이에 일어나는 열교환에 미치는 온열요소 4가지를 쓰시오.

풀이 기온, 기류, 습도, 복사열

08 작업환경측정 및 정도관리 등에 관한 고시상의 시료채취방법 5가지를 쓰시오.

풀이
① 액체채취방법
② 고체채취방법
③ 직접채취방법
④ 냉각응축채취방법
⑤ 여과채취방법

09 흡수탑(충진탑)의 충진제 구비조건 3가지를 쓰시오.

풀이
① 압력손실이 적고, 충진밀도가 클 것
② 단위부피 내의 표면적이 클 것
③ 세정액의 체류현상(hold-up)이 적을 것

10 국소배기장치의 송풍관(duct) 점검사항 4가지를 쓰시오.

풀이
① 외면의 마모, 부식, 변형 확인
② 내면의 마모, 부식, 분진의 축적 확인
③ 댐퍼의 작동상태 확인
④ 접속부의 이완유무 확인

11 1시간에 2L의 오염물질이 증발되어 공기를 오염시키는 작업장이 있다. 분자량은 76.14, K는 6, 비중은 1.279, 허용기준은 10ppm이라 할 때, 이 작업장의 오염물질을 전체환기시키기 위한 발생률(L/hr) 및 필요환기량(m³/min)을 구하시오.

풀이 사용량(g/hr)=2L/hr×1.279g/mL×1,000mL/L=2,558g/hr
① 발생률(G : L/hr)
76.14g : 24.1L = 2,558g/hr : G(L/hr)
$$G=\frac{24.1L \times 2,558g/hr}{76.14g}=809.66L/hr$$
② 필요환기량(Q : m³/min)
$$Q=\frac{G}{TLV}\times K=\frac{809.66L/hr}{10ppm}\times 6=\frac{809.66L/hr \times 1,000mL/L}{10mL/m^3}\times 6$$
$$=485798.26m^3/hr \times hr/60min=8096.64m^3/min$$

12 140℃, 680mmHg 상태에서 배기가스 부피가 120m³이다. 이를 0℃, 1atm으로 환산하여 부피(m³)를 구하시오

풀이
$$V_2 = V_1 \times \frac{T_2}{T_1} \times \frac{P_1}{P_2}$$
$$= 120\mathrm{m}^3 \times \frac{273+0}{273+140} \times \frac{680}{760} = 70.97\mathrm{m}^3$$

13 근로자 건강진단을 실시한 결과 다음과 같이 분류되었다. 〈보기〉의 기호는 각각 무엇을 의미하는지 설명하시오.

〈보기〉 ① A   ② C_1 ③ C_2 ④ D_1 ⑤ D_2 ⑥ R

풀이
① A : 정상자
② C_1 : 직업병 요관찰자
③ C_2 : 일반질병 요관찰자
④ D_1 : 직업병 유소견자
⑤ D_2 : 일반질병 유소견자
⑥ R : 질환의심자

14 용접작업 시 자유공간에 플랜지가 붙은 외부식 후드를 설치하였다. 제어속도는 0.5m/sec이고, 후드 규격은 가로 100cm, 세로 50cm이다. 발생원에서 후드 개구면까지의 거리가 200cm일 경우 필요배기량(m³/min)을 구하시오.

풀이
$$Q = 0.75 V_c (10X^2 + A)$$
$$= 0.75 \times 0.5\mathrm{m/sec} \times [(10 \times 2^2)\mathrm{m}^2 + (1 \times 0.5)\mathrm{m}^2] \times 60\mathrm{sec/min}$$
$$= 911.25\mathrm{m}^3/\mathrm{min}$$

15 원형 덕트에서 90° 곡관의 직경이 20cm, 굴곡반경이 50cm일 때 압력손실계수는 0.22이고, 공기의 속도압은 20mmH₂O였다. 45° 곡관일 때의 압력손실(mmH₂O)을 구하시오.

풀이
$$압력손실(\Delta P) = \xi \times \mathrm{VP} \times \frac{\theta}{90}$$
$$= 0.22 \times 20 \times \frac{45}{90}$$
$$= 2.2\mathrm{mmH_2O}$$

16 입자상 물질의 크기를 표시하는 방법 중 현미경을 이용하여 측정하는 물리적 직경을 3가지 쓰고, 각각 간단히 설명하시오.

풀이

① 마틴 직경
먼지의 면적을 2등분하는 선의 길이로 선의 방향은 항상 일정해야 하며, 과소평가할 수 있는 단점이 있다.
② 페렛 직경
먼지의 한쪽 끝 가장자리와 다른 쪽 가장자리 사이의 거리로 과대평가될 가능성이 있는 입자성 물질의 직경이다.
③ 등면적 직경
먼지의 면적과 동일한 면적을 가진 원의 직경으로 가장 정확한 직경이며, 측정은 현미경 접안경에 porton reticle을 삽입하여 측정한다.

17 옥내작업장의 온열조건이 다음과 같을 때의 습구흑구온도지수(WBGT)를 구하시오.

- 흑구온도 : 50℃
- 건구온도 : 30℃
- 자연습구온도 : 30℃

풀이

옥내 WBGT(℃) = (0.7 × 자연습구온도) + (0.3 × 흑구온도)
$\quad\quad\quad\quad\quad\quad\;$ = (0.7 × 30℃) + (0.3 × 50℃)
$\quad\quad\quad\quad\quad\quad\;$ = 36℃

18 표준공기가 흐르고 있는 덕트의 Re가 2×10^4이다. 덕트의 반경이 20cm인 경우 덕트의 반송속도(m/sec)는 얼마인지 구하시오. (단, 표준공기 동점성계수는 $1.45 \times 10^{-5} m^2/sec$이다.)

풀이

$Re = \dfrac{VD}{\nu}$ 에서,

$V = \dfrac{Re \cdot \nu}{D} = \dfrac{(2 \times 10^4) \times (1.45 \times 10^{-5})}{(0.2 \times 2)} = 0.73 \, \text{m/sec}$

01 규격이 16m×3m×4m인 작업장에서 MEK를 8시간 동안 24L씩 일정하게 사용하고 있다. 작업장에 필요한 전체환기량(m³/min)을 ACGIH 방법으로 계산하시오. (단, MEK의 분자량 72.1, 비중 0.805, 노출기준 200ppm, 안전계수 2)

풀이

$$필요\ 전체환기량\ Q(\text{m}^3/\text{min}) = \frac{24.1 \times 비중 \times 분당\ 증발량 \times 10^6}{\text{MW} \times \text{TLV}} \times K$$

$$분당\ 증발량 = 24\text{L}/8\text{hr} \times \text{hr}/60\text{min} = 0.05\text{L}/\text{min}$$

$$= \frac{24.1 \times 0.805 \times 0.05 \times 10^6}{72.1 \times 200} \times 2$$

$$= 134.54\text{m}^3/\text{min}$$

02 다음 각 물음에 답하시오.

(1) 고온 작업 시 가장 적합한 후드 형식을 쓰시오.

(2) 산업안전보건법에서 규정한 허가대상 유해물질 관련 국소배기장치 후드의 제어풍속 (m/sec)을 쓰시오.

풀이
(1) 레시버식(캐노피형) 후드
(2) 가스 상태일 때 0.5m/sec, 입자 상태일 때 1.0m/sec

03 소음에 대한 개인보호구 중 귀덮개의 장점 3가지를 쓰시오.

풀이
① 귀마개보다 일관성 있는 차음효과를 얻을 수 있다.
② 귀마개보다 차음효과가 일반적으로 높다.
③ 동일한 크기의 귀덮개를 대부분의 근로자가 사용할 수 있다.

참고 ①~③항 이외에
㉠ 귀에 염증이 있어도 사용할 수 있다.
㉡ 귀마개보다 차음효과의 개인차가 적다.
㉢ 근로자들이 귀마개보다 쉽게 착용할 수 있고, 착용법을 틀리거나 잃어버리는 일이 적다.
㉣ 고음영역에서 차음효과가 탁월하다.

04 작업환경 개선의 공학적 대책인 대치, 격리, 환기 중에서 대치의 공학적 대책 3가지를 쓰시오.

풀이
① 공정의 변경
② 시설의 변경
③ 유해물질의 변경

05 주물공장에서 제진시설의 처리 전 농도가 500mg/m³이고, 처리 후 농도가 100mg/m³로 줄었을 때, 저감효율(%)을 구하시오.

풀이
$$저감효율(\%) = \left(1 - \frac{C_o}{C_i}\right) \times 100$$
$$= \left(1 - \frac{100}{500}\right) \times 100 = 80\%$$

06 석면 채취 시 오픈페이스(open face)의 정의와 사용목적을 쓰시오.

풀이
① 정의 : 3단 카세트의 상단부 뚜껑을 열어(open face) 시료를 채취하며, 카세트의 열린 면이 작업장 바닥 쪽을 향하도록 한다.
② 사용목적 : 여과지에 균일하게 석면을 포집하기 위함이다.

07 두 가지의 화학물질이 공기 중에서 작용 시 화학적 상호작용 4가지를 쓰시오.

풀이
① 상가작용
② 상승작용
③ 잠재작용
④ 길항작용

08 덕트 직경이 20cm, 공기 유속이 3m/sec일 때 레이놀즈수(Re)를 구하시오. (단, 점성계수 1.8×10^{-5}kg/m · sec, 공기 밀도 1.2kg/m³)

풀이
$$레이놀즈수 \ Re = \frac{\rho V D}{\mu}$$
$$= \frac{1.2 \times 3 \times 0.2}{1.8 \times 10^{-5}} = 40,000$$

2023

09 전체환기 중 자연환기에 비해 강제(기계)환기가 갖는 장점과 단점을 각각 2가지씩 쓰시오.

풀이 (1) 장점
    ① 외부 조건(계절 변화)에 관계없이 작업조건을 안정적으로 유지할 수 있다.
    ② 환기량을 기계적(송풍기)으로 결정하므로 정확한 예측이 가능하다.
(2) 단점
    ① 소음 발생이 크다.
    ② 설비비, 운전비용 및 유지보수비가 많이 든다.

10 산업안전보건규칙상 국소배기장치의 사용 전 점검사항 3가지를 쓰시오.

풀이 ① 덕트 및 배풍기의 분진상태
② 덕트 접속부의 이완 유무
③ 흡기 및 배기 능력
④ 그 밖에 국소배기장치의 성능을 유지하기 위하여 필요한 사항
(위의 내용 중 3가지만 기술)

11 포착속도(제어속도)의 정의 및 제어속도 결정 시 고려사항 3가지를 쓰시오.

풀이 (1) 포착속도(제어속도)의 정의
    유해물질을 후드 쪽으로 흡인하기 위하여 필요한 최소풍속을 말한다.
(2) 제어속도 결정 시 고려사항
    ① 유해물질의 비산방향
    ② 유해물질의 비산거리
    ③ 후드의 형식

12 다음 인자의 단위를 각각 쓰시오.
(1) 석면
(2) 증기 및 가스
(3) 소음
(4) 고온

풀이 (1) 개수/cm^3
(2) ppm 또는 mg/m^3
(3) dB(A)
(4) WBGT(℃)

13 작업장 공기 내 유해물질의 농도를 측정하였더니 60ppm이었다. 이를 mg/m³로 변환하시오. (단, 측정온도 21℃, 분자량 58)

풀이

$$농도(mg/m^3) = ppm \times \frac{분자량}{부피}$$

$$= 60ppm(mL/m^3) \times \frac{58mg}{\left(22.4 \times \frac{273+21}{273}\right)mL}$$

$$= 144.26mg/m^3$$

14 유해가스의 처리에 있어서 연소법으로 처리할 때의 3가지 방법을 쓰시오.

풀이
① 직접연소
② 간접연소
③ 촉매연소

15 용접작업 시 착용 보호구 3가지와 착용 이유를 각각 쓰시오.

풀이
① 호흡기 보호구(방진마스크)
   용접흄에 대한 대책
② 차광안경
   유해광선에 대한 대책
③ 소음보호구(귀마개)
   소음에 대한 대책

16 전자부품 조립 작업장에서 근무자들이 오후 5시에 퇴근한 직후 실내공기를 측정한 결과 공기 중 CO_2 농도가 1,100ppm이었고, 작업장에 근무자들이 없는 상태로 2시간이 경과한 오후 7시에 측정한 CO_2 농도는 380ppm이었다. 이 작업장의 시간당 공기교환횟수를 구하시오. (단, 이때 외부 공기 중 CO_2 농도는 340ppm이다.)

풀이
시간당 공기교환횟수

$$= \frac{\ln(측정\ 초기\ 농도-외부\ CO_2\ 농도)-\ln(시간이\ 지난\ 후\ CO_2\ 농도-외부\ CO_2\ 농도)}{경과된\ 시간(hr)}$$

$$= \frac{\ln(1,100-340)-\ln(380-340)}{2hr}$$

$$= 1.47회(시간당)$$

17 고용노동부 고시에서 정하는 다음 용어의 정의에서 ( ) 안에 공통으로 들어갈 알맞은 내용을 쓰시오.

- 개인시료채취는 개인시료채취기를 이용하여 가스·증기·분진·흄·미스트 등을 근로자 ( )를 중심으로 반경 30cm인 반구에서 채취하는 것을 말한다.
- 지역시료채취는 시료채취기를 이용하여 가스·증기·분진·흄·미스트 등을 근로자의 작업행동범위에서 ( ) 높이에서 고정하여 채취하는 것을 말한다.

풀이 호흡기

18 고열작업장에 적합한 후드를 쓰고, 후드의 설치위치를 그림으로 나타내시오.

풀이 고열작업장에 적합한 후드는 레시버식 천개형(캐노피) 후드이다.
설치위치는 다음과 같다.

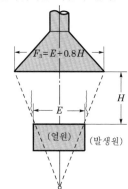

$$F_3 = E + 0.8H$$
여기서, F_3 : 후드의 직경
E : 열원의 직경(직사각형은 단변)
H : 후드 높이

2023년 제3회 산업위생관리산업기사

01 페인트 제조업체에서 공기 중 혼합물로 벤젠 6ppm(TLV＝10ppm), 톨루엔 80ppm (TLV ＝100ppm), 크실렌 60ppm(TLV＝100ppm)이 존재 시 허용농도 초과 여부를 평가하고, 보정된 허용기준(농도)을 구하시오. (단, 상가작용이다.)

풀이

① 노출지수(EI) $= \dfrac{C_1}{\text{TLV}_1} + \dfrac{C_2}{\text{TLV}_2} + \dfrac{C_3}{\text{TLV}_3} = \dfrac{6}{10} + \dfrac{80}{100} + \dfrac{60}{100} = 2$

기준값 1보다 크므로, 허용농도 초과 평가

② 보정된 허용기준(농도) $= \dfrac{C_1 + C_2 + C_3}{\text{EI}} = \dfrac{6 + 80 + 60}{2} = 73\text{ppm}$

02 전체환기의 적용조건 5가지를 쓰시오.

풀이

① 유해물질의 독성이 비교적 낮은 경우
② 유해물질이 증기나 가스일 경우
③ 동일한 작업장에 오염원이 분산되어 있는 경우
④ 유해물질이 시간에 따라 균일하게 발생될 경우
⑤ 유해물질의 발생량이 적은 경우
⑥ 국소배기로 불가능한 경우
⑦ 배출원이 이동성인 경우
⑧ 가연성 가스의 농축으로 폭발 위험이 있는 경우
(위의 내용 중 5가지만 기술)

03 전자부품 조립 작업장에서 근로자들이 퇴근한 직후 오후 6시 30분에 실내 공기를 측정한 결과 공기 중 CO_2 농도가 1,500ppm이었고, 작업장에 근로자들이 없는 상태로 오후 9시 30분에 측정한 CO_2 농도가 500ppm이었다. 이 작업장의 시간당 공기교환횟수를 구하시오. (단, 이때 외부 공기 중 CO_2 농도는 330ppm이다.)

풀이

시간당 공기교환횟수

$= \dfrac{\ln(\text{측정 초기 } CO_2 \text{ 농도} - \text{외부 } CO_2 \text{ 농도}) - \ln(\text{시간이 지난 후 } CO_2 \text{ 농도} - \text{외부 } CO_2 \text{ 농도})}{\text{경과된 시간(hr)}}$

$= \dfrac{\ln(1,500 - 330) - \ln(500 - 330)}{3\text{hr}}$

$= 0.64\text{회(시간당)}$

04 어떤 작업장의 소음이 105dB(A)이고, 근로자는 차음평가지수(NRR)가 19인 귀덮개를 착용하고 있다. 미국 OSHA의 계산방법을 사용하여 차음효과와 근로자가 노출되는 음압수준을 구하시오.

풀이 ① 차음효과＝(NRR−7)×0.5＝(19−7)×0.5＝6dB(A)
② 노출 음압수준＝105dB(A)−6dB(A)＝99dB(A)

05 원형 덕트에서 90° 곡관의 직경이 20cm이고 굴곡반경이 50cm일 때, 압력손실계수는 0.22이고 공기의 속도압은 20mmH$_2$O였다. 45° 곡관일 때의 압력손실(mmH$_2$O)을 구하시오.

풀이 $압력손실(\Delta P)=\xi\times VP\times\dfrac{\theta}{90}=0.22\times20\times\dfrac{45}{90}=2.2\,\text{mmH}_2\text{O}$

06 전체환기는 급기와 배기 방식에 따라 4가지 형식으로 구분할 수 있는데, 작업장 내부의 실내압을 양압(+)으로 유지시키고자 할 때 요구되는 급기 및 배기 방식을 각각 한 가지씩 쓰고, 이런 형식을 적용함으로써 얻게 되는 환기효과와 이를 적용할 수 있는 작업장의 예를 한 가지만 쓰시오.

풀이 ① 급기방식 : 기계력(동력)
② 배기방식 : 자연배출(개구부, 창)
③ 환기효과 : 청정공기 유입효과
④ 적용 작업장 : 청정산업(식품·의약 산업)

07 직경 10cm인 직선 덕트에 유량 12m^3/min의 공기가 유입될 때 후드의 정압(mmH$_2$O)을 구하시오. (단, 유입손실계수 0.65)

풀이 $후드\ 정압(\text{SP}_h)=VP(1+F)$
$$VP=\left(\frac{V}{4.043}\right)^2=\left(\frac{25.48}{4.043}\right)^2=39.72\,\text{mmH}_2\text{O}$$
$$V=\frac{Q}{A}=\frac{12\text{m}^3/\text{min}}{\left(\dfrac{3.14\times0.1^2}{4}\right)\text{m}^2}=1528.66\,\text{m/min}(25.48\,\text{m/sec})$$
$$=39.72(1+0.65)=65.54\,\text{mmH}_2\text{O}\ (실제적으로,\ -65.54\,\text{mmH}_2\text{O})$$

08 다음 내용에 맞는 용어를 쓰시오.

대상 먼지와 침강속도가 같고, 밀도가 1g/cm^{3}이며, 구형인 먼지의 직경으로 환산된 직경이며, 입자의 공기 중 운동이나 호흡기 내의 침착기전을 설명할 때 유용하게 적용된다.

풀이 공기역학적 직경

09 밀도는 1.3, 직경은 0.0015cm일 때 Lippman 식을 이용하여 침강속도(cm/sec)를 구하시오.

풀이

$$V(\text{cm/sec}) = 0.003 \times \rho \times d^2$$
$$d = 0.0015\text{cm} \times 10^4 \mu\text{m/cm} = 15\mu\text{m}$$
$$= 0.003 \times 1.3 \times 15^2$$
$$= 0.88\,\text{cm/sec}$$

10 용접작업 시 자유공간에 플랜지가 붙은 외부식 후드를 설치하였다. 제어속도는 0.5m/sec, 후드 규격은 가로 100cm, 세로 50cm, 발생원에서 후드 개구면까지의 거리는 200cm일 경우 필요배기량(m³/min)을 구하시오.

풀이

$$Q = 0.75\,V_c(10X^2 + A)$$
$$= 0.75 \times 0.5\text{m/sec} \times [(10 \times 2^2)\text{m}^2 + (1 \times 0.5)\text{m}^2] \times 60\text{sec/min}$$
$$= 911.25\text{m}^3/\text{min}$$

11 일반적으로 실내환기시설을 설치하는 목적 3가지를 쓰시오.

풀이

① 오염물질 배출
② 탈취(냄새 제거)
③ 제진(먼지 제거)
④ 제습(과다한 습기 제거)
⑤ 실온 조절
(위의 내용 중 3가지만 기술)

12 교대근무에서 서캐디안 리듬(circadian rhythm)에 대해 설명하시오.

풀이

일주기성 리듬을 서캐디안 리듬이라 하며 외부환경의 변화에 대처하여 효율적으로 적응하기 위한 생물학적 리듬으로, 교대근무는 일주기성 리듬을 교란시키고 수면에 영향을 주어 건강을 해치고 일상생활에 영향을 준다.

13 원자흡광광도계를 바닥 상태에서 들뜬 상태의 원자로 만드는 방법, 즉 금속전자를 생성하는 방법 3가지를 쓰시오.

풀이

① 불꽃원자화방법
② 전열고온로법(흑연로방식)
③ 기화법(증기발생법)

2023

14 국소배기장치를 보수하거나 신규 설치 시 사용 전 점검사항 3가지를 쓰시오. (단, 그 밖에 국소배기장치의 성능을 유지하기 위하여 필요한 사항은 답안에서 제외한다.)

풀이
① 덕트 및 배풍기의 분진상태
② 덕트 접속부가 헐거워졌는지의 여부
③ 흡기 및 배기 능력

15 단위작업장소에서 동일 작업 근로자수가 28명일 때 최소 시료채취 근로자수를 구하시오.

풀이 최고 노출근로자가 2명이고, 10명 초과 시 5명당 1명을 추가하므로, 10명 초과 시 시료채취 근로자수는 4명이다. 따라서, 총 최소 시료채취 근로자수는 2+4=6명이다.

16 가연성 유해가스의 농도가 낮을 경우 보조연료가 필요하며, 보통 경제적으로 유해가스의 농도가 연소하한치(LEL)의 50% 이상일 때 적합한 방법을 쓰시오.

풀이 가열소각법(직접불꽃소각법)

17 공기 중 톨루엔에 대한 방독마스크 흡수관의 수명이 5,000ppm에서 60분이었을 경우, 다음을 구하시오.
(1) 공기 중 톨루엔 농도가 200ppm인 경우 방독마스크의 사용 가능시간(분)
(2) 방독마스크의 보호계수가 50이고, 방독마스크 안의 농도가 20ppm인 경우 공기 중 톨루엔의 농도(허용수준 : ppm)

풀이
(1) 방독마스크의 사용 가능시간
$$= \frac{\text{표준유효시간} \times \text{시험가스 농도}}{\text{공기 중 유해가스 농도}} = \frac{60\text{min} \times 5,000\text{ppm}}{200\text{ppm}} = 1,500\text{min}$$
(2) 공기 중 톨루엔의 농도(C_o)
$$\text{보호계수(PF)} = \frac{C_o}{C_i}, \quad 50 = \frac{C_o}{20\text{ppm}}$$
$$C_o = 1,000\text{ppm}$$

18 작업장에서 A, B, C 물질의 전체환기량이 각각 100m³/min, 150m³/min, 300m³/min일 경우, 이 작업장의 전체환기량(m³/min)을 구하시오. (단 A물질과 B물질은 상가작용, C물질은 A, B 물질과 독립작용을 한다.)

풀이 A물질과 B물질의 상가작용 시 전체환기량은 250m³/min, C물질과 독립작용을 하므로 작업장의 전체환기량은 전체환기량이 가장 큰 C물질의 경우인 300m³/min으로 결정한다.

01 어떤 작업장의 소음이 105dB(A)이고, 근로자는 차음평가지수(NRR)가 19인 귀덮개를 착용하고 있다. 미국 OSHA의 계산방법을 사용하여 차음효과와 근로자가 노출되는 음압수준을 구하시오.

풀이
① 차음효과=(NRR−7)×0.5=(19−7)×0.5=6dB(A)
② 노출 음압수준=105dB(A)−6dB(A)=99dB(A)

02 흡착의 종류 중 물리적 흡착의 특징 3가지를 쓰시오.

풀이
① 흡착제와 흡착질 간의 약한 인력(반데르발스힘)에 의해 흡착이 일어난다.
② 가역적 현상이므로 재생이나 오염가스 회수에 용이하다.
③ 흡착량은 온도가 높을수록, pH가 높을수록, 분자량이 작을수록 감소한다.

03 집진장치의 종류를 원리에 따라 5가지로 쓰시오.

풀이
① 중력집진장치
② 관성력집진장치
③ 원심력집진장치
④ 여과집진장치
⑤ 전기집진장치

04 환기시스템에서 공기공급시스템이 필요한 이유 5가지를 쓰시오.

풀이
① 국소배기장치의 원활한 작동을 위하여
② 국소배기장치의 효율 유지를 위하여
③ 안전사고를 예방하기 위하여
④ 에너지(연료)를 절약하기 위하여
⑤ 작업장 내 방해기류(교차기류)가 생기는 것을 방지하기 위하여
⑥ 외부공기가 정화되지 않은 채로 건물 내로 유입되는 것을 막기 위하여
(위의 내용 중 5가지만 기술)

05 MEK(분자량 72.1, 비중 0.805)이 시간당 2L 발생하고, 톨루엔(분자량 92.13, 비중 0.866)도 시간당 2L 발생한다. MEK(TLV=200ppm)은 150ppm, 톨루엔(TLV=100ppm)은 50ppm 일 때, 각각의 노출지수를 구하여 노출기준을 평가하고, 전체환기시설의 설치 여부를 결정하시오. 또한, 각 물질이 상가작용을 할 경우의 전체환기량(m³/min)을 구하시오. (단, MEK의 $K=4$, 톨루엔의 $K=5$이다.)

풀이 (1) 노출지수(EI)와 노출기준 평가

$$EI = \frac{150}{200} + \frac{50}{100} = 1.25$$

∴ 1보다 크므로, 노출기준 초과 평가

(2) 전체환기시설 설치 여부

노출기준 초과 판정이므로, 설치해야 한다.

(3) 총 전체환기량(Q_T)

① MEK
- 사용량(g/hr)

  2L/hr×0.805g/mL×1,000mL/L=1,610g/hr
- 발생률(G : L/hr)

  72.1g : 24.1L = 1,610g/hr : G(L/hr)

  $$G = \frac{24.1L \times 1,610g/hr}{72.1g} = 538.15L/hr$$
- 전체환기량 $Q_1 = \dfrac{G}{TLV} \times K$

  $$= \frac{538.15L/hr}{200ppm} \times 4$$

  $$= \frac{538.15L/hr \times 1,000mL/L}{200mL/m^3} \times 4$$

  $$= 10763.1m^3/hr\,(179.39m^3/min)$$

② 톨루엔
- 사용량(g/hr)

  2L/hr×0.866g/mL×1,000mL/L=1,732g/hr
- 발생률(G : L/hr)

  92.13g : 24.1L = 1,732g/hr : G(L/hr)

  $$G = \frac{24.1L \times 1,732g/hr}{92.13g} = 453.07L/hr$$
- 전체환기량 $Q_2 = \dfrac{G}{TLV} \times K$

  $$= \frac{453.07L/hr}{100ppm} \times 5$$

  $$= \frac{453.07L/hr \times 1,000mL/L}{100mL/m^3} \times 5$$

  $$= 22653.4m^3/hr\,(377.56m^3/min)$$

∴ $Q_T = Q_1 + Q_2 = 179.39 + 377.56 = 556.95m^3/min$

06 다음 〈보기〉를 보고, 국소배기장치의 구성 순서를 쓰시오.

〈보기〉
- 덕트
- 송풍기
- 배출구
- 공기정화장치
- 후드

풀이 후드 → 덕트 → 공기정화장치 → 송풍기 → 배출구

07 다음 그림의 물리적 직경을 각각 쓰시오.

(1)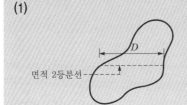
면적 2등분선

(2)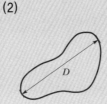

(3)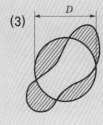

풀이
(1) 마틴 직경
(2) 페렛 직경
(3) 등면적 직경

08 국소배기장치 적용 시 조건을 5가지만 쓰시오.

풀이
① 높은 증기압의 유기용제인 경우
② 유해물질 발생량이 많은 경우
③ 유해물질 독성이 강한 경우(낮은 허용기준치를 갖는 유해물질)
④ 근로자의 작업위치가 유해물질 발생원 가까이에 근접해 있는 경우
⑤ 발생주기가 균일하지 않은 경우
⑥ 발생원이 고정되어 있는 경우
⑦ 법적 의무설치사항인 경우
(위의 내용 중 5가지만 기술)

09 중성대(NPL)에 대해 간략하게 설명하시오.

풀이 외부공기와 실내공기의 압력 차이가 0인 부분의 위치로, 환기의 정도를 좌우하며 일반적으로 높을수록 환기효율이 양호하다.

10 송풍기 날개의 회전수가 400rpm인 원심형 송풍기의 풍량이 300m³/min, 풍압이 80mmH₂O, 축동력이 6.2kW이다. 날개 회전수를 500rpm으로 하였을 때 이 송풍기의 풍량, 풍압, 축동력을 각각 구하시오.

풀이

① 풍량 $Q_2 = Q_1 \times \left(\dfrac{\mathrm{rpm}_2}{\mathrm{rpm}_1}\right) = 300\mathrm{m}^3/\min \times \left(\dfrac{500}{400}\right) = 375\mathrm{m}^3/\min$

② 풍압 $\Delta P_2 = \Delta P_1 \times \left(\dfrac{\mathrm{rpm}_2}{\mathrm{rpm}_1}\right)^2 = 80\mathrm{mmH_2O} \times \left(\dfrac{500}{400}\right)^2 = 125\mathrm{mmH_2O}$

③ 축동력 $\mathrm{kW}_2 = \mathrm{kW}_1 \times \left(\dfrac{\mathrm{rpm}_2}{\mathrm{rpm}_1}\right)^3 = 6.2\mathrm{kW} \times \left(\dfrac{500}{400}\right)^3 = 12.11\mathrm{kW}$

11 보건관리자로 출근한 A씨는 그 작업장에서 시너를 사용하고 있지만, 측정기록일지에는 시너에 대한 유해정도와 배출정도에 대한 자료가 없었다. 이때, A씨가 제일 먼저 수행하여야 할 업무 3가지를 기술하시오.

풀이

① 대상 유해인자 확인
② 유해인자 측정
③ 유해인자의 노출기준과 비교 평가

12 작업장 내에서 국소배기장치 중 후드의 제어속도에 영향을 미치는 방해기류 발생원을 3가지 쓰시오.

풀이

① 고열 작업 시 열에 의한 기류
② 기계의 운전 시 동작에 의한 기류
③ 원료의 이동작업 시 발생하는 기류
④ 작업자의 동적인 움직임에 의한 기류
⑤ 작업장 내 개구부에 의한 기류(가장 큰 영향)
(위의 내용 중 3가지만 기술)

13 덕트 직경이 180mm이고, 덕트 내 정압은 −83.5mmH₂O, 전압은 −50.5mmH₂O이다. 이때 공기의 유량(m³/min)을 구하시오.

풀이

공기 유량 $Q = A \times V$

$A = \dfrac{(3.14 \times 0.18^2)\mathrm{m}^2}{4} = 0.0254\mathrm{m}^2$

$V = 4.043\sqrt{\mathrm{VP}} = 4.043 \times \sqrt{33} = 23.23\mathrm{m/sec}$

$\mathrm{VP} = 전압 - 정압 = (-50.5) - (-83.5) = 33\mathrm{mmH_2O}$

$= 0.0254\mathrm{m}^2 \times 23.23\mathrm{m/sec} \times 60\mathrm{sec/min} = 35.4\mathrm{m}^3/\min$

14 다음 그림은 활성탄관이다. ( ) 안에 알맞은 용어를 쓰시오.

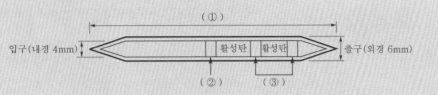

풀이 ① 유리관, ② 유리섬유, ③ 우레탄폼

15 직경이 300mm인 관에 유량이 100m³/min인 공기가 흐르고 있다. 이때 공기의 속도 (m/sec)를 구하시오.

풀이 $Q = A \times V$ 에서,

$$V = \frac{Q}{A} = \frac{100\text{m}^3/\text{min}}{\left(\frac{3.14 \times (0.3)^2}{4}\right)\text{m}^2} = 1415.43\text{m}/\text{min} \times 1\text{min}/60\text{sec} = 23.59\text{m}/\text{sec}$$

16 용해작업 시 사용되는 보호구 3가지를 쓰고, 해당 유해물질과 착용 이유를 설명하시오.

풀이 ① 보호안경 : 유해광선을 차단하기 위하여 착용
② 방열장갑 : 고열로부터 피부를 보호하기 위하여 착용
③ 방진마스크 : 흄과 분진으로부터 호흡기를 보호하기 위하여 착용

17 산업안전보건기준에 관한 규칙상 소음작업의 정의 및 90dB 이상의 강렬한 소음작업 기준을 쓰시오.

풀이 ① 소음작업 : 1일 8시간 작업을 기준으로 85dB 이상의 소음이 발생하는 작업
② 90dB 이상의 강렬한 소음작업 : 90dB 이상의 소음이 1일 8시간 이상 발생하는 작업

18 어떤 물질의 독성에 의한 인체실험 결과 안전흡수량이 체중 kg당 0.08mg이었다. 체중 78kg인 사람이 1일 8시간 작업 시 이물질의 체내 흡수를 안전흡수량 이하로 유지하려면 이 물질의 공기 중 농도(mg/m³)를 얼마 이하로 규제하여야 하는지 구하시오. (단, 작업 시 폐환기율은 1.25m³/hr, 체내 잔유율은 1.0이다.)

풀이 안전흡수량 $= C \times T \times V \times R$

$$C = \frac{\text{안전흡수량}}{T \times V \times R} = \frac{0.08\text{mg/kg} \times 78\text{kg}}{8\text{hr} \times 1.25\text{m}^3/\text{hr} \times 1.0} = 0.62\text{mg/m}^3$$

01 집진장치의 종류를 원리에 따라 5가지로 쓰시오.

풀이
① 중력집진장치
② 관성력집진장치
③ 원심력집진장치
④ 여과집진장치
⑤ 전기집진장치

02 다음 〈보기〉에 따라 국소배기장치의 구성순서를 번호로 쓰시오.

〈보기〉 ① 덕트 ② 송풍기 ③ 배출구
④ 공기정화장치 ⑤ 후드

풀이
⑤ → ① → ④ → ② → ③

03 두 가지 이상의 화학물질에 동시에 노출되는 경우 건강에 미치는 영향은 각 화학물질 간 상호작용에 따라 다르게 나타난다. 이와 같이 2가지 이상의 화학물질이 동시에 작용할 때 물질 간 상호작용의 종류를 4가지 쓰고, 각각을 간단히 설명하시오.

풀이
① 상가작용 : 각 유해인자의 독성 합만큼 독성 결과를 나타내는 작용(2+3=5)
② 상승작용 : 각 유해인자의 독성 합보다 독성 결과가 훨씬 커짐을 나타내는 작용(2+3=20)
③ 잠재작용 : 독성 영향을 나타내지 않는 물질이 다른 물질과 복합적으로 노출 시 독성 결과가 커지는 작용(2+0=10)
④ 길항작용 : 독성 영향이 있는 각 물질이 서로의 작용을 방해하여 독성 결과가 작아지는 작용(2+3=1)

04 환기시스템에서 설계 시보다 제어풍속(제어속도) 성능이 감소하는 이유 3가지를 쓰시오.

풀이
① 송풍기의 송풍량 부족
② 덕트(duct) 내 분진 퇴적
③ 집진장치 내 분진 퇴적

05 다음에서 설명하는 용어를 각각 쓰시오.

(1) 상온에서 액체인 물질의 교반, 발포, 스프레이 작업 시 공기 중에서 발생하는 액체 미립자

(2) 상온에서 고체 상태의 물질이 용융되어 공기 중에서 응결을 일으켜 생기는 작은 고체성 입자

(3) 유기물질이 불완전연소되어 만들어진 에어로졸의 혼합체

풀이 (1) 미스트(mist)
(2) 흄(fume)
(3) 연기(smoke)

06 온도 21℃, 압력 1atm일 때 공기 밀도는 1.2kg/m³이다. 온도 38℃, 압력 710mmHg인 공기의 밀도보정계수를 구하시오.

풀이 밀도보정계수$(d_f) = \dfrac{(273+21)(P)}{(℃+273)(760)} = \dfrac{(273+21)(710)}{(38+273)(760)} = 0.88$

07 후드의 유입계수가 0.81, 속도압이 18mmH₂O일 때 후드의 압력손실(mmH₂O)을 구하시오.

풀이 $\Delta P = F \times VP$

$F = \dfrac{1}{Ce^2} - 1 = \dfrac{1}{0.81^2} - 1 = 0.524$

$= 0.524 \times 18 \text{mmH}_2\text{O}$

$= 9.43 \text{mmH}_2\text{O}$

08 저유량 펌프를 이용하여 납흄으로 오염되어 있는 작업장 공기 0.43m³를 포집하여 납을 채취한 시료를 10mL의 10% 질산에 용해시켰다. 실험실에서 원자흡광광도계를 이용하여 농도를 분석한 결과 납의 농도가 56μg/mL이었을 때 작업장 내 공기 중 납의 농도(mg/m³)를 구하시오.

풀이 농도$(\text{mg/m}^3) = \dfrac{\text{분석 농도} \times \text{용해 부피}}{\text{공기 채취량}}$

$= \dfrac{56\mu\text{g/mL} \times 10\text{mL}}{0.43\text{m}^3}$

$= 1302.32\mu\text{g/m}^3 \times 10^{-3}\text{mg/}\mu\text{g}$

$= 1.3\text{mg/m}^3$

09 도금조처럼 상부가 개방되어 있고, 그 면적이 넓어 한쪽 방향에 후드를 설치하는 것으로는 충분한 흡인력이 발생되지 않는 경우에 적용하는 후드 형식을 쓰시오.

풀이 | Push-pull 후드(밀어당김형 후드)

10 노출기준이 185mg/m³인 A물질을 하루 10시간 작업한다고 하였을 경우 보정된 노출기준(mg/m³)을 구하시오. (단, Brief와 Scala 보정방법을 적용한다.)

풀이 | 보정된 노출기준$(mg/m^3) = TLV \times RF$

$$RF = \left(\frac{8}{H}\right) \times \left(\frac{24-H}{16}\right) = \left(\frac{8}{10}\right) \times \left(\frac{24-10}{16}\right) = 0.7$$

$$= 185mg/m^3 \times 0.7 = 129.50mg/m^3$$

11 고열 작업장의 후드를 통하여 유입되는 열상승기류량이 30m³/min이고, 유도기류량이 45m³/min일 때 누입한계유량비는?

풀이 | 누입한계유량비$(K_L) = \dfrac{Q_2}{Q_1}$

Q_1(열상승기류량) $= 30m^3/min$

Q_2(유도기류량) $= 45m^3/min$

$$= \frac{45}{30} = 1.5$$

12 다음 내용 중 ( ) 안에 들어갈 적절한 용어를 각각 쓰시오.

물질명	생물학적 검체대상	결정인자(대사산물)	시료채취시간
아세톤	(①)	아세톤	작업 종료 시
카드뮴	혈액	(②)	중요하지 않음
일산화탄소	(③)	일산화탄소	(④)
클로로벤젠	소변	(⑤)	작업 종료 시
크롬(VI)	소변	크롬	(⑥)

풀이 |
① 소변
② 카드뮴
③ 호기
④ 작업 종료 시
⑤ 총 4-chlorocatechol 또는 총 P-chlorophenol
⑥ 주말 작업 종료 시

13 작업대 위에 플랜지가 붙은 외부식 후드를 설치할 경우 필요송풍량(m³/min)을 구하시오. (단, 후드 개구면부터의 제어거리 40cm, 제어속도 1.0m/sec, 후드 규격 300mm×200mm 이다.)

풀이 바닥면(작업대)에 위치, 플랜지 부착 조건이므로,
$$Q = 60 \times 0.5 \times V_c(10X^2 + A)$$
$$= 60 \times 0.5 \times 1.0\left[(10 \times 0.4^2) + (0.3 \times 0.2)\right]$$
$$= 49.8 \text{m}^3/\text{min}$$

14 다음 그림은 전체환기 급배기의 설치위치를 나타낸 것이다. 각각의 설치상태가 어떠한지 〈보기〉에서 해당되는 것을 골라 쓰시오.

〈보기〉 • 불가
• 불량
• 양호
• 우수

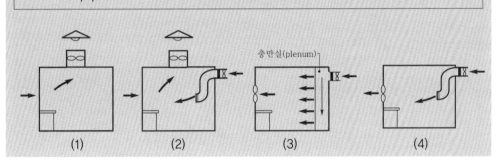

(1) (2) (3) (4)

풀이 (1) 불량
(2) 양호
(3) 우수(매우 양호)
(4) 양호

15 표준공기가 15m/sec로 흐르고 있다. 이때 송풍기 앞쪽에서 정압을 측정하였더니 10mmH₂O 였을 경우, 전압(mmH₂O)은 얼마인지 구하시오.

풀이 $TP = VP + SP$
$$VP = \left(\frac{V}{4.043}\right)^2 = \left(\frac{15}{4.043}\right)^2 = 13.76 \text{mmH}_2\text{O}$$
$$SP = -10 \text{mmH}_2\text{O}(송풍기 앞쪽이므로)$$
$$= 13.76 + (-10) = 3.76 \text{mmH}_2\text{O}$$

16 공기 중 혼합물로서 A물질 400ppm(TLV=700ppm), B물질 60ppm(TLV=100ppm)으로 존재 시 허용농도 초과 여부를 평가하시오.

풀이

$$\text{노출지수(EI)} = \frac{C_1}{\text{TLV}_1} + \frac{C_2}{\text{TLV}_2} = \frac{400}{700} + \frac{60}{100} = 1.17$$

1을 초과하므로, 허용농도 초과 판정

17 8시간에 24L의 오염물질이 증발되어 공기를 오염시키는 작업장이 있다. 분자량은 72.1g, k는 2, 비중은 0.805, 허용기준은 200ppm이라 할 때, 이 작업장의 유해물질을 전체환기시키려고 한다. 다음을 구하시오.

(1) 사용량(g/hr)
(2) 발생률(L/hr)
(3) 필요환기량(m³/min)

풀이

(1) 사용량(g/hr)
　　=24L/8hr×0.805g/mL×1,000mL/L=2,415g/hr
(2) 발생률(G : L/hr)
　　72.1g : 24.1L = 2,415g/hr : G(L/hr)
　　G(L/hr)$= \dfrac{24.1\text{L} \times 2,415\text{g/hr}}{72.1\text{g}} = 807.23\text{L/hr}$
(3) 필요환기량(m³/min)
　　$= \dfrac{G}{\text{TLV}} \times k$
　　$= \dfrac{807.23\text{L/hr} \times 1,000\text{mL/L} \times \text{hr/60min}}{200\text{mL/m}^3} \times 2$
　　$= 134.54\text{m}^3/\text{min}$

18 소음계의 A청감보정회로(A특성)와 C청감보정회로(C특성)의 특징 및 적용되는 경우를 쓰시오.

풀이

(1) A특성
저음역대 신호를 많이 보정하는 특징이 있으며, 인간의 주관적 반응과 잘 맞아 음압레벨이나 소음레벨 측정에 사용된다.
(2) C특성
주파수 변화에 따라 크게 변화하지 않는 평탄 특성이 있으며, 주파수 분석(물리적 특성 파악) 및 소음등급 파악 시 사용된다.

01 국소배기장치를 보수하거나 신규 설치 시 사용 전 점검사항 3가지를 쓰시오. (단, 그 밖에 국소배기장치의 성능을 유지하기 위하여 필요한 사항은 답안에서 제외한다.)

풀이
① 덕트 및 배풍기의 분진 상태
② 덕트 접속부가 헐거워졌는지의 여부
③ 흡기 및 배기 능력

02 어떤 작업장의 소음이 105dB(A)이고, 근로자는 차음평가지수(NRR)가 19인 귀덮개를 착용하고 있다. 미국 OSHA의 계산방법을 사용하여 차음효과와 근로자가 노출되는 음압수준을 구하시오.

풀이
① 차음효과=(NRR-7)×0.5=(19-7)×0.5=6dB(A)
② 노출 음압수준=105dB(A)-6dB(A)=99dB(A)

03 다음 내용에 해당하는 후드 형식을 쓰시오.

• 다른 후드 형식에 비하여 필요송풍량이 많이 소요된다.
• 방해기류의 영향이 작업장 내에 있을 경우 흡인효과가 저하된다.

풀이
외부식 후드

04 근로자가 벤젠을 취급하다 실수로 작업장 바닥에 1.8L를 흘렸다. 작업장은 25℃, 1기압 상태라 가정할 때, 공기 중으로 증발한 벤젠의 증기 용량(L)을 구하시오. (단, 벤젠의 분자량은 78.11, 비중은 0.879이며, 바닥의 벤젠은 모두 증발한 것으로 가정한다.)

풀이
벤젠의 사용량(g)=1.8L×0.879g/mL×1,000mL/L=1582.2g
벤젠의 증기 용량(x)
78.11g : 24.45L = 1582.2g : x
$x = \dfrac{24.45\text{L} \times 1582.2\text{g}}{78.11\text{g}} = 495.26\text{L}$

05 두 가지 이상의 화학물질에 동시에 노출되는 경우 건강에 미치는 영향은 각 화학물질 간 상호작용에 따라 다르게 나타난다. 이와 같이 2가지 이상의 화학물질이 동시에 작용할 때 물질 간 상호작용의 종류를 4가지 쓰고, 간단히 설명하시오.

풀이
① 상가작용 : 각 유해인자의 독성 합만큼 독성 결과를 나타내는 작용(2+3=5)
② 상승작용 : 각 유해인자의 독성 합보다 독성 결과가 훨씬 커짐을 나타내는 작용(2+3=20)
③ 잠재작용 : 독성 영향을 나타내지 않는 물질이 다른 물질과 복합적으로 노출 시 독성 결과가 커지는 작용(2+0=10)
④ 길항작용 : 독성 영향이 있는 각 물질이 서로의 작용을 방해하여 독성 결과가 작아지는 작용(2+3=1)

06 덕트 직경이 10cm, 공기 유속이 2m/sec일 때의 Reynold수를 구하시오. (단, 공기의 점성계수는 1.8×10^{-5}kg/m·sec이고, 공기 밀도는 1.2kg/m³로 가정한다.)

풀이
$$Re = \frac{\rho VD}{\mu} = \frac{1.2 \times 2 \times 0.1}{1.8 \times 10^{-5}} = 13,333$$

07 다음 조건에서 시간당 공기교환횟수(ACH)를 구하시오.

- 작업장(실내) 체적 : 50m³
- 실내에서 발생하는 1인당 CO_2 발생량 : 2.1L/hr
- 실내 인원 : 20명
- 외기 CO_2 농도 : 0.03%, 실내 CO_2 허용농도 : 0.1%

풀이
$$ACH = \frac{\text{필요환기량}}{\text{작업장 용적}}$$

$$\text{필요환기량} = \frac{2.1\text{L/인·hr} \times 20\text{인} \times \text{m}^3/1,000\text{L}}{0.1 - 0.03} \times 100 = 60\text{m}^3/\text{hr}$$

$$= \frac{60\text{m}^3/\text{hr}}{50\text{m}^3} = 1.2\text{회(시간당)}$$

08 분진이 발생하는 작업장에서 근로하는 작업자에 대한 작업관리대책 4가지를 쓰시오.

풀이
① 작업공정의 습식화(습식 작업)
② 작업장소의 밀폐 또는 포위(비산 억제)
③ 국소배기장치 및 전체환기장치 설치
④ 개인보호구(방진마스크) 지급 및 착용

09 덕트 단면적이 0.038m²이고, 덕트 내 정압은 −64.5mmH₂O, 전압은 −20.5mmH₂O이다. 덕트 내의 반송속도(m/sec) 및 공기 유량(m³/min)을 구하시오. (단, 공기 밀도는 1.2kg/m³이다.)

풀이

① 반송속도$(V) = \sqrt{\dfrac{2g\mathrm{VP}}{\gamma}}$

VP(동압)=전압−정압$=(-20.5)-(-64.5)=44\,\mathrm{mmH_2O}$

$= \sqrt{\dfrac{2 \times 9.8 \times 44}{1.2}}$

$= 26.81\,\mathrm{m/sec}$

② 공기 유량$(Q) = A \times V$

$= 0.038\,\mathrm{m^2} \times 26.81\,\mathrm{m/sec} \times 60\,\mathrm{sec/min}$

$= 61.13\,\mathrm{m^3/min}$

10 밀폐공간 작업으로 인한 건강장애 예방에 관한 내용 중 다음 물질의 적정 공기 농도를 쓰시오.

(1) 이산화탄소

(2) 황화수소

(3) 일산화탄소

풀이

(1) 이산화탄소 : 농도가 1.5% 미만인 수준의 공기

(2) 황화수소 : 농도가 10ppm 미만인 수준의 공기

(3) 일산화탄소 : 농도가 30ppm 미만인 수준의 공기

11 화재 및 폭발 방지를 위한 전체환기량 계산 시 안전계수가 중요하다. 이때, 안전계수와 LEL(폭발농도 하한치, %)과의 관계를 설명하시오.

풀이

안전계수는 안전한 조건을 유지하기 위하여 LEL의 몇 %를 물질의 농도로 유지할 것인가에 좌우되는 계수로, LEL의 25% 이하를 농도로 유지할 경우는 25%, 즉 1/4을 유지하는 것이 안전하므로 안전계수는 4를 적용하여 환기량을 계산한다.

12 전체환기의 목적 3가지를 쓰시오.

풀이

① 유해물질 농도를 희석·감소시켜 근로자의 건강을 유지·증진한다.

② 화재나 폭발을 예방한다.

③ 실내의 온도 및 습도를 조절한다.

13 TWA가 설정되어 있는 유해물질 중 STEL이 설정되어 있지 않은 물질인 경우 TWA 외에 단시간 허용농도 상한치를 설정한다. 노출의 상한선과 노출시간 권고사항 2가지를 쓰시오.

> 풀이 ① TLV-TWA 3배 이상 : 30분 이하 노출 권고
> ② TLV-TWA 5배 이상 : 잠시도 노출 금지

14 송풍기의 회전수가 1,200rpm일 때 송풍량은 25m³/min, 송풍기 정압은 60mmH₂O, 동력은 0.7kW였다. 송풍기 회전수를 1,400rpm으로 할 때 송풍량(m³/min), 정압(mmH₂O), 동력(kW)을 구하시오.

> 풀이 ① 송풍량
>
> $$Q_2 = Q_1 \times \left(\frac{\mathrm{rpm}_2}{\mathrm{rpm}_1} \right) = 25 \times \left(\frac{1,400}{1,200} \right) = 29.17 \mathrm{m}^3/\mathrm{min}$$
>
> ② 정압
>
> $$\Delta P_2 = \Delta P_1 \times \left(\frac{\mathrm{rpm}_2}{\mathrm{rpm}_1} \right)^2 = 60 \times \left(\frac{1,400}{1,200} \right)^2 = 81.67 \mathrm{mmH}_2\mathrm{O}$$
>
> ③ 동력
>
> $$\mathrm{kW}_2 = \mathrm{kW}_1 \times \left(\frac{\mathrm{rpm}_2}{\mathrm{rpm}_1} \right)^3 = 0.7 \times \left(\frac{1,400}{1,200} \right)^3 = 1.11 \mathrm{kW}$$

15 공기시료 채취용 펌프는 수동식 마찰이 없는 비누거품관을 사용하여 보정한다. 만약 1,000cc의 공간에 비누거품이 도달하는 데 소요되는 시간을 4번 측정한 결과 25.5초, 25.2초, 25.9초, 25.4초였다면 이 펌프의 평균유량(L/min)을 계산하시오.

> 풀이 ① 25.5초
> $$1\mathrm{L} : 25.5\mathrm{sec} = X : 60\mathrm{sec}$$
> $$X = 2.353\mathrm{L/min}$$
> ② 25.2초
> $$1\mathrm{L} : 25.2\mathrm{sec} = X : 60\mathrm{sec}$$
> $$X = 2.381\mathrm{L/min}$$
> ③ 25.9초
> $$1\mathrm{L} : 25.9\mathrm{sec} = X : 60\mathrm{sec}$$
> $$X = 2.316\mathrm{L/min}$$
> ④ 25.4초
> $$1\mathrm{L} : 25.4\mathrm{sec} = X : 60\mathrm{sec}$$
> $$X = 2.362\mathrm{L/min}$$
> $$평균유량 = \frac{2.353 + 2.381 + 2.316 + 2.362}{4} = 2.353\mathrm{L/min}$$

16 원심력 송풍기를 회전날개의 각도를 따라 3가지로 분류하시오.

풀이
① 다익형(전향날개형)
② 평판형(방사날개형)
③ 터보형(후향날개형)

17 작업환경측정 및 정도관리 등에 관한 고시상 가스상 물질의 측정 중 검지관 방식으로 측정할 수 있는 경우 3가지를 쓰시오.

풀이
① 예비조사 목적인 경우
② 검지관 방식 외에 다른 측정방법이 없는 경우
③ 발생하는 가스상 물질이 단일물질인 경우(다만, 자격자가 측정하는 사업장에 한한다.)

18 다음은 고열 작업장의 노출기준이다. ( ) 안에 알맞은 내용을 쓰시오.

시간당 작업 – 휴식 비율	작업강도		
	경작업	중등작업	중(힘든)작업
연속작업	(①)	26.7	25.0
75% 작업, 25% 휴식(45분 작업, 15분 휴식)	30.6	(②)	25.9
50% 작업, 50% 휴식(30분 작업, 30분 휴식)	31.4	29.4	27.9
(③) 작업, (④) 휴식(15분 작업, 45분 휴식)	32.2	31.1	30.0

풀이
① 30.0
② 28.0
③ 25%
④ 75%

2주완성
산업위생관리산업기사 실기

2021. 5. 25. 초 판 1쇄 발행
2022. 1. 10. 개정 1판 1쇄 발행
2023. 1. 11. 개정 2판 1쇄 발행
2024. 1. 3. 개정 3판 1쇄 발행
2025. 1. 8. 개정 4판 1쇄 발행

지은이 | 서영민
펴낸이 | 이종춘
펴낸곳 | **BM** ㈜도서출판 **성안당**

주소 | 04032 서울시 마포구 양화로 127 첨단빌딩 3층(출판기획 R&D 센터)
     | 10881 경기도 파주시 문발로 112 파주 출판 문화도시(제작 및 물류)
전화 | 02) 3142-0036
     | 031) 950-6300
팩스 | 031) 955-0510
등록 | 1973. 2. 1. 제406-2005-000046호
출판사 홈페이지 | **www.cyber.co.kr**
ISBN | 978-89-315-8417-2 (13530)
정가 | 29,000원

이 책을 만든 사람들
책임 | 최옥현
진행 | 이용화, 곽민선
교정 | 곽민선
전산편집 | 이다혜, 이다은
표지 디자인 | 박원석
홍보 | 김계향, 임진성, 김주승, 최정민
국제부 | 이선민, 조혜란
마케팅 | 구본철, 차정욱, 오영일, 나진호, 강호묵
마케팅 지원 | 장상범
제작 | 김유석